Dortmunder Beiträge zur Entwicklung und Erforschung des Mathematikunterrichts

Band 62

Eines der zentralen Anliegen der Entwicklung und Erforschung des Mathematikunterrichts stellt die Verbindung von konstruktiven Entwicklungsarbeiten und rekonstruktiven empirischen Analysen der Besonderheiten, Voraussetzungen und Strukturen von Lehr- und Lernprozessen dar. Dieses Wechselspiel findet Ausdruck in der sorgsamen Konzeption von mathematischen Aufgabenformaten und Unterrichtsszenarien und der genauen Analyse dadurch initiierter Lernprozesse. Die Reihe „Dortmunder Beiträge zur Entwicklung und Erforschung des Mathematikunterrichts" trägt dazu bei, ausgewählte Themen und Charakteristika des Lehrens und Lernens von Mathematik – von der Kita bis zur Hochschule – unter theoretisch vielfältigen Perspektiven besser zu verstehen.

Reihe herausgegeben von
Prof. Dr. Daniela Götze,
Prof. Dr. Stephan Hußmann,
Prof. Dr. Susanne Prediger,
Prof. Dr. Christoph Selter,
Prof. Dr. Daniel Walther
Technische Universität Dortmund, Deutschland

Prof. Dr. Daniel Frischemeier,
Prof. Dr. Karina Höveler,
Prof. Dr. Marcus Nührenbörger,
Prof. Dr. Bettina Rösken-Winter,
Prof. Dr. Susanne Schnepel
Universität Münster, Deutschland

Meike Maibach

Diagnostische Performanz und Einschätzungen von Primarstufen-Studierenden

Vergleich des informativen und zur Exploration anregenden Zugangs der digitalen, fallbasierten Lernplattform ‚FALEDIA'

Springer Spektrum

Meike Maibach
IEEM (Institut für Entwicklung und
Erforschung des Mathematikunterrichts)
Technische Universität Dortmund
Dortmund, Deutschland

ISSN 2512-0506 ISSN 2512-1162 (electronic)
Dortmunder Beiträge zur Entwicklung und Erforschung des Mathematikunterrichts
ISBN 978-3-658-50682-7 ISBN 978-3-658-50683-4 (eBook)
https://doi.org/10.1007/978-3-658-50683-4

Die Deutsche Nationalbibliothek verzeichnet diese Publikation in der Deutschen Nationalbibliografie; detaillierte bibliografische Daten sind im Internet über https://portal.dnb.de abrufbar.

Planung/Lektorat: Carina Reibold
Springer Spektrum ist ein Imprint der eingetragenen Gesellschaft Springer Fachmedien Wiesbaden GmbH und ist ein Teil von Springer Nature.
Die Anschrift der Gesellschaft ist: Abraham-Lincoln-Str. 46, 65189 Wiesbaden, Germany

Geleitwort

Es ist zweifelsfrei festzuhalten, dass die Leitprinzipien der förderorientierten Diagnose und der diagnosebasierten Förderung in den letzten Jahren zunehmend an Bedeutung in den bildungspolitischen, fachdidaktischen und professionstheoretischen Diskussionen und Entwicklungsbemühungen gewonnen haben.

Fähigkeiten von Lehrkräften im Bereich der Diagnose und der Förderung setzen ein tragfähiges Hintergrundwissen voraus, welches zwar berufsbegleitend erweitert werden kann, aber im Kern bereits in der Ersten Phase der Lehrerausbildung erworben werden muss. Dieses sollte nicht nur im Rahmen von Praktika oder Seminaren passieren, sondern auch zentraler Bestandteil von Großveranstaltungen sein, die in der Primarstufenausbildung aufgrund der hohen Studierendenzahlen häufig notwendig sind.

Über die Wirksamkeit und Lernförderlichkeit entsprechender Maßnahmen liegen jedoch so gut wie keine empirischen Ergebnisse vor. In diese Lücke stößt die Arbeit von Meike Maibach mit einem Schwerpunkt auf das Thema ‚Diagnosefähigkeiten'. Sie analysiert in diesem Sinne sowohl die Selbsteinschätzungen als auch die Performanz von Studierenden des Lehramts Primarstufe, was Rückschlüsse auf deren Fähigkeiten erlaubt.

Einen besonderen Wert gewinnt die vorliegende Arbeit auch dadurch, dass sie zwei verschieden angelegte Varianten (informativ vs. explorativ) einer digitalen, fallbasierten Lernplattform zum Ausgangspunkt ihrer Erhebungen macht, der FALEDIA-Plattform. Der digitale Zugang erleichtert es gerade in Großveranstaltungen, die individuellen Lernstände und Lernwege der Studierenden zu adressieren.

Am Beispiel der Thematik des Stellenwertverständnisses bearbeiteten die Studierenden Übungsaufgaben mit Hilfe der FALEDIA-Plattform. Vorher und nachher analysierten sie unter anderem Aufgaben-Bearbeitungen von Lernenden im Hinblick auf die Beschreibung jeweiliger Lernstände sowie die Ableitung denkbarer Ursachen von (als fehlerhaft zu bezeichnenden) Denk- oder Vorgehensweisen.

Aus den Analysen wird deutlich, dass im Vergleich der beiden Varianten kein signifikanter Einfluss auf die erreichten Punktzahlen feststellbar ist, wenngleich sich insgesamt im Prä-Post-Vergleich insgesamt signifikante Verbesserungen zeigen. Zwischen der Performanz und den Selbsteinschätzungen konnten keine Korrelationen festgestellt werden, auch wenn festzuhalten ist, dass die Studierenden sich retrospektiv insgesamt besser einschätzten als vorher.

Aus den geführten Interviews wird zudem deutlich, dass in unterschiedlichen Wissens- bzw. Anwendungsfacetten eher die eine oder die andere Variante aus Sicht der Studierenden präferiert wurde. Auch wird herausgearbeitet, wie nach Einschätzung der Studierenden die FALEDIA-Plattform im Hinblick daraufhin weiterentwickelt werden kann, einen höheren Grad an Aktivierungsfähigkeit zu erreichen.

Insgesamt ist es Meike Maibach in der vorliegenden, sehr stringent verfassten Arbeit gelungen, überzeugende Antworten auf die Frage zu geben, wie digitale Lern-umgebungen gestaltet sein sollten, die die Weiterentwicklung der Diagnosefähigkeiten der Studierenden anregen können.

Christoph Selter

Danksagung Der spannende, lehrreiche und an einigen Stellen durchaus intensive Weg, der bei einer solchen Arbeit wie dieser hier beschritten wird, ist für mich undenkbar ohne die Unterstützung von vielen wertvollen Menschen, die mich dabei begleitet haben. Ihnen möchte ich nachfolgend von Herzen danken!

Dabei möchte ich meinen ersten Dank an *Prof. Dr. Christoph Selter* richten: Christoph, ich danke Dir für Deine herausragende Betreuung! Nicht nur, dass Du wie selbstverständlich den Überblick über meine Arbeit und die Momente für ermutigende Worte und Anstöße behalten hast, die ich zur jeweiligen Zeit brauchte, – Du hast mich mit überaus viel Humor und Fingerspitzengefühl begleitet. An der einen oder anderen für mich kritischen Stelle dieses Projekts ‚Dissertation' bin ich voller Selbstzweifel und festgefahren in unsere Gespräche hineingegangen und heraus kam ich motiviert und voller Tatendrang. So ist es nicht nur einmal vorgekommen, dass ich nach unseren Gesprächen noch bis spät abends am Schreibtisch saß, weil ich diesen Motivationsschub mitnehmen wollte. Du machst das einfach richtig *prima* und ich bin froh, dich als Doktorvater haben zu dürfen. Danke!

Prof. Dr. Daniel Frischemeier möchte ich für die Bereitschaft danken, das Zweitgutachten zu übernehmen. Darüber hinaus, Daniel, möchte ich Dir aber auch für Dein stets offenes Ohr, Deinen Witz und Deine Ehrlichkeit danken. All das hat mir sehr geholfen, den ganzen Prozess und insbesondere den für mich unheimlich aufregenden Tag der Disputation sogar letztendlich mit Spaß bewältigen zu können.

Den wundervollen Menschen des *IEEM* und speziell der *AG-Primar* danke ich für all den Austausch, die Anregungen und Tipps, die im Laufe der Jahre dazu beigetragen haben, dass ich so viel lernen konnte. Ganz besonders möchte ich euch aber auch danken für die informellen Gespräche, den Austausch über Dinge, die gerade gut oder weniger gut laufen und für das Gefühl, dass man mit keinem dieser Belange alleine ist oder alleingelassen wird. Besonders hervorheben möchte ich in diesem Zusammenhang *Ben Weiß*, *Celine Linker* und *Joscha Bertram* (alphabetisch nach Vornamen). Ohne euch hätte das einfach nicht mal halb so viel Spaß gemacht und ich fürchte, es wäre auch nicht mal halb so gut geworden, denn: Eure ehrlichen Rückmeldungen, eure stundenlangen Diskussionen mit mir über meine spontanen wie auch andauernden Ideen und Konzepte, eure Gedanken, die in endlosen Reflexionen über kleine und große Belange mit in diese Arbeit eingeflossen sind – oder es eben nicht rein geschafft haben –, haben mich und diese Arbeit so sehr bereichert. Danke meine Oliven!

Außerdem geht ein riesiger Dank an *Anaïs Franke*, *Antonia Gießen* und *Dominik Zorn*, die in der intensivsten Schreibzeit mehr oder weniger fertige Kapitel gelesen, korrigiert, Anregungen zu Kürzungs- oder Vertiefungspotential gemacht haben. *Awien Ghasimnejad*, *Joana Maibach* und *Philip Maibach* danke ich darüber hinaus auch für den spontanen Einsatz bei kurzfristigem Korrekturlesen. Das war ganz wertvoll für mich, vielen Dank euch!

Nina Grünewald möchte ich für ihre Begleitung von Anfang bis Ende meiner Promotionszeit als studentische und wissenschaftliche Hilfskraft danken. Du bist in meinen Augen wirklich ganz unverzichtbar für diese Phase meines Lebens gewesen. Durch Deine Cleverness, Eigenständigkeit, Deinen Ideenreichtum und Deine Kompetenzen in Bereichen, in denen mir manchmal die Ideen fehlten, hast Du mich unheimlich unterstützt. Danke, dass Du diesen Weg mit mir gegangen bist, Nina! Und auch *Karina Thiel*, die in der Schlussphase der Dissertation als studentische Hilfskraft dazukam, möchte ich danken. Karina, Du hast mich in meinem Schlusschaos so sehr unterstützt, den Überblick nicht zu verlieren (oder ihn für mich wiederherzustellen). Danke!

Zum Schluss möchte ich einen besonderen Dank an meine Familie und meine Freund:innen richten. Danke, dass ihr mich so sehr unterstützt habt. Danke, dass ihr mich immer weiter gefragt habt, ob ich Unternehmungen mitmachen möchte, auch wenn ich am Ende zum 17. Mal in Folge abgesagt habe. Danke, dass ihr für spontane Auszeiten gesorgt habt. Danke, dass ich bei euch immer und jederzeit meinen ganz persönlichen wundervollen Rückzugsort habe, an dem ich mich geborgen und geliebt fühle. Ihr wisst gar nicht, wie dankbar ich euch bin und der Platz hier reicht leider nicht annähernd, um das vollumfänglich abzubilden.

Meinem Papa *Uwe Böttcher* möchte ich dabei einen ganz besonderen Dank zukommen lassen. Ich weiß, Du willst das gar nicht hören, aber ohne Dich hätte dieses Experiment Diss nicht geklappt. Du hast jede einzelne Seite der ‚Extended Version‘ gelesen und auch meine allerersten Versuche, in diese Arbeit hineinzukommen. Du warst mein ständiger Ansprechpartner und Begleiter und dafür bin ich Dir ohne Ende dankbar! Meiner Mama *Angelika Böttcher* möchte ich auch von Herzen für die ganze seelische Unterstützung, die Motivation und das Zuhören danken. Wie oft habe ich zwischendurch aus meiner Schreibtischecke angerufen und gesagt „Ich habe heute einfach kaum Kontakt zu Menschen gehabt, ich muss mal ein bisschen plaudern." Das hat immer sehr gutgetan, danke! Und auch *Johnny (Joana Maibach)* und *Stella (Aretz)* möchte ich für den unendlichen Support und eure Nähe danken. Ich weiß immer und jederzeit, dass ihr mich auffangt, wenn ich stolpere.

Und dann möchte ich zuletzt noch meinem Mann *Lippi (Philip Maibach)* danken. Lippi, ich weiß gar nicht, wo ich anfangen und wo ich aufhören soll. Danke für Deine Unterstützung, danke für Dein Festhalten, wenn ich das Gefühl hatte, nicht mehr zu können. Danke fürs „Füttern“ und Dein Bestehen darauf, dass ich Pausen mache. Danke, dass Du immer da bist und häufig schon vor mir merkst, was ich gerade brauche. Danke für Deine Geduld und Deine Ruhe, danke für Deinen Humor und dass Du das Leben nicht zu ernst nimmst. Diese Arbeit trägt ein Stück von Dir in sich.

Meike Maibach

Interessenkonflikt Der/die Autor*in hat keine für den Inhalt dieses Manuskripts relevanten Interessenkonflikte.

Einleitung

Und an FALEDIA finde ich das halt gut, dass mansozusagen mitmachen kann.

– Anke (Studienteilnehmerin)

Zur Ausgangslage

Anhand einer Studie von Brandt (2022) lässt sich exemplarisch die Notwendigkeit aufzeigen, Diagnosefähigkeiten bereits in der Lehrkräfteausbildung verstärkt zu betrachten (s. dazu auch Selter et al., 2017a). Studierende im Bereich Lehramt Mathematik für die Primarstufe wurden in dieser Studie gebeten, den Fehler und potentielle Ursachen für das Vorgehen des Schülers Liam (Abbildung E1) abzuleiten.

Bei genauer Analyse der Vignette kann auffallen, dass Liam vermutlich stets die erste Zahl als Ganzes interpretiert hat, wohingegen er die zweite Zahl ziffernweise betrachtet. Vermutlich rechnet er anstatt $17 + 62$ die Aufgabe $17 + 6 + 2$ und kommt somit statt auf das Ergebnis 79 auf das Ergebnis 25. Studierende haben in der Untersuchung von Brandt (2022) jedoch keine solch tiefenscharfen Analysen gezeigt, sondern vielmehr beispielsweise mangelnde Motivation oder fehlende Rechenkompetenz als Fehlerursache angegeben. Dies kann als Indikator für ausbaufähige Diagnosefähigkeiten wahrgenommen werden (Brandt, 2022).

Auch sowohl aus bildungspolitischer Perspektive unter Betrachtung von steigender Heterogenität der Lernenden (Skorsetz, Bonanati & Kucharz, 2020) als auch aus der Perspektive der Unterrichtsforschung, die eine unterdurchschnittliche mathematische Fähigkeiten für jedes vierte Kind ausgemacht hat (Selter et al., 2024), besteht

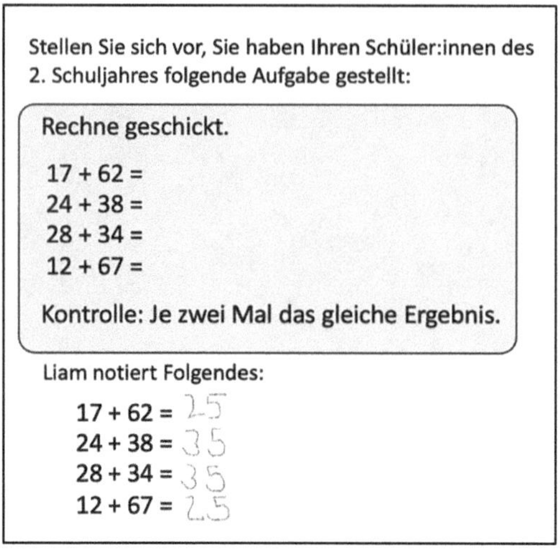

Abbildung E1 Vignette zur Beurteilung der diagnostischen Fähigkeiten im Bereich des Stellenwertverständnisses. (Nach Brandt, 2022, S. 148)

mittlerweile ein breiter Konsens darüber, dass eine gut ausgeprägte Diagnosefähigkeit von Lehrkräften essenziell für die berufliche Praxis ist (z. B. Hußmann, Leuders & Prediger, 2007; Moser Opitz, 2022; Meyer, 2015).

Aus internationalen (TIMSS: Selter et al., 2016; 2020; 2024; PISA: Reiss et al., 2016) sowie nationalen (IQB-Ländervergleichsstudie: Stanat et al., 2022) Vergleichsstudien lassen sich Folgerungen ziehen, die auf alarmierend mangelnde individuelle Förderungen in Mathematik insbesondere für leistungsschwache Kinder hindeuten können. Andererseits konnten verschiedene Forschungen zudem schon vor einigen Jahren zeigen, dass ein Ausbleiben tragfähiger Vorstellungen in Bereichen wie dem Stellenwertverständnis für die betreffenden Kinder zu gravierenden Rechenschwierigkeiten im späteren mathematischen Werdegang führen (Gaidoschik, 2010; Selter et al., 2014).

Nicht zuletzt die daraus abzuleitende Notwendigkeit, Lernende adaptiv und individuell beim Mathematiklernen zu unterstützen, führt zu der Übereinstimmung darüber, dass Diagnosefähigkeiten von Lehrkräften als eine bedeutende Facette der professionellen Kompetenz angesehen werden (Brunner et al., 2011; Leuders et al., 2017; Moser Opitz, 2022). Jedoch zeigen Forschungsbefunde im Bereich Diagnose von Lehrkräften im Primarbereich zum Teil variierende oder verbesserungswürdige Fähigkeiten (z. B. Dröse & Prediger, 2023; Schulz, 2014).

Somit wird deutlich, dass mangelnde Diagnosefähigkeiten bei Lehrkräften damit einhergehen, diagnosegeleitete Lernprozesse nicht adäquat initiieren zu können, was ein nachhaltiges Lernen zumindest erschwert (Prediger et al., 2023).

Die Steigerung von Diagnosefähigkeiten angehender Lehrkräfte und insbesondere die Aspekte, die dabei unterstützend wirken können, erscheinen daher von Bedeutung. Wenngleich ein Konsens darüber besteht, sind digitale Angebote zur Steigerung von Diagnosefähigkeit, insbesondere für angehende Mathematiklehrkräfte in der Primarstufe, bislang noch nicht breit erforscht. Hier setzt diese Arbeit an, indem sie die im Verbundprojekt zwischen der Technischen Universität Dortmund, der Universität Münster und der Fachhochschule Dortmund entwickelte *fa*llbasierte, digitale *Le*rnplattform zur Steigerung von *Dia*gnosefähigkeiten ‚*FALEDIA*' für die Lehrkräftebildung beforscht.

Die vorliegende Arbeit untersucht den Einsatz der ‚*FALEDIA-Plattform*' in der universitären Lehrkräfteausbildung des Bereichs Mathematik in der Primarstufe. Die Plattform wird in zwei verschiedenen Versionen angeboten, die sich in der Art der Informationsdarbietung unterscheiden. Dabei stützt sich eine Version auf einen informierenden Ansatz, während die andere Version zur Exploration anregende Elemente bereithält.

Das vordergründige Ziel dieser Arbeit ist, Aufschlüsse darüber zu erhalten, welcher Zugang zu Inhalten bei der Steigerung von Diagnosefähigkeiten in Performanz und Aktivierung eben dieser zum einen wirksam ist und zum anderen präferiert wird. Zusätzlich dazu besteht ein Erkenntnisinteresse daran, wie Studierende den Aufbau ihrer Diagnosefähigkeiten mit der FALEDIA-Plattform selbsteinschätzen. Außerdem sollen Aufschlüsse darüber erhalten werden, welche Begründungselemente für Diskrepanzen zwischen Selbsteinschätzung und Performanz bestehen können.

Dazu wird einerseits die diagnostische Performanz mit einer Interventionsstudie über einen Pre-Post-Test sowie eine retrospektive Selbsteinschätzung durch die Studierenden erhoben und quantitativ ausgewertet. Andererseits werden über eine Interviewstudie Erklärungsansätze von Studierenden zur eigenen Performanz und Aktivierung von Wissen sowie zu Präferenzen bezogen auf die FALEDIA-Versionen erhoben und qualitativ untersucht.

Zum Aufbau dieser Arbeit

Diese Arbeit gliedert sich in drei Teilbereiche (Tabelle E1.1). Während in Part I die theoretische Grundlage gelegt wird, wird in Part II das Design der beforschten FALEDIA-Plattform und der Untersuchung dargestellt. In Part III folgen die Befunde der empirischen Forschung dieser Arbeit. Abgeschlossen wird sie von einer Diskussion der Ergebnisse sowie einem Ausblick.

Tabelle E1.1 Kapitelstruktur

TEIL I: THEORIE		
Kapitel 1: Diagnosefähigkeit	**Kapitel 2:** Fallbasiertes Lernen	**Kapitel 3:** Digitale Lerngelegenheiten in der universitären Lehrkräfteausbildung
TEIL II: DESIGN		
Kapitel 4: Design der FALEDIA-Plattform	**Kapitel 5**: Design der Untersuchung	
TEIL III: EMPIRIE		
Kapitel 6: Ergebnisse der Untersuchung zur Performanz	**Kapitel 7:** Ergebnisse der Untersuchung zur Aktivierung	
Kapitel 8: Diskussion und Ausblick		

TEIL I: THEORIE

In Kapitel 1 wird die Diagnosefähigkeit zunächst konzeptualisiert und eingeordnet, wobei dargelegt wird, was in dieser Arbeit darunter verstanden wird. Dafür erfolgt in Abschnitt 1.1 zunächst eine begriffliche Klärung, was unter Diagnosefähigkeiten in der Literatur verstanden wird und wie dies mit dem Aspekt der Förderung zusammenhängt. Ansätze zur Kompetenzmodellierung werden gegenübergestellt; daraus werden Ableitungen für das Verständnis von Diagnosefähigkeit, in dieser Arbeit in Form eines Modells für den Aufbau von Diagnosefähigkeiten, getroffen. Entlang dieser Modellierung, die der Arbeit zugrunde liegt, werden in Abschnitt 1.2 die Teilfacetten des Diagnoseprozesses einzeln beleuchtet und die Relevanz von bereichsspezifischem Hintergrundwissen für den Aufbau von Diagnosefähigkeit einbezogen. Letztlich folgt in Abschnitt 1.3 – im Rahmen eines Überblicks und einer Überleitung in das nachfolgende Kapitel – zum einen eine Zusammenfassung der zentralen Aspekte aus Kapitel 1 sowie Ableitungen, die die Selbsteinschätzung und das Erlernen von Diagnosefähigkeit betreffen.

Dem Kapitel 2 ist das fallbasierte Lernen thematisch übergeordnet. Dazu erfolgt in Abschnitt 2.1 wieder zunächst eine begriffliche Einordnung und Auseinandersetzung zur Klärung der Grundlagen. Anschließend wird in Abschnitt 2.2 das fallbasierte Lernen speziell vor dem Hintergrund des Einsatzes in der Lehrkräfteausbildung theoretisch diskutiert, wobei die Ausbildung von Diagnosefähigkeiten über fallbasierte Arbeit Betrachtung findet. Der Überblick über Kapitel 2 folgt in

Abschnitt 2.3, wobei zum einen zentrale Gegenstände des Kapitels zusammengefasst und hervorgehoben werden und zum anderen eine Überleitung zum digitalen fallbasierten Lernen in Kapitel 3 stattfindet.

Kapitel 3 fokussiert das Lernen mit digitalen Medien in der Lehrkräfteausbildung. Dafür wird in Abschnitt 3.1 zunächst ein Überblick über den Einsatz digitaler Lerngelegenheiten in der Ausbildung angehender Lehrkräfte geboten, wobei Merkmale und Designprinzipien herausgearbeitet beziehungsweise abgeleitet werden. Daran anschließend werden zwei Ansätze zur Informationsdarbietung mit digitalen Medien vorgestellt, wobei der Fokus einerseits auf einer eher *informativen* Ausrichtung und andererseits auf einer *zur Exploration anregenden* Ausrichtung liegt. Abschließend wird über eine Zusammenfassung aus Kapitel 3 und Zusammenführung mit Überlegungen aus Kapitel 1 und 2 zum Designteil dieser Arbeit übergeleitet.

TEIL II: DESIGN

In Kapitel 4 wird das Design der FALEDIA-Plattform detailliert vorgestellt. Dies folgt entlang der zentralen Merkmale des Designs, beginnend mit den Inhalten der Plattform in Abschnitt 4.1, bezogen auf das angebotene Hintergrundwissen und Diagnosewissen zum Stellenwertverständnis. Die problemhaltigen Lerngelegenheiten, die der Plattform inne liegen, werden in Abschnitt 4.2 vorgestellt, wonach in Abschnitt 4.3 die konkrete digitale Umsetzung entlang der beiden Varianten der FALEDIA-Plattform vorgestellt wird. Eine Zusammenfassung in Abschnitt 4.4 leitet über zu den Forschungsfragen, die die Vorstellung des Designs der Untersuchung in Kapitel 5 eröffnen.

Dafür wird in Abschnitt 5.1 eine Einordnung in die Ausgangslage vorgenommen und Erkenntnisinteressen sowie Forschungsfragen formuliert. Die Untersuchungsmethodik wird in Abschnitt 5.2 dargestellt, wobei eine Darstellung der Rahmenbedingungen, des Vorgehens und der zeitlichen Abfolge zum besseren Verständnis des Gesamtdesigns eine Rahmung bieten. In Abschnitten 5.3 und 5.4 werden zunächst die quantitativen und anschließend die qualitativen Instrumente der Erhebung sowie zur Auswertung beschrieben. In 5.3 erfolgt anschließend eine detaillierte Darlegung dazu, wie die erhobenen Rohdaten quantitativ berechnet werden, sodass sie in Kapitel 6 analysiert werden können. Eine zusammenfassende Übersicht in Abschnitt 5.5 schließt den Designteil ab.

TEIL III: EMPIRIE

Der Teil dieser Arbeit, in welchem die in der zugehörigen Untersuchung erhobenen empirischen Befunde Betrachtung finden, gliedert sich in zwei Kapitel. In

Kapitel 6 werden zunächst die Ergebnisse dargestellt und analysiert, die die Performanz von Diagnosefähigkeiten betreffen. Es wird insbesondere ein Vergleich der Auswirkung unterschiedlicher Designmerkmale auf die Performanz betrachtet. Dazu werden in 6.1 die quantitativen Daten aus dem Pre-Post-Test sowie die Daten aus der Selbsteinschätzung der Studierenden berichtet und eingeordnet. In Abschnitt 6.2 erfolgt eine Mixed-Methods Betrachtung zu Diskrepanzen zwischen Performanz und Selbsteinschätzung anhand von vier Teilnehmenden-Fällen. Dabei werden sowohl quantitative als auch qualitative Daten ein- und aufeinander bezogen, um einen Eindruck zentraler Aspekte, die die Diskrepanz näher begründen könnten, zu gewähren. Eine Zusammenfassung der Ergebnisse aus Kapitel 6 wird abschließend mit 6.3 gegeben.

Kapitel 7 fokussiert die Ergebnisse, die sich auf die Aktivierung beziehen. Dies geschieht abermals aus zwei Perspektiven. In Abschnitt 7.1 werden zunächst Präferenzen und insbesondere deren Begründungen betrachtet, um zu verstehen, welche Version der Plattform die Studierenden beim Aufbau ihrer Diagnosefähigkeit aktiviert. Dazu werden Interviewausschnitte in Bezug zu verschiedenen Aspekten qualitativ analysiert, die aus den Angaben zu Präferenzen abgeleitet wurden. In Abschnitt 7.2 wird der Aufbau von Aktivierungsfähigkeiten mit der FALEDIA-Plattform betrachtet. Auch hier dient die qualitative Analyse von Interviewausschnitten dazu, ein besseres Verständnis darüber zu erhalten, welche Designelemente und Merkmale der Plattform möglicherweise dazu beigetragen haben, dass das angeeignete Wissen aktivierbar wird. Auch in Kapitel 7 bietet eine Zusammenfassung der Ergebnisse mit Abschnitt 7.3 den Abschluss.

Inhaltsverzeichnis

Abbildungsverzeichnis

Tabellenverzeichnis

Teil I
Theorie

1 Diagnosefähigkeit

Ergebnisse von internationalen Vergleichsstudien weisen immer wieder darauf hin, dass die Förderung im Mathematikunterricht in einer heterogenen Schüler:innenschaft oftmals nicht als hinreichend angenommen werden kann (z. B. Mullis et al., 2024; OECD, 2019). Ergebnisse aus dem TIMSS-Zyklus von 2023 zeigen für das Lernen mathematischer Inhalte in der Primarstufe in Deutschland sowohl auf, dass nur sechs Prozent die höchste Kompetenzstufe erreichen als auch, dass unterdurchschnittliche mathematische Fähigkeiten bei etwa jedem vierten Kind ausgemacht werden konnten (Selter et al., 2024).

Diagnosefähigkeiten werden in diesem Kontext weitläufig als eine der essentiellen Facetten professioneller Kompetenz von Lehrkräften angesehen, die dazu beitragen können, Lernenden eine individuelle Unterstützung zukommen zu lassen (z. B. Graf & Moser Opitz, 2007; Meyer, 2015; Moser Opitz, 2022). Auch die Kultusministerkonferenz begreift das Diagnostizieren mit als eine von vier Schlüsselkompetenzen von Lehrkräften (KMK, 2019).

Dabei ist das Bestreben danach, eigenes planmäßiges pädagogisches Handeln zu überprüfen – also dementsprechende Diagnosen durchzuführen – nach Ingenkamp & Lissmann (2008) schon immer miteinander verknüpft. Auch Prediger und Selter 2008 konstatieren „Lehrkräfte diagnostizieren natürlich schon immer" (Prediger & Selter, 2008, S. 3) und messen somit einer Diagnosehandeln einen konstitutiven Part in der Lehrpraxis zu.

Eine weitgefasste Definition von Diagnose ist hieraus abgeleitet eine Überprüfung der Wirkung planmäßiger Lehre. Dabei ist planmäßiges pädagogisches Handeln allerdings nicht automatisch mit kontrollierter Überprüfungsmethodik verbunden, was sich jedoch historisch betrachtet innerhalb der letzten beiden Jahrhunderte zunehmend entwickelt hat (Ingenkamp & Lissmann, 2008).

M. Maibach, *Diagnostische Performanz und Einschätzungen von Primarstufen-Studierenden*, Dortmunder Beiträge zur Entwicklung und Erforschung des Mathematikunterrichts 62,
https://doi.org/10.1007/978-3-658-50683-4_1

Trotz der Entwicklungen in diesem Feld, deuten Forschungsbefunde jedoch darauf auch aktuell darauf hin, dass Diagnosefähigkeiten von (angehenden) Grundschullehrkräften unterschiedlich fundiert und belastbar ausgeprägt sind (z. B. Brandt, 2022; Schulz, 2014). Eine aus den Ergebnissen abzuleitende Maßnahme ist entsprechend, Lehrkräften bereits in ihrer universitären Ausbildung Gelegenheiten zu bieten, Diagnosefähigkeiten aufzubauen (Selter et al., 2017). Die Ausbildung auf universitärer Ebene ist im Bereich der Wissenschaft verankert, die Ausbildung wiederum erfolgt im Hinblick auf die Praxis. Daraus ergeben sich potentielle Spannungsfelder, die ein „wechselseitiges Bewusstsein für die Ansprüche und Bedürfnisse der jeweils anderen Akteursgruppe" (Schreiner & Breit, 2019, S. 185) notwendig machen.

Um daran anknüpfend diejenigen Komponenten zu identifizieren, die Studierende des Lehramts Primarstufe Mathematik benötigen, um Diagnosefähigkeiten theoriegeleitet für die Praxis aufzubauen, soll in diesem Kapitel zunächst in Abschnitt 1.1 der Begriff der (pädagogischen) Diagnostik geklärt werden. Dazu werden Grundgedanken zu Diagnosefähigkeit und deren Zusammenhang mit fachlichem und fachdidaktischem Wissen (1.1.1), sowie der aus einer Diagnose folgenden Konsequenzen in Form von Förderung (1.1.2) betrachtet. Zudem werden auch diejenigen notwendigen Fähigkeiten, über die eine diagnostizierende Person verfügen muss, um eine kontrollierte und methodisch sichere Diagnostik umzusetzen (1.1.3), in den Fokus gesetzt.

Aufbauend auf die Begriffsklärung wird in Abschnitt 1.2 konzeptuell herausgearbeitet, welchen Stellenwert die Diagnosefähigkeit im Bereich des Mathematikunterrichts einnimmt. Dafür wird entlang der Unterteilung der in dieser Arbeit als Komponenten des Diagnoseprozesses verstandenen Facetten mit Fokus auf Kompetenzen (1.2.1), auf Fehler (1.2.2) und auf Diagnoseaufgaben (1.2.3) herausgearbeitet, welche Sichtweisen und Konzepte Diagnosefähigkeit impliziert. Zuletzt wird in Abschnitt 1.2.4 das die in der Ausbildung von Lehrkräften relevante Verbindung zwischen Hintergrundwissen als theoretischer Basis, Diagnose als Handlungsfähigkeit und Förderung als grundgelegte Zielsetzung einer jeden Diagnose betrachtet.

In Abschnitt 1.3 folgt zusammenfassend, was in dieser Arbeit unter Diagnosefähigkeit verstanden wird (1.3.1). Zudem wird Diagnosefähigkeit vor dem Hintergrund von Selbsteinschätzungen von Studierenden, ihre eigenen Diagnosefähigkeit betreffend, betrachtet (1.3.2). Abschließend wird der Fokus in Abschnitt 1.3.3 auf das Ausbilden von Diagnosefähigkeit gerichtet.

1.1 Begriffsklärung und Definition

Wird im schulischen oder unterrichtlichen Kontext von einer Diagnose gesprochen, so muss diese von einer Diagnose im medizinischen oder psychologischen Sinne abgegrenzt werden. Auch wenn in allen drei Bereichen der Begriff sicherlich im erweiterten Sinne eine Ähnlichkeit in der Bedeutung zugeschrieben werden kann (Ingenkamp & Lissmann, 2008), denn immer soll etwas aufgespürt werden, so ist die *Pädagogische Diagnostik* ein Feld mit eigenen „Aufgaben, Zielen und Handlungsfeldern" (Ingenkamp & Lissmann, 2008, S. 12).

Aus einem Artikel zur *klinischen Diagnostik* in der Psychologie, stammt beispielsweise folgendes Zitat:

> „Der Erfolg einer Therapie [...] hängt entscheidend von der Verzahnung von Diagnostik und Therapie ab, um z. B. den Therapieverlauf und -erfolg zu bewerten und bei Bedarf die therapeutische Strategie zu ändern" (Petermann, 2018, S. 141 f.).

Im ersten Zugang scheint es vielleicht, als könne man hier beliebig das Vokabular austauschen und erhält eine Definition zur Aufgabe Pädagogischer Diagnostik: „Der Erfolg eines [*pädagogischen Vorhabens*] [...] hängt entscheidend von der Verzahnung von Diagnostik und [*Unterrichtsgeschehen*] ab, um z. B. den [*individuellen Lern*verlauf] und -erfolg zu bewerten und bei Bedarf die [*Förder*strategie] zu ändern". Bei einer genaueren Prüfung, fällt jedoch auf, dass dies nur oberflächlich betrachtet so scheint, da das Zitat aus der Psychologie lediglich eine erste grobe Annäherung an den Diagnosebegriff und ihren Stellenwert sowie ihrer Konsequenzen in ihrem psychologischen Feld bietet. Eine intensivere Untersuchung des veränderten Zitats, ergibt, dass sich diverse offene Fragen ableiten lassen:

- Was genau bedeutet, dass ein pädagogisches Vorhaben „Erfolg" hatte?
- Wie muss Diagnostik für ein spezielles pädagogisches Vorhaben aussehen?
- Wie lässt sich Diagnostik und Unterrichtsgeschehen überhaupt verzahnen?
- Wie wird ein individueller Lernverlauf oder ein individueller Lernerfolg im Klassengeschehen erfasst?

Diese Fragen sind speziell an die Pädagogische Diagnostik gerichtet und können sicherlich (oder zumindest zu größten Teilen) nicht aus psychologischer, sondern auch wesentlich auch aus fachdidaktischer Perspektive beantwortet werden. Wird in dieser Arbeit also von Diagnostik gesprochen, so bezieht sich dies auf das Feld der pädagogischen Diagnostik.

„Alle Informationen, die Auskunft über Lernmöglichkeiten, Lernstand, Lernprozesse und Lernerträge der Schülerinnen und Schüler liefern“ (Steffens & Höfer, 2013, S. 24) sind hier von Bedeutung.

Graf und Moser Opitz konstatieren: „Diagnostik ist eine unentbehrliche Tätigkeit, wenn Kinder bestmöglich gefördert werden sollen“ (Graf & Moser Opitz, 2007, S. 6). Das Recht auf individuelle Förderung ist unumstößlich als Recht auf Bildung, Erziehung und individuelle Förderung als erster Paragraph im Schulgesetz NRW festgehalten (SchulG, NRW, 2005, §1, Abs. 1). Daraus resultiert, dass Diagnosefähigkeit im pädagogischen Sinne als essentieller Bestandteil der professionellen Kompetenz einer Lehrkraft gelten muss (van Ophuysen, 2010).

Einer Annäherung an das Verständnis von Pädagogischer Diagnostik und die damit verbundenen Fähigkeiten einer diagnostizierenden Person, die adäquate Diagnosen durchführen möchte, wird sich in den nachfolgenden Unterkapitel 1.1.1 angenommen. Darüber hinaus erfolgt eine Auseinandersetzung mit der Voraussetzung – dem Hintergrundwissen –, sowie dem Nutzen – der Förderung –, einer gelingenden und gewinnbringenden Diagnose. Aus diesem Grund befasst sich Abschnitt 1.1.2 mit dem Zusammenspiel von (fachdidaktischem) Hintergrundwissen, Diagnose und Förderung. Abschließend werden in Abschnitt 1.1.3 die Fähigkeiten, die in dieser Arbeit als zentral angesehen werden, herausgearbeitet und die Diagnosefähigkeit für diese Arbeit konzeptualisiert.

1.1.1 Konzeptuelles zur Diagnosefähigkeit

Der Begriff der pädagogischen Diagnostik leitet sich aus einer Kritik an dem ab den 1970er Jahren verwendeten Begriff der Förderdiagnostik ab und stellt sich damit aufkommenden Vorwürfen, dass in den Prozessen der Förderdiagnostik die Lehrperson als hauptsächlich agierender Part verstanden werden kann und die Schüler:innen in die Passivität geraten, entgegen (Schiefele, Streit & Sturm, 2019, S. 16). Ingenkamp und Lissmann (2008) haben erstmalig den Begriff der Pädagogischen Diagnostik definiert (Heinrichs, 2015, S. 9):

> „Pädagogische Diagnostik umfasst alle diagnostischen Tätigkeiten, durch die bei einzelnen Lernenden und den in einer Gruppe Lernenden Voraussetzungen und Bedingungen planmäßiger Lehr- und Lernprozesse ermittelt, Lernprozesse analysiert und

> Lernergebnisse festgestellt werden, um individuelles Lernen zu optimieren." (Ingenkamp & Lissman, 2008, S. 13)

Eine weitere, aber in Facetten etwas andere Definition stammt von van Ophuysen, Lintorf & Harazd (2013).

> „Pädagogische Diagnostik meint das systematische Sammeln von Informationen über einzelne Schüler oder Gruppen von Schülern mittels vornehmlich sozialwissenschaftlicher, wenngleich unstandardisierter Instrumente sowie deren Analyse und Integration, um professionelles pädagogisches Handeln vorzubereiten und zu unterstützen. Im schulischen Kontext sind neben unmittelbaren pädagogischen Entscheidungen auch die Informierung und Berichtlegung sowie die Vergabe von Noten und Qualifikationen als professionelle Handlungsweisen zu fassen." (van Ophuysen, Lintdorf & Harazd, 2013, S. 190)

In der Gegenüberstellung allein dieser beiden Definitionen zeigt sich bereits, dass scheinbar Aspekte vorherrschen, die gleichermaßen einbezogen, jedoch unterschiedlich beleuchtet werden können. Dazu zählen die folgenden Fragen:

- Die Adressat:innenebene: An wen ist die Diagnose gerichtet?
- Die intentionale Ebene: Was soll mit der Diagnose erreicht werden?
- Die Verfahrensebene: Womit/Wie werden die gewünschten Erkenntnisse erhoben?

Allein in den beiden oben aufgeführten Definitionen werden diese Fragen punktuell anders beantwortet, wie Tabelle 1.1 zeigt.

Tabelle 1.1 Definitionen der pädagogischen Diagnostik

Ebene	Ingenkamp & Lissmann	Van Ophuysen, Lintdortf & Harazd
Adressat:innen	Lernende einzeln oder in einer Gruppe	Schüler:innen einzeln oder in einer Gruppe
Intention	Optimierung individuellen Lernens	Vorbereitung und Unterstützung pädagogischen Handelns, aber auch Informierung und Berichtlegung sowie die Vergabe von Noten und Qualifikationen als professionelle Handlungsweisen fassen
Verfahrensweise	Ermittlung planmäßiger Lehr- und Lernprozesse, sowie Analyse von Lernprozesse und Feststellung von Lernergebnissen	Erhebung mittels vornehmlich sozialwissenschaftlicher, wenngleich unstandardisierter Instrumente sowie deren Analyse und Integration

Entlang dieser Aspekte wird Diagnose nachfolgend aus den verschiedenen Perspektiven der Adressat:innen, der Verfahrensweise und der Intention betrachtet.

Die Adressat:innenebene

Die Frage, auf wen sich die Diagnostik im pädagogischen Rahmen bezieht, ist gerade im inklusiv ausgerichteten Unterricht zumeist mit *‚auf die Lernenden'* (z. B. Gebhardt, 2023; Schreiner & Breit, 2021) zu beantworten und damit recht einheitlich. Wenngleich diese Gruppe wohl die zentralen Adressat:innen darstellen, können darüber hinaus beispielsweise zu Evaluationszwecken auch die Lehrperson als Adressat:in einer Diagnose gelten, wie es in evidenzbasierten Methoden der Unterrichtsdiagnostik und -entwicklung (EMU) üblich ist (Helmke, Schrader & Helmke, 2012).

Weitere Unterschiede können in der Ausprägung der Rolle der Lehrkräfte und der Lernenden ausgemacht werden. Modernere Ansichten von unterrichtlichem Lernen stellen das aktive, selbstgesteuerte und eigenverantwortliche Lernen der Lernenden in den Fokus (Winter, 1991). Kritik an der passiven Rolle der Schüler:innen aus der Strömung der Förderdiagnostik (Schiefele, Streit & Sturm, 2019) soll mit der Pädagogischen Diagnostik entgegengewirkt und die Lernenden in den Fokus gerückt werden. Dementsprechend gilt für die pädagogische Diagnostik das Paradigma der Lernendenzentriertheit –, dass hier die Schüler:innen in der aktiven Rolle gesehen werden. Damit einhergehend ist „[d]ie Hauptaufgabe der Pädagogischen Diagnostik […] für den Lernenden richtige Entscheidungen zu treffen“ (Ingenkamp & Lissmann, 2008, S. 14), mit denen gleichwohl dessen Teilhabe und aktive Verantwortung des eigenen Lernprozesses gewährleistet wird (Schütze, Souvignier & Hasselhorn, 2018).

Das Ziel pädagogischer Diagnostik auf der Adressat:innenebene der Lernenden in der Schule kann als „persönlichkeitsfördernde und leistungssteigernde Entwicklungen des Kindes durch entsprechende Veränderungen des pädagogischen Angebotssettings“ (Graf & Moser Opitz, 2007, S. 6 f.) zusammengefasst werden. Meyer (2015) unterscheidet ausdifferenzierter in der Intention von Diagnostik zwischen institutionellen und handlungsleitenden Funktionen. Dabei beschreibt letzteres die gesellschaftlich geforderten Bestimmungen von Schule, worunter z. B. das Beurteilen von Schüler:innenleistungen zu Selektionszwecken, insbesondere an Stellen des Übergangs im Bildungssystem, zählt (Ditton, 2010; von Aufschnaiter et al., 2015). Die handlungsleitende Funktion schließt Bewertungen hingegen nicht aus, sie bezieht allerdings die Perspektive der individuellen Schüler:innen ein, indem es „auch um das Treffen pädagogischer und didaktischer Entscheidungen sowie um Förderung“ (Meyer, 2015, S. 76) geht.

Dementsprechend schlägt Wollring (2010) für diesen Zweck eine Erhebungsmethodik vor, die nicht nur schriftlich standardisierte Erhebungen, sondern auch Einsichten aus diagnostischen Gesprächen einbezieht.

Meyer 2015 stellt für die Sekundarstufe in Anlehnung an Kleber (1992) und Ingenkamp und Lissmann (2008) vier Funktionen von Diagnostik heraus, welche auch auf den Primarbereich übertragen werden können. Dabei beschreibt er zwei eher systemische Funktionen, die der Selektion sowie Qualifikation und der Bewertung dienen. Die didaktische und die förderorientierte Funktion bewegen sich hingegen auf unterrichtlicher und schüler:innenbezogener Ebene. Die didaktische Funktion beschreibt demnach Einblicke in Kenntnisstände von Schüler:innen und geht der Frage nach, wo Lernende *‚abgeholt‘* werden können – geht dementsprechend einher mit einer Förderfunktion. Diese Förderfunktion zielt auf den individuellen Verständnisaufbau von Lernenden ab und orientiert sich dabei an den Voraussetzungen und Bedürfnissen der Einzelnen (Abschnitt 1.1.2). Ziel ist grundsätzlich der Lernerfolg des individuellen Kindes (Meyer, 2015). Die Intention kann jedoch dennoch variieren. Dies wird im nachfolgenden Abschnitt zur intentionalen Ebene fokussiert.

Die intentionale Ebene

Unter anderem Schiefele, Streit und Sturm (2019) führen als Gründe für eine verstärkte Fokussierung von Diagnose und diagnostischen Handelns in schulischen Kontexten einerseits die Veröffentlichungen der Ergebnisse der PISA-Ländervergleichsstudien, in denen deutsche Schüler:innen im Vergleich niedrige fachliche Kompetenzen zeigten (Reiss et al., 2019), an. Auch aus den Ergebnissen von anderen Vergleichsuntersuchungen wie TIMSS (Selter et al., 2024) oder die IQB-Ländervergleichsstudie (Stanat et al., 2022) können für Deutschland wiederkehrend den Trend ausmachen, dass insbesondere leistungsschwächere Lernende keine ausreichende Förderung zum Erwerb mathematischer Kompetenzen erhalten. Der daraus abzuleitende Gestaltungsauftrag für inklusive Schule und Unterricht hat zudem „seit 2010 im Anschluss an die Ratifizierung der UN-Behindertenrechtskonvention durch Bund und Länder zunehmend Bedeutung erhalten“ (Schiefele, Streit & Sturm, 2019, S. 15).

Die intentionale Ebene aus der Perspektive der Notwendigkeit der Ausbildung diagnostischer Fähigkeiten von (angehenden) Lehrkräften, ist aus den obigen Ausführungen ableitbar. Die intentionale Perspektive beinhaltet jedoch darüber hinaus die Perspektive auf das, was Diagnostik leisten soll.

Im englischsprachigen Raum wird zur Klärung der Intention von Diagnostik mitunter zwischen einer *summativen* und einer *formativen* Betrachtung – oder englischsprachig *Assessment* – unterschieden. Das *summative Assessment* meint in der Regel eine abschließende Bewertung (Schütze, Souvignier & Hasselhorn, 2018, S. 699 f.). und ähnelt der deutschen diagnostischen Verfahrensweise der *Statusdiagnostik* (Tabelle 1.2), womit auch selektive Intentionen verknüpft sein können (von Aufschnaiter et al., 2015).

Shavelson et al. (2008) stellen als Funktion des *summativen Assessments* „Bewertung der Leistungen anhand von Standards und Fortschritten“ (Shavelson et al., 2008, S. 296; eigene Übersetzung) heraus. *Formatives Assessement* meint hingegen zumeist ein diagnostisches Vorgehen, welches eine Entwicklung betrachtet und während einer Lehr-Lern-Einheit zum Tragen kommt (Schütze, Souvignier & Hasselhorn, 2018). Dabei ist die Funktion anders als beim *summativen Assessment* also nicht auf die reine Leistung, sondern auf „die Bewertung des Lernens“ (Shavelson et al., 2008, S. 296; eigene Übersetzung) der Schüler:innen oder der Gruppe bezogen.

Intentional soll *formatives Assessment* „der (situativen) Adaption der Lernangebote dienen“ (von Aufschnaiter et al., 2015, S. 741). Dabei kann allerdings nochmal adressat:innenspezifisch unterschieden werden. Zum einen kann eine Betrachtung einer ganzen Gruppe an Schüler:innen erfolgen, wobei formativ gedacht dann eine adäquate Zielsetzung eine Unterrichtsoptimierung sein kann. Auf Ebene individueller Schüler:innen fungiert auch die individuelle Leistung als Bezugspunkt der Diagnose (Schütze, Souvignier &Hasselhorn, 2018).

Nicht also die Verfahrensweise, sondern die Intention ist entscheidend, um zu bestimmen, ob es sich um ein *formatives* oder *summatives Assessment* handelt:

„In diesem Sinne ist also nicht das Instrument, mit dem ein Assessment durchgeführt wird, formativ oder summativ, sondern die Nutzung des Instruments" (Schütze, Souvignier & Hasselhorn, 2018, S. 699 f.).

Das Verfahren der jeweiligen Diagnose wird im nachfolgenden Abschnitt zur Verfahrensebene aufgegriffen.

Die Verfahrensebene

Von Aufschnaiter et al. (2015) unterscheiden in Status-, Prozess- und Veränderungsdiagnostik. Während Stauts- und Prozessdiagnostik dabei eher zur Erhebung von Lernständen eingesetzt werden, werden mit der Veränderungsdiagnostik Lernverläufe betrachtet (von Aufschnaiter et al., 2015; Tabelle 1.2).

Tabelle 1.2 Erfassung von diagnostischen Daten. (Nach von Aufschnaiter et al., 2015, S. 744 ff.)

	Lernstände erheben		Lernverläufe erheben
	Statusdiagnostik	Prozessdiagnostik	Verlaufsdiagnostik
Gegenstand	Fokus: Lernprodukt Erfassung von Kompetenzen zu einem bestimmten Zeitpunkt	Fokus: Arbeitsprozesse Ermittlung, wie Lernende zu Lösungen gelangt sind	Fokus: Lernverlauf Prozesse, die auf die Entwicklung einer bestimmten Kompetenz hinweisen
Methodik	i. d. R. schriftlich zu beantwortende Aufgaben und Fragen (eher schriftlich)	z. B. Videoaufzeichnungen, think aloud Methode (eher mündliche)	Video- und Audioaufzeichnungen
Ziel	Lernausgangslage bestimmen Maßnahmen der Zuweisung zu weiteren Bildungsabschnitten	Bestimmung spezifisch abgestimmter Fördermaßnahmen	Ableitung von Aussagen über die Dynamik fachspezifischen Lernens

Die jeweilige Verfahrensweise einer Diagnose kann neuerlich entweder den Zweck einer institutionellen oder einer handlungsleitenden Diagnostik dienen, bzw. summativ oder formativ gedacht sein, „weil entweder vorliegende Kompetenzen oder aber der Verlauf der Lernprozesse auf eine bestimmte Zuteilung bzw. die Notwendigkeit einer spezifischen Fördermaßnahme verweisen" (von Aufschnaiter et al., 2015, S. 741).

Außerdem ist Diagnostik nicht als einmalige Überprüfung von Wissensständen zu verstehen, denn: „Wenn ein Assessment als Grundlage für einen effektiven Unterricht dient, ist sie schnell veraltet“ (Heritage, 2007, S. 141; eigenen Übersetzung). Sollen Diagnosen fruchtbar sein, so muss die diagnostische Praxis als kontinuierlicher Prozess begriffen werden, anhand derer (Planungs-) Entscheidungen fundiert werden. Daher plädiert Heritage (2007) beim formativen Assessment für Kernelemente, die stets mitgedacht werden müssen: „1) Identifizierung der ‚Lücke‘, 2) Feedback, 3) Einbeziehung der Lernenden und 4) Lernfortschritte“ (S. 141; eigene Übersetzung).

Grundsätzlich geht es bei der Pädagogischen Diagnostik immer darum, „die Deutungsmuster und Zugangsweisen der Kinder zu verschiedenen Themen zu erfassen“ (Graf & Moser Opitz, 2007, S. 7). Daher ist sie immer bereichs- bzw. fachspezifisch zu denken. Aus diesem Grund führt Brunner (2017) auf, dass der Begriff der Pädagogischen Diagnostik zu unspezifisch sei, mit der Begründung, spezifische fachdidaktische Aspekte gerieten zu kurz, wenn diese nicht in einer jeweiligen fachbereichsspezifischen Diagnostik mitgedacht werden. Denn „Es gilt: Je genauer das Lernverhalten beschrieben werden kann, desto präziser kann die fachliche Förderung darauf Bezug nehmen“ (Brunner, 2017, S. 67). Für den mathematischen Bereich bedeutet dies im Kontext einer handlungsleitenden Diagnostik, dass es „Strategien und Lösungswege nachzuvollziehen und mathematische Denkweisen und Vorstellungen von SchülerInnen zu beschreiben und zu verstehen“ (Schiefele, Streit & Sturm, 2019, S. 131), gilt (Abschnitt 1.2).

In dieser Arbeit wird eine Perspektive auf Diagnostik eingenommen, in der das Ziel immer die individuelle Weiterentwicklung des Lernprozesses von Lernenden ist. Im folgenden Teilkapitel 1.1.2 wird daher die förderorientierte Diagnostik konzeptuell dargelegt, die genau das übergeordnete Ziel einer Diagnose in der Förderung von Lernenden innehat.

1.1.2 Förderorientierte Diagnostik

Aufgabe von Lehrkräften in diagnostischen Settings ist es, Lern- und Leistungsstrukturen zu erkennen, was bedeutet, einerseits Kompetenzen, an die angeknüpft werden kann und andererseits Fehlkonzepte aufzuspüren, die überwunden werden müssen (Heritage, 2007). Dabei geht es um eine tiefe Auseinandersetzung mit Lernendendokumenten (mündlich wie schriftlich) mit dem Ziel der genauen Analyse bei möglichen Schwierigkeiten (Prediger & Wittmann, 2009). Lediglich ein Erkennen des Vorhandenseins von Fehlern oder Kompetenzen reicht nicht aus,

„[e]s gilt, die Denkwege der Lernenden zu verstehen und sie in geeignete Fördermaßnahmen zu übersetzen“ (Hußmann & Selter, 2013, S. 9). Umgekehrtes gilt ebenso: Förderungen so zu planen, dass sie an den individuellen Fähigkeiten von Schüler:innen anknüpfen, heißt, dass „die Lehrkraft wissen [muss], über welche Kompetenzen die Lernenden verfügen – also eine Diagnose stellen“ (Häsel-Weide & Prediger, 2017, S. 7).

Diagnose als Grundlage konzeptuellen Lernens
In einer konstruktivistischen Ausrichtung von Lernen bedeutet ein kognitives Wachstum, dass Lernende die Möglichkeit erhalten, Wissen zu vernetzen, um es konzeptuell und nicht rein prozedural anzulegen (Gerstenmaier & Mandl, 1995). Das wiederum bedeutet, dass an vorhandenes Wissen angeknüpft werden muss, um neue Inhalte zu verorten und langfristig zu lernen: „Wenn man an das Denken der Kinder anknüpfen will, muss man es kennen und verstehen lernen“ (Spiegel, 1999, S. 24). Mit genau dieser fokussierten Zielsetzung, fordern auch Prediger und Selter (2008), dass eine reine Kontroll- bzw. Selektionsfunktion zugunsten der Fokussierung einer Entwicklungsfunktion zu vernachlässigen ist.

Die Denkwege der Kinder lassen sich durch zielgerichtete Diagnose aufdecken, wobei zielgerichtet meint, dass eben die Förderung des Kindes stets bereits in der Diagnose mitgedacht wird und Diagnoseentscheidungen unter der Prämisse einer angegliederten passgenauen Förderung getroffen werden (Hußmann & Selter, 2013). Diagnosen mit dem Ziel der Förderung – mehr noch, die Verzahnung von Diagnose und Förderung – ist Kerngedanke einer förderorientierten Diagnostik (Brandt, 2022). Wobei die Zielsetzung förderorientierter Diagnose die „Optimierung individuellen Lernens“ (Brandt, 2022, S. 7) darstellt.

Häsel-Weide und Prediger (2017) bezeichnen ‚*Diagnose und Förderung*‘ als zusammengehöriges Begriffspaar und heben damit noch einmal deutlich, die starke Verbindung zwischen den beiden Konzepten hinter den Begriffen hervor. Auch Heß und Nührenbörger (2017) unterstreichen die unverhandelbare Verbundenheit von Diagnose und Förderung: „Förderung und Diagnose [sind] kontinuierlich miteinander verzahnt“ (S. 277). Sie weisen damit auch auf die Langfristigkeit der wechselspieligen Bedingtheit hin, die nicht nur in die eine Richtung verläuft, sodass mit einer Diagnose und daran angliedernde Förderung der Prozess abgeschlossen, sondern dies stetig und sich gegenseitig stützend als fortlaufender, zirkulärer (Lern- und Lehr-) Prozess zu verstehen ist (Heß & Nührenbörger, 2017).

Schlee (1985a) beschreibt den Zusammenhang aus Diagnose und Förderung damit, dass ein *Ist-Wert* erst dadurch erkennbar wird, wenn der *Soll-Wert* als Referenz hinzugezogen wird, sodass der *Ist-Wert* vor diesem Hintergrund zielgerichtet interpretiert werden kann (Schlee, 1985b). „Die Beurteilung eines Ist-Wertes, also einer Diagnose, geht demnach immer von Soll-Werten, also einem festgelegten Zielzustand aus [...]“ (Brandt, 2022, S. 5, s. auch Paradies et al., 2011; Schlee, 1985a). Heritage betont dabei als weiteren Referenzrahmen Standards (z. B. Orientierung an Curricula oder Bildungsstandards), entlang derer Lernstände und Lernfortschritte erst fundiert eingeordnet und weitere Lernwege geplant werden können (Heritage, 2007), wodurch sowohl *Ist-* als auch *Soll-*Wert zuverlässig fachdidaktisch ausgemacht werden können. In der Unterrichtsforschung zeigt sich, dass sich eine Anbindung an individuelle Ist-Zustände, im Sinne von passgenauen diagnosebasierten Förderungen, gewinnbringend für die Lernverläufe der Lernenden auswirken kann (Hattie, 2013; Helmke, 2015).

„Durch die Integration in den Lernprozess können mit einem assessment for learning (statt of learning) auch prozessnahe oder überfachliche Kompetenzen beurteilt werden“ (Smit, 2008, S. 385). Für den Mathematikunterricht bedeutet das, dass ein Zurücktreten reiner Wissensvermittlung im Sinne von Geläufigkeiten und Algorithmen, zugunsten einer Vermittlung zwischen mathematischen Vorstellungen und den Lernenden handlungsleitend sein muss. Denn das Betreiben von Mathematik besteht zwar einerseits aus dem Ausführen von Verfahren, aber in erster Linie aus Verstehensprozessen und dem Entwickeln von Vorstellungen (Prediger, 2009).

Gelingensgrundlagen für diagnosegeleitete Förderung

Durch die enge Verzahnung von Diagnose und Förderung, ist die förderorientierte Diagnostik die eine Perspektive des Prozesses. Eine diagnosegeleitete Förderung muss entsprechend auf der anderen Seite stehen (Selter & Wember, 2019). Smit formuliert Leitfragen, die nach erfolgter Diagnose gestellt werden müssen, um darauf aufbauend diagnosegeleitete und förderorientierte Weiterarbeit mit Fokus auf die Lernendenprodukte strukturiert umzusetzen:

- „Welche Förderung benötigt der Schüler oder die Schülerin?“
- „Wie kann die Lehrperson den Kompetenzstand laufend überprüfen?“
- „Wie wird der Schüler oder die Schülerin in die Gestaltung des Lernprozesses einbezogen?“
  (Smit, 2008, S. 387)

Anhand der Fragen wird abermals deutlich, dass Diagnose und Förderung keine einmalig durchzuführenden Handlungen sind, sondern kontinuierlich und in gegenseitiger Wechselbeziehung miteinander verknüpft sind (s. auch Abschnitt 1.2.4).

Häsel-Weide und Prediger (2017) fassen drei zentrale Konzepte zusammen, die für gelingende Förderungen gelten: Zum einen soll der Fokus auf Verstehensgrundlagen liegen, zum anderen ein Vorstellungsaufbau zentral sein und als drittes, Handlungen am Material als Reflexionsgrundlage dienen (Häsel-Weide, Prediger, 2017, S. 5). Brandt (2022) stellt daran anknüpfend konkrete Kriterien für eine gelungene diagnosegeleitete, förderorientierte Weiterarbeit auf, die hier tabellarisch (Tabelle 1.3) zusammengefasst und in ihrer Beschreibung allgemeiner gefasst werden als in Brandt 2022:

Tabelle 1.3 Kriterien für eine diagnosegeleitete, förderorientierte Weiterarbeit nach Brandt (2022)

Kriterium	Beschreibung
Subjektbezug	Passung zur diagnostizierten Merkmalsausprägung (z. B. spezifische Fehlvorstellung des Kindes)
Handlungsorientierung	Zielorientierter und zweckgebundener Einsatz unterrichtlicher Aufgaben, didaktischen Materials und Methoden.
Zielorientierung	Aufbau tragfähiger Grundvorstellung zum jeweiligen Inhaltsbereich.

Zusammenfassend gilt: „Unterrichtsrelevante Diagnose muss stets im Hinblick auf die Förderung geplant werden, Förderung auf der Basis von Diagnose. Ausgangspunkt sind dabei inhaltliche Planungsfragen über die angestrebten Lernziele und Kompetenzen" (Häsel-Weide & Prediger, 2017, S. 1), sowie fachdidaktischen und bereichspezifisches Wissen, welches sowohl Diagnose als auch Förderung fundiert (Brandt, 2022; Häsel-Weide & Prediger, 2017). Aufgrund der anspruchsvollen Aufgabe, sowie der hohen Relevanz aus schulpraktischer Perspektive bezogen auf die individuellen Lernenden, gilt die Fähigkeit zielgerichtet diagnostizieren zu können als eine zentrale Facette der professionellen Kompetenz von Lehrkräften (Weinert, 2000).

Im folgenden Unterkapitel wird diese Facette näher beleuchtet: diagnostische Kompetenz und diagnostische Fähigkeiten werden diskutiert und voneinander abgegrenzt sowie die für diese Arbeit als zentral angesehenen diagnostischen Fähigkeiten herausgearbeitet.

1.1.3 Modellierung von Diagnosefähigkeit

Die Betonung diagnostischer Kompetenzen als zentraler Bereich der Lehrer:innenprofession wird immer wieder hervorgehoben (z. B. Prediger et al., 2012; Baumert & Kunter, 2006; Weinert, 2000). Insbesondere durch steigende Heterogenität benötigen „Lehrpersonen entsprechende Kompetenzen, um ‚treffsicher' diagnostizieren und zugleich die Erkenntnisse für ihr unterrichtliches Handeln fruchtbar machen zu können" (Schiefele, Streit & Sturm, 2019, S. 130).

In einem Literaturreview von Wagner (2024) zu Einflussfaktoren, die die Diagnosekompetenz von Lehrkräften betreffen, wurde unter anderem danach gesucht, inwiefern die Merkmale von Lehrpersonen die Diagnosekompetenz beeinflussen. Dabei konnte sie insbesondere ausmachen, dass ein Vergleich zwischen „voll ausgebildeten Lehrkräften und (Lehramts-)Studierenden, [...] übereinstimmend in allen einbezogenen Studien einen Zusammenhang zwischen Expertise und Urteilsakkuratheit" (Wagner, 2024, S. 23) aufgezeigt werden kann. Jedoch bestehen keine Hinweise darauf, dass die Berufserfahrung bezogen auf die Jahre an Praxiserfahrung einen Einfluss auf die Akkuratheit der Diagnosen von Lehrkräften haben (Wagner, 2024), was den Schluss nahelegt, dass grundsätzlich Praxiserfahrungen dazu beitragen können, genauere Urteile abzugeben.

Wagners Betrachtungsschwerpunkt liegt allerdings auf der Urteilsgenauigkeit beziehungsweise Akkuratheit (s. auch Schrader, 2010; Südkamp, Kaiser & Möller, 2012) der Diagnosen. Dieser Ausschnitt aus dem Kompetenzbegriff ist lediglich eine der möglichen Perspektiven, die in dieser Arbeit nicht vornehmlich eingenommen werden soll. Nachfolgend wird daher operationalisiert, was in dieser Arbeit unter Diagnosefähigkeiten verstanden wird.

Konzeptuelles zu Diagnosekompetenzen und -fähigkeiten
Eine vielfach zitierte Definition von Diagnosekompetenzen, liefert Weinert (2000). Demnach sind diagnostische Kompetenzen ein:

> „Bündel von Fähigkeiten, um den Kenntnisstand, die Lernfortschritte und die Leistungsprobleme der einzelnen Schüler sowie die Schwierigkeiten verschiedener Lernaufgaben im Unterricht fortlaufend beurteilen zu können, sodass das didaktische Handeln auf diagnostischen Einsichten aufgebaut werden kann." (Weinert, 2000, S. 14 f.)

Ebenfalls auf die praktische Handlungsfähigkeit bezogen, arbeiten Brunner et al. (2011) drei Facetten von Wissen speziell auf den Mathematikunterricht und Lern*prozesse* gerichtet heraus, die sie als Grundlage diagnostischer Fähigkeiten deklarieren. Diese sind, dass Lehrkräfte dazu in der Lage sind ...

1. Aufgaben adäquat zu beurteilen nach mathematischem Gehalt und Anforderung
2. Lernenden Vorwissen und
3. Verständnisschwierigkeiten zu bewerten
   (Brunner et al., 2011, S. 216).

Helmke fordert von Lehrkräften „die Fähigkeit, Personen oder Personengruppen (z. B. Schulklassen) zutreffend zu beurteilen bzw. genaue diagnostische Urteile abzugeben“ (Helmke, 2012, S. 119) ein. Dabei fokussieren Anus et al. (2013) das Erkennen von Lernschwierigkeiten und Lernstärken mit Blick auf individuelle Förderung als zentrales Ausbildungsziel angehender MINT-Lehrkräfte.

Die Grundlage dafür, bereichspezifisch handlungsfähig zu sein und damit „[einen] besonderen Aspekt der professionellen Kompetenz von Lehrerinnen und Lehrern stellt das fachdidaktische Wissen dar“ (Schulz, 2014, S. 6). Dabei setzt sich fachdidaktisches Wissen aus Fachwissen auf der einen und pädagogischem Wissen auf der anderen Seite verknüpfend zusammen (Shulman, 1987). Girulat et al. (2013) unterstützen die Bedeutung dieser Kompetenzfacette und heben die Relevanz hervor „gezielt diagnostische Situationen mit Blick auf die Aufgabe, die Lernenden, das Fach und die Interaktion zwischen Lehrkraft und Lernenden zu deuten […]“ (Girulat et al., 2013, S. 151).

Prediger (2010) und Prediger et al. (2012) gehen davon aus, dass eine Fokussierung auf reine Urteilgenauigkeit nicht ausreicht, um diagnostisch kompetent zu handeln, sondern beschreiben in vier Facetten das Konzept der diagnostischen Tiefenschärfe (Tabelle 1.4).

Tabelle 1.4 Facetten der diagnostischen Tiefenschärfe nach Prediger (2010) und Prediger et al. (2012)

Facetten	Beschreibung
Bereichsunabhängige Haltung	Als notwendige Voraussetzung für diagnostische Prozesse gilt das Interesse am Denken der individuellen Lernenden.
Interpretative Grundkompetenz	Eine kompetenzorientierte Blickrichtung und die Bereitschaft sich in das Denken der Lernenden hineinzuversetzen ist ebenfalls Voraussetzung für diagnostische Tiefenschärfe.
Allgemeines Wissen über Lernprozesse	Als Interpretations- und Handlungsgrundlage sowie um das Denken der Lernenden überhaupt nachvollziehen zu können, ist ein gefestigtes Hintergrundwissen vonnöten.
Domänenspezifisches Wissen	Das Wissen um z. B. typische Fehler oder die Mehrdeutigkeit mathematischer Begriffe ist grundlegend.

Hier werden neben Wissenselementen auch Haltungen und Einstellungen einbezogen, die als grundlegend für Diagnosekompetenz angesehen werden. Der Einbezug von Haltungen und Einstellungen ist nicht unüblich, da „auch die Bereitschaft zur Diagnostik eine entscheidende Rolle einnimmt“ (Hock, 2021, S. 41).

Die Bereitschaft scheint jedoch nicht als qualitätssicherndes Element hinreichend zu genügen, denn es konnte in Studien ausgemacht werden, dass es Noviz:innen häufig lediglich gelingt, ihre Diagnose an Oberflächenmerkmalen festzumachen, während erfahrenere Pädagog:innen deutlich häufiger zugrundeliegende Tiefenstruktur eines Themas – die dem mathematischen Inhalt zugrundeliegenden komplexen Modelle – zu aktivieren und konkret in ihr Diagnosehandeln einzubeziehen (z. B. Chi, et al., 1981; Berliner, 2001). Eine Begründung dafür sehen Schiefele, Streit und Sturm (2019) darin, dass erfahrene Lehrkräfte Konzepte, Erfahrungen und daraus resultierenden Handlungen verbinden.

Zusammenfassend scheint es also essentiell, die von Prediger aufgemachten vier Facetten für diagnostische Tiefenschärfe als miteinander verbunden zu behandeln, die in ihrer Verzahnung und deren Anwendung dazu führen können, dass Lehrpersonen in der Lage sind, durch theoretisches Wissen fundierte Diagnosen bezogen auf konzeptuelle gedankliche Modelle umsetzen zu können (Prediger et al., 2012).

Neben der Komplexität, verschiedene Wissens- und Handlungsfacetten zu verbinden, sind bei einer Diagnose immer auch „die formalen Rahmenbedingungen der Organisation eingebunden, in der sie stattfindet“ (Schiefele, Streit & Sturm, 2019, S. 12) mitzudenken. Das bedeutet, dass zum Beispiel die Notengebung vorausgesetzter Teilbereich und Aufgabe schulischer Diagnostik ist (Schiefele, Streit & Sturm, 2019). Um der Starre dieser institutionellen Rahmenbedingungen entgegenzuwirken, betonen Schütze, Souvignier und Hasselhorn (2018) den konsequenten Einbezug der Lernenden als Leitperspektive beim Diagnostizieren. Dabei heben sie insbesondere „die Absicht Schülerinnen und Schüler als Verantwortliche des eigenen Lernens zu aktivieren“ (Schütze, Souvignier & Hasselhorn, 2018, S. 709) hervor. Auch Meyer 2015 beschreibt die Diffizilität der Einbindung der einzelnen Akteur:innen auf der einen und die Anbindung an die institutionelle Rahmung auf der anderen Seite. Er nennt dies *Bedingungsgeflecht*, bestehend aus den einzelnen Personengruppen der Lehrenden, der Lernenden und der Eltern verbunden mit den institutionellen Rahmenbedingungen sowie dem betrachteten Lerngegenstand (Meyer, 2015).

Modellierung der Diagnosefähigkeit für diese Arbeit

Der Kompetenzbegriff im Bereich von Diagnose umfasst mehr als Wissensfacetten (Prediger, 2010; Prediger et al., 2012), sondern ebenso rahmende Voraussetzungen (Schütze, Souvignier & Hasselhorn, 2018), den Einbezug verschiedener Personengruppen (Meyer, 2015), Einstellungen oder grundsätzliche Haltungen (Hock, 2021; Prediger, 2010; Prediger et al., 2012). Im Folgenden werden drei bestehende Kompetenzmodellierungen betrachtet und diskutiert sowie insbesondere für das Design der hier vorgestellten Plattform (Kapitel 4) für die Modellierung von Diagnosefähigkeiten für diese Arbeit genutzt.

Das COACTIV-Kompetenzmodell

Aufgrund der Ausgangslage, dass es an systematisch empirisch überprüften Modellierungen mangelt, schlagen Baumert und Kunter (2011) ein Modell im Kontext der Professionalität von Lehrkräften vor und liefern eine empirische Überprüfung mit. Ziel ist es „einen theoretischen und empirischen Beitrag zur Klärung zentraler Konzepte und zur Diskussion über die Professionalisierung von Lehrkräften“ (Baumert & Kunter, 2011, S. 29) zu bieten.

Das COACTIV-Modell (Abbildung 1.1) legt als Grundlage vier Kompetenzaspekte zugrunde: Wissen, Überzeugungen, Motivation und Selbstregulation, wobei das Professionswissen als „Kern der Professionalität“ (Baumert & Kunter, 2011, S. 33) bezeichnet wird. Daher wird das Professionswissen in dem Modell fokussiert und weiter in fünf verschiedene Kompetenz*bereiche* unterteilt, die sich aus Fachwissen, fachdidaktischem Wissen, pädagogisch-psychologischem Wissen, Organisationswissen und Beratungswissen zusammensetzen. Die dritte Ebene des Modells bezieht sich auf das Fachwissen, das fachdidaktische Wissen und das pädagogisch-psychologische Wissen, wobei sie jeweils in Kompetenz*facetten* untergliedert werden. Für die umfassende Darlegung zu den einzelnen Kompetenzen, den Kompetenzbereichen und den Kompetenzfacetten und deren empirischer Untersuchung sei an dieser Stelle auf Kunter et al. (2011) verwiesen.

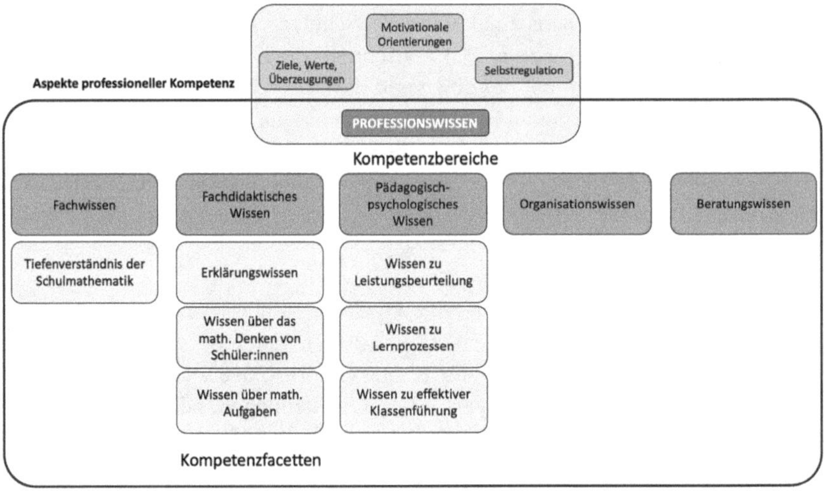

Abbildung 1.1 COACTIV-Modell. (Nach Baumert & Kunter, 2011, S. 32)

Kompetenz als horizontales Kontinuum
Die Kompetenzmodellierung von Blömeke et al., (2015) stellt sich Konzepten gegenüber, die Kompetenzen entweder lediglich aus Handlungen in Umsetzungssituationen begreifen oder diese Handlungen nutzen, um dahinterliegende Aspekte, wie die Motivation oder das Wissen zu beurteilen. Sie begreifen sowohl das Wissen, die Fähigkeiten als auch die Affekte als ineinandergreifende Facetten von Kompetenz (Blömeke et al., 2015).

Dafür entwickeln sie eine Kompetenzmodellierung (Abbildung 1.2), die zwischen Dispositionen, situationsspezifischen Fähigkeiten und Performanz unterscheidet, sie jedoch im Kompetenzbegriff gleichermaßen miteinbezieht. Dabei stehen die situationsspezifischen Fähigkeiten, wie das Interpretieren, die Wahrnehmung und das Entscheidungen treffen vermittelnd zwischen der Disposition (bestehend aus Kognition und Motivation) und der Performanz (dem beobachtbaren Verhalten), anstatt getrennt betrachtet zu werden (Blömeke et al., 2015).

Die Konzeptualisierung von situationsspezifischen Fähigkeiten entsprechen dabei dem Ansatz von Jacobs, Lamb und Philipp (2010) und deren Auffassung von Professionellem *Noticing* mathematischen Denkens von Kindern. Dies umfasst die drei Teilbereiche (Jacobs, Lamb & Philipp, 2010, S. 172 f.) des *Berücksichtigens von Strategien* (*Perception* bei Blömeke et al., 2015), der *Interpretation des mathematischen Verständnisses* (*Interpretation* bei Blömeke et al., 2015), und das Entscheiden über *Reaktionen unter Fokussierung auf das Verständnis* der Kinder (*Descision making* bei Blömeke et al., 2015).

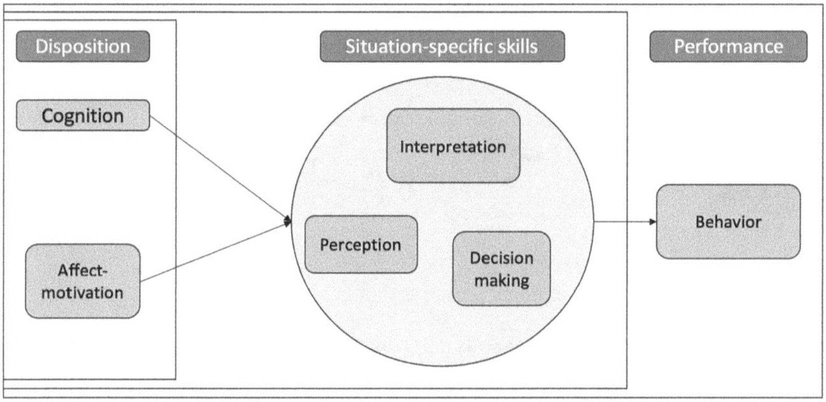

Abbildung 1.2 Kompetenz als horizontales Kontinuum. (Nach Blömeke et al., 2015, S. 7)

Diagnosekompetenz als horizontales Kontinuum

Das Modell von Blömeke et al. (2015) dient als Grundlage zur Spezifizierung von Diagnosekompetenz von Leuders et al. (2018). Sie nutzen die Terminologie von Blömeke et al. (2015) und übertragen diese auf das spezielle Kompetenzfeld der Diagnosekompetenzen. Dabei nutzen und definieren sie die Begriffe der diagnostischen Dispositionen, der diagnostischen Fähigkeiten und der diagnostischen Performanz (Abbildung 1.3).

Diagnostische Dispositionen stellen danach intrapersonell relativ stabile Merkmale dar, wie das Wissen oder die Überzeugungen (Leuders et al., 2018). Als diagnostische Fähigkeiten bezeichnen sie diejenigen Funktionen und Prozesse, die sich auf die diagnostischen Situationen zurückführen lassen, aber gleichzeitig zu beobachtbarer diagnostischer Performanz führen. Darunter fassen sie die Tätigkeiten des Wahrnehmens, des Interpretierens und des Entscheidens (Leuders et al., 2018). Mit diagnostischer Performanz sind all diejenigen Situationen gemeint, in denen Diagnosehandlungen sichtbar werden. Dabei wird die Performanz als Produkt aus Disposition und Fähigkeiten verstanden (Leuders et al., 2018) (Abbildung 1.3).

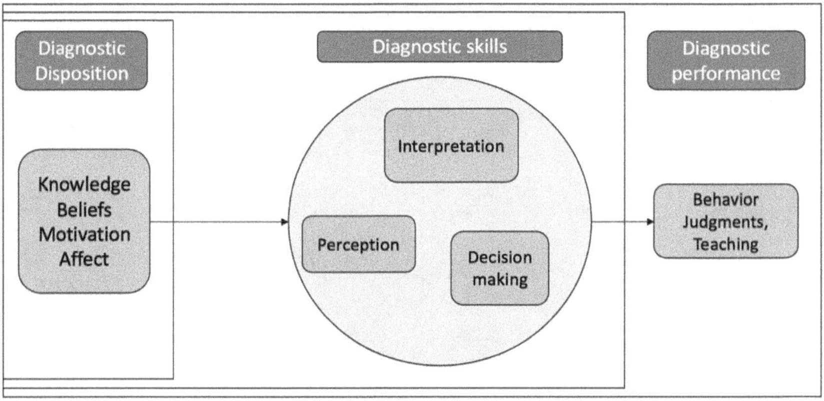

Abbildung 1.3 Diagnosekompetenz als horizontales Kontinuum. (Nach Leuders et al., 2018, S. 9)

Dreisäulenmodell der Diagnosefähigkeit für diese Arbeit

Bezogen auf die drei vorgestellten Modelle kann folgendes zusammengefasst und abgeleitet werden:

Da bei der Konzeptualisierung des COACTIV Modells der Anspruch war, „die individuellen Merkmale zu identifizieren, die Lehrkräfte für die erfolgreiche Bewältigung ihrer beruflichen Aufgaben benötigen“ (Baumert & Kunter, 2011, S. 29), können Kompetenzen, die die Diagnose betreffen an dieser Stelle explizit mit einbezogen, jedoch lediglich als eine der Facetten betrachtet werden, die in die Modellierung einfließt. Darüber hinaus bezieht es sich vornehmlich auf Wissenselemente, was in dieser Arbeit als keine hinreichende Fähigkeitsbeschreibung im Bereich der Diagnose angesehen wird, denn die Frage nach der Aktivierung des Wissens in Handlungen (Wahl, 2002) wird aus dem Modell heraus nicht direkt aufgegriffen.

Wenngleich das Modell von Blömeke et al. (2015) die Grundlage des hier ausgearbeiteten Modells liefert, ist es dennoch aufgrund der Zielsetzung, einer Kompetenzmodellierung allgemeiner professioneller Kompetenzen von Lehrkräften abzubilden, zu unspezifisch für die Zwecke dieser Arbeit. Es wird eine Modellierung benötigt, die sich konkreter auf den Ausschnitt der Diagnostik aus den professionellen Kompetenzen bezieht.

Genau dort setzen Leuders et al. (2018) an, indem sie das Modell von Blömeke et al. (2015) auf Diagnosekompetenzen hin adaptieren. Allerdings erscheint für die Betrachtung des Ausschnitts der Diagnose*fähigkeiten* aus den Diagnose*kompetenzen* eine Einordnung der Wissensfacette allein als Disposition nicht als ausreichend. Fachliches und fachdidaktisches Hintergrundwissen wird in dieser Arbeit als integraler und konstitutiver Bestandteil des Fähigkeitsbegriffs und als Ansatzpunkt der veränderlichen Grundlage zur Ausbildung von Diagnosefähigkeiten angesehen. Da Hintergrundwissen bereits als wichtiger Bestandteil von professionellen Kompetenzen, wie Diagnosefähigkeiten, ausgemacht werden konnte (Baumert & Kunter, 2011) und vor allem, da es einen veränderbaren Prozessbestandteil im Aufbau von Diagnosefähigkeiten darstellt, über den sie bereichsspezifisch erweitert werden können (Brandt, 2022; Schulz, 2014), sollte das Hintergrundwissen in den Fähigkeitsbegriff mit eingedacht werden. Hier werden entsprechend die Überlegungen von Blömeke et al. (2015), beziehungsweise Leuders et al. (2018), über die Ausrichtung des COACTIV-Modells verändert. Wenngleich beide das Wissen (als Disposition) als veränderlich betrachten, soll es für das Design der Steigerung von Diagnosefähigkeiten in dieser Arbeit direkt mit als eine Teilfähigkeit angesehen werden, auf die aktiv durch die Interventionsmaßnahme (Kapitel 4 und 5) Einfluss genommen wird.

Auch die Fähigkeitsdefinition von Weinert (2000) wird an dieser Stelle als zentrale Überlegung mit einbezogen, da sie den Vorteil besitzt, auch Kenntnisse mitzudenken. Wichtig erscheint in diesem Kontext zudem, dass die drei als relevant identifizierten Facetten des Diagnoseprozesses *Lernstände erheben*, *Ursachen analysieren* und *Aufgaben beurteilen* als übergeordnete Bereiche in den Teilfähigkeiten mitbedacht werden, denn nach Weinert (2000) sind all diejenigen Fähigkeiten zentral, die didaktisches Handeln auf Grundlage von konkreten Diagnosen fundieren (Weinert, 2000). Damit wird sich in dieser Arbeit ebenfalls der

Definition von Enenkiel et al. (2022) angeschlossen: „Die diagnostischen Fähigkeiten wurden hierbei durch die Teilkomponenten Beschreiben, Deuten, Ursachen finden und Konsequenzen ableiten operationalisiert" (S. 67), jedoch motivationale und affektive Facetten nicht betrachtet.

Genauer wird in dieser Arbeit darunter gefasst, dass eine (angehende) Lehrperson über tragfähiges Wissen zum fachlichen und fachdidaktischen Hintergrund des zu diagnostizierenden Themas verfügt (Prediger, 2010; Schulz, 2014), und dieses im *Diagnoseprozess* anwenden kann, um Kompetenzen und Fehler kompetenzorientiert aus Bearbeitungen von Lernenden zu entnehmen (Anus et al., 2013; Prediger, 2010), Ursachen für Fehler und Fehlvorstellungen zu analysieren (Girulat et al., 2013) und geeignete (Fein-)Diagnoseaufgaben zu beurteilen beziehungsweise zu entwickeln (Brunner et al., 2011).

Diese Teilbereiche stellen für diese Arbeit die Operationalisierung der *Teilfacetten des Diagnoseprozesses* dar, wobei sich die Bereiche gegenseitig bedingen und als prozesshaft zirkulär (förderorientierte Diagnostik, Abschnitt 1.1.2) verstanden werden (Abbildung 1.4).

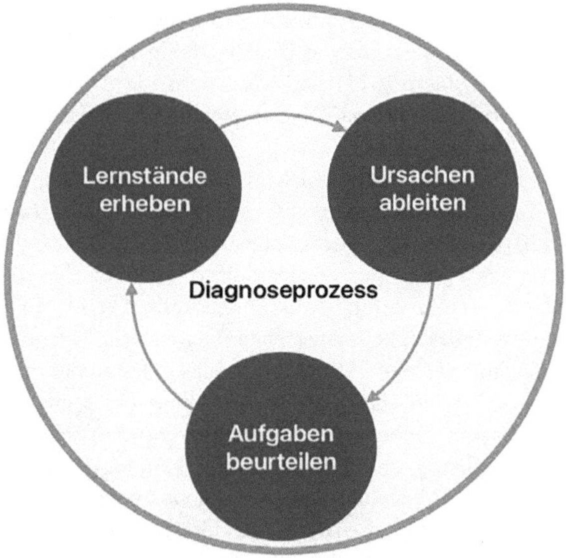

Abbildung 1.4 Teilfacetten des Diagnoseprozesses

Das Zusammenspiel zwischen den diagnostischen Teilfähigkeiten: *theoretisch-kognitiven Fähigkeiten*, *Aktivierungsfähigkeiten* und *Umsetzungsfähigkeiten* (Abbildung 1.5) wird dabei in Anlehnung an Blömeke et al. (2015) und Leuders et al. (2018), als Kontinuum begriffen, wobei alle Teilfähigkeiten ineinander verschränkt sind.

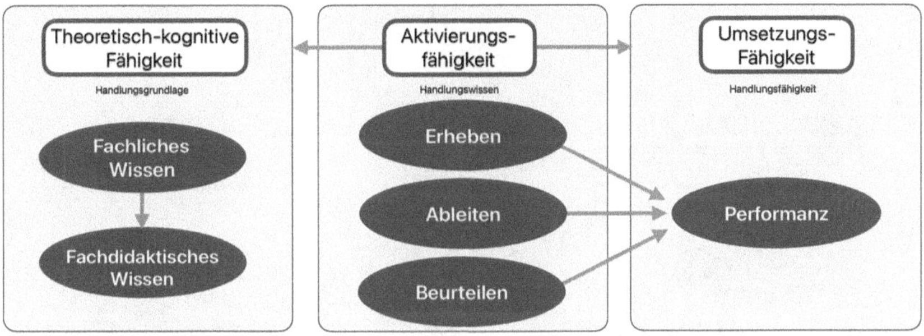

Abbildung 1.5 Teilfähigkeiten des Diagnoseprozesses

Somit bezieht sich im *Dreisäulenmodell der Diagnosefähigkeit* jede Teilfähigkeit auf jede Teilfacette im Diagnoseprozess, was bedeutet, dass Diagnosefähigkeit als Konstrukt aus Teilfähigkeiten bezogen auf die jeweiligen Teilfacette des Diagnoseprozesses im jeweiligen inhaltlichen Bereich zu verstehen ist (Abbildung 1.6).

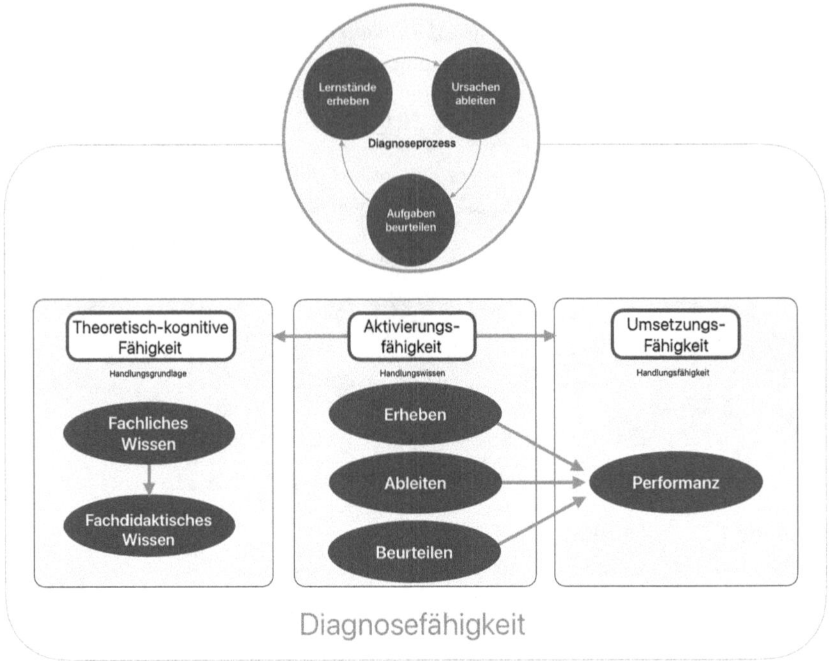

Abbildung 1.6 Dreisäulenmodell der Diagnosefähigkeit

„Dabei sind die diagnostischen Handlungen und die Diagnose selbst als Performanz diagnostischer Kompetenz messbar“ (Lenske & Merkert, 2024, S. 38), wodurch diese eine der Säulen der Diagnosefähigkeit darstellt. Es wird in dieser Arbeit davon ausgegangen, dass ein fundiertes Diagnosehandeln in Form von Performanz in der Praxis, erst über Entscheidungsprozesse gelingen kann, die ein Aktivierungswissen benötigen.

Lindmeier (2011) geht davon aus, dass aktionsbezogene und reflexive Kompetenzen der Schlüssel zwischen Kognition und Performanz sind, wobei immer wieder auf das fachliche und fachdidaktische Professionswissen zurückgegriffen wird. Es wird angenommen, dass Reflexionen eine vermittelnde Rolle zukommen könnte, die „insbesondere für angehende Lehrkräfte (z. B. Lehramtsstudierende), die durch die universitäre Ausbildung zwar deklaratives Professionswissen, aber noch wenig AC [aktionsbezogene Kompetenz] erworben haben, bedeutsam sein“ (Jeschke, Lindmeier & Heinze, 2021, S. 166) könnte.

Da Ergebnisse aus empirischen Studien darauf hinweisen, dass es erfahrenen Lehrkräften akkurater (Wagner, 2024) und konzeptuell fundierter (Chi, et al., 1981; Berliner, 2001) gelingt diagnostisch tätig zu sein, scheint ein Bedarf in der Ausrichtung der Ausbildung auf der Facette zu liegen, die es auch Noviz:innen erlaubt, die Verbindung zwischen Theorie und Praxis und Diagnosesituationen zu üben (Kapitel 2). Dafür muss auf der einen Seite unter Rückgriff auf theoretische Modelle, das Hintergrundwissen als Handlungsgrundlage abgerufen werden können, was auf der anderen Seite in einer konkreten Umsetzung münden muss. Dieses Wissen wird als diagnostisches Handlungswissen bezeichnet und äußert sich in der diagnostischen Performanz. Dabei sind beide Seiten erstens Handlungsgrundlage und zweitens Handlungsfähigkeit miteinzubeziehen. Theoretisch-kognitive Fähigkeiten im Sinne der Diagnosefähigkeiten meint dabei explizit nicht, dass lediglich Wissenselemente prozedural deklariert, sondern dass sie auf diagnostische Situationen angewendet werden können.

Der mittlere Bereich des Modells aus Perspektive der Teilfähigkeiten, bezieht sich zusammengefasst also auf die Aktivierungsfähigkeit, als zentraler Bestandteil der Diagnosefähigkeit, welcher im COACTIV-Modell nicht als eigene Komponente mit in das Modell eingeflossen ist (Baumert & Kunter, 2011), hier jedoch im Einklang mit Blömeke et al. (2015) und Leuders et al. (2018) als zentral im Kontext der Ausbildung von Diagnosefähigkeiten in der universitären Lehrkräftebildung betrachtet wird.

In diesem Zusammenhang ist das Konzept des *Teacher Noticing* (Sherin 2001; Sherin, Jacobs & Philipp, 2011) im Mathematikunterricht zu nennen und konzeptuell in die in dieser Arbeit betrachteten Aktivierungsfähigkeiten einzubetten. Dabei ist das *Noticing* eine intentionale Handlung in Unterrichtssituationen (Mason, 2011) und von zum Beispiel von Diagnosen und Antizipationen geprägt:

> „[…] bemerken, was Kinder tun, wie sie reagieren, das Gesagte oder Getane anhand von Erwartungen und Kriterien zu bewerten und zu überlegen, was als nächstes gesagt oder getan werden könnte“ (Mason, 2002; S. 7; eigene Übersetzung)

Im Einklang der Begrifflichkeiten, die in dieser Arbeit genutzt werden, werden die Tätigkeiten des Diagnoseprozesses (*erheben, ableiten, beurteilen*) als dasjenige genutzt, was aktivierbar erlernt werden und worauf für die Performanz zurückgegriffen werden muss. Es wird jedoch in dieser Arbeit nicht das gesamte Klassengeschehen in den Blick genommen, sondern auf den Bereich der Diagnostik fokussiert. Damit wird der konzeptuelle Gedanke des *Teacher Noticing*, Herausforderungen im komplexen praktischen Unterrichtsgeschehen zielgerichtet zu begegnen (Sherin, Jacobs & Philipp, 2011) auf den Ausschnitt der Diagnostik reduziert und fokussiert. Diese Sichtweise wurde bereits in anderen Arbeiten eingenommen, in welchen diagnostische Kompetenzen beschrieben oder erfasst wurden (z. B. Leuders et al., 2018; Santagata et al., 2021; Stahnke et al., 2016).

Die Hervorhebung von fachlichem und fachdidaktischem Wissen als zentrale Grundlage der Diagnosefähigkeit macht es erforderlich Diagnostik im Mathematikunterricht bereichsspezifisch anzuschauen. Dafür wird im folgenden Teilkapitel entlang der drei aufgeworfenen Facetten von Diagnosefähigkeit Lernstände erheben (1.2.1), Ursachen ableiten (1.2.2) sowie Aufgaben beurteilen (1.2.3) gegliedert. Den Abschluss bildet die Darlegung des Zusammenwirkens von Hintergrundwissen und Diagnose, immer unter einer förderorientierten Perspektive (1.2.4).

Die Aktivierungs- und Umsetzungsfähigkeit wird in Kapitel 2, im Rahmen des fallbasierten Lernens, näher theoretisch betrachtet.

1.2 Die Teilfacetten des Diagnoseprozesses

Diagnose im mathematischen Bereich wird mitunter als leicht durchzuführen wahrgenommen, da schnell erkannt werden kann, ob ein Ergebnis richtig oder falsch ist. Daran orientiert könne festgemacht werden, ob und inwiefern Schüler:innen Verständnis für einen mathematischen Inhalt aufgebaut haben (Meyer, 2015). Dem widerspricht unter anderem Meyer 2015, indem er zwischen Verständnis im Sinne von Vorstellungsaufbau und mentalen Vorstellungsbildern sowie z. B. einem rein automatisierten Ausführen mathematischer Algorithmen unterscheidet. Auch Prediger (2009) konstatiert, dass Verstehen nicht gleichzusetzen mit einer reinen richtigen Ausführung von Rechnungen oder Verfahren ist. Mathematik betreiben, bedeutet zwar bisweilen Verfahren anzuwenden, aber vordergründig bedeutsam ist das Verstehen (Prediger, 2009). Daraus resultiert, dass guter Mathematikunterricht nicht die Vermittlung von mathematischen Inhalten an Schüler:innen in den Fokus nehmen sollte, sondern als Paradigma der Vermittlung zwischen Mathematik und Lernenden haben sollte (Krauthausen & Scherer, 2007). Der Blick auf die konkret auf den mathematischen Fachunterricht bezogene Diagnose, ist nicht zuletzt aus dem Grunde wichtig, da viele Lehrkräfte dies in ihrer Ausbildung als lückenhaft empfinden (Hußmann, Leuders, Prediger, 2007). Aufgabe von Diagnose im Mathematikunterricht ist es dementsprechend, „Strategien und Lösungswege nachzuvollziehen und mathematische Denkweisen und Vorstellungen von SchülerInnen zu beschreiben und zu verstehen“ (Schiefele, Streit & Sturm, 2019).

Auch Wartha & Schulz (2014) schreiben dem Verständnisaufbau im Mathematikunterricht eine zentrale Rolle zu, denn wenn das Verständnis bereits im Anfangsunterricht ausbleibt, kann dies tiefgehende Schwierigkeiten beim Rechnenlernen zur Folge haben.

Um also zu bestimmen, was Diagnose im Mathematikunterricht besonders macht, müssen zunächst Überlegungen angeführt werden, welche grundlegenden Kompetenzen es aufzubauen gilt. Daher wird mit Abschnitt 1.2.1 zunächst auf das Erheben von Lernständen betrachtet.

Da zum Lernprozess Fehler ebenso dazugehören (z. B. Althof, 2013), wird in Abschnitt 1.2.2 der Umgang mit ebensolchen betrachtet. Dabei wird darauf eingegangen, was überhaupt Fehler sind, welchen Ursachen diese zugrunde liegen und wie sie produktiv genutzt werden können. Wie der Umgang mit Fehlern im alltäglichen Schulleben umgesetzt wird, wird über Studien dazu beleuchtet.

In 1.2.3 wird auf Aufgaben zur Diagnose eingegangen. Wenn Kompetenzen und Fehler erkannt werden sollen, müssen Lehrkräfte dazu in der Lage sein, Aufgaben zu wählen, mit deren sie dies passgenau für den konkreten Inhalt überprüfen können. Hier wird zum einen dargelegt, was zur Aufgabenauswahl wichtig ist. Zum anderen wird betrachtet, inwiefern (angehenden) Lehrkräften gelingt, solche Aufgaben zu wählen.

Abschließend wird in 1.2.4 der Zusammenhang zwischen Hintergrundwissen, Diagnose und Förderung als viertes zentrales Element von Diagnosefähigkeiten betrachtet.

1.2.1 Lernstände erheben

In Anlehnung an Baumert & Kunter (2011, S. 37 ff.) und Brunner et al. (2011, S. 216 ff.), arbeitet Brandt (2022) als eine zentrale Fähigkeit zur Diagnose das „Wissen über das mathematische Denken von Schüler(inne)n" (Brandt, 2022, S. 18) heraus, die sie als besonders zur Ermittlung mathematischen Vorwissens herausstellt. Dafür postulieren Moser Opitz und Nührenbörger (2015), dass eine kompetenzorientierter Betrachtung von Lernendendokumenten oder -äußerungen notwendig ist, um Kompetenzen auf der einen Seite, aber auch Schwierigkeiten auf der anderen Seite feststellen zu können.

Mathematische Kompetenz zu diagnostizieren, heißt immer, dass der Lernprozess in den Blick genommen werden muss, denn nur so können neben punktuellen Könnensfacetten auch Kompetenzentwicklungen erkannt werden (z. B. Schütze,

Souvignier & Hasselhorn, 2018). Den von Schrader (2013, S. 156) aufgestellten Intentionsbereichen von Diagnosen, kann eine Erfassung von Kompetenzen zugeordnet werden, indem sie der

1. *Abklärung der Lernvoraussetzungen dient*: um zu entscheiden, an welchen Vorkenntnissen angeknüpft werden kann.
2. *Überwachung des Lernfortschritts dient*: um zu überprüfen, inwiefern z. B. Verständnisschwierigkeiten überwunden wurden.
3. *Abklärung von Lernschwierigkeiten dient*: um auszumache, an welcher Stelle im Verständnisprozess es genau zu Schwierigkeiten kommt. dabei sollte stets auch die Ursachenfeststellung von Lernschwierigkeiten mitgedacht werden.
4. *Unterrichtsentwicklung und Professionalisierung dient*: um Unterricht und Maßnahmen zu evaluieren.

Meyer (2015) schlägt dafür einen handlungsleitenden Ansatz von Diagnostik vor, der mit der förderorientierten Sichtweise (Abschnitt 1.1.3) einhergeht, indem die individuelle Lernentwicklung im Fokus steht, wodurch immer der Frage nachgegangen wird, „welche Ressourcen Schülerinnen und Schüler besitzen und wie diese erweitert werden können" (S. 82).

Ein Plädoyer für eine Sichtweise auf Fehler als konstitutiver und notwendiger Bestandteil des Lernens ist mittlerweile weitreichend zu finden (z. B. Prediger & Wittmann, 2009; Hußmann, Leuders & Prediger, 2007). Prediger und Wittmann konstatieren diese Sichtweise auf Fehler als heutzutage vorausgesetzt und leiten daraus eine Forderung nach einem „kognitiv produktiven Umgang mit Fehlern" ab (Prediger & Wittmann, 2009, S. 1).

Entsprechendes hält auch Heinrichs 2015 „[d]ie Fähigkeit, Fehlvorstellungen zu identifizieren, [als] Teil der diagnostischen Kompetenz einer Lehrkraft" (Heinrichs, 2015, S. 52) im Bereich der pädagogischen Diagnostik fest.

Es geht also darum, dass:

- typische Fehler fachdidaktisch bekannt sind,
- diese Fehler auch erkannt, sprich diagnostiziert, werden können und
- darauf aufbauend Entscheidungen für die Schüler:innen auf Grundlage des diagnostizierten Fehlers abgeleitet werden können.

Um auf eine Diagnose adäquat reagieren zu können, ist wiederum wichtig, dass einerseits Fehler richtig eingeordnet werden und andererseits Ursachen für das Auftreten der Fehler ausgemacht werden können. Die Ursachen bilden den

Ansatzpunkt einer diagnosegeleiteten Förderung. (Typische) Fehler von Lernenden stellen also eine Gelegenheit dar, um förderorientierte Diagnosen im Bereich Mathematik zu generieren.

Denn Fehler sind oftmals keine zufälligen Produkte, die lediglich aus Flüchtigkeit oder aus Mangel an Konzentration entstanden sind. Sie können mitunter *typische, semantische* oder *systematische Fehler* (Prediger & Wittmann, 2009) in einem Lernbereich darstellen, die über Lernendengenerationen hinweg konstant beobachtbar sind (Swan, 2004). Daher fordern Seifried und Wuttke „ein gesichertes Wissen über Fehlerarten in der jeweiligen Domäne" (Seifried & Wuttke, 2010, S. 20), als Voraussetzung, Ursachen für Fehler analysieren zu können.

Im Zuge dessen scheint es Lehrkräften oftmals zu gelingen, Anforderungen in Aufgaben danach einzuschätzen, ob diese für die Lerngruppe herausfordernd ist (Carpenter et al., 1989; Tirosh, 2000). Forschungsergebnisse von Hoge & Coladarci und Südkamp zur Akkuratheit von Diagnosen zeigen zudem, dass Lehrkräfte im Allgemeinen die Leistungen ihrer Schüler:innen recht gut einschätzen können, jedoch erhebliche Unterschiede zwischen den Lehrkräften bestehen (Hoge & Coladarci, 1989; Südkamp et al., 2012). Demgegenüber verdeutlichen Forschungsergebnisse von Anders et al. (2010) jedoch eine Tendenz zur Überschätzung der eigenen Klasse seitens der Lehrkräfte. Darüber hinaus scheint die Genauigkeit der Lehrkräfte bei der Einschätzung des Leistungsniveaus und der Leistungsheterogenität ihrer Klasse begrenzt (Brunner et al., 2011). Dabei gibt es Annahmen dazu, dass die Erfahrung von Lehrkräften Einflussfaktor, bezogen auf die Informationswahrnehmung und -verarbeitung von Informationen in diagnostischen Situationen ist (Berliner, 2001).

Auch können Befunde ausgemacht werden, nach denen es Lehrkräften schwerfällt, sowohl typische Fehler und Lernhürden auszumachen, fehlerhafte Lösungsprozesse begründet einzuordnen und Ursachen, wie Konsequenzen daraus abzuleiten (Cooper, 2009; Schlund, 2019; Schulz, 2014; Tirosh, 2000).

Dies geht einher mit Befunden von Star und Strickland (2008), die für Studierende des Lehramts Mathematik herausarbeiten konnten, dass Analysen von Videos zu Unterrichtssequenzen eher unspezifische Aussagen vorbrachten. Auch eine Studie von Wuttke und Seifried (2017), die herausarbeiten, dass sowohl bei Lehramtsstudierenden als auch Referendar:innen einerseits das Wissen über Fehler im Schnitt nicht auszureichen oder gefestigt genug schien, andererseits aber auch ein konstruktiver Umgang mit Fehlern von Schüler:innen häufig ausblieb (Wuttke & Seifried, 2017, S. 115).

Zusammengefasst scheint also insbesondere hinsichtlich der Tiefe von Diagnosen (Prediger, 2010) Handlungsbedarf in der Ausbildung von Lehrkräften zu bestehen. Das Verknüpfen von theoretischem Grundlagenwissen mit praktischen

Beobachtungen, welches dazu führt, Lernausgangslagen aus konzeptueller Sicht zu betrachten, scheint besonders Noviz:innen Schwierigkeiten zu bereiten.

Da nach Ingenkamp und Lissmann jedoch die Aufgabe der Pädagogischen Diagnostik primär darin liegt, „für den Lernenden richtige Entscheidungen zu treffen" (Ingenkamp & Lissmann, 2008, S. 14), und damit eine adäquate Ursachenfestlegung Grundlage der förderorientierten Weiterarbeit darstellt (Abschnitt 1.1.2), wird im nachfolgenden Unterkapitel das Analysieren von Ursachen als Facette des Diagnoseprozesses betrachtet.

1.2.2 Ursachen analysieren

Ganz entgegen einer Prämisse wie „[die] Mathematik ist per se klar und übersichtlich aufgebaut und strukturiert, daher sind Fehler vermeidbar" (Krauthausen 2018, S. 264), verkürzt eine Fokussierung auf richtige oder falsche Ergebnisse jedoch die Sicht auf Diagnose im Mathematikunterricht in erheblichem Maße. „Stattdessen geht es um systematisches Fallverstehen des einzelnen Lerners in einer bestimmten Klasse, um herauszufinden, wo die Ursachen für Verstehensprobleme liegen" (Meyer, 2015, S. 74). Dementsprechend hält auch Heinrichs die Bedeutung von Fehlerdiagnosen für Lernprozesse fest, es sei für das Lernen der Schüler:innen von „großer Bedeutung, dass Lehrkräfte ein Bewusstsein für Fehler, ihre Ursachen und ihre Bedeutung im Lernprozess haben" (Heinrichs, 2015, S. 2).

Wird lediglich auf die Richtigkeit von Produkten und nicht auf dahinterstehende Konzepte und Überlegungen in den Prozessen ihres Entstehens geschaut, so kann bei richtigen Ergebnissen nicht aufgedeckt werden, wo Verständnis herrscht und wo automatisierte Tätigkeiten verständnislos (oder verständnisarm) stattgefunden haben (Prediger, 2009). Anderseits weisen falsche Ergebnisse umgekehrt nicht automatisch auf ein (völliges) Fehlen von Kompetenzen in diesem Bereich hin. So fordert Meyer 2015 „[statt] ‚richtig und falsch' sollte eine Diagnose im Mathematikunterricht auf die Ursachen von Schwierigkeiten, oder im weiteren Sinne, auf die Denkprozesse von Schülerinnen und Schülern abzielen" (Meyer, 2015, S. 74).

Crespo (2000) konnte mit ihrer Studie zur Interpretation angehender Mathematiklehrkräfte von Schüler:innenlösungen jedoch aufzeigen, dass eine Sichtweise auf rein richtige und falsche Lösungen keineswegs unüblich ist. Sie macht dabei Stadien auf, wobei die Interpretationen angehender Lehrkräfte im ersten Stadium der Auseinandersetzung mit einem Lernendendokument, häufig auf die

Korrektheit der Antworten stützen und die Lehrkräfte dazu neigen, „rasche und endgültige Aussagen“ (Crespo, 2000, S. 165; eigene Übersetzung) zu treffen.

Erste Veränderungen bei der Interpretation von Schüler:innenlösungen stellt Crespo fest, als sich die angehenden Lehrkräfte selbst konzeptionell mit dem gegebenen Inhalt auseinandersetzen müssen. Dies scheint sie dazu veranlasst zu haben, auch die Denkweisen der Lernenden weiter zu hinterfragen und über richtige und falsche Lösungen hinaus zu denken. Die Interpretationen wurden „deutlich analytischer in Bezug auf die mathematischen Aspekte der Schülerantworten“ (Crespo, 2000, S. 169, eigene Übersetzung) sowie milder in ihrer Determiniertheit. Dies, die Veränderung vom Fokus auf die Korrektheit zum Fokus auf Konzepte und der schnellen und endgültigen, hin zu vorsichtigeren und überlegteren Urteilen, bezeichnet Crespo als Wendepunkte. Daraus wird geschlossen, dass ein Entgegenwirken einseitiger und endgültiger diagnostischer Interpretationen mit dem alleinigen Merkmal richtig und falsch, scheinbar durch geeignete Lernsettings gelingen kann.

Huethorst (2023) arbeitet in Anlehnung an Hill et al., (2008) als wesentliche Facetten professioneller Kompetenz von Lehrkräften bezogen auf das fachdidaktische Wissen das „Wissen über Inhalt und Lernende, wie beispielsweise das Wissen über typische Fehler“ (Huethorst, 2023, S. 12), aber damit auch zusammenhängend „aus dem Wissen über typische Fehler ableiten zu können, wie damit umgegangen werden kann“ (Huethorst, 2023, S. 12) ab.

Dabei konnten Heinrichs und Kaiser (2018) nachweisen, dass praktische Erfahrungen angehender Lehrkräfte in einem positiven Zusammenhang mit der Fähigkeit stehen, Hypothesen über die Ursachen von Lernendenfehlern aufzustellen. Daraus leiten sie Hinweise darauf ab, dass ein tieferes mathematisch-inhaltliches Verständnis die Fähigkeit zur Analyse von Lernendenfehlern positiv beeinflussen kann.

Sogenannte mathematische Grundvorstellungen können dabei „auf der Ebene des inhaltlichen Denkens normative ‚Vergleichsmuster‘ spezifiziert werden [...], die es erlauben, Fehler nicht nur auszumachen, sondern auch zu analysieren“ (Prediger & Wittmann, 2009, S. 4). Fehleranalysen werden auch von Scherer und Moser Opitz (2010) „als ein erster möglicher Schritt im diagnostischen Prozess“ angesehen (S. 42), um daraus Hypothesen zu Ursachen abzuleiten, die wiederum im weiteren Diagnoseprozess ertragreich gemacht werden können (Scherer & Moser Opitz, 2010).

Einen weiteren Einblick in die Fehlerdiagnose von angehenden Lehrkräften liefert die Hausaufgabenanalyse von Cooper (2009). Hierbei wird abermals deutlich, dass angehende Lehrkräfte Fehler zwar identifizieren können, jedoch

Schwierigkeiten bei der Ursachenableitung zeigten (Cooper, 2009; vgl. auch Schlund, 2019; Schulz, 2014; Tirosh, 2000).

Cooper (2009) teilt ihre Befunde in 3 verschiedene Kategorien auf (Cooper, 2009, S. 357–360):

1. Identifikation von Fehlermustern: Die angehenden Lehrkräfte können alle auftretenden Fehlermuster korrekt erkennen.
2. Begründung von Fehlvorstellungen: Die Analysen zeigen, dass 80 % einen angemessenen Grund für die Fehlvorstellung angeben konnten, 11 % einen nicht angemessenen Grund und 9 % keine Begründung, wobei auch bei den angemessenen Gründen noch nicht nach fachdidaktisch sinnvollen und nicht sinnvollen Gründen unterschieden wird.
3. Ableitung von Konsequenzen: 67 % der Antworten fokussieren ein einfaches erneutes Erklären/nochmal Lernen, ohne konzeptionelles Verständnis anzuregen.

Brandt beschreibt dazu auf Grundlage von Heinrichs (2015) drei Handlungsschritte, um Fehler nutzbar zu machen. Dabei dient als erster Zugang die *Fehlerbeschreibung*. Weiter müssen fachdidaktisch fundierte Ableitung für mögliche *Fehlerursachen* getroffen werden, bevor daran anknüpfend eine förderorientierte Planung der *Weiterarbeit* anschließt (Brandt, 2022, S. 42), die einhergehen mit der von Weyers et al. (2024) in ihrer Metaanalyse als häufigste Konzeptualisierung, identifizierten Dreischritt bezogen auf das teacher noticing: „nämlich (1) Aufmerksamkeit/Wahrnehmung, (2) Interpretation/Begründung, (3) Reaktion/Entscheidung.“ (Weyers et al., 2024, S. 259; eigene Übersetzung)

Ebenfalls in diese drei Handlungsschritte integrierbar, nehmen Seifried und Wuttke (2010) eine normative Überlegung vor, indem sie drei Facetten aufmachen, über Lehrkräfte verfügen sollten, um aus Fehlern Lernanlässe zu schaffen (Seifried & Wuttke, 2010). Dabei stellt die erste Facette das „[domänenspezifische] Wissen über mögliche Fehler und Fehlerursachen“ (Seifried & Wuttke, 2010, S. 21) dar. Dies geht mit dem Handlungsschritt der adäquaten Fehlerbeschreibung nach Brandt (2022) einher und sollte aus kompetenzorientierter Sicht erfolgen (Spiegel, 1999), um die Stellen zu identifizieren, an denen fehlerhafte Schlüsse gezogen wurden. Die zweite Facette setzt das Erkennen der Fehlerursache (Brandt, 2022) als Handlungsschritt voraus und betrifft den direkten Umgang damit. Dafür wird einbezogen, dass es sich um verschiedene Arten von Fehlern handeln kann (Prediger & Wittmann, 2009), die unterschiedliche direkte Handlungsalternativen in Form von „dem Fehler auf den Grund gehen,

Rückmeldung geben, Fehler ignorieren" (Seifried & Wuttke, 2010, S. 21) fordern. Dafür wird als dritte Facette, entsprechend der Weiterarbeit (Brandt, 2022) eine konstruktivistische Sichtweise als „Fehler als Lerngelegenheit" (Seifried & Wuttke, 2010, S. 21) für das unterrichtliche Vorgehen vorgeschlagen.

Um unter anderem Fehlerursachen aufdecken zu können, müssen Lehrkräfte in der Lage sein, Aufgaben danach zu beurteilen, ob diese dazu beitragen, das zu erfahren, was betrachtet werden soll. „Von Bedeutung sind hierbei geeignete diagnostische Aufgaben, die es erlauben [...] hinreichend informative Antworten zu erhalten" (Prediger & Wittmann, 2009, S. 4). Diese Einschätzung von Diagnoseaufgaben, muss bewusst und mit dem notwendigen Wissen um Konzepte und Konstitution der jeweiligen Aufgabe geschehen. Was Diagnoseaufgaben ausmacht und wie (angehende) Lehrkräfte Aufgaben einschätzen, ist Inhalt des nächsten Unterkapitels.

1.2.3 Diagnoseaufgaben beurteilen

Eine Beurteilung von Aufgabenstellungen setzt voraus, dass Lehrkräfte über Kenntnisse typischer Fehler im jeweiligen Inhaltsbereich verfügen (Brunner, Obersteiner & Leuders, 2021). Aber auch umgekehrtes ist der Fall: Das Aufspüren von Kompetenzen, Fehlern und deren Ursachen – sprich Diagnosen zum Verständnis von Kindern zu Lerninhalten – erfordert Aufgaben, die passgenau abfragen, was untersucht werden soll. Da Diagnose, wie im vorangegangenen Kapitel beschrieben, mehrere Blickrichtungen und Konzepte vereint, unterliegt sie immer einer gewissen Deutung und „lässt sich zielgerichtet durchführen, wenn bereits beim Stellen der Aufgaben darauf fokussiert wird, was das Ziel der Diagnose sein soll" (Häsel-Weide & Prediger, 2017, S. 8).

Somit liegt in der Aufgabenauswahl eine der Grundlagen von Diagnosen und sollte direkt in die Planung ganz bewusst mit einbezogen werden. „Dementsprechend macht es Sinn, Aufgaben [...] auch als Strukturierungselement für Diagnostik" (Meyer, 2015, S. 75) anzusehen.

Erkenntnisse von Schlund, Kortmann und Selter (2018) weisen jedoch zumindest im Bereich der Auswahl geeigneter Förderaufgaben auf Schwierigkeiten von Studierenden bei einer passgenauen Aufgabenauswahl, entsprechend der individuellen Anforderungen der Lernenden hin. Die Ergebnisse einer Studie von Fey und Bruder (2014) sprechen zudem dafür, dass Erfahrung und inhaltliche wie fachdidaktische Sicherheit potentiell einen Beitrag dazu leisten können, Qualitätsmerkmale von Aufgaben besser einschätzen zu können.

Nach Hußmann, Leuders und Prediger (2007) sind Aufgaben dann zur Diagnose geeignet, wenn sie sich…

1. auf die Abfrage von bestimmten Bereichen eines Inhalts beschränken.
2. auf verschiedenen Niveaustufen bearbeiten lassen.
3. nicht rein auf feste Ergebnisse, sondern Lernprozesse fokussieren.

Auch wird gefordert, dass Diagnoseaufgaben zum einen *informativ* – also mehr liefern, als ein reines Ergebnis –, zum anderen *offen* – also verschiedene Zugänge und Lösungswege zulassen – und letztlich *prozessbezogen* – also anstatt rein prozedurale Tätigkeiten einzufordern, Prozesse einzubeziehen – gestaltet sind (Sundermann & Selter, 2006). Diagnoseaufgaben sollen Lernende bewusst vor Herausforderungen stellen, sodass analysiert werden kann, inwiefern individuelle Probleme bestehen, wobei gilt: „Je offener und informativer die diagnostische Aufgabe gestellt ist, desto mehr Informationen können Lehrkräfte erhalten“ (Häsel-Weide & Prediger, 2017, S. 8). Eine Übersicht mit Beispielaufgaben zur zielgerichteten Diagnose bieten Häsel-Weide und Prediger (2017) (Abbildung 1.7):

Was diagnostizieren?	**Was daran diagnostizieren?**	**Beispiele typischer Aufgabenformate**
Inhaltliche Vorstellungen	Vorstellung zur Mathematisierung nutzen können	Passung von Rechengeschichte und Term
	Vorstellung zur Veranschaulichung nutzen können	Materialhandlung zu Term zeigen
Begriffe	Konkretisierung/Abgrenzung	Beispiele und Gegenbeispiele zu z. B. ungeraden Zahlen angeben
	Bedeutung und Vernetzung	Passung von Materialdarstellung und Zahl begründen
Vorgehensweisen und Verfahren	Konkrete Durchführung	Term an Material zeigen und berechnen
	Explizite Formulierung der Vorgehensweise	Rechenwege/ -strategien beschreiben
	Fehlerhafte Vorgehensweisen erkennen und verändern	Fehler in (fiktiver) Kinderlösung beschreiben und Denkwege vermuten

Abbildung 1.7 Aufgaben zur zielgerichteten Diagnose. (Nach Häsel-Weide & Prediger, 2017, S. 9)

Die Übersicht zeigt, dass die Anforderungen einer Aufgabe konkret an deren Zweck gebunden sind: „Die Art der Aufgabenstellung hängt natürlich davon ab, was im Zusammenhang mit dem bereits durchgeführten oder dem bevorstehenden Unterricht erhoben werden soll“ (Prediger & Selter, 2008, S. 1).

Eine Einschätzung von Herausforderungen und Schwierigkeiten von Aufgaben ist jedoch auch weiterführend höchst bedeutsam, wenn es zum Beispiel um Förderentscheidungen, aber auch Planung von Unterricht und das Setzen von Lernzielen geht, welche sich an Lernanforderungen und Bedürfnissen der Lernenden orientiert (Bromme, 1981; Chapman, 2014).

Es gibt empirische Befunde, die einen Zusammenhang zwischen aufgabenbezogenen diagnostischen Kompetenzen und den Mathematikleistungen von Lernenden nahelegen (Brunner et al., 2011): Das Forschungsteam konnte herausfinden, dass unter vergleichbaren Ausgangsbedingungen und Kontextfaktoren Lernende des 10. Jahrgangs, Klassen, deren Lehrkräfte zum einen genauer *Schwierigkeit von gestellten Aufgaben* und andererseits auch ein leistungsbezogenes Abschneiden in der gestellten Aufgabe ihrer Schüler:innen innerhalb der Klasse einschätzen konnten, eine höhere Mathematikleistung zeigten (Brunner et al., 2011).

Die Hinweise darauf, dass die Aufgabenauswahl sowohl zu besseren Mathematikleistungen beitragen (Brunner et al., 2011) möglicherweise auch zur kognitiven Aktivierung im Unterricht (Anders et al., 2010) als auch, das fachdidaktische Hintergrundwissen bei der Einschätzung der Qualität von Aufgaben Einfluss zu haben scheint (Fey & Bruder, 2014), verdeutlicht abermals die Notwendigkeit Hintergrundwissen und Diagnose im Zusammenhang zu betrachten. Im folgenden Teilkapitel wird sich daher diesem Zusammenhang zugewendet.

1.2.4 Zusammenwirken von Hintergrund und Diagnose

> *„Daraus leiten sich auch die inhaltlichen Anforderungen an die fachwissenschaftliche und fachdidaktische Ausbildung im Studium ab: Sie muss für die nachfolgenden Bildungsphasen nicht nur anschlussfähig sein, sondern auch auf den Kompetenzerwerb in diesen Phasen einschlägig vorbereiten."*
>
> *– (KMK, 2008)*

Schon in den vorangegangenen Teilkapiteln wurde immer wieder darauf verwiesen, dass adäquate Diagnosen auf gefestigtem Hintergrundwissen aufbauen (z. B. Baumert & Kunter, 2011). Eine Diagnose zum inhaltlichen Denken und zum Vorstellungsaufbau (Prediger, 2009) kann dann gelingen, wenn die diagnostizierende Person über ein entsprechendes fachliches und fachdidaktisches Hintergrundwissen verfügt, um diese stimmig vorbereiten, durchführen und auswerten zu können. Die gehaltvolle Umsetzung einer Diagnose ist mit einem reinen Integrieren beliebiger Maßnahmen nicht gegeben: „Qualität entsteht dabei immer erst durch konsequentes Durchdenken der jeweiligen Themen und Heranziehung der fachdidaktischen themenspezifischen Hintergründe" (Häsel-Weide &

Prediger, 2017, S. 9). Auch diagnostische Erklärungsansätze fußen auf solidem fachlichem und fachdidaktischem Wissen (Prediger et al., 2012).

Wenngleich der Zusammenhang zwischen Wissen und Handeln im diagnostischen Kontext immer wieder betont wird, gibt es auch Stimmen, die sich gegen diesen Zusammenhang aussprechen. Trotz entsprechender Erwartungshaltung konnten Hoya und Hellmich (2012) bei den von ihnen befragten Studierenden „kein[en] Zusammenhang zwischen dem diagnostischen Wissen und den diagnostischen Fähigkeiten" (Hoya & Hellmich, 2012, S. 152) nachweisen. Sie konnten allerdings feststellen, dass signifikante Unterschiede zwischen den Diagnosefähigkeiten von Studierenden, die bereits Praxiserfahrungen sammeln konnten, und denjenigen, die gänzlich unerfahren in der Praxis waren, bestanden. Auch Studierende, die bereits in einer späteren Studienphase waren, konnten bessere Diagnosefähigkeiten zeigen (Hoya & Hellmich, 2012). Diese Befunde könnten darauf hinweisen, dass die Aktivierung von Wissen für die diagnostische Performanz im Zusammenhang mit der Anwendung dieses Wissens in praktischen Situationen bestehen.

In der bereits angesprochenen Metaanalyse von Weyers et al. (2024) konnte der Zusammenhang zwischen dem Noticing von Lehrkräften und ihrem Wissen jedoch wiederum ausgemacht werden, indem über mehrere Studien hinweg „positive Korrelationen zwischen der Wahrnehmung von Lehrkräften und ihrem Wissen festgestellt" (Weyers et al., 2024, S. 259) werden konnten.

Als zentrale Schlüsselkenntnisse für förderorientierte Diagnosen führen Hößle et al. (2017) Ähnliches aus. Voraussetzungen sind: „Fachliches und fachdidaktisches Wissen zum Lerngegenstand" (Hößle et al., 2017, S. 22). Zudem kann das Verfügen über Diagnosewissen von Lehramtsstudierenden nach Klug et al. (2015) als Prädiktor für Diagnosekompetenzen angesehen werden.

Für das Fachwissen in der Lehramtsausbildung zeigt sich in einer Erhebung von Beretz, Legnink und v. Aufschnaiter (2017), „dass Fachwissen eine Voraussetzung für diagnostische Kompetenz darstellt" (Beretz, Legnink & v. Aufschnaiter, 2017, S. 163 f.). Nicht zuletzt, um Produktionen und Bearbeitungen von Lernenden nachvollziehen zu können, die mitunter komplexen Logiken folgen, ist Fachwissen zentral (Reiss & Hammer, 2013): „Um hier situationsangemessen und adressatengerecht vorzugehen, muss fachdidaktisches Wissen das fachliche Wissen ergänzen" (S. 116).

Die Bedeutung des pädagogischen Inhalts- und Fachwissens von Lehrkräften für die Kompetenzeinschätzung wird ebenfalls durch Hill et al. (2005) hervorgehoben. Sie unterstreichen, dass das *pedagogical content knowledge* (PCK) sowie insbesondere das *specialized content knowledge* (SCK) einen entscheidenden Einfluss auf den Lernfortschritt der Schüler:innen haben. *Pedagogical content knowledge* bezieht sich auf das Verständnis, wie fachliches Wissen am besten vermittelt werden kann – pädagogisches Wissen im Allgemeinen also. *Specialized content knowledge* hingegen bezieht sich auf (breichs-)spezifisches Fach(didaktisches)-Wissen, wie beispielsweise das Wissen über geeignete Darstellungsformen bestimmter mathematischer Inhalte oder eine Kenntnis verschiedener Strategien zur Lösung bestimmter Aufgabentypen (Scherer & Moser Opitz, 2010). Grundsätzlich kann eine passgenaue Einschätzung des Lernstandes beziehungsweise der Lernentwicklung eines Kindes besonders genau erfolgen, wenn die entsprechende Lehrkraft über die nötige *specialized content knowledge* verfügt (Scherer & Moser Opitz, 2010).

Schulz 2014 erlangt im Bereich des Stellenwertverständnisses Befunde, die seine These stützen, „dass das diagnostische Wissen von Lehrkräften inhaltlich bereichsspezifisch ist" (Schulz, 2014, S. 221). Gerade wenn es um Denkwege von Schüler:innen gehe, scheinen Wissensfacetten über die Entwicklung von bereichspezifischen Vorstellungen ausschlaggebend für das Wahrnehmen entsprechender Kompetenzen durch die Lehrkraft zu sein (Schack et al., 2013). Auch das Ableiten von Fördermaßnahmen „ist nur möglich, wenn im Zentrum […] die bekannten typischen Hürden, die Lernende beim Erwerb dieser Kompetenzen überwinden müssen" (Häsel-Weide & Prediger, 2017, S. 1) stehen.

In Diagnose-Förder-Situationen sind fachdidaktische Treffsicherheit und Adaptivität „zum einen durch die gezielte Planung und geeignete Lernausgangs- und Prozessdiagnosen zu erreichen […], zum anderen muss sie Hintergrundwissen über spezifische Schwierigkeiten und Potentiale beim Mathematiklernen einbeziehen" (Häsel-Weide & Prediger, 2017, S. 4; Leuders & Prediger, 2016).

Zusammengefasst scheinen sowohl Fachwissen (Beretz, Legnink & v. Aufschnaiter, 2017) als auch fachdidaktisches Wissen (Hill et al., 2005) – insbesondere bereichsspezifisch (Hill et al., 2005; Schulz, 2014) – zentrale Grundlagen für das Ausbilden von Diagnosefähigkeiten darzustellen. Daneben gibt es Hinweise darauf, dass auch praktische Erfahrungen Einfluss auf darauf haben, wie tief die Diagnosefähigkeit bei Studierenden ausgebildet ist (Hoya & Hellmich, 2012). Da praktische Erfahrungen in der universitären Ausbildung einen eher geringen Anteil haben, haben mehrere Arbeiten das *fallbasierte Lernen* sowohl konzeptuell als auch empirisch untersucht, als geeignete Methode herausgestellt, um praxisnahes Lernen anzuregen (z. B. Brandt, 2022; Pieper, 2014; vertiefte Ausführungen dazu in Kapitel 2).

Nachfolgend werden die zentralsten Facetten der vorangegangenen Überlegungen zusammenfasst und Diagnosefähigkeit für diese Arbeit modelliert (1.3.1) und darauf aufbauend Ableitungen vorgenommen. Dazu wird zum einen betrachtet, wie sich die Selbsteinschätzung zu eigenen Diagnosefähigkeiten aus bisheriger

Literatur verhält (1.3.2) und abschließend, welche Implikationen sich für die Ausbildung von Diagnosefähigkeiten ergeben (1.3.3).

1.3 Synthese und Implikationen zum Aufbau von Diagnosefähigkeiten für diese Arbeit

Abschnitt 1.3 bietet einen Überblick über die bisherigen Ausführungen sowie Ableitungen, die zur Überleitung zu den theoretischen Überlegungen in Kapitel 2 führen.

Über eine Zusammenfassung der zentralen Aspekte aus Abschnitten 1.1 und 1.2 wird in 1.3.1 eine Positionierung und Konzeptualisierung von Diagnosefähigkeit für diese Arbeit vorgenommen.

Abschnitt 1.3.2 befasst sich aus der vorangegangenen Positionierung, was Diagnosefähigkeit für diese Arbeit bedeutet, mit Selbsteinschätzungen von Studierenden, ihre eigene Diagnosefähigkeit betreffend. In Abschnitt 1.3.3 wird abschließend die Ausbildung von Diagnosefähigkeiten beleuchtet, was in eine Überleitung zum Kapitel 2 – dem fallbasierten Lernen – durch Aufzeigen dessen Potential im Kontext der Entwicklung einer Diagnosefähigkeit mündet.

1.3.1 Zusammenfassung und Konzeptualisierung

Pädagogische Diagnostik (Ingenkamp & Lissmann, 2008) als zentraler und unverhandelbarer Bestandteil der Lehrer:innenprofessionalität (Baumert & Kunter, 2011; Helmke, 2015), um das Recht auf individuelle Förderung (Graf & Moser Opitz, 2007; SchulG, NRW, 2005) zu realisieren (1.1.1), wird in dieser Arbeit insbesondere unter den Zielsetzungen der förderorientierte Diagnostik (Abschnitt 1.1.2) zur Klärung von Lernvoraussetzungen und Schwierigkeiten (Schrader, 2013; Meyer, 2015) prozesshaft, im Sinne einer formativen Betrachtung (Schütze, Souvignier & Hasselhorn, 2018) verstanden. Dabei wird sich konzeptuell der diagnostischen Tiefenschärfe (Prediger, 2010) angeschlossen; von einer reinen Betrachtung der Urteilgenauigkeit (Schrader, 2010) Abstand genommen.

Modelliert wird die Diagnosefähigkeit in dieser Arbeit (1.1.3) unter Einbezug der Modelle von Blömeke et al. (2015), Leuders et al. (2018) und Baumert und Kunter (2011). Dabei wird der Diagnoseprozess als zirkulär begriffen, welcher aus den Facetten Lernstände erheben (Abschnitt 1.2.1), Ursachen ableiten (1.2.2) und Aufgaben beurteilen (1.2.3) besteht. Auf der Grundlage dieser

Facetten des Diagnoseprozesses werden drei Teilfähigkeiten angenommen, die, bezogen auf jede der Facetten des Diagnoseprozesses, in ihrer Gesamtheit die Diagnosefähigkeit ausmachen.

Zum einen dienen *theoretisch-kognitive Fähigkeiten* in Form von bereichsspezifischem fachlichem wie fachdidaktischem Wissen als Handlungsgrundlage, um fundiert diagnostizieren zu können (1.2.4).

Aktivierungsfähigkeiten, die sich einerseits auf das Grundlagenwissen stützen, dieses aber im Kontext einer Diagnosesituation handhabbar machen, um das Wissen aktiv und zielgerichtet anzuwenden, dienen also als Handlungswissen. Eine Fähigkeit also, die es der diagnostizierenden Person erlaubt, mit Wissen handelnd umzugehen sowie das Wissen darum, wie es in Handlungskontexten nach außen aktiviert und passgenau angewendet werden kann (2.1.1).

Zuletzt bezieht das Modell auch *Umsetzungsfähigkeiten* ein, die hier auch als Handlungsfähigkeiten (2.1.1) bezeichnet werden. Im Kontext von Diagnosen geht es um diagnostische Performanz. Das also, was in einer diagnostischen Situation tatsächlich *getan* wird. Aus den vorangegangenen Überlegungen folgt:

Definition von Diagnosefähigkeit für diese Arbeit

Diagnosefähigkeit aufgebaut zu haben bedeutet in dieser Arbeit das Vorhandensein von Fähigkeiten zur Identifikation von Kompetenzen, der Identifikation von Fehlern und deren Rekonstruktion aus Schüler:innenperspektive sowie der begründeten Ursachenanalyse und der passgenauen Beurteilung von Diagnoseaufgaben. Fähige Diagnostiker:innen im mathematischen Bereich können diese mental aktivieren, wodurch sie in einer entsprechenden diagnostischen Performanz sichtbar werden. Kenntnisse über und die die Fähigkeit zum Rückgriff auf zentrale Kompetenzen und Prinzipien, typische Fehler sowie die eigene Fachkompetenz im jeweiligen inhaltlichen Bereich sind Voraussetzungen für die Entwicklung einer (bereichsspezifischen) diagnostischen Fähigkeit.

Nachdem geklärt wurde, was in dieser Arbeit unter Diagnosefähigkeit verstanden wird, werden die abschließenden beiden Kapitel den Aufbau derselben fokussieren. Zunächst wird in Abschnitt 1.3.2 dazu betrachtet, inwiefern Studierende ihre eigene Diagnosefähigkeit einschätzen können, worauf abschließend mit Abschnitt 1.3.3 das Erlernen von Diagnosefähigkeiten im Mittelpunkt der Betrachtung steht.

1.3.2 Selbsteinschätzung von Diagnosefähigkeiten bei Studierenden

Aus dem Überblick über das bisherige Kapitel 1 ergibt sich, dass es grundsätzlich möglich scheint, Diagnosefähigkeiten auszubilden. Bevor es in Abschnitt 1.3.3 als Ableitung und Überleitung zum nachfolgenden Kapitel 2 darum gehen wird, was die Erlernbarkeit von Diagnosefähigkeiten ausmacht, soll in diesem Unterkapitel der Fokus auf der Selbsteinschätzung von Diagnosefähigkeiten durch Studierende liegen.

> „Die Menschen neigen dazu, ihre Fähigkeiten in vielen sozialen und intellektuellen Bereichen übermäßig positiv zu bewerten." (Kruger & Dunning, 1999, S. 1121)

Die *Selbsteinschätzung* der eigenen Fähigkeiten ist eng verknüpft mit den Begriffen des *Selbstkonzepts* (z. B. Möller & Trautwein, 2015) und dem der *Selbstwirksamkeit* (z. B. Bandura, 1977). Wenngleich diese Begriffe und die Abgrenzungen zwischen den Konzepten nicht ganz trennscharf scheinen (Dingemans, 2024), wird im Folgenden zunächst umrissen, was darunter zu verstehen ist.

Da es in dieser Arbeit jedoch vielmehr darum geht, wie zuverlässig Studierende ihre eigenen (Diagnose-)Fähigkeiten einschätzen können, soll es weniger um eine begriffliche Einordnung und mehr um die Objektivität von Selbsteinschätzungen gehen, was im zweiten Abschnitt dieses Unterkapitels fokussiert wird.

Begriffliches

Das *Selbstschema* wird begriffen als „kognitive Generalisierungen über das Selbst, die aus vergangenen Erfahrungen abgeleitet sind" (Markus, 1977, S. 64). Die Allumfassenheit des Konzepts wird insbesondere deutlich, wenn der Wortgebrauch einbezogen wird: „Selbstkonzept und Identität – beide Begriffe werden meist synonym gebraucht" (Kessler & Fritsche, 2018, S. 72).

In dieser Arbeit soll nur ein kleiner Ausschnitt des komplexen Konzepts betrachtet werden (für einen Überblick sei auf beispielsweise Kessler & Fritsche, 2018 oder Möller & Trautwein, 2015 verwiesen): der der Selbsteinschätzung. Dafür werden die Teilbereiche der *Selbstwirksamkeit* und des *Selbstkonzepts* im Folgenden überblicksartig eingeordnet.

> „Selbstwirksamkeit ist die Überzeugung einer Person, dass sie in der Lage ist, ein bestimmtes Verhalten auszuführen." Lippke, 2017, S. 1 (eigene Übersetzung)

Die Selbstwirksamkeitsüberzeugungen sind dabei der Teilbereich, der „als eine spezifische Form von Überzeugungen, nämlich als Überzeugungen über das Selbst, verstanden werden“ (Menge et al., 2021, S. 4). Dabei geben sie „die subjektive Überzeugung, schwierige Aufgaben oder Lebensprobleme aufgrund eigener Kompetenzen bewältigen zu können“ (Schwarzer, 1998, S. 159) wider.

Einen direkten Einfluss auf die Selbstwirksamkeitserwartungen haben dabei Erfolge, die sie zu steigern vermögen, und Misserfolge, die sie womöglich hemmen (Bandura, 1977). Eine Ausbildung von Selbstwirksamkeitserwartungen lässt sich daher „durch positive eigene Erfahrungen“ (Thurm, 2020, S. 292) beeinflussen.

Anderseits haben Selbstwirksamkeitserwartungen wiederum Einfluss auf das Handeln von Personen (Urton, 2017). Schwarzer und Schmidt (1999) stellen für Lehrkräfte mit höherer Selbstwirksamkeitserwartung heraus, dass es ihnen eher gelingen würde „erfolgreich zu unterrichten, Schülerleistungen kontinuierlich zu verbessern, sich hohe pädagogische Ziele zu setzen und diese hartnäckig zu verfolgen“ (Schwarzer & Schmitz, 1999, S. 1).

Möller und Trautwein (2015) unterscheiden bei Betrachtung des *Selbstkonzepts* zwischen *Selbstkonzept der Begabung* und *Fähigkeitsselbstkonzept*. Dabei ist der Begriff des Begabungsselbstkonzepts weiter gefasst und inkludiert „auch potenzielle Leistungen (bzw. die Anlagen, die eine Person besitzt)“ (S. 179). Das Fähigkeitsselbstkonzept bezieht sich mehr auf eine Performanz der Leistung und ist damit etwas enger zu begreifen (Möller & Trautwein, 2015).

Ähnlich wie die Selbstwirksamkeit, wird ebenso „das Fähigkeitsselbstkonzept auch durch das Erleben von Erfolg und Misserfolg bestimmt [...]“ (Tratar & Streule-Giangreco, 2020, S. 99). Auch scheint das Selbstkonzept einen Einfluss auf den Lernerfolg zu haben. In einer Metanalyse von Valentine, DuBois und Cooper (2004) konnte das Forschungsteam für fast alle der betrachteten 60 Studien einen Effekt von positiver Selbstüberzeugung auf die zukünftig gezeigten Leistungen feststellen.

Zusätzlich scheinen *Selbstkonzept* und *Selbsteinschätzung* in einem Zusammenhang miteinander zu stehen. Mohr und Ittel (2011) leiten aus einer Untersuchung zum Zusammenhang von Selbsteinschätzung und Kompetenzen Studierender die Vermutung ab, „dass eine hohe Ausprägung des Pflichtbewusstseins und der Besonnenheit mit einer realistischen Selbsteinschätzung einhergeht“ (S. 314). Daneben vermuten sie bei Lehramtsstudierenden, die ihre Kompetenzen schlechter einschätzen, eine höhere Ängstlichkeit (Mohr & Ittel, 2011).

Möller und Trautwein (2015) bezeichnen dies als „Kontrast zwischen Objektivität und Subjektivität sowie die multiple Bedingtheit des Selbstkonzepts“ (S. 187) und beschreiben „[...] Diskrepanzen zwischen objektiver Leistung und subjektiver Selbsteinschätzung“ (S. 187) als interessanten Forschungszweig, welcher dazu betragen kann „die Stabilität und Veränderung des Selbstkonzepts [zu] beschreiben“ (S. 187).

Die *Selbsteinschätzung* wird von Hartig und Jude (2007) vornehmlich als Testinstrument begriffen, welches über die „deutliche Differenzierung zwischen *Fähigkeiten* auf der einen und fähigkeitsbezogenen oder ‚akademischen‘ *Selbstkonzepten* auf der anderen Seite“ (Hartig & Jude, 2007, S. 25) betrachtet werden kann. Werden Fähigkeiten in der Regel mit objektiven oder standardisierten Testinstrumenten erhoben, werden Selbstkonzepte auf der anderen Seite über Selbsteinschätzungen erfasst (Hartig & Jude, 2007). Daher wird im nachfolgenden Abschnitt die Objektivität von Selbsteinschätzungen betrachtet.

Objektivität von Selbsteinschätzungen

> *„Wir sind letztlich begrenzt auskunftsfähig über uns. […] Es werden Fortschritte wahrgenommen, wo keine sind.“ (Stracke, 2023, S. 33)*

Wigfield und Eccles (2000) bezeichnen Selbsteinschätzung eigener Fähigkeiten als eine Wahrnehmung von Kompetenzen eine bestimmte Tätigkeit betreffend, die von der einschätzenden Person selbst ausgeht (Wigfield & Eccles, 2000). Dabei gibt Ernst (2003) an, es bestünde „ein mentaler Mechanismus, [der] eine permanente Verzerrung unserer Selbstwahrnehmung zu unseren Gunsten“ (S. 178) vornimmt. Im beruflichen Kontext wird die Berufserfahrung mitunter als Indikator herangeführt, welcher eine mangelnde Selbsteinschätzung begründen könnte (Stracke, 2023), wobei davon ausgegangen werden müsse, „dass das selbstbezogene Wissen auch bei Berufserfahrenen eher in geringem Maße vorhanden ist“ (S. 36).

Dass Selbsteinschätzungen zuverlässige Aussagen über tatsächliche Kenntnisse und Fähigkeiten liefern können, stellen auch Hartig und Jude (2007) in Frage. Sie gehen folglich davon aus, dass lediglich ein Abbild der Wahrnehmung von Teilnehmenden aus Studien zur Selbsteinschätzung aus den Ergebnissen abgeleitet werden kann. Schulte (2008) beschreibt dies für die Selbstwirksamkeitserwartungen folgendermaßen: „Selbstwirksamkeitserwartungen stellen immer nur die Wahrnehmung der eigenen Fähigkeit dar und bilden nicht die wirkliche Fähigkeit ab“ (S. 5).

Einen Befund für eine kontinuierliche Einforderung von Selbsteinschätzungen noch vor dem Berufseinstieg angehender Lehrkräfte liefert Gutscher (2018). Zwar untersuchte sie nicht den Zusammenhang zwischen Selbsteinschätzung und Performanz im Sinne von Übereinstimmungen, dennoch konnte sie Befunde zur

Nutzungsweise von regelmäßigen Selbsteinschätzungen und Klausurergebnissen ermitteln. Sie fand dabei heraus, dass eine kontinuierliche Selbsteinschätzung eigener Kompetenzen, einige Studierende dazu anregen konnte, sich semesterbegleitend verstärkt mit Lerninhalten auseinanderzusetzen, anstatt lediglich kurzfristig vor der anstehenden Prüfung zu lernen, was wiederum mit guten Klausurergebnissen korrelierte (Gutscher, 2018).

Unter Einbezug des Gegenstands der Diagnosefähigkeit zeichnet sich aus der bisherigen Forschung zur Selbsteinschätzung eben dieser kein einheitliches Bild ab: Während einige Studien zeigen, dass Lehramtsstudierende ihre Diagnosefähigkeiten oder -kompetenzen bis zu sehr gut einschätzen (Bauer et al., 2010; Landmann, 2013), konnten andere Studien gegenteilige Selbsteinschätzungen ausmachen (König & Tachtsoglou, 2012; Dübbelde, 2013).

Zur Übereinstimmung von Selbsteinschätzung und objektiver Kompetenzerfassung haben Schladitz, Groß und Wirtz (2015) Selbsteinschätzungen bezogen auf die bildungswissenschaftliche Forschungskompetenz (BFK) von Studierenden mit objektiv gemessenen Kompetenzen der Studierenden in dem Bereich abgeglichen. Die BFK ist dabei die „Kompetenz, den Forschungsstand des jeweiligen Fachgebietes auf Basis der Literatur strukturieren, verstehen sowie problembezogen evaluieren und reflektieren zu können" (Schladitz, Groß & Wirtz, 2015, S. 167). In ihrer Datenauswertung konnten sie keinerlei positive Korrelationen zwischen objektiv gemessener und selbsteingeschätzter BFK feststellen. Daraus ziehen sie mögliche Erklärungen und Implikationen, wovon eine ist, dass durch Selbsteinschätzungen eher Präferenzen als Kompetenzen gemessen werden (Schladitz, Groß & Wirtz, 2015). Zudem schlussfolgern sie, dass Selbsteinschätzungen kein zuverlässiges Verfahren zum Abbilden von Kompetenzen ist und empfehlen daraufhin abschließend, eine Selbsteinschätzung stets mit einer objektiven Kompetenzerfassung zu kombinieren (Schladitz, Groß & Wirtz, 2015).

Hock (2021) stellt ebenfalls bei Studierenden des Lehramts „signifikant negative geringe Korrelation zwischen dem Selbstkonzept im Diagnostizieren von Denkprozessen sowie Fehlvorstellungen und der Fehler-Ursachen-Diagnosefähigkeit" (Hock, 2021, S. 315) vor ihrer Interventionsmaßnahme fest. Diese interpretiert sie als Selbstüber- oder -unterschätzung eigener Diagnosefähigkeiten der Studierenden.

Dingemans (2024) untersucht Selbsteinschätzungen und den Einfluss des Praxissemesters auf Studierende des Lehramts Mathematik an Grundschulen. Er kann dabei zwar eine positive Entwicklung des Selbstkonzepts durch das Praxissemester ausmachen, „[a]llerdings passt die Selbsteinschätzung oftmals nicht mit der vorliegenden diagnostischen Kompetenz überein" (Dingemans, 2024, S. 331).

Er führt dies auf den Dunning-Kruger-Effekt (Kruger & Dunning, 1999) zurück. Dieser Effekt besagt zusammengefasst,

> „[...], dass Menschen mit begrenzten Kenntnissen in einem bestimmten Bereich eine doppelte Belastung erleiden: Sie ziehen nicht nur falsche Schlüsse und begehen bedauerliche Fehler, sondern ihre Inkompetenz raubt ihnen auch die Fähigkeit, dies zu erkennen." Kruger & Dunning, 1999, S. 1132 (eigene Übersetzung)

Kruger und Dunning (1999) konnten mit ihrer Studie über mehrere untersuchte Bereiche hinweg (Humor, Logik, Grammatik) nachweisen, dass insbesondere diejenigen Personen ihre eigenen Leistungen überschätzten, deren gemessene Leistung in dem Bereich besonders schlecht war. Sie wollten mit ihrer Untersuchung „erforschen, warum Menschen dazu neigen, übermäßig optimistische und falsch eingeschätzte Ansichten über sich selbst zu haben" (Kruger & Dunning, 1999, S. 1132, eigene Übersetzung).

Ihre Erklärungsthese zu dem Befund besteht für Kruger und Dunning in einem Fehlen metakognitiver Fähigkeiten. Das ist für sie gleichbedeutend damit, dass, „dieselbe Inkompetenz, die sie [die schlecht abschneidenden Teilnehmenden] dazu bringt, falsche Entscheidungen zu treffen, beraubt sie auch des nötigen Scharfsinns, um Kompetenz zu erkennen" (Kruger & Dunning, 1999, S. 1126, eigene Übersetzung).

Darüber hinaus konnten Kruger und Dunning für die Teilnehmenden, deren Leistungen besonders gut waren feststellen, dass diese Neigungen zur vergleichsweisen Unterschätzung zeigten (Kruger & Dunning, 1999).

Im Vergleich der beiden betrachteten Randgruppen, besonders gut und besonders schlecht abschneidenden Teilnehmende, führen sie Begründungen für abweichende Selbsteinschätzungen aus. Für die besonders schlecht abschneidenden Teilnehmenden sehen sie einen „Irrtum über sich selbst" (Kruger & Dunning, 1999, S. 1127, eigene Übersetzung) im Vordergrund, wohingegen sie für die besonders gut abschneidenden Personen einen „Irrtum über andere" (Kruger & Dunning, 1999, S. 1127, eigene Übersetzung) als Begründung für die abweichenden Selbsteinschätzungen feststellen.

> „Sowohl aufgrund empirischer Befunde als auch angesichts einer separaten theoretischen Konzeptualisierung fähigkeitsbezogener Selbstkonzepte erscheint es nicht zu rechtfertigen, Selbsteinschätzungen zu einem Kompetenzkonstrukt als unmittelbaren Indikator dieser Kompetenz zu behandeln." (Hartig & Jude, 2007, S. 25)

Bisherige Befunde deuten zusammengefasst darauf hin, dass für die Selbsteinschätzung diagnostischer Fähigkeiten Ähnliches gilt wie für andere Kompetenzen und Fähigkeiten in verschiedenen Fachbereichen: Studierende scheine diese nicht treffsicher für sich selbst einschätzen zu können (Hock, 2021).

Wenngleich eine Selbsteinschätzung nicht zwangsläufig deckungsgleich mit objektiver gemessenen Fähigkeiten sein mag, kann eine positive Selbsteinschätzung dennoch Indikator für einen möglichen Lernerfolg, aber in jedem Fall für ein vorherrschendes Selbstkonzept sein (Hartig & Jude, 2007), wenn bedacht wird, dass moderate Korrelationen für positive Selbstkonzepte durchaus nicht unüblich sind (Valentine, DuBois & Cooper, 2004). Daher wird die Empfehlung von Schladitz, Groß und Wirtz (2015) an dieser Stelle erneut aufgegriffen, Selbsteinschätzungen mit standardisierteren Erhebungsinstrumenten gemeinsam zu nutzen, um zum Erkenntnisgewinn über Selbsteinschätzungen zur Diagnosefähigkeit und der Performanz beizutragen.

Aus der bisherigen Forschung zu Selbsteinschätzungen im Bereich der Diagnosefähigkeit angehender Lehrkräfte (im mathemaischen Bereich der Primarstufe) scheint es zudem meist bei einem Feststellen, dass die Selbsteinschätzung Studierender zu ihrer Diagnosefähigkeit mindestens durchwachsen, wenn nicht sogar schlecht ist, zu bleiben. Es bestehen scheinbar keine oder kaum mehr als recht oberflächliche Vermutungen als Begründungsstrukturen dafür, dass Studierende sich selbst in ihrer Diagnosefähigkeit schlecht selbsteinschätzen. In dieser Arbeit sollen daher anhand von Fallanalysen nähere Einblicke in die Zusammenhänge und vor allem die Stellen, an denen die Selbsteinschätzung mit der Performanz divergiert, geboten werden (Kapitel 6).

Hinweise darauf, dass eine akkuratere Selbsteinschätzung eher von den Lernenden ausgeht, welche bessere Leistungen erzielen (Hacker et al., 2000) oder mehr Wissen zu einem Thema haben (Kruger & Dunning, 1999), geben weiteren Anlass dazu im folgenden Teilkapitel den Aufbau von Diagnosefähigkeiten zu fokussieren.

1.3.3 Diagnosefähigkeiten ausbilden: Empirie und Perspektiven

Diagnosefähigkeiten bereits während des Studiums aufzubauen, scheint prinzipiell realisierbar: So zeigt eine Studie von Streit et al. (2019), in der Diagnosen von Novizen und erfahrenen Lehrkräften verglichen werden, dass erfahrene Lehrkräfte bessere Diagnosefähigkeiten aufweisen als Novizen, was dafür spricht, dass Praxiserfahrung zur Sicherheit in diagnostischen Settings beiträgt.

Dingemans (2024) untersucht in diesem Kontext die Entwicklung von Diagnosefähigkeiten von Studierenden der Mathematik für die Primarstufe während des Praxissemesters. Dabei kann er bereits signifikante Verbesserungen diagnostischer Kompetenzen nach dem Vorbereitungsseminar (ohne schulpraktischen Anteil) ausmachen. Eine Begründung dafür sieht er in der „Verknüpfung von Professionswissen durch die Auseinandersetzung mit möglichen Lösungswegen und Fehlerursachen [...] innerhalb schulnaher Situationen" (Dingemans, 2024, S. 288). Diese werden in seinem Design über Videoanalysen realisiert – bieten entsprechend zwar keine schulpraktischen Zugänge, jedoch realitätsnahe Lerngelegenheiten (Dingemans, 2024). Dabei verweist er darauf, dass die diagnosespezifischen Inhalte des Seminars unter Verknüpfung mit methodischen Auseinandersetzungen „als strukturierte Hilfe aufgefasst werden" (Dingemans, 2024, S. 288) können. Eine konsequente Verbindung zwischen Theorie und Praxis, das Anwenden neuen Wissens in praxisnahen Lerngelegenheiten (mit Verweis auf Kron et al., 2021) scheint somit auch bei Dingemans (2024) die signifikant besseren Ergebnisse konzeptuell erklären zu können.

Auch konnten Heinrichs und Kaiser (2018) zeigen, dass die Förderung von Diagnosefähigkeiten Studierender grundsätzlich gelingen kann, und schlussfolgern aus ihrer Untersuchung, dass Praxiserfahrungen sich als hilfreich dabei erweisen. Eine Forderung daraus ist „Lehrveranstaltungen zur diagnostischen Kompetenz in die regulären Lehramtsstudiengänge zu implementieren" (S. 90).

Dieser Forderung kommt Brandt (2022) nach. Sie kann dadurch herausstellen, dass Studierende anfänglich Schwächen in der Diagnose aufweisen, aber durch gezielte Maßnahmen ihre Fähigkeiten verbessern können. Diese Maßnahmen beziehen sich auf fallbasierte Angebote und umfassen schulpraktische Fälle (S. 106; Erkundung), produktbasierte Fälle (S. 109; schriftliche Dokumente), videobasierte Fälle (S. 112; Videos) und weiterführende Fälle (S. 114; Webseiten). Als übergeordnet bei allen betrachteten Maßnahmen stellt Brandt (2022) die Theorie-Praxis-Verzahnung als Leitlinie auf.

Die Ergebnisse dieser Untersuchung zeigen, wie Studierende im Verlauf der Intervention zunehmend dazu tendieren, ihre Diagnosen subjekt- und handlungsbezogener zu gestalten (Brandt, 2022). Sie kann dabei feststellen, dass Korrelationen zwischen den Teilschritten von Diagnose und Förderung (DiF-Teilschritt) bestehen, insofern, dass „die angemessene Bearbeitung eines DiF-Teilschritts in der Regel jeweils eine Voraussetzung, jedoch keine hinreichende Bedingung für die angemessene Bearbeitung des darauffolgenden Teilschritts bildet" (Brandt, 2022, S. 315). Für diese Arbeit ist die Erkenntnis relevant, dass eine Fehlerbeschreibung stets Voraussetzung für eine Ursachenanalyse zu sein scheint. In diesem Kontext gelangt Brandt (2022) zu dem Ergebnis, dass Fehlerbeschreibungen Studierenden besser gelingt als Fehlerursachen abzuleiten.

Die im Rahmen der ‚Qualitätsoffensive Lehrerbildung' stattgefundene Untersuchung zu Diagnosefähigkeiten Studierender des Lehramts Mathematik für die Sekundarstufe von Hock (2021) liefert Befunde zum Ausschnitt der Fehler-Ursachen-Diagnosefähigkeit. Dabei konnte sie vor der Intervention der Untersuchung feststellen, dass die Studierenden im Großteil bereits Fehler der Lernenden erkennen konnten (Hock, 2021), was die Befunde von Brandt (2022), dass Fehlerbeschreibungen tendenziell einfacher für Studierende zu sein schein, als Ursachen abzuleiten, unterstreicht.

Zudem unterstützt die Untersuchung die Ergebnisse der anderen hier vorgestellten Untersuchungen zur Verzahnung von Theorie und Praxis, denn unter anderem kann sie zeigen, dass eine Wissensvermittlung zu Lernendenfehlern und deren Ursachen, verknüpft mit einer praktischen Anwendungssituation des Wissens zur Steigerung der Fehler-Ursachen-Diagnosefähigkeit beitragen konnte (Hock, 2021). Eine Wissensvermittlung zu Lernendenfehlern und deren Ursachen ohne Anwendungssituation hingegen „ruft keine Förderung der Fehler-Ursachen-Diagnosefähigkeit bei den Lehramtsstudierenden hervor" (S. 309).

Ähnliche Erkenntnisse liefert Gebhardt, der ausmacht, dass ein erster diagnostischer Zugang Studierender häufig auf „das Erkennen von Störungsbildern gerichtet" (Gebhardt, 2023, S. 7) ist. Auch Sabers et al. (1991) beobachten vornehmlich wertende Zugänge von unerfahrenen Lehrkräften, die sich weniger auf Ableitungen zugrundeliegender Ursachen beziehen als bei erfahrenen Lehrkräften. Zu reflektierten Diagnosen vor dem Hintergrund erlernten Wissens, gelangen Studierende erst im vorangeschrittenen Verlauf des Studiums (Gebhardt, 2023), was wiederum zeigt, dass auch das zielgerichtete und theoretisch fundierte Diagnostizieren grundsätzlich erlernbar scheint.

Dazu können Befunde von Untersuchungen zum *Teacher Noticing* beitragen: Ein systematisches Review von Santagata et al. (2021) betrachtet 35 Studien, bei denen die Entwicklung von Fähigkeiten des Noticing über videobasierte Intervention intendiert war. Dabei können sie feststellen, dass videobasierte Maßnahmen zu der Steigerung von Fähigkeiten in den drei Facetten des Noticing *attending*, *interpreting* und *responding* beitragen können (Santagata et al., 2021).

Die Studien von Barnhart und van Es (2015) sowie von Jacobs, Lamb und Philipp (2010) untersuchen ebenfalls die Entwicklung der drei Facetten des *Teacher Noticing* bei (angehenden) Lehrkräften mit Videovignetten (Barnhart & van Es, 2015) bzw. beziehen auch schriftliche Vignetten ein (Jacobs Lamb & Philipp, 2010). Während beide Untersuchungen eine positive Entwicklung der Tätigkeiten durch die Maßnahmen verzeichnen, können sie gleichzeitig eine Rangfolge des Anspruchs dieser Tätigkeiten ausmachen, welche mit steigendem

Anspruch von links nach rechts die folgende Reihenfolge bildet: *attending – interpreting – responding* (Barnhart & van Es, 2015; Jacobs, Lamb & Philipp, 2010). Zudem finden Barnhart und van Es (2015) eine signifikante Abhängigkeit der drei Facetten heraus, wobei Jacobs Lamb und Philipp (2010; s. auch Jacobs et al., 2011) schließen, dass ein Bedarf zusätzlicher Angebote zur Professionalisierung besteht und reine Erfahrung in der Lehre nicht ausreichen.

Stahnke, Schüler und Rösken-Winter (2016) untersuchen situationspezifische Fähigkeiten, die mit *wahrnehmen, interpretieren* und *Entscheidungen finden* mit dem Konzept des *Teacher Noticing* einhergehen. Sie untersuchen 60 Artikel mit dem Ergebnis, dass:

> „das Fachwissen und die Erfahrung von Lehrern die Wahrnehmung positiv beeinflussen und dass die Wahrnehmung von Lehrern durch (videobasierte) Weiterbildungsprogramme erfolgreich gefördert werden kann" (Stahnke, Schüler & Rösken-Winter, 2016, S. 1; eigene Übersetzung)

Zusammenfassend kann zu dem Vorangegangen abgeleitet werden, dass:

(1) Fähigkeiten im Bereich des *Noticing* grundsätzlich erlernbar sind (Brandt, 2022; Jacobs et al., 2010; Santagata et al., 2021; Stahnke, Schüler & Rösken-Winter, 2016),
(2) die Teilbereiche anspruchsvoll, zusammenhängend, jedoch verschieden zugänglich sind (Barnhart & van Es, 2015; Brandt, 2022; Stahnke, Schüler & Rösken-Winter, 2016) und
(3) diese vermutlich nicht nur durch Routine und Erfahrung in der Lehre, sondern durch gezielte Maßnahmen zu entwickeln sind (Jacobs, Lamb & Philipp., 2010; Jacobs et al., 2011).

Schüler:innen gezielt zu diagnostizieren (Crespo, 2000), formatives, anstatt summatives Assessment vorzunehmen (Heritage, 2007) und kompetenzorientiert auf Lernendenbearbeitungen zu blicken (Moser Opitz & Nührenbörger, 2015), können daher als Fähigkeiten identifiziert werden, die bereits als Ziele in der Ausbildung von Lehrkräften einfließen sollten. Mehrere Autor:innen (z. B. Heritage, 2007; Heinrichs & Kaiser, 2018; Hößle et al., 2017) fordern daher praxisnahe Übungen in die universitäre Ausbildung zu integrieren, somit Studierenden zu ermöglichen „ihr erworbenes Wissen anzuwenden, um so der Theorie-Praxis-Kluft im Studium entgegenzuwirken" (Enenkiel et al., 2022, S. 71).

Beispielhafte und realitätsnahe Szenarien bieten sich an, um Diagnosen und das dafür notwendige Denken zu besprechen und anzuwenden (Hößle et al., 2017). Enenkiel et al. (2022) kritisieren, dass solche Zugänge bislang in der Universität mitunter selten Umsetzung finden. Es scheint folglich insbesondere hinsichtlich der Tiefe von Diagnosen (Prediger, 2010) Handlungsbedarf in der Ausbildung von Lehrkräften, über eine Verknüpfung von theoretischem Grundlagenwissen mit praktischen Handlungsübungen, mit dem Ziel, Lernausgangslagen aus Perspektive von konzeptuellen Zugängen wahrzunehmen, zu bestehen.

Das nachfolgende Kapitel gibt aus diesem Grund einen Einblick in die Methode des fallbasierten Lernens, welche sich als authentische und praxisnahe Methode zur Überwindung des Ausbleibens von Angeboten zur Theorie-Praxis-Verknüpfung anbietet (z. B. Brandt, 2022).

Fallbasiertes Lernen 2

Ein zentraler Anspruch an Lehrkräfte ist es, über Fähigkeiten zur Diagnose und Förderung von Lernenden zu verfügen (Abschnitt 1.1.2). Wie in Kapitel 1 herausgearbeitet, haben Analysen großer Vergleichsstudien (wie TIMSS (Selter, 2024) und PISA (Reiss et al., 2016)) gezeigt, dass in Deutschland (insbesondere leistungsschwache) Schüler:innen nicht in ausreichendem Maße gefördert werden und ihr Kompetenzstand bisweilen sogar mehrere Jahre hinter dem Stand von Mitlernenden liegt. Studien haben außerdem gezeigt, dass in der Praxis von Lehrkräften eine durchaus heterogene Qualität, ein unterschiedlich belastbares Wissen, aber auch eine teilweise dürftige Selbsteinschätzung Lehrender in Bezug auf Diagnose und Förderung besteht (Dingemans, 2024; Dröse & Prediger, 2023; Hock, 2021).

Hieraus ergibt sich die Notwendigkeit, Lehrkräfte in ihrer Ausbildung dahingehend zu befähigen, zu behandelnde Inhaltsbereiche treffend operationalisieren zu können, aus diesem Können heraus Lernende oder Lerngruppen entsprechend zielgerichtet zu diagnostizieren und passgenaue Förderansätze zu entwickeln.

> „Während Reformvorschläge aus der Sicht der Studierenden stets mehr schulpraktische Erfahrungen einfordern und aktuelle Entwicklungen auch in diese Richtung zielen, geben empirische Studien Grund zum Zweifel, dass dies den Königsweg der Verbesserung der Lehrerbildung darstellt“ (Hascher, 2014, S. 554).

Für eine möglichst hohe Authentizität und Praxisnähe im universitären Kontext bietet sich das Lernen an Fällen an (Kerres, 2018), denn „Pädagogik ist Fallarbeit. Oder anders gesagt: die Arbeit am Fall strukturiert ihre Praxis“ (Gerspach, 2021, S. 7).

M. Maibach, *Diagnostische Performanz und Einschätzungen von Primarstufen-Studierenden*, Dortmunder Beiträge zur Entwicklung und Erforschung des Mathematikunterrichts 62,
https://doi.org/10.1007/978-3-658-50683-4_2

Bei Fallarbeit handelt es sich im schulischen Kontext um real(istisch)e Dokumente (z. B. Schüler:innenlösungen, Videos, etc.), mit Hilfe derer sich unter bestimmten Gesichtspunkten auseinandergesetzt wird (Goeze, 2010). Was genau alles als Fall gefasst wird, ist jedoch nicht abschließend geklärt (Goeze, 2010). Daher wird geht Abschnitt 2.1 zunächst auf die Konzeptualisierung von fallbasiertem Lernen ein. Dazu wird eingangs die Sichtweise auf Lernen betrachtet, die für diese Arbeit herangezogen wird. Außerdem wird bestimmt, welche verschiedenen Eigenschaften und Konzepte einem Fall zugrunde liegen, um daraus zu bestimmen, was in dieser Arbeit als Fall verstanden wird. Darüber hinaus werden Potentiale und Grenzen des fallbasierten Lernens diskutiert.

In Abschnitt 2.2 wird beleuchtet, in welchen Einsatzgebieten fallbasiertes Lernen praktiziert wird. Ein Fokus wird dabei auf die Umsetzung in der universitären Lehrer:innenausbildung (im mathematischen Bereich) gelegt.

Zudem wird eine Auswahl bisheriger empirischer Befunde zum fallbasierten Lenen dargestellt – insbesondere zu der Lehrer:innenausbildung. Dabei werden insbesondere Studien betrachtet, die in universitären Kontexten stattgefunden haben sowie solche, die fallbasiertes Lernen in Diagnosesettings eingesetzt haben.

Abschließend wird in Abschnitt 2.3 eine Zusammenfassung der für diese Arbeit zentralsten Aspekte geboten, weiterhin offene Fragen aufgeworfen und daraus Ableitungen für die vorliegende Arbeit getroffen.

2.1 Begriffsklärung und Definition

Lernen in Praxissituationen „ist nur begrenzt tauglich, um die vielfältigen Qualifikationen, die in Bildungsmaßnahmen zu vermitteln sind, tatsächlich vor Ort zu vermitteln" (Kerres, 2018, S. 365). Problembasierte Ansätze, zu denen Kerres (2018) auch das Lernen an Fällen zählt, scheinen eine geeignete Methode, um dennoch praxisnahe Lernsituationen zu gewährleisten.

In pädagogischen Bereichen „von der Frühpädagogik bis zur Weiterbildung" (Digel et al. 2010, S. 236 f.) gilt das Lernen an Fällen als gewinnbringendes Instrument zum Aufbau von Analyse- und Reflexionskompetenzen (Goeze & Hartz, 2010). Grundlegend dafür ist das Potential von Fällen, das komplexe Gefüge des Lehrens und Lernens, umfangreich und realistisch abzubilden (Merseth, 1999). Eben dieses Potential entfaltet sich insbesondere in der Möglichkeit, mehrperspektivische Untersuchungen eines Falles durchzuführen. Dies wird durch den Wegfall eines unmittelbaren Handlungsdrucks und der damit verbundenen Möglichkeit, mehrdimensionale Perspektiven auf den betrachteten Fall einzunehmen (Krammer et al., 2012), geboten. Diagnostische Situationen sind selten eindimensional, sie profitieren von einer mehrdeutigen Perspektive (Girulat et al., 2013). Denn Analysen können vielschichtig und differenziert ausfallen, wenn der Blickwinkel, unter dem der jeweilige Fall betrachtet wird, durch- bzw. überdacht werden kann (Müller-Menzel, 2005).

Im Folgenden wird zunächst das Verständnis von Lernen für diese Arbeit besprochen, genauer: das Erlernen von unterrichtsrelevantem Handlungswissen – wie es das Diagnostizieren verlangt. Anschließend wird eingegrenzt, was unter einem Fall verstanden wird, woraufhin differenzierter die Potentiale aber auch Grenzen, die das Arbeiten an und mit Fällen innehaben, betrachtet. Insbesondere wird sich dabei auf die Arbeit mit Fällen im Kontext der Lehrer:innenausbildung im Bereich Mathematik (der Primarstufe) bezogen.

2.1.1 Wissen und Handeln verbinden

In diesem Unterkapitel wird die Sichtweise auf ein Lernen als Verbindung zwischen Theorie und Praxis fokussiert. Dabei geht es um unterschiedliche Anforderungen zum Erwerb deklarativen und handlungsbezogenen Wissens, insbesondere von Erwachsenen. Im Dreisäulenmodell der Diagnosefähigkeit (Kapitel 1.1.3), verorten sich diese Überlegungen genau in der Verbindung der einzelnen Teilfähigkeiten, bestehend aus theoretisch-kognitiven Fähigkeiten, Aktivierungsfähigkeiten und Umsetzungsfähigkeiten (Abbildung 2.1). Der Fokus liegt nachfolgend darauf, wie auf theoretisch-kognitive Fähigkeiten – das fachliche und fachdidaktische Wissen in diesem Fall – aktivierend zurückgegriffen werden kann, um in fähiger diagnostischer Performanz Ausdruck zu finden.

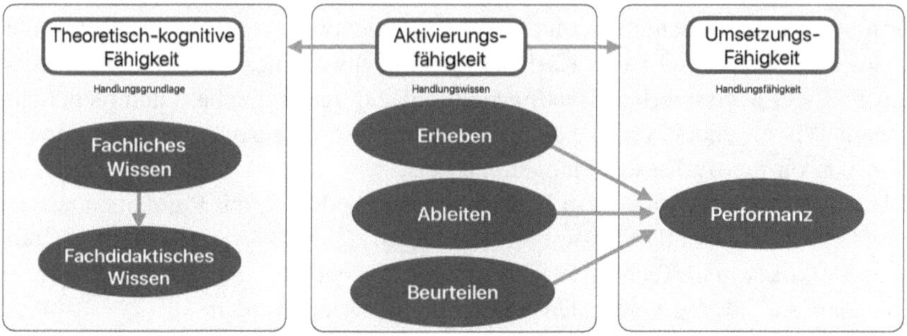

Abbildung 2.1 Teilfähigkeiten der Diagnosefähigkeit

Die Entwicklung von Diagnosefähigkeiten während der universitären Ausbildung erfordert mehr als die bloße Vermittlung von theoretischem Wissen, denn: „Erfolgreich wirkende pädagogische Angebote beruhen nicht auf der Umsetzung vorher gefundener Lösungen, sondern sie sind als Erkundungsprozess konzipiert" (Gerspach, 2021, S. 7). In diesem Sinne ist das Lernen unter der Perspektive der Umsetzung von diagnosebezogenem Wissen im Unterricht zu betrachten, „allerdings bleibt zumeist unklar, wie angehende Lehrkräfte deklaratives Professionswissen in prozedurales Professionswissen umwandeln können" (Jeschke, Lindmeier & Heinze, 2021, S. 161).

Bei Lernenden häufig Betrachtung findet das Konzept des Auffaltens und Verdichtens im Zusammenhang mit Sprache:

> „Mathematische Strukturen sind anspruchsvoll zu lernen, weil sie abstrakt und unsichtbar sind und meist in hoch verdichteter Weise kommuniziert werden. Mithilfe verschiedener Entwicklungsforschungsprojekte kann der Zusammenhang zwischen Denken und Sprechen über Strukturen genauer verstanden werden. Dabei erweist sich das Auffalten und Verdichten als zentrale Denk- und Lernhandlungen, die für Fachleute selbstverständlich und flexibel kombiniert werden, für Lernende jedoch hohe mentale und sprachliche Anforderungen stellen." (Prediger, 2018, S. 38)

Für Studierende als Lernende auf dem Weg zu Fachleuten, mag Ähnliches gelten. Denn auch in diesen Lernprozessen muss „aus Bekanntem Neues" (Drollinger-Vetter 2011, S. 64) erlernt – Wissen somit vernetzt werden. „Sprachlich zeigen sich Auffaltungsprozesse also durch die ausführliche Explikation der Bestandteile, d. h. durch Erläuterung von Wissenselementen." (Korntreff & Prediger, 2021, S. 286)

In einer Machbarkeitsstudie (Lindmeier, Heinze & Reiss, 2013) wurde die aktionsbezogene Kompetenz von (angehenden) Lehrkräften über Vignetten in Form von Videoausschnitten untersucht, auf die direkt reagiert werden sollte. Lindmeier, Heinze und Reiss (2013)konnten nachweisen, dass ein von ihnen so benanntes Basiswissen (hier Handlungsgrundlage) aus fachlichem und fachdidaktischem Wissen, moderate Korrelationen zu der aktionsbezogenen Kompetenz in Form von on-the-fly-Entscheidungen aufweist.

Handlungsfähigkeit in einem Feld zu erlernen bedeutet, mit Problemen aus der Berufsrealität konfrontiert zu werden (Dirks, 2012). So können Modelle, theoretische Praktiken und Techniken in Handlungen übersetzt und ein Repertoire an Strategien zur Lösung von realen Problemen generiert werden:

> „Die Fragen und Probleme, mit denen sie [die Berufsgruppe] konfrontiert sind, ergeben sich aus der Tätigkeit, die sie ausüben, werden durch diese definiert und innerhalb

> der Grenzen dieser Tätigkeit gelöst" (Brown, Collins & Duguid, 1989, S. 35; eigene Übersetzung).

Eine gelungene Umsetzung von unterrichtsbezogenem Wissen ist Teil der Professionalität einer Lehrkraft und setzt das „Verstehens didaktischer Schlüsselsituationen" (Nittel, 1998, S. 2) voraus. Hierbei muss einer Lehrkraft die Verzahnung von Theorie und Praxis gelingen. Der praxisbezogene Teil ist der, in welchem die Schlüsselsituation identifiziert wird und die individuellen Handlungsanforderungen, die sich für diese konkrete Situation ergeben abgeleitet werden. Der theoriebezogene Teil ist der, in der die Situation mehrperspektivisch beleuchtet wird, bevor die konkrete Handlungskonsequenz beschlossen wird (z. B. Tietgens, 1988; Kade, 1990; Nittel, 2000).

In einer Studie von Knievel et al. (2015), beschreibt die Forschungsgruppe in Anlehnung an Blömeke und Delaney (2012) eine Divergenz zwischen theoretisch getestetem fachdidaktischem Wissen und tatsächlicher Handlungsperformanz. Dabei werden drei Perspektiven eröffnet:

Einerseits ist das Wissen in höchstem Maße eng an bestimmte Bereiche beziehungsweise Inhalte geknüpft (Blömeke & Delaney, 2012). Was für Diagnosewissen wiederum zwei Perspektiven eröffnet: Erstens das Wissen um Diagnoseverfahren, -ziele, -aufgaben, etc. – kurz: das theoretische Konzept. Zweitens das bereichsspezifische fachdidaktische Diagnosewissen in eben dem Themenbereich, in welchem Diagnosen durchgeführt werden sollen und drittens ein hinreichendes zugrundeliegendes (mathematische) Fachwissen als Grundlage zum Verständnis des fachdidaktischen Wissens (Lindmeier, 2011).

Andererseits muss es der Anforderung nach Anpassungsfähigkeit genügen, um den alltäglichen unplanbaren Unterrichtssituationen gerecht zu werden (Blömeke & Delaney, 2012). Neben dem rein kognitiven Vorhandensein des Wissens muss es also letztendlich auch um- bzw. einsetzbar sein.

> „Daher können Modelle des Lehrerwissens, die sich – im klassischen kognitionspsychologischen und engen Sinne – auf einen hochformalen, deklarativen Korpus von dekontextualisiertem Wissen konzentrieren, nicht als ausreichend für eine umfassende Beschreibung der fachspezifischen Lehrerkognition angesehen werden" (Knievel et al., 2015, S. 311; eigene Übersetzung).

Aus diesem Grund ist fachdidaktisches Wissen im Allgemeinen – und für diese Arbeit das darin verankerte Diagnosewissen im Speziellen –, damit es in tatsächliche Diagnosefähigkeiten münden kann, nicht rein theoretisch als deklaratives Wissen anzusammeln, sondern muss stets vor dem Hintergrund eines anwendungsbezogenen Wissens gedacht werden (Lindmeier, 2011). Umgekehrt fußt solides Handlungswissen auf bereits vorhandenen kognitiven Konstrukten, die teilweise auch als Erfahrungslernen bezeichnet werden (Baer et al., 2011). Diese basieren wieder auf einer ‚Wissensbasis', die hier als Handlungsgrundlage gedacht wird. Diese Handlungsgrundlage sorgt in Praxissituationen einerseits dafür, dass ankommende Informationen in Form von diagnostischen Informationen eingeordnet werden können. Andererseits bietet es eine Art Anker, der vor kognitiver Überlastung in spontan zu reagierenden Situationen schützt, also Handlungsfähigkeit sicherstellt (Schweer & Thies 2000). Entsprechend ist es wichtig, dass diese Wissensbasis hinreichend solide und belastbar aufgebaut wird, soll sich in unterrichtspraktischen Situationen darauf verlassen werden.

Fähig diagnostisch zu handeln, bedeutet als Lehrkraft, dementsprechend zweierlei Perspektiven zu vereinen, nämlich:

> „wissenschaftlich vertiefte [...] Kenntnisse in konkreten Situationen angemessen anwenden zu können oder umgekehrt betrachtet: in eben diesen Situationen zu erkennen, welche Bestandteile aus dem Wissensfundus relevant sein können" (Tietgens 1988, S. 37)

In der universitären Lehrkräfteausbildung ist folglich von hoher Relevanz, unmittelbar integrativ praxisbezogen erfahrbar zu machen, was es bedeutet zu diagnostizieren, welche mentalen Strukturen angesprochen werden, wo theoretisches fach- und fachdidaktisches Wissen miteinander verknüpft werden müssen, um auf individueller Schüler:innenebene Diagnosen durchzuführen. Um dieser Annahme Rechnung zu tragen, müssen auch in der Ausbildungsphase ausreichend praxisnahe Lerngelegenheiten geboten werden. Wahl (2002) führt in diesem Kontext drei Prämissen an:

Erstens postuliert Wahl (2002) „‚Handeln' setzt also ‚Wissen' voraus" (Wahl, 2002, S. 230), was bedeutet, dass immer zuerst die hier als Handlungsgrundlage bezeichneten Strukturen vorbereitend aufgebaut werden müssen, bevor unter Rückbezug auf diese professionell gehandelt werden kann (Wahl, 2002).

Zweitens weist er auf die Richtung des Aufbaus von Handlungswissen im ersten Zugang hin, indem er „vom Wissen zum Handeln" (Wahl, 2002, S. 228) ableitet. Wobei durch sogenannte ‚Trainings' eine schrittweise Entwicklung von dem hier bezeichneten Hintergrundwissen zum praktischen kompetenten Handeln entsteht (Wahl, 2002).

Drittens kann daran anknüpfend der entgegengesetzte Prozess als „vom Handeln zum Expertenwissen" (Wahl, 2002, S. 228) beschrieben werden. Bei diesem Prozess werden durch Handlungen bereits bestehende Wissensnetze erweitert oder Handlungswissen integriert, sodass die professionelle Kompetenz durch das Entstehen von handlungsbezogenen Fähigkeiten gesteigert wird (Wahl, 2002).

Die Aus- und Weiterbildung von handlungsbezogenen Wissensnetzen in sogenannten ‚subjektive Theorien', hat Wahl 1991 selbst untersucht. Er kommt dabei zu dem Schluss, dass alle Richtungen, die in den Prämissen genannt werden, bedient werden müssen, sie jedoch verschiedenen Voraussetzungen unterliegen. Die Erweiterung des Wissensnetzes, also der Ausbau des Hintergrundwissens gestaltet sich als Integration neuer Konzepte in bereits vorhandene, die sich dadurch möglicherweise verändern. Dies ist einfacher als die handlungsbezogenen Wissensstrukturen zu verändern, da sie zunächst noch nicht mit routinierten Handlungen kognitiv verknüpft sind. Er nennt sie „Subjektive Theorien größerer Reichweite" (Wahl, 2002, S. 231).

Praktische Anwendungen von Wissen im Kontext Schule, setzen Flexibilität und somit „Handlungsspielräume" (Tsirikiotis & Schmidt, 2023 S. 77) voraus. Aus einer Vielzahl an Handlungsoptionen, diejenige zu wählen, die der Situation entsprechend sinnvoll erscheint, ist zugleich Kern und Herausforderung des professionellen Diagnosehandelns (Lemben et al., 2023).

Für das Erlernen solcher handlungsrelevanten Strukturen bedeutet das, „dass das Durchlaufen von ‚praktischen Übungen' eine Umorganisation in den Situations- und Reaktionsprototypen bewirken muss" (Wahl, 2002, S. 231). Ziel ist „typisch-exemplarische Handlungssequenzen adäquat deuten" (Lemben et al., 2023, S. 61) und die damit aufgebauten Strategien in späteren praktischen Situationen anwenden zu können (Lemben et al., 2023).

In Bezug auf den Aufbau von Diagnosefähigkeiten bietet sich fallbasiertes Lernen als ein Ansatz an, der die Verknüpfung zwischen Theorie und Praxis leisten kann: das Betrachten von Einzelfällen, die auf Allgemeinheiten diagnostischen Handelns im pädagogischen Kontext (Nittel, 1998) unter Aktivierung von Hintergrundwissen bezogen werden.

Durch den Einsatz von Fällen, unterstützt durch die Bewusstmachung und der Reflexion handlungsleitender Strukturen, können Studierende aktiv und praktisch erfahren, wie Diagnosefähigkeiten in praxisnahen Situationen angewendet werden (Goeze & Hartz, 2010).

> „Damit ist Lernen ein wechselseitiger Prozess aus Fremdimpulsen und Selbststeuerung, der selbstständiges Entdecken und Problemlöseaktivitäten erfordert und sich an der Struktur des zu erlernenden Wissens oder der Struktur der praktischen Anwendungssituation orientiert." (Syring et al., 2013, S. 88)

Dies fördert ein ganzheitliches Verständnis von Diagnostik, bezogen auf Theorie und Praxis, und ermöglicht eine nachhaltige Entwicklung von praxisrelevanten Fähigkeiten, die für angehende Lehrkräfte von entscheidender Bedeutung sind. Denn „Fallarbeit vermag die Fähigkeit zu fördern, Wissen auf konkrete Situationen zu übertragen und diese aus unterschiedlichen Perspektiven heraus zu betrachten" (Digel et al., 2010, S. 236).

Daher soll sich im folgenden TeilAbschnitt 2.2.2 zunächst einer Annäherung an den Fallbegriff gewidmet und das Verständnis von Fällen für diese Arbeit geklärt werden.

2.1.2 Konzeptuelles zum Fall

Bei der Fallarbeit handelt es sich um eine „reflexive Praxis" (Pieper, 2014, S. 9), was bedeutet, dass konkretes Handeln vor dem Hintergrund theoretischen Basiswissens eingeordnet – reflektiert – wird. Die in der Literatur zu findenden Definitionen sind dennoch bisweilen sehr unterschiedlich: „Die Erscheinungsformen der entwickelten Praxen sind ausdifferenziert und diffus zugleich" (Wittek, Rabe & Ritter, 2021, S. 7), weswegen im Folgenden die Konzeptualisierung der Fallarbeit betrachtet wird.

Zum Fallbegriff

Eine einheitliche Begrifflichkeit oder Konzeptualisierung für ‚den Fall' beziehungsweise die Arbeit mit Fällen besteht nicht (Goeze, 2010). Schon der Fallbegriff bietet uneinheitliche Zugänge, was bedeutet, dass „ähnliche Vorstellungen davon, was ein Fall sei, zu durchaus unterschiedlichen Begriffen (z. B. ‚Situation', ‚Problem') führen" (Goeze, 2010). Ein weites Verständnis von Fällen als retrospektiver Rekonstruktionsakt bezieht gar selbsterfahrene Momente ein:

> „Der forschungslogische Kern einer verstehenden Erschließung der Wirklichkeit besteht dann in nichts anderem als in der hermeneutischen Rekonstruktion derjenigen Sinnstrukturen, die sich in den Protokollen dieser Wirklichkeit Ausdruck verschaffen." (Wernet, 2023, S. 128)

Wenngleich das Zurücktreten aus erlebten Situationen, um sie fall-rekonstruktiv zu betrachten, sicherlich aus soziologischer oder psychologischer Perspektive sehr bedeutsam scheint, so ist der Fokus fallbasierten Lernens in der universitären Lehrkräftebildung „die Entwicklung eines forschenden Habitus, der die Praxis bereichert" (Pieper, 2014, S. 9) und damit der Fallbegriff enger zu begreifen.

„Insofern ist ein Fall Ausdrucksgestalt von Praxis, aber nicht die Praxis selbst [...].“ (Hummrich, 2021, S. 24)

Brandt (2022) stellt drei zentrale Merkmale als Gemeinsamkeiten von Fällen in Lehr-Lern-Kontexten heraus. Ein Fall ist demnach erstens immer ein problemhaltiger Ausschnitt aus der Wirklichkeit, wobei das Wort Problem durchaus lernförderlich zu denken sei (Brandt, 2022). In Anlehnung an Oser & Baeriswyl (2001) weisen Syring et al. (2016) dem Prozess der problemorientierten Fallarbeit die Schritte des *Beschreibens*, *Analysierens*, Lösungsstrategien *Entwickelns* und des *Transfers* zu.

Der Aufbau von Handlungsfähigkeiten sollte dabei im Fokus der Problemstellung des Fallmaterials stehen (Goeze & Hartz, 2010) und durch kritische Reflexion (Kunze, Dzengel & Wernet, 2014; Jeschke, Lindmeier & Heinze, 2021) eingefordert werden:

> „Die in der Sache mögliche Anschauung wird zum Ausgangspunkt eines handlungsentlasteten, kritisch-reflexiven Problematisierungsprozesses genommen, in dem immer wieder auch die Möglichkeit aufscheint, eigene Perspektiven als solche erkennbar werden zu lassen und zu hinterfragen.“ (Kunze, Dzengel & Wernet, 2014, S. 53)

Brandt (2022) sieht einen Fokus in der Nähe zur Realität und Authentizität der Fälle, die durch ihren Fallcharakter praxisnah, jedoch unter Einnahme unterschiedlicher Perspektiven bearbeitet werden können (s. auch Goeze & Hartz, 2010) – also zu einem mehrdimensionalen Problemlöseprozess und der Entwicklung (neuer) Strategien anregen.

Als zweiten wesentlichen Aspekt beschreibt Brandt (2022) die theoretische Fundierung eines Falls. Ein Fall stützt sich immer zielfokussiert (Brandt, Gutscher & Selter, 2017) auf etwas Allgemeines, was aus dem Speziellen abgeleitet werden kann (Goeze, 2010; Hummrich, 2021).

Der dritte von Brandt (2022) herausgearbeitete Aspekt ist der der Verzahnung von Theorie und Praxis. Dies ergibt sich aus der Natur des Lernens an Fällen: denn Fälle sollen einen Ausschnitt aus der Wirklichkeit abbilden, zu dem Ziel, theoriegeleitet – z. B. gekoppelt mit fachlichem und fachdidaktischem Wissen – für die Praxis zu lernen (von Aufschnaiter et al., 2017).

Die Zielsetzung

Bei Zielsetzungen im pädagogischen Kontext steht stets die „Theorieentwicklung am schulischen Fall, mit der Analyse schulischer Praxis“ (Heinzel, 2021, S. 41) im Vordergrund der Auseinandersetzungen. Dabei untergliedert Goeze (2010) in die beiden Perspektiven der Entwicklung kognitiver, praxisrelevanter Fähigkeiten einerseits und „zum anderen das auf diesen kognitiven Operationen aufbauende Ziel, Handlungsmuster zu routinisieren“ (Goeze 2010, S. 131).

Auch Sherin und Van Es (2009) gliedern die Zielsetzungen beim fallbasierten Lernen in drei Teilbereiche auf (S. 21 f.):

- Die Erweiterung des pädagogischen Handlungspotentials.
- Die (Weiter-)Entwicklung fachdidaktischen Wissens.
- Die Sensibilisierung für substanzielle unterrichtliche Interaktionsmerkmale.

Als übergeordnete Zielsetzung stellen sie diesen drei Spezifizierungen als „Verbesserung der Kenntnisse für den Mathematikunterricht“ (Sherin & Van Es, 2009, S. 22; eigene Übersetzung) über einen fallbasierten Problemlöseprozess heraus. Insbesondere soll in dieser Arbeit die Zielsetzung des fallbasierten Lernens jedoch gerade in einer Verknüpfung der einzelnen Teilziele im Sinne einer Verzahnung von Theorie und Praxis (von Aufschnaiter et al., 2017) – von Wissen und Handeln (Wahl, 2002; Abschnitt 2.1.1) – liegen, also eine Kombination der einzeln aufgeführten obigen Bestrebungen, von Sherin und Van Es (2009) und Goeze (2010) für das Erlernen von Handlungsfähigkeit anstreben.

Pieper (2014) fasst dies unter „Professionalisierung reflexiver Kompetenzen“ (S. 9) zusammen, welche mit fallbasierter Betrachtung von Handlungsmustern und Deutungsweisen aufgebaut werden sollen (Pieper, 2014). Die Anwendung von Wissen anhand von zu analysierenden Fällen dient zudem unter anderem wiederum dazu, das „Theorieverständnis zu schulen sowie eine Fallklärung anhand bereichsspezifischer Modelle einzuüben“ (Goeze, 2010, S. 137).

> „Sie ermöglichen die rekonstruktive Erschließung von Praxisszenen und jener Antinomien, die der professionellen Praxis inhärent sind, das reflektierende Nachdenken über darin enthaltene Anforderungen sowie eine konstruktive und praktische Auseinandersetzung mit Handlungsoptionen.“ (Paseka & Hinzke, 2014, S. 61)

Es scheint dafür sinnvoll, Fälle anzubieten, die Denkwege und Lösungen von Lernenden abbilden. Denn Diagnosefähigkeiten fallbasiert zu erlernen setzt die intensive Auseinandersetzung mit Kompetenzen, Fehlern und Denkweisen von Kindern voraus (Brandt, 2022).

Grundlegend beim Einsatz von Fällen ist ebenso das Bewusstsein dafür, dass die Art der Fallarbeit Einfluss auf das Lernen an und mit ihnen hat. Drei Ebenen der Entscheidungsvielfalt werden daher von Goeze und Harz (2010) eröffnet, die bewusst beim Einsatz von Fällen eingebunden werden sollten. Darunter verstehen sie:

- Das Fallmedium – dies bezieht sich auf die Repräsentationsform
- Das Fallsetting – betrifft die am Fall arbeitende Person oder Gruppe
- Das Fallmaterial – hiermit ist die Konstitution des Falls gemeint

Nachfolgend werden diese drei Ebenen, einleitend erweitert um die mit einer Fallarbeit verfolgten Zielsetzung, ausgeführt.

Das Fallmedium

Da die Repräsentationsform eines Falles variabel ist, empfiehlt sich diese bewusst an den Zweck zu binden, in denen die Fallarbeit geschehen soll. Dabei können sie z. B. schriftlich, videographiert, audiographiert oder nacherzählt vorliegen (z. B. Idel, Reh & Rabenstein, 2014; Kerres, 2018). Die mediale Repräsentation trägt verschiedene Auseinandersetzungsformen in sich: „Textvignetten werden [...] zumeist in schriftlicher Form vorgelegt, Bild- und Videovignetten ermöglichen eine Visualisierung eines Falles“ (Paseka & Hinzke, 2014, S. 47).

Auch der Umfang eines dargestellten Falls kann sehr stark variieren: Beispielsweise kann er von einem einzelnen Abbild einer Lernendenlösung (Brandt, Gutscher & Selter, 2017) oder einem kurzen, nur Sekunden überdauernden, videographierten Ausschnitt einer Unterrichtssituation (Lindmeier et al., 2013) bis hin zu detaillierten und langandauernden Falldarstellungen reichen, wie zum Beispiel Videos über eine komplette Unterrichtsreihe hinweg (Goeze, 2010).

Aus der Wahl des Fallmediums leitet Pieper (2014) die Frage nach der daraus resultierenden Konsequenz für den Lernprozess ab, denn die Wahl bedinge möglicherweise Vorannahmen, welche sich auf die Interpretation des Falles auswirken (s. auch Syring et al., 2016; Wernet, 2023).

Mehrere Studien haben bereits die Auseinandersetzung mit videobasierten Formaten im Kontext der Lehramtsausbildung und -professionalisierung untersucht und konnten Erfolge beim Einsatz von Videovignetten verzeichnen (z. B. Bartel & Roth, 2017; Kersting, 2008; Lindmeier et al., 2013; Roth, 2009). Einige Untersuchungen zu anderen Vignettenformen in diesem Bereich (z. B. Brandt, 2022; Brauer, 2017), geben ebenfalls Hinweise darauf, dass diese erfolgreich beim Aufbau von Diagnose- und Förderfähigkeiten sein könnten. Brauer et al. (2017) setzen auf Lernendendokumente mit dem Ziel „Erfahrungen in der Rekonstruktion von Gedankengängen“ (Brauer et al., 2017, S. 258) zu eröffnen. Dabei stellen sie fest: „Es ist sinnvoll, die Vignette in mehreren Analysedurchgängen unter jeweils unterschiedlichen Perspektiven zu betrachten“ (Brauer et al., 2017,

S. 258). Solche Überlegungen zu der konkreten Auseinandersetzung mit dem falltragenden Medium liegen Entscheidungen über das Setting inne, in welchem das fallbasierte Lernen stattfindet. Hierzu gibt der nachfolgende Absatz einen Überblick.

Das Fallsetting

Wenngleich „Fallarbeit gekennzeichnet [ist] als intensive […] Auseinandersetzung mit einem Fall als Problemlöse-Prozess, der lösungs- und handlungsorientiert ist“ (Syring et al., 2016, S. 90), ist der Rahmen, in dem eine Fallarbeit eingebunden ist, an mehreren Überlegungen ausgerichtet. Das Fallsetting meint entsprechend „den Umgang mit ihm [dem Fall] in einem bestimmten Kontext“ (Goeze, 2010, S. 129).

Dabei reichen Einbindungsentscheidungen von der Sozialform des Lernens – soll die Auseinandersetzung beispielsweise in Einzel- oder Gruppenarbeit (Goeze, 2010; Schneider, 2016) geschehen –, über Strukturierung einer fallbasierten Lehr-Lern-Umgebung – wie angegliederte Reflexionsphasen oder Vorbereitungsaufgaben –, oder auch zur Art des Wissensaufbaus – soll eher Wissenskonstruktion oder Wissensreflexion stattfinden (Schneider, 2016). Darüber hinaus kann die Einbindung von Fallarbeit innerhalb einer Lehrveranstaltung, mehr oder weniger von einer Lehrperson begleitet (Syring et al., 2016) stattfinden, aber auch beispielsweise in digitalen Selbstlernsituationen stattfinden (Schneider, 2016), in denen die Fallarbeit als digitale Lernumgebung umgesetzt wird (Kerres, 2018). Insbesondere in Selbstlernsituationen kann das Lernen zur eigenen freien Weiterbildung thematisch selbstgesteuert und mehr oder weniger fokussiert geschehen, oder aber eine lenkende Instanz vorhanden sein, wie eine bestimmte daran geknüpfte Aufgabe (Enenkiel et al., 2022).

Die Grenzziehungen sind bei all diesen Punkten sicherlich je nach Planung teilweise eng, teilweise aber auch fließend (Goeze & Hartz, 2010), sodass z. B. in der Sozialform zu verschiedenen Phasen gewechselt werden kann.

Da die Arbeit mit Fällen „in der Ausbildung von Anfängern ebenso einsetzbar [ist] wie in der Weiterbildung von Erfahrenen“ (Goeze, 2010, S. 129; s. auch Pieper, 2014), muss die adressierte Gruppe und die damit verknüpften Lernziele bewusst in die Entscheidung für Rahmenbedingungen des Lernens einbezogen werden. Während Schneider (2016) das mit einer Fallarbeit verbundene Lernziel als eine Facette des Fallsettings begreift, soll in dieser Arbeit die Zielsetzung als entscheidungstragender Faktor für die Auswahl des Mediums und des konkreten Materials eines Falls sowie des Einsatzsettings als eigenständige Facette betrachtet werden.

Um Fälle für das Lernen handlungsrelevanter schulnaher Situationen, wie zum Beispiel das Diagnostizieren, zu nutzen, ist Voraussetzung, „dass die zu Grunde gelegten [...] Fälle als solche die Komplexität der schulpädagogischen Wirklichkeit in angemessener Weise widerspiegeln" (Kunze, Dzengel & Wernet, 2014, S. 38). Daraus leitet sich ab, dass in Lehr-Lern-Kontexten nicht alleine das Medium des Falls oder das Setting durchdacht werden muss, sondern auch das konkrete Fallmaterial, an welchem agiert wird.

Das Fallmaterial – Vignetten

Die inhaltliche Aufbereitung einer Falldarstellung, also das entsprechende Fallmaterial, muss zweckgebunden erfolgen: Im Kontext der Ausbildung von zukünftigen Lehrkräften sollte „ein Ausschnitt aus authentischem Unterricht, der exemplarisch pädagogische Schlüsselsituationen wiedergibt" (Syring et al., 2016, S. 89) gewählt werden. Insbesondere Noviz:innen können theoriebasiert fundamental handlungsrelevante Strukturen praxisnah erfahren (Pieper, 2014).

Andererseits können Fälle aber auch zur vertiefenden Professionalisierung zum Beispiel kognitive Konflikte auslösen: „Eine Situation hebt sich aus dem Fluss des alltäglichen Berufshandelns heraus, eine Differenz wird erfahren, eine Krise erlebt" (Pieper, 2014, S. 10). Dadurch können neue Denk- und Handlungsprozesse entstehen, die das Repertoire des professionellen Handelns erweitern (Wahl, 2002).

Eine weitere Auswahl des Fallmaterials, betrifft die Entscheidung darüber, ob reale oder (erkennbar) fiktive Fälle betrachtet werden sollen (Goeze, 2010). Grundlage zu dieser Entscheidung ist die Frage, zu welchem Zweck die Auswahl stattfinden soll: beispielsweise „zur (Wieder-)Erkennung des Paradigmatischen [...], empfehlen sich authentische Fälle" (Goeze, 2010, S. 137).

Eine besondere Form des Fallmaterials, die eben diese Authentizität innehaben sollen, stellen sogenannte *Vignetten* dar, womit „eine Betonung der phänomenologischen oder narrativen Darstellung" (Heinzel, 2021, S. 47), einhergeht und komprimierte Momente der schulischen Praxis als abgeschlossene Falldarstellungen dienen (Schratz, Schwarz & Westfall-Greiter, 2012).

Authentische Falldarstellungen bieten dabei den Vorteil ungefiltert präsentiert zu werden, sodass Interpretationen als Lerngelegenheit dienen (Kunze, Dzengel & Wernet, 2014) und damit einen entdeckenden Zugang erlauben, was „stärker Kompetenzfacetten auf Ebene der Fähigkeiten und handlungsbezogenen Kenntnisse" (Brandt, Gutscher, Selter, 2017, S. 248) einfordert. Dazu zählen auch „Produktvignetten" (Brandt, Gutscher & Selter, 2017, S. 248), die Lernendenlösungen abbilden. Authentische fremde Fälle, bieten dabei den Vorteil, dass „die Aufmerksamkeit der Studierenden bewusst auf ausgewählte fachspezifische

Aspekte und Kriterien gelenkt und die Fähigkeiten der Studierenden gezielter weiterentwickelt werden“ (Brandt, Gutscher & Selter, 2017, S. 248).

Dirks (2012) betont dabei, dass insbesondere beim Aufbau von Handlungswissen von Noviz:innen, möglichst wenig Vorwissen einfordern sollten, um an ihnen zu lernen. Dazu können beispielsweise kurze Ausschnitte praxisnaher Situationen oder Dokumente dienen, welche eine kognitive Entlastung im Lernprozess von Lehramtsstudierenden darstellen (Rähm & Bölsterli, 2014), da die relevanten Momente des gegebenen Lernziels bereits ausgewählt sind und so lediglich eine kleinere Menge an zu verarbeitenden Daten betrachtet werden muss.

> „Eine Fallvignette soll also ein – für professionelles Lehrerhandeln und/oder die Gestaltung ‚guten‘ Unterrichts relevantes – Kernproblem oder zumindest bestimmte Problemdimensionen appräsentieren, die sich innerhalb des institutionell-curricularen Rahmens der Lehrerausbildung und der zur Verfügung stehenden Zeitressourcen hinreichend bearbeiten lassen.“ (Dirks, 2012, S. 2)

Mit der Festlegung des Ziels, welches dieser Arbeit zugrunde liegt – der Steigerung von Diagnosefähigkeiten in Theorie und Handlung angehender Lehrkräfte durch fallbasiertes Lernen –, müssen Fallentscheidungen getroffen werden, die diesem Ziel gerecht werden. So braucht es Fallmaterialien, welche „die Komplexität der schulpädagogischen Wirklichkeit in angemessener Weise widerspiegeln“ (Kunze, Dzengel & Wernet, 2014, S. 38), jedoch zudem fokussiert genug sind, um die Komplexität zu begrenzen. Vignetten scheinen dafür geeignet, denn sie „beschreiben Problemsituationen aus dem beruflichen Alltag von Lehrpersonen und sind so formuliert, dass sie jeweils für eine dem Lehrberuf zugrunde liegende Antinomie symptomatisch sind“ (Paseka & Hinzke, 2014, S. 46).

Entlang der in diesem Unterkapitel vorgestellten vorwiegend konzeptuellen Überlegungen, kann zusammenfassend festgehalten werden: Entscheidungen zum fallbasierten Lernen sollten entlang einer damit verbundenen pädagogischen Zielsetzung (Heinzel, 2021) gerichtet geschehen. Dabei ist in dieser Arbeit die Verbindung von theoretischem und praktischem Wissen zu Steigerung von diagnostischen Handlungsfähigkeiten im Vordergrund der weiteführenden Designentscheidungen (Kapitel 4). Insbesondere Vignetten (Dirks, 2012) werden für diese Zwecke als geeignetes Fallmaterial angesehen, um Authentizität zu erzeugen (Brandt, 2022) und entsprechende Handlungsfähigkeiten daran aufzubauen (Brandt, Gutscher & Selter, 2017). Das Fallmedium und das Fallsetting müssen dabei entsprechend weiterer Rahmenbedingungen passend gewählt werden (Kapitel 3 und 4).

Zuvor gilt es, Potentiale und Grenzen des fallbasierten Lernens gezielt zu betrachten, um Entscheidungen die Fälle betreffend, fundiert begründen zu können. Die Gegenüberstellung von Potentialen und Grenzen des fallbasierten Lernens erfolgt im nachfolgenden UnterKapitel 2.1.3.

2.1.3 Potentiale und Grenzen fallbasierten Lernens

In diesem Unterkapitel sollen Vor- und Nachteile des fallbasierten Lernens aus vorwiegend konzeptueller Sicht abgeleitet und diskutiert werden. Dabei stehen pädagogische Kontexte im Zentrum der Überlegungen und die Verwendung von Vignetten im Fokus, um Diagnosefähigkeiten zu entwickeln (Abschnitt 2.1.2). Es wird fokussiert, welche Erfolge fallbasiertes Lernen generell zu erzielen vermag, von welchen Gelingensfaktoren diese abhängig sind und wo Grenzen zu verzeichnen sind.

Potentiale
Aufgrund des großen Einsatzspektrums bezeichnet Reichertz (2014) das fallbasierte Lernen als Methode mit gleich mehreren Möglichkeiten der Zielsetzung und Adressat:innengruppen: Sie kann zur Ausbildung, zur Weiterbildung sowie zur Fortbildung von Personen eingesetzt werden und ist damit grundsätzlich eine Maßnahme „die der Erlernung oder Verbesserung der beruflichen Qualifikation dien[t]" (Reichertz, 2014, S. 24).

Vor dem Hintergrund des Ziels, Theorie und Praxis so zu vernetzen (Wahl, 2002), dass angehende Lehrkräfte Handlungsfähigkeit für die folgende Praxis im Bereich der Diagnose aufbauen, ist zu betonten, dass schon der Fall an sich, – definiert als problemhaltiger Ausschnitt aus der pädagogischen Praxis (Kapitel 2.1.1) –, die Bedingung in sich trägt, einen praktischen Lernkontext zu bieten (Goeze & Hartz, 2010). Weswegen der Arbeit an Fällen sowohl im „Diskursraum von Erziehungswissenschaft **und** Fachdidaktik" (Bredel & Pieper, 2021, S. 65; Hervorhebung durch die Autorin) das Potential zugeschrieben wird, Lernen in geschützten Praxissituationen anregen zu können.

Für die Ausbildung von Lehrkräften bedeutet die Arbeit mit Fällen, „[sie] konservieren die Komplexität der Lehr-Lerninteraktion" (Goeze & Hartz 2010, S. 112) und sie besitzt insbesondere dahingehend das Potential „die notorische Spannung zwischen Theorien (Studium) und Praxis (Beruf) in eine fruchtbare Beziehung zwischen universitärem Wissen und beruflichem Können zu verwandeln" (Pieper, 2014, S. 9). In der Auseinandersetzung mit Fällen können bewusst durch entsprechende Fallauswahl „implizite Wissensbestände des Feldes, die Situiertheit der Praxis, deren Komplexität und normative Implikationen rekonstruiert werden“ (Heinzel, 2021, S. 43).

Dabei kann die Arbeit an Fällen „in der situativen, von konkretem Handlungsdruck entlastenden Analysesituation gesehen werden, die andere Zugangsformen und Deutungstiefen ermöglicht als der pädagogische Alltag“ (Goeze & Hartz 2010, S. 117). Bei der Fallauswahl ist „seine Typizität und das Irritierende am Fall entscheidend“ (Heinzel, 2021, S. 43), denn so kann gleichzeitig eine gerichtete Auseinandersetzung mit der zu erlernenden praxisrelevanten Situation angeregt werden, wobei jedoch das Ausbleiben von direkt eingeforderten Reaktionen, die einer schulpraktischen Erfahrung naturgemäß innewohnt, dazu führen, dass mehrperspektivisch auf eine Situation geblickt wird. Daraus ergibt sich die Möglichkeit der Reflexion des ersten intuitiven Zugangs (Goeze & Hartz, 2010). Genauer bedeutet dies, dass das Abbilden von Ausschnitten aus der Berufspraxis mit Integration dessen Herausforderungen dazu beitragen kann, eigene Handlungen in komplexen, praxisnahen Situationen zu reflektieren und vor dem Hintergrund theoretischer Aspekte einzuordnen, die dazu befördern können, Wirkungsoptionen des eigenen Handelns wahrzunehmen und professionelles Handeln dadurch zu optimieren (Shulman, 1992).

Eine Unterscheidung muss dabei im Grad der Erfahrung der adressierten Person gemacht werden: Während bei Lehrkräften mit viel Expertise fallbasiertes Arbeiten insbesondere vertiefende Einsichten in Lehr-Lern-Prozesse bietet und Reflexion des eigenen professionellen Handelns eröffnet, können Noviz:innen Erkundungen der Vielschichtigkeit von Lehr-Lern-Prozessen und Inhalten vornehmen (Merseth, 1996). Insbesondere ist dabei die Förderung von Problemlösefähigkeit von (angehenden) Lehrkräften herauszustellen (Brandt, 2022), die eben jene Komplexität unterrichtlicher Praxis andeutet und sich durch analytische Auseinandersetzung mit praxisnahen Beispielen speist (Merseth, 1999).

> „Das Lernen an Beispielen wird als besonders gute Möglichkeit eingeschätzt, um am Modell zu lernen, Problemlösungen zu erarbeiten und Verstehen zu fördern.“ (Heinzel, 2021, S. 44)

Vignetten, „in denen bestimmte fachspezifische Schülervorstellungen, Entwicklungsverläufe oder typische Fehlermuster erkennbar sind“ (Brandt, Gutscher & Selter, 2017, S. 248), können grundlegend zum Ableiten fachdidaktischer Gedankengänge, wie Hypothesen zu Fehlerursachen, hilfreich sein (Brandt, Gutscher & Selter, 2017). Aber auch fachdidaktisch fundierte Urteile zu bilden kann mit einem fallbasierten Lernen unterstützt werden (Goeze, 2010). Es wird dabei entsprechend nicht rein deduktiv vorgegangen, sondern es kann eine Verbindung aus deduktivem und induktivem Lernen geschaffen werden (Goeze, 2010).

Als weitere Stärke stellen Kunze, Dzengel und Wernet (2014) heraus, dass „die Anschauung der Praxis den Ausgangspunkt bildet" (S. 38) und somit Überlegungen reflektiert greifbar gemacht werden, die unter rein theoriebasierter Anschauung verborgen bleiben können. So können zum Beispiel Denkwege von Kindern unter Einbezug fachdidaktischer Kriterien verständnisbasiert nachvollzogen und direkt angewendet und umgekehrt das fachdidaktische Wissen durch Einbindung in praxisnahe Beispiele fokussiert einsichtig gemacht werden (Brandt, Gutscher & Selter, 2017). Zudem kann „die Auseinandersetzung mit fremden, subjektiven Sichtweisen auf den Fall" (Goeze & Hartz 2010, S. 117) eine Perspektive zulassen, die zum Beispiel im eigenen Unterricht verborgen bliebe.

Damit diese Potentiale greifen scheint eine zielgerichtete fachdidaktische Aufbereitung der betrachteten Fälle essentiell (Digel et al., 2010). Behandelte Fallbeispiele sind „mit anschlussfähigen didaktischen Modellen und lehrlerntheoretischen Konzepten zu ergänzen" (Digel et al., 2010, S. 211 f.), sodass das Potential der Verbindung von Theorie und Praxis ausgeschöpft werden kann. So formuliert Goeze (2010) drei Potentiale, die sich mit der Balance zwischen Theorie und Praxis beschreiben lassen:

(1) Rekonstruktion von fallspezifischen, individuellen Aspekten, die dennoch auf ein ‚Allgemeines' zurückgeführt werden können
(2) Wahrnehmung von theoretisch abgeleiteten allgemeinen Elementen in konkreten Fallumsetzungen, „theoriegeleitetes Re-Framing" (S. 133).
(3) Einübung professionellen Denkens als Vernetzung beider vorher genannter Perspektiven

Hier wird das zweiperspektivische Potential des fallbasierten Lernens deutlich, denn es bietet beides – die Anwendung von Wissen und den Aufbau von Wissen (Doyle 1990, S. 14) und zwar ineinander verschränkt. Denn das fallbasierte Lernen „verspricht nun, Theorie und Praxis in einen systematische(re)n Zusammenhang zu bringen" (Hummrich, 2021, S. 23).

Eine durchdachte Einbindung des fallbasierten Lernens in ein Lehr-Lern-Setting erscheint entscheidend für das tatsächliche Lernen an und mit Fällen zu sein – fallbasiertes Lernen ungesteuert und unreflektiert zu lassen, ist nicht ausreichend (Goeze, 2010). Lernende können neue Erkenntnisse nicht alleine dadurch aufbauen, dass sie sich Fälle lediglich anschauen (Bredel & Pieper, 2021; Brophy,

2004). Zweifelsohne stellt eine Auseinandersetzung mit einem Fall „zumal wenn sie theoretische Bezüge generiert, eine höchst konzentrierte und anspruchsvolle Arbeit dar“ (Wernet, 2021, S. 311). Der Einsatz von Vignetten unter zielgerichteten Verwendungsentscheidungen, bezogen auf Lernziel, Instruktion oder auch abgestimmte Entscheidungen über das Fallmaterial, ist ausschlaggebender Faktor für ein gelingendes Lernen (Blomberg et al., 2013).

Grenzen

Das Lernen an Fällen, ist in der universitären Lehre mittlerweile als gute Praxis etabliert (z. B. Goeze, 2010; Wernet 2023; Wittek et al., 2021), wobei eine Grundlage dessen mitunter ist, „dass das Lehren und Lernen am Exemplarischen, am Beispiel oder am Fall mit einem wissenschaftlichen Geltungsanspruch versehen wird“ (Wernet, 2021, S. 299). Dies als unreflektiertes Axiom anzunehmen, birgt potentielle Risiken. Weswegen das Ziel einer Auseinandersetzung mit Fällen als Lernanlässen nach Digel et al. (2010) sein soll, dass eine „sachbezogene und zielorientierte Auseinandersetzung mit Fällen“ (S. 214) stattfindet, was sie als Voraussetzung eines Lernerfolgs annehmen. Hieraus lässt sich als eine Grenze des fallbasierten Lernens eine möglicherweise ausbleibende Strukturierung im Umgang mit Fällen ableiten: Ohne strukturgebendes Element, kann bei einer unsystematischen und ziellosen Auseinandersetzung mit Fällen nicht davon ausgegangen werden, dass ein Lernerfolg am Ende der Auseinandersetzung steht (Wernet, 2021).

Ein Zusammenspiel von geeigneter Fallauswahl und passender instruktionaler Begleitung ist ausschlaggebend dafür, dass eine Fallarbeit zu der angestrebten Lernintention beitragen kann (Gräsel & Mandl 1993; 1999). Pädagogisches Handeln als bereichsspezifisch anzusehen und damit auch die Arbeit mit Fällen in einen explizit fachdidaktisch ausgearbeiteten Kontext einzubinden, ist dabei eine zentrale Herausforderung (Bredel & Pieper, 2021).

Die Annahme vorauszusetzen, dass in der Betrachtung eines Falls ein theoretischer Erkenntnisgewinn zwangsläufig inneliegt oder mit dem Fall als solchen grundsätzlich eine Problemstellung einhergeht, bleibt ohne entsprechende Ausrichtung und Aufbereitung reine Erwartungshaltung (Hummrich, 2021). Soll eine Fallarbeit „durch die Analyse der Gegenstandskonstitution eine vertiefte Wahrnehmung der fachlichen Lernprozesse und eine differenziertere Wahrnehmung des Unterrichts als Möglichkeitsraum erreichen“ (Bredel & Pieper, 2021, S. 84), so kann dies nicht mit Beliebigkeit in der Fallauswahl einhergehen.

Dies führen Kunze, Dzengel und Wernet (2014) dedizierter aus, indem sie dem der Fallarbeit zwar das Potential zuschreiben, eine recht objektive Auseinandersetzung zu eröffnen und kommunikationsfördernde Eigenschaften zu besitzen, was „als zentrales Moment der Ausbildungslogik“ (Kunze, Dzengel & Wernet, 2014, S. 53) angenommen wird, allerdings eine fallbasierte Arbeit dieses Potential nicht konstitutiv in sich trägt, sondern von Rahmenbedingungen getragen sein muss (Kunze, Dzengel & Wernet, 2014). „Dabei ist ein Fall jedoch ‚nur‘ Träger eines Inhalts“ (Syring et al., 2016, S. 104) und muss entsprechende Aufbereitung erfahren. Dazu wirft Hummrich (2016) die Frage auf wie die Fallarbeit dazu beitragen kann schematische Handlungsmuster zu vermeiden, wodurch deutlich wird, dass monoperspektivische Fallbetrachtungen, ohne Einbindungen in Handlungsoptionen, potentiell kontraproduktiv wirken könnten.

Neben Überlegungen zur instruktiven Lernbegleitung muss daher eine Einbindung über eine Aufgabenstellung, die die Erarbeitung strukturiert und fokussiert, als notwendiges Bedingungselement für ein Gelingen eines fallbasierten Lernvorhabens gegeben sein (Goeze & Hartz, 2010). Einigermaßen problematisch dabei ist: „Über das Wie des Übergangs von der handlungsentlasteten Reflexion in die Handlungspraxis der Lehrkraft wissen wir noch nicht genug“ (Bredel & Pieper, 2021, S. 85). Dabei wird deutlich, dass Zielgerichtetheit und Fokus essentielle Bestandteile sind, damit die lernenden Personen sich nicht in zahlreichen und unsortierten Auffälligkeitsspots verlieren (Wernet, 2023), ohne jedoch die genauen und bereichsspezifischen Mechanismen zu kennen (Bredel & Pieper, 2021).

Als Beispiel zur Einordnung geben Goeze und Hartz (2010) an, dass eine recht allgemeine Aufforderung der Perspektivübernahme aufgrund fehlender Fokussierung durchaus zu Schwierigkeiten führen kann. Bei solch offenen Anforderungen kann beobachtet werden, „dass sehr unterschiedliche, über den Fall aufgespannte Aspekte aufgegriffen und diskutiert werden“ (Goeze & Hartz, 2010, S. 112).

Das Einbinden „hilfreicher Rückmeldungen“ (Steinert, et al., 2021, S. 204; Kapitel 3 und 4) stellt eine weitere Herausforderung dar. Dies wir dann plausibel, wird die Konstitution von Fällen mitgedacht:

> „Denn nur im Rahmen des Allgemeinen kann das Besondere überhaupt auffällig werden. Das Auffällige wird erstsichtbar vor dem Hintergrund von Normalitätserwartungen. Ohne diese Allgemeinheit bleibt es belanglos.“ (Wernet, 2023, S. 130)

Relevant dabei ist insbesondere, dass ein Mindestmaß an Vorwissen entscheidend dafür zu sein scheint, welchen Fokus eine Person in ihrer Auseinandersetzung mit einem Fall wählt, denn die Lernende Person kann sich nur „vor dem Hintergrund [ihres] aktuellen Wissens aus seiner /ihrer Perspektive heraus in etwas hineinversetzen“ (Goeze & Hartz, 2010, S. 112). Dies wiederum bedeutet, dass gerade der

Aufbau neuer Kompetenzen und Fähigkeiten an eine Wissensbasis (Lindmeier, 2010) als Handlungsgrundlage geknüpft ist (Abschnitt 2.1.1).

Auch werden „Darstellungen der Wirklichkeit, die sich auf Beobachtungen stützen, als problematisch" (Wernet, 2023, S. 127) angesehen. Da bereits aufmerksamkeitsleitende Elemente in die Fallschilderung mit eingeflossen sein könnten (Wernet, 2023). Eine Passung zwischen Fallmedium, dem gewählten Ausschnitt und dem verfolgten Lernziel muss gegeben sein. Konkret leiten Brandt, Gutscher und Selter (2017) ab, dass „ein vielfältiger Einsatz im Sinne einer gegenseitigen Ergänzung und eines Zusammenwirkens der verschiedenen Vignetten sinnvoll" (S. 253) sei.

Eine Lernzielorientierung kann beispielsweise an einem Vorhaben zur Beurteilung von Handlungskompetenzen von Lernenden skizziert werden: so kann dies optimalerweise über ein Abbild der Handlung in Form eines Videos geschehen (Goeze, 2010). Wobei in abgebildeten Fällen jedoch auch immer bedacht werden muss, dass die Möglichkeit entfällt Rückfragen zu den Denkwegen von Lernenden zu stellen, was „untypisch für die Praxis personenbezogener Dienstleistungen" (Goeze, 2010, S. 139), im weitesten Sinne also auch in der Lehrer:innen-Schüler:innen-Interaktion ist.

Konzeptuell betrachtet liegen sowohl Potential als auch Grenzen des fallbasierten Lernens zusammengefasst in der Ausgestaltung der Fälle, mit besonderem Fokus auf die fachdidaktische Ausrichtung (Bredel & Pieper, 2021) und einer reflexiven, transparenten Einbindung, die die Vermittlung zwischen Theorie und Praxis erlaubt (Goeze & Hartz, 2010). Im folgenden Kapitel wird der Einsatz fallbasierten Lernens in der Ausbildung von Lehrkräften unter Einbezug empirischer Befunde diskutiert. Dabei wird zunächst das Einsatzgebiet der universitären Ausbildung (2.2.1) und anschließend der Einsatz zum Zweck der Steigerung von Diagnosefähigkeiten (2.2.2) betrachtet.

2.2 Fallbasiertes Lernen in der Lehrkräfteausbildung

Seinen Ursprung hat das fallbasierte Lernen in der Medizin und der Juristerei (Kimball, 2009; Williams, 2005). Im Bereich der Lehrkräfteaus- und weiterbildung wird ein Lernen mit und an Fällen (erst) seit den 1980er Jahren vermehrt praktiziert (Upmeier zu Belzen & Merkel, 2014), gilt jedoch im Vergleich zu anderen methodischen Vorgehensweisen in der Lehrkräfte(aus)bildung als besonders wirksam (Lundeberg, Levin & Harrington, 1999).

Der Einsatz von Fällen zur Aus- und Weiterbildung von Lehrkräften entstammt dem anglo-amerikanischen Raum und weist insbesondere dort eine besonders hohe Kontinuität auf (Lundeberg, Levin & Harrington, 1999). Für die Ausbildung von Lehrpersonen gilt fallbasiertes Lernen mittlerweile weitläufig „als geeignete Methode, um die für professionelles pädagogisches Handeln bedeutsame Kompetenz zur Wahrnehmung, Analyse und Diagnose von Lehr-Lernsituationen einzuüben" (Goeze & Hartz 2010, S. 116).

Da die Verbindung von Theorie und Praxis in der Lehrer:innenausbildung eine zentrale Herausforderung darstellt (Krammer, 2014), sollen Ansätze des fallbasierten Lernens dabei unterstützen, den Aufbau eines theoretisch fundierten aber dennoch flexibel anwendbaren Handlungsrepertoires auf- und auszubauen (Wahl, 2002). Fallarbeit wird deswegen mit zunehmender Beliebtheit eingesetzt, da sie als eine „Schnittstelle zwischen theoretischer Betrachtung und praktischem Tun" (Pieper, 2014, S. 9) fungieren kann.

Praxisnahe Diagnosefähigkeiten können, wie beispielsweise Brandt, Gutscher und Selter (2017) verdeutlichen – entgegen traditionellerer Einschätzungen, die betonen, diese Fähigkeiten seien erst in der Berufspraxis selbst zu erwerben (Hascher, 2008) –, durch gezieltes fallbasiertes Lernen bereits in der ersten Phase der Lehrer:innenausbildung angebahnt werden. Ein solches Einüben praxisnaher Diagnoseerfahrung ist bereits für Lehramtsstudierende relevant: „Die Kompetenz zur Diagnose von Lehr-Lernsituationen kann dazu beitragen, dass Wissen nicht träge bleibt und Handlungsfähigkeit nicht unreflektiert" (Digel et al., 2010, S. 234).

Daher werden in diesem Kapitel zunächst ausgewählte bisherige Einsatzszenarien in universitären Kontexten skizziert (2.2.1) und Untersuchungen sowie deren Ergebnisse zum fallbasierten Lernen in der Hochschullehre der Lehrkräfteausbildung dargelegt.

Der Einsatz fallbasierten Lernens zur Entwicklung diagnostischer Fähigkeiten wird im zweiten Teil dieses Abschnitt 2.2.2 untersucht. Bisherige Untersuchungen zum Einsatz des fallbasierten Lernens zur Steigerung von Diagnosefähigkeiten werden dafür ausgewählt dargelegt.

2.2.1 Einsatz in der universitären Lehrkräfteausbildung

In der universitären Lehrer:innenausbildung bietet das fallbasierte Lernen eine (vielversprechende) Möglichkeit, um handlungsrelevante Lerngegenstände frühzeitig zu fördern (Kunze, Dzengel & Wernet, 2014).

> „Es [die Fallarbeit] eröffnet die Möglichkeit einer echten Partizipation im Sinne der Artikulation einer fallrekonstruktiv weiterführenden Idee, die nicht schon Bestandteil des intellektuellen Arsenals der Dozierenden ist.“ (Wernet, 2021, S. 309)

Authentische Fälle ermöglichen Studierenden die Anwendung theoretischer Konzepte und vermitteln die Relevanz von Theorie in praxisnahen Lehr-Lernsituationen (Brandt, 2022; Beck et al., 2000). Die Herausforderung besteht darin, handlungsrelevante Prozesse, wie z. B. diagnostische Fähigkeiten, bereits in der ersten Ausbildungsphase anzubahnen (Selter et al., 2017), um rein auf Theorie gestütztes und unreflektiertes (träges) Wissen zu vermeiden (Brandt, Gutscher & Selter, 2017).

Konzeptuelle Einbettung

Wird die Lehrer:innenausbildung als „Ausbildung für eine professionelle Praxis“ (Beck et al., 2000, S. 29) begriffen, so folgt daraus, dass eine entsprechende „Bewährung in der Praxis [...] daher [den] Bezugspunkt für gelingende Vermittlungsprozesse“ (Beck et al., 2000, S. 29) markiert. Ein hinreichender Praxisbezug wird daher nicht zuletzt von Studierenden als Qualitätsmerkmal des Lehramtsstudiums wahrgenommen (Beck et al., 2000).

> „Die Universität hat gegenüber innerschulischen Praktika, der zweiten Phase der Lehrerbildung und dem schulischen Beratungsraum den Vorteil der strukturellen Distanz. [...] Das besondere Potenzial fachdidaktischer Fallarbeit sehen wir darin, die institutionellen Rahmenbedingungen und die Routineförmigkeit von Unterricht zu Anforderungen und Möglichkeiten fachlichen Lernens in Beziehung zu setzen und mitunter scharf zu kontrastieren.“ (Bredel & Pieper, 2021, S. 86)

Fallbasiertes Lernen bietet sich daher in diesem Kontext insbesondere an, da dies Praxisbezüge schafft, über die es gelingen kann, „dass diese Praxis nicht unter der Perspektive analytischer Kategorisierungen und begrifflicher Differenzierungen zugänglich gemacht wird“ (Kunze, Dzengel & Wernet, 2014, S. 41), sondern, dass direkt anhand praktischer Beispiele erschlossen wird, welchen Mechanismen und Eigenschaften diesen zugrunde liegen (Kunze, Dzengel & Wernet, 2014), ohne den individuellen Fokus zu verlieren, welcher im Einzelfall bestehen bleibt.

Insbesondere in der Ausbildung von Lehrkräften besitzt die Fallarbeit das Potential, „die notorische Spannung zwischen Theorien (Studium) und Praxis (Beruf) in eine fruchtbare Beziehung“ (Pieper, 2014, S. 9) zu bringen und somit Brücken zwischen den beiden Polen zu schlagen. „Der Fall als exemplarische Schlüsselsituation pädagogischen Handelns“ (Goeze & Hartz, 2010, S. 111) kann demzufolge gerade in der ersten Phase der Lehrer:innenausbildung zum Beispiel zu einem praxisnahen Relevanzerleben von erlernten Theorien beitragen (v. Aufschnaiter, Selter & Michaelis, 2017). „Zudem ermöglicht es, auch wenig vorhersehbare komplexe Situationen, zu denen Unterricht zählt, zu erarbeiten" (Dannemann, Heeg & Schanze, 2019, S. 76).

Im Kontext der universitären Ausbildung plädieren Beck et al. (2000) für die Auseinandersetzung mit fremden Fällen: Eine forschend-entwickelnde Grundhaltung sei effektiver aufzubauen, wenn „Legitimationsprobleme und-ängste ausbleiben" (Beck et al., 2000, S. 17), welche durch das Betrachten eigener Fälle entstünden. Auch Brandt, Gutscher und Selter (2017) verweisen bei der Fallauswahl darauf, dass den Fällen für Ausbildungszwecke dennoch eine Authentizität zugrunde liegen muss, und begreifen diese als „wesentliche Bedingung" (S. 239). Authentizität besteht speziell dann, wenn die Fallmaterialien „nicht durch den Filter einer Interpretation gegangen sind, also mit wörtlichen Mitschriften, Ton- oder Videoaufnahmen" (Kunze, Dzengel & Wernet, 2014, S. 41), dargestellt werden, beziehungsweise mit deren realistischen Rekonstruktionen.

Die Auseinandersetzung mit authentischen Fallbeispielen kann aus Studierendensicht erfahrbar machen, dass die Einbettung von praxisnahen Problemstellungen in Theorieelemente als eine Art Bewältigungsstütze in komplexen Lehr-Lern-Kontexten dienen kann (Brandt, 2022). Die Einsicht in die ‚Sinnhaftigkeit' theoretischer Überlegungen vor einem praktischen Hintergrund zu erfahren, kann einen Beitrag zur bewussten und kognitiv aktivierten Beschäftigung mit den für ein fachlich und fachdidaktisch fundiertes Verstehen notwendigen theoretischen Hintergrundfacetten leisten (Bredel & Pieper, 2021). Die Fähigkeit, professionell zu deuten (Goeze & Hartzm, 2012) gilt es bereits in der Lehrkräfteausbildung aufzubauen, denn andernfalls besteht das Risiko, „dass der Erwerb von Kompetenzen überwiegend unreflektiert bleibt und so zu semi- oder unprofessionellem Handeln führen kann" (Brandt, 2022, S. 55). Eine erhöhte professionelle Wahrnehmung im Sinne einer Qualitätssteigerung späterer Praxis hin zu theoriegeleitetem, systematisiertem und reflektiertem Unterricht kann wiederum Resultat verständiger theoretischer Einsichten sein (Goeze, Hetfleisch & Schrader, 2013).

Um dem Potential der Verbindung von Theorie und Praxis des fallbasierten Lernens insbesondere im universitären Kontext Rechnung zu tragen, sprechen Beck et al. (2000) sich für eine transparente und reflexive Praxis im Umgang mit der Trennung theoretischer und praktischer Anteile des Lernens aus. Unter der Prämisse der „engen Theorie-Praxis-Verzahnung" (Brandt, Gutscher & Selter, 2017, S. 240) wird die Relevanz forschender Auseinandersetzungen als auch das

Schaffen von Reflexionsanlässen betont: Studierende können dann aktiv praktisches (praxisnahes) Handeln am Fall theoriegeleitet einordnen, wenn ihnen der Bezug zwischen den beiden Polen bewusst ist. Theorie und Praxis wird dabei einerseits als Potential und Notwendigkeit der Ausbildung begriffen, andererseits als Dichotomie, die es zu überbrücken – zu einer Antinomie zu vernetzen – gilt (Wahl, 2002). Ein Gelingen dieser Überwindung der konträren Pole, kann über die Reflexivität und Transparenz hergestellt werden (Beck et al., 2000).

Die Forderung nach Transparenz betonen auch Kunze, Dzengel und Wernet, (2014), indem sie konstatieren, dass die Lehrkräftebildung im universitären Kontext „eindeutig einem diskursiven Ausbildungsstil verpflichtet“ (S. 37) sei. Wenngleich das Prinzip der intellektuellen Ehrlichkeit somit gleichzeitig eines der Primate der Ausbildung und der inneren Legitimationsbasis bildet, denn die universitäre Lehre „kann sich auf das Modell der Einheit von Forschung und Lehre berufen“ (Kunze, Dzengel & Wernet, 2014, S. 37), eröffnen sich Fragen bezüglich dieser Prämisse bezogen auf das fallbasierte Lernen. Denn unter der Überlegung, es sei „diffus, wie die Angebotsseite der Fallarbeit hochschuldidaktisch gestaltet werden könnte“ (Syring et al., 2016, S. 86 f.), wird nach Einheitlichkeit in folgenden Punkten gesucht: *Kennzeichen, Methodik, Ordnung verschiedener Konzepte, Nutzung und Effekte* fallbasierter hochschuldidaktischer Arbeit (Syring et al., 2016). Zwar ohne auf jede dieser offenen Fragen eine Antwort zu liefern, eröffnen Beck et al. (2000) drei konzeptuelle Perspektiven einer theoretisch-reflexiven Vorbereitung und eines professionellen Habitus und Selbst (S. 44–48), die zu einer Systematisierung im universitären Kontext beitragen könnten und Teile der vorweggenommenen Überlegungen strukturieren. Dabei seien die ersten beiden dieser Perspektiven im Folgenden in drei Überschriften zusammengefasst und jeweils kurz erläutert. Die dritte Perspektive ist für diese Arbeit weniger relevant und wird daher nicht weiter aufgegriffen.

Fallrekonstruktion zur reflexiven Praxisvorbereitung

Beck et al. (2000) machen drei (Haupt-)Antinomien auf, die sie betrachten. Im Falle der ersten Perspektive geht es um die *Praxisantinomie*, die „als die Aufforderung zu einer praktischen Vermittlung von Theorie und Praxis im professionellen Handeln“ (Beck et al., 2000, S. 44) konzeptualisiert wird. Der Fokus liegt somit auf der praktischen Umsetzungsfacette universitärer Ausbildungsgegenstände mit Praxisbezug, zu denen sich Fallrekonstruktionen als Methode des praxisbezogenen Erkenntnisgewinns anbieten, denn es geht um die „nicht entdifferenzierende Vermittlung des Praktischen im Primat des Theoretischen“ (Beck et al., 2000, S. 44), als Vorbereitung auf die praktische Handlung im späteren Schulalltag. Eine Auslagerung von Praxis in reine Praxisphasen (z. B. Praktika), stellt dabei lediglich eine einseitige Verlagerung des Spannungsverhältnisses dar (Kerres, 2018), ohne die Möglichkeit eines einigermaßen gesteuerten und theoretisch fundierten Mehrwerts für die Verzahnung von Theorie und Praxis (Beck et al., 2000).

Fälle als „'fixierte' Ausdrucksgestalt der Praxis" (Beck et al., 2000, S. 45), erlauben genau dieses brückenschlagende Element, welches in isolierter Theorie- oder Praxisauseinandersetzung gerade fehlt (Wahl, 2002). Das entsprechende Spannungsfeld erstreckt sich zwischen der Theorie als *Reflexion und Wissen* auf der einen Seite und Praxis als *Können und Handeln* auf der anderen (Wahl, 2002). Die Überwindung dieser Polarität kann mittels der „praktischen Vermittlung von Theorie und Praxis im professionellen Handeln" (Beck et al., 2000, S. 44) ineinandergreifend und sich gegenseitig stärkend gelingen.

Die Praxis liegt den Fällen naturgemäß inne (von Aufschnaiter et al., 2017; Brandt, 2022), das Anwenden theoretischer Modelle zur Erschließung stellt dabei die Theorie dar. Als Bindeglied fungiert entsprechend die bewusste Interpretation des Allgemeinen und Individuellen des dargebotenen Falls vor dem Hintergrund theoretischer Modelle und das Einfügen in theoretische Wissensnetze (Helsper, 2021).

In Bezug auf die Übertragbarkeit der im universitären Kontext aufgebauten Fähigkeiten über reflexives fallbasiertes Lernen stellen Beck et al. (2000) folgende These auf:

> „Was von Handlungszwängen entlastet, distanziert am ‚Fremden' an reflexiver, interpretativer Kompetenz freigesetzt wird, ist auch für den Transfer auf handlungsbelastete, eigene Praxis zugänglich, ohne allerdings dafür eine Sicherheit reklamieren zu können." (S. 45)

Diese These mag aufgrund ihrer Überzeugungskraft auf wünschenswerter ausbildungslogischer Ebene leicht auf Zustimmung treffen, jedoch umfasst sie einen Habitualisierungsidealismus, welcher möglicherweise diejenige Komponente zu kurz greift, die die Unmittelbarkeit von Handlungsentscheidungen in der Praxis betreffen (Wernert, 2023). Unter der oben genannten Prämisse, dass eine in der Analyse eines fremden Falls liegende Distanziertheit Perspektiven eröffnet, die der unmittelbaren Betroffenheit einer diagnostischen Eigenproduktion verschlossen bleibt (Brandt, Gutscher & Selter, 2017), bleibt jedoch zugleich offen, inwiefern und über welche Mechanismen eine Übertragbarkeit der im geschützten Lernen am Fall generierten Handlungsgrundlagen in die tatsächliche Praxis gelingen kann. Sicherlich schafft die Distanz Potentiale – insbesondere für Noviz:innen (Pieper, 2014) –, dadurch, dass intensive Auseinandersetzungen mit Diagnosen an Fällen, ein Wissensnetz aufspannen (von Aufschnaiter, 2007), welches in Praxissituationen und unter Handlungsdruck sicherere und zielführendere Entscheidungen ermöglicht (Krammer et al., 2012). Jedoch ist die professionelle Selbstreflexion möglicherweise kein Gebiet, welches sich unweigerlich aus diesem mitbedingt (Heinzel, 2021). Da sich in dieser Arbeit auf den Aufbau von Diagnosefähigkeiten Studierender beschränkt wird, wird die Frage der professionellen Selbstreflexion in der Praxis an dieser Stelle ausgeklammert und dem Teil der eröffneten Perspektive beigepflichtet, welcher der intellektuell ehrlichen Vermittlung zwischen Theorie und Praxis folgt (Helsper, 2021).

Reflexiv-fallbasierte Überwindung der konzeptuellen Theorie-Praxis-Dichotomie
In der zweiten Perspektive betrachten Beck et al. (2000) die *Theorie-Praxis-Antinomie.* Diese beschreibt

> „[das] Spannungsverhältnis zwischen abstrakten Klassifikationen und Typisierungen einerseits und der Erschließung der Fallspezifik, die nicht einfach unter generelle ‚Ableitungsregeln' und Gesetzmäßigkeiten zu subsumieren ist" (S. 46)

Durch die Arbeit an Fällen kann die Individualität praktischer Unterrichtsanforderungen angedeutet werden, welche über ein reines Einordnen in theoretische Konzepte hinausgeht (Helsper, 2021). Dies bedeutet keineswegs, dass theoretische Konstrukte unbedeutend sind (Wernet, 2023). Im Gegenteil: gerade die *theoriegeleitete* Anwendungsübung (Wahl, 2002), die durch die Arbeit an Fällen eröffnet wird, ist es, was diese Lehr-Lern-Methode so gewinnbringend für die universitäre Ausbildung macht.

Einerseits werden Theorien also am Fall selbst angewendet oder überprüft und zur Erklärung der im Fall inne liegenden Strukturen exemplarisch erschlossen, andererseits können Theorien am individuellen Fall generisch entwickelt und übertragen werden (Beck et al., 2000). Während Beck et al. (2000) also auch für ein theoriebildendes Moment im universitären Kontext der Fallarbeit plädieren, sprechen sich Syring et al. (2016) eher gegen eine induktive, theoriebildende fallbasierte Arbeit aus, befürworten dementsprechend ein deduktives, theorieexplorierendes fallbasiertes Vorgehen.

In der Verbindung beider Perspektiven könnte jedoch die Chance der Entwicklung hin zu einer Theorie-Praxis-Antinomie liegen, in welcher die Überlegenheit des einen über das andere in einer ertragreichen, theoretisch wie praktisch wechselseitigen Bedingung und Ergänzung im Sinne von beidseitigen Erkenntnisgewinnen mündet:

> „Schließlich werden Theorien nicht abstrakt gelernt, Kategorien und Begriffe nicht klischeehaft angewendet, sondern zum Konkreten vermittelbar. Das Auseinanderfallen von konkreter Praxis und schulischen Prozessen einerseits und unvermittelten, abstrakt bleibenden Theorien andererseits, die entweder wirkungslos bleiben oder klischeehaft, verdinglicht verwendet werden, kann damit durchbrochen werden" (Beck et al., 2000, S. 48).

Und andersherum: „Ein abstraktes Wissen um die Regelhaftigkeit impliziert noch nicht, daß damit auch die Fallspezifik hinreichend erklärt und verstanden werden kann" (Beck et al., 2000, S. 47).

Nachfolgend werden ausgewählte Einblicke in Forschungen zum fallbasierten Lernen im universitären Kontext geboten. Dabei wird stets Rückbezug zu den von Beck et al. (2000) eröffneten Perspektiven genommen.

Empirische Einbettung

Wenngleich sich, wie vorangegangen erörtert, das fallbasierten Lernen theoretisch für die universitäre Lehrer:innenausbildung anbietet, bestehen bislang keine einheitlichen Umsetzungskonzepte (Janík, Minariková & Najvar, 2013; Moreno & Valdez, 2007). Zudem „ist noch wenig über die Effekte des Angebots ‚Fallarbeit' auf die Nutzung ‚fallbasierten Lernens' bekannt" (Syring, et al., 2016, S. 91). Dazu gehören Fragen wie die nach dem Einfluss und der Passung von gewählten Lehr-Lern-Methoden und nach dem spezifischen Fallmedium (Syring, et al., 2016).

Erkenntnisse bestehen jedoch dazu, dass die von Beck et al. (2000) angesprochenen Fallrekonstruktionen sich als bedeutsamer Zugang erweisen (Kunze, Dzengel & Wernet, 2014), da diese gerade „eine reflexive und kritische Auseinandersetzung" (S. 56) mit der Praxis anregen und somit eine selbstreflektierte und hinterfragende Grundhaltung erlauben.

Auch ist bekannt, dass Unterschiede in der Wahrnehmung fallbasierten Lernens je nach Erfahrungs- und Wissensstand bestehen: Digel et al. (2010) haben in einer Studie mit Lehrkräften Videovignetten eingesetzt und konnten herausfinden, dass eine Tendenz zur Überforderung in der Auseinandersetzung mit dem Fallmaterial bestand, wenn die Personen lediglich begrenzte „Vorkenntnissen bezüglich der dargebotenen theoretischen Konzepte" (S. 257) hatten.

Eine Studie von Syring et al. (2016) untersucht die Auswirkungen verschiedener Lehr-Lern-Modelle und Fallmedien auf den Lernerfolg und die Wahrnehmung von Studierenden beim Einsatz von fallbasiertem Lernen. Sie konnten zwar herausfinden, dass weder die Rahmenbedingungen des Seminars noch die Umsetzung der Fallarbeit eine direkte Einwirkung auf den Lernerfolg hatten (Syring, et al., 2016, S. 91). Jedoch konnten sie zeigen, dass die Studierenden die Arbeit mit textbasierten Fällen, insbesondere auch die weniger erfahrenden Studierenden, als geringer belastend empfanden als die Arbeit mit Videofällen (Syring, et al., 2016). Hier lässt sich eine Verbindung zu den Befunden von Digel et al. (2010) zu den Überforderungserscheinungen von Lehrkräften mit weniger theoretischer Vorerfahren vermuten. In einer hinreichenden theoretischen Vorbereitung scheint also eine Facette einer gewinnbringenden praxisnahen Arbeit mit Fällen vorzuliegen. Diese Vermutung wird von den Ergebnissen einer Befragungsstudie von Ahlers et al. (2024) unterstützt: Eine Einbettung der Falldarstellungen in eine digitale Lernplattform, die zusätzlichen inhaltlichen Kontext anbot, wurde dabei als förderlicher Aspekt von Studierenden benannt.

Darüber hinaus scheinen sowohl ein individuelles Authentizitätsempfinden von Studierenden als auch die Einschätzung der inhaltlichen Passgenauigkeit des dargebotenen Fallmaterials Kriterien zu sein, die zumindest die Akzeptanz gegenüber dem Lernangebot beeinflussen (Digel et al., 2010). Dabei hängt die Wahrnehmung von Passung davon ab, welches und wie viel theoretisches Wissen im Hintergrund bereits erlangt und verstanden wurde: Denn Passung

> „geht einher mit dem Gefühl, die zur Deutung und Interpretation der Fälle vermittelten […] grundlegenden lehr-lerntheoretischen Konzepte und didaktischen Modelle so verstanden zu haben, dass diese zur Analyse der Fälle angewendet werden können" (Digel et al., 2010, S. 257).

Der Einsatz von insbesondere Videovignetten wird neben dem Aufbau und der Entwicklung handlungsrelevanten Praxiswissens auch genutzt, um wiederum dieses Wissen zu erfassen und zu überprüfen (Lindmeier et al., 2013; Knievel et al., 2015). Dies zeigt erstens, „dass es im Prinzip möglich ist, diese professionellen Anforderungen in Testaufgaben abzubilden und so aktionsbezogene Kompetenz zu erfassen" (Lindmeier et al., 2013, S. 115), zweitens auch, „dass Videovignetten nicht nur vorteilhaft sind, um die Komplexität der Unterrichtssituation abzubilden, sondern auch, um die Anforderungen des Unterrichts in der Beurteilung widerzuspiegeln" (Knievel et al., 2015, S. 325; eigene Übersetzung).

Daraus ergibt sich für die universitäre Ausbildung ein zweiperspektivischer Fokus auf die Fallarbeit. Einerseits scheinen Befunde dafür zu sprechen, dass Handlungswissen aufgebaut werden kann und Studierende der Lehrmethode eine hohe Akzeptanz entgegenbringen (Ahlers et al., 2024; Brandt, 2022; Digel, 2010), andererseits, dass sich aus dem Einsatz von Fallarbeit die Möglichkeit ergibt, Erkenntnisse über erworbenes handlungsbezogenes Wissen zu generieren und dieses zur Weiterentwicklung der universitären Lehre nutzbar zu machen (Lindmeier, 2013; Knievel et al., 2015). An dieser Stelle soll auf Kapitel 4 verwiesen werden, in welchem das dieser Arbeit zugrundeliegende fallbasierte Erhebungsinstrument vorgestellt wird.

Während Videovignetten bereits in verschiedenen Kontexten beforscht wurden (z. B. Sherin & van Es, 2008; Digel et al., 2010; Lindmeier, 2013; Knievel et al., 2015), gibt es bisher weniger Befunde zu verschiedenen Fallmedien, insbesondere im Vergleich (s. dazu Syring et al., 2016). Für den universitären Einsatz halten Enenkiel et al. (2022) fest, dass bisherige Studien vermehrt den Einsatz in Seminarsettings (z. B. Syring, et al., 2016) betrachten. Zu den beiden offeneren Punkten, dem Vergleich verschiedener Fallmedien und dem Einsatz in Großveranstaltungen leistet beispielsweise Brandt (2022) einen Beitrag, indem sie die Akzeptanz schriftlicher Dokumente und videografierter Fälle im Rahmen einer universitären Großveranstaltung untersucht, weswegen dieser im Folgenden einen besonderen Fokus erfährt.

Maßnahmen zur Steigerung von Diagnosefähigkeiten
In ihrer Studie entwickelt Brandt (2022) eine Lernumgebung mit verschiedenen integrierten Maßnahmen, die die Entwicklung von Diagnose- und Förderkompetenzen zum Ziel hat. Angegliedert an eine Großveranstaltung (Vorlesung mit zugehöriger Übung) zu mathematikdidaktischen Grundlagen für angehende Mathematiklehrkräfte der Primarstufe, findet die Untersuchung mit Studierenden des dritten bis (zumeist) fünften Fachsemesters statt. Die eingesetzten *Maßnahmen zum DiF (Diagnose und Förderung) Erlernen* zur Verzahnung von Theorie und Praxis umfassten dabei unter anderem:

1. Durchführung schulpraktischer Erkundung
2. Analyse schriftlicher Fälle
3. Analyse videobasierter Fälle

Für die quantitative Erhebung wurden schriftlich durchgeführte Tests im Pre-Post-Design kategoriegeleitet bepunktet und über eine Varianzanalyse ausgewertet (Brandt, 2022). Die Auswertung wurde unter den folgenden drei Forschungsfragen vorgenommen (Brandt, 2022, S. 172):

- Wie intensiv nutzen die Studierenden die verschiedenen Maßnahmen?
- Wie zufrieden sind die Studierenden mit den Maßnahmen?
- Wie schätzen die Studierenden ihren eigenen Lernzuwachs durch die Maßnahmen ein?

In Tabelle 2.1 werden die zentralsten Erkenntnisse für diese Arbeit im Überblick dargestellt:

Tabelle 2.1 Überblick über quantitative Befunde von Brandt, 2022

Forschungsfrage	Zentrale Befunde
Nutzung	Schriftliche Vignetten werden von den Studierenden am häufigsten genutzt – scheinen also als zweckmäßig zu erscheinen. Video-Vignetten werden signifikant weniger genutzt.
Wahrnehmung	Insbesondere die praktischen Erkundungen und die Analyse schriftlicher Dokumente erfahren eine besonders hohe Zustimmung von Seiten der Studierenden. Dies sind jedoch deskriptive Befunde.
Relevanz	Studierende schätzen ihren Lernzuwachs durch die Praxiserkundungen und die Analyse schriftlicher Dokumente am höchsten ein.

Insgesamt konnte Brandt (2022) eine hohe bis moderate Akzeptanz der fallbasierten Maßnahmen ‚schriftliche Vignetten' und ‚Videovignetten' feststellen. Dabei betont sie jedoch, dass sich aus den Resultaten zur Akzeptanz nicht zwangsläufig ableiten lässt, „inwiefern diese zur Entwicklung der Diagnose- und Förderkompetenzen der Studierenden beitragen können" (Brandt, 2022, S. 224), sie jedoch als positive Voraussetzung dafür interpretiert werden können.

Sie stellt für die eingesetzten fallbasierten Maßnahmen fest, dass schriftliche Dokumente eine höhere Akzeptanz erfahren als Videovignetten – und zwar in allen der drei untersuchten Kategorien: intensivere Nutzung, positivere Wahrnehmung, relevanter für den individuellen Lernfortschritt (Brandt, 2022).

In der universitären Ausbildung scheinen Studierende also einem realen Bezug die höchste Akzeptanz zukommen zu lassen. Zur Bestätigung dieser Befunde, kann auch das Projekt Diagonal-NaWi (Ahlers et al., 2024) beitragen. Dabei geht es insbesondere um die Akzeptanz und die Einschätzung von Studierenden (N = 56) zur Relevanz eines digitalen, fallbasierten Lernsettings über Videovignetten. Studierenden des Lehramts Biologie wurden über eine Skala im Anschluss an die Auseinandersetzung mit der digitalen Lernumgebung befragt und gebeten, ihre Einschätzungen über einen Freitext zu begründen. Verglichen mit anderen Interventionsmaßnahmen „erweist sich die Analyse von Videovignetten als wesentlich facettenreicher, wodurch das Medium bei der Transition vom Wissen zum Handeln als authentischer empfunden wird" (Ahlers et al., 2024, S. 271).

Das Zuschreiben einer hohen Relevanz für den Lernfortschritt von praxisnahen Falldarstellungen insgesamt, soll an dieser Stelle nochmal insbesondere betont werden, denn die These, dass die Verbindung von Theorie und Praxis über fallbasiertes Arbeiten, dazu führen kann, dass praxisnahen Relevanzerleben von erlernten Theorien geschieht (v. Aufschnaiter, Selter & Michaelis, 2017), lässt sich durch die Einschätzungen von Studierenden (Ahlers et al., 2024; Brandt, 2022) untermauern.

Begründungen zu Präferenzen von Fallmedien
Qualitativ untersucht Brandt (2022) Begründungselemente aus Interviews zu den quantitativen Ergebnissen unter anderem unter folgender Forschungsfrage:

> „Welche Gründe tragen dazu bei, dass der kontinuierliche Einsatz schriftlicher Lernendendokumente bei den Studierenden höhere Akzeptanzwerte erfährt als der Einsatz von Videos?" (Brandt, 2022, S. 121)

Zunächst werden folgend förderliche und hemmende Elemente der beiden Vignettentypen gegenübergestellt und vor den Prinzipien von Beck et al. (2000) interpretiert.

Die drei Aspekte „Praxisbezug, Eigenaktivität und Relevanz" (Brandt, 2022, S. 214), werden von den Studierenden in den Interviews als besonders positiv in der Auseinandersetzung mit schriftlichen Vignetten genannt. Dieser Befund passt zu der Praxisantinomie als auch zur der Theorie-Praxis-Antinomie in den beiden ersten Prinzipien von Beck et al. (2000). Der praktische Bezug vor dem Hintergrund theoretischen Wissens kann zur Einschätzung einer berufspraktischem Relevanzerleben geführt haben.

Schriftliche Vignetten werden von den Studierenden als begrenzt aussagekräftig eingeschätzt sowie die Subjektivität der Einschätzung als auch die Mehrdeutigkeit als negativer Aspekt benannt (Brandt, 2022). Dies lässt sich mit der im ersten Prinzip nach Beck et al., 2000 geforderten Transparenz in Bezug auf die Deutungsvielfalt erklären. Noviz:innen, wie es Studierende im Bachelor sind, vertrauen somit möglicherweise noch nicht auf ihre eigene professionelle Kompetenz und es gelingt ihnen möglicherweise nur mühsam, damit umzugehen, mehrere Thesen reflexiv gegenüberzustellen und auf Plausibilität zu prüfen.

Insbesondere ein Hineinversetzen in die durch den Fall dargestellte Situation wird von Studierenden als förderlicher Aspekt von Videovignetten hervorgehoben, womit ein besonders hoher Praxisbezug assoziiert wird (Brandt, 2022). Mit der hier angesprochenen Praxisantinomie (Beck et al., 2000) wird das Abbild professionellen Handelns in einem Fall wahrgenommen und zudem der Fall vor allem als „'fixierte' Ausdrucksgestalt der Praxis" (Beck et al., 2000, S. 45) gesehen. Anscheinend wird den Videofällen aus der Perspektive der Studierenden ein besonders hoher praktischer Bezug zugeschrieben.

Die Studierenden bewerten die Authentizität des Videosettings geringer – es scheinen aus ihrer Perspektive keine realistischen Alltagssituationen aus der Praxis dargeboten worden zu sein – und damit akzeptanzhemmend (Brandt, 2022). Der oben dargestellte Befund von Digel et al. (2010), dass die theoretische Einpassung des im Fall Dargestellten zu empfundener Fallauthentizität und damit Akzeptanz führt, knüpft genau daran an. Fehlt dieses Moment, so kann das Praxiserleben, welches Beck et al. (2000) in ihrem ersten Prinzip als wesentlich betrachten, – denn „[konkrete] schulische Praxis wird damit mittelbar zugänglich" (Beck et al., 2000, S. 45) –, auch nicht zu einer Verknüpfung von Theorie und Praxis führen, was anscheinend zu geringerer Akzeptanz des Mediums führt.

Aus den Äußerungen der Studierenden geht hervor, dass Videos das Potential haben mehr Praxis abzubilden, als ein schriftliches Dokument aufzeigen kann (Brandt, 2022). In Verbindung mit einer angenommenen kognitiven Entlastung durch fallbasiertes Lernen (Krammer et al., 2012), ist es interessant, dass Studierende zwar wahrnehmen, dass sie durch die Videos mehr Informationen erhalten, sie diese dennoch in ihrer Akzeptanz hinter den schriftlichen Vignetten einordnen. Möglicherweise spielt die entlastende Funktion, die schriftliche Dokumente, durch ihre Reduktion auf rein schriftliche Äußerungen, deutlicher in sich tragen als Videos. Die Handlungsentlastung scheint bei schriftlichen Fällen stärker gewichtet als bei Videos, was durch die oben beschriebenen Befunde von Syring et al. (2016) bestärkt wird.

Ein weiterer Faktor, der im Vergleich der beiden Vignettentypen genannt wird, ist die berufspraktische Relevanz, die bei der Analyse schriftlicher Dokumente als wesentlich höher angesehen wird, als bei der Analyse videografierter Ausschnitte (Brandt, 2022). In der Berufspraxis sind Lehrkräfte ständig mit schriftliche Lernendendokumente konfrontiert, wodurch schriftlichen Vignetten möglicherweise die signifikant höhere Akzeptanz zukommt (Brandt, 2022).

Ausgehend von der Einbettung fallbasierten Lernens in der universitären Ausbildung von Lehrkräften, wird im folgenden Unterkapitel der Aufbau von Diagnosefähigkeiten innerhalb der universitären Ausbildung betrachtet.

2.2.2 Einsatz im Kontext von Diagnosefähigkeiten

Dieses Teilkapitel beleuchtet den Einsatz des fallbasierten Lernens zum Aufbau von Diagnosefähigkeiten und entsprechende empirische Befunde werden dargestellt. Dabei werden unterschiedliche Herangehens- und Nutzungsweisen von Fällen betrachtet. Es werden dabei verschiedene Disziplinen einbezogen und die Ergebnisse vor dem Hintergrund ihrer wirksamen und weniger wirksamen Elemente diskutiert.

Dies soll in diesem Teilkapitel zunächst aus theoretischer Perspektive, dann unter Bezug auf entsprechende empirische Befunde betrachtet werden.

Konzeptuelle Einbettung

Die Herausforderung beim Aufbau von Diagnosefähigkeiten bei Lehramtsstudierenden besteht darin, dass theoretisch erlerntes Wissen oft unzureichend in der Praxis umgesetzt wird (Beck et al., 2000). Gelegenheiten dazu „sind in der Realität der universitären Lehrerbildung sowohl bei didaktischen Großveranstaltungen [...] nur bedingt gegeben" (Enenkiel et al., 2022, S. 68 f.). Ein reflektierter Aufbau entsprechender Fähigkeiten ist somit nicht gewährleistet (Brandt, Gutscher & Selter, 2017).

Fallbasierte Lernmöglichkeiten ermöglichen Studierenden, authentische Schüler:innenerarbeitungen oder auch Unterrichtssituationen zu analysieren, Muster zu identifizieren und ihre Diagnosefähigkeiten zu schärfen (z. B. Brandt, 2022; Lindmeier et al., 2013; Knievel et al., 2015). Darüber hinaus bieten sie den Vorteil, dass typische Lehr-Lernszenarien analysiert und in enger Vernetzung mit fachlichen und fachdidaktischen Theorien reflektiert werden (Beck et al., 2000).

Diagnosefähigkeiten sind bereichsspezifisch (Schulz, 2014). Dementsprechend gilt es, deren Ausbildung innerhalb der jeweiligen Fachdidaktik und des konkret Inhaltsbereichs zu betrachten (Bredel & Pieper, 2021), und zu analysieren wie die fallbasierte Umsetzung gestaltet werden kann (Brandt, Gutscher & Selter, 2017).

> „Für die fachdidaktische Theoriebildung heißt das: Die Gegenstände des Lernens bleiben nicht unbeeindruckt von den Bedingungen ihres Erwerbs." (Bredel & Pieper, 2021, S. 67)

Grundsätzlich zielt die Analyse von Fallbeispielen zum Zweck der Steigerung von Diagnosefähigkeit immer darauf ab, die Beobachtungsfähigkeiten zu schärfen (Prediger, 2010). Eine diagnostische Betrachtung von Lernendenbearbeitungen, wie die Fokussierung typischer Fehler, ermöglicht es, sowohl Gemeinsamkeiten als auch in gewissem Rahmen Besonderheiten herauszuarbeiten, was eine theoretisch-praktische Erweiterung des Wissensnetzes von Studierenden als Resultat haben kann (von Aufschnaiter, 2007). Eine reflexive Praxis in Bezug auf eigene Handlungen „zielt auf in Zukunft erweiterte Handlungsmöglichkeiten ab, die im Dienste einer angemessenen Bewältigung der Praxis stehen“ (Kade, 1990, S. 110). In der Praxis kann somit mitunter schneller, sowie sicherer diagnostisch entschieden werden, wenn diese zuvor bereits exemplarisch durchdrungen wurden (Brandt, Gutscher & Selter, 2017). Dabei ist entscheidend, sowohl die Individualität eines Falls zu analysieren als auch das Allgemeine daran zu identifizieren, was durch einen Vergleich mehrerer Fälle angeregt werden kann (Markovitz & Smith, 2008).

In der konsequenten konzeptuellen Verzahnung von Diagnose und Förderung liegt eine weitere Prämisse der Ausbildung von Diagnosefähigkeiten (z. B. Brandt, 2022; Heß & Nührenbörger, 2017; Prediger, 2009). Auch wenn Diagnose als Lernziel fokussiert wird, kann und sollte dies nicht isoliert geschehen, soll sie zu Handlungsfähigkeit in der Praxis führen (Abschnitt 1.1.2). Dementsprechend muss in der dritten Prämisse, also der stetigen Verknüpfung von fachlichem und fachdidaktischem Theoriewissen mit praktischem Handlungswissen (Beck et al., 2000), stets die Förderperspektive mitgedacht und als Ziel jeder diagnostischen Betrachtung eines Lernendenfalls transparent gemacht werden.

Die vierte und letzte hier aufgestellte Prämisse bezieht sich auf den reflexiven Umgang mit Fällen (Beck et al., 2000; Abschnitt 2.2.1). Die eingesetzten Fallbeispiele sollen neben der Herausforderung zur analytischen Auseinandersetzung – sprich dem Erfassen von Lernständen, der Ursachenanalyse und der Beurteilung von Aufgaben im Falle des Diagnoseprozesses – im Sinne eines Problemlöseprozesses (Goeze & Hartz, 2010), ebenso eine Reflexion anregen. Dies muss über eine entsprechende Umsetzung im Lehr-Lern-Setting, wie es beispielsweise ein gerichtetes Feedback ist (Abschnitt 3.2) zur Plausibilität der Diagnosen im speziellen Kontext und klarer Instruktionen, wie an der Auseinandersetzung gekoppelter Aufgabenstellungen (Goeze & Hartz, 2010), realisiert werden.

Empirische Einbettung

Im Folgeneden werden ausgewählte Studien skizziert und wesentliche Erkenntnisse dargestellt, die sich insbesondere mit dem Aufbau von Diagnosefähigkeiten im Bereich der universitären Ausbildung von zukünftigen Lehrkräften befassen. Hiermit soll kein Anspruch auf Vollständigkeit aktueller Untersuchungen gelten, jedoch ein ausgewählter Überblick über bisherige Befunde geboten werden.

In der Forschung zum fallbasierten Lernen liegen hauptsächlich Studien mit Videofällen vor. Hier ist auch eine Studie von Dannemann, Heeg & Schanze

(2019) zu verorten, die die Entwicklung von Diagnose- und Planungsfähigkeiten von Lehramtsstudierenden der Chemie und Biologie über fallbasierte Lernsettings betrachten. Zusammengefasst können Dannemann, Heeg & Schanze (2019) drei übergeordnete zentrale Erkenntnisse aus der Untersuchung festhalten: Lernszenarien über Videovignetten …

1. eröffnen die Möglichkeit, insbesondere die Bedeutung von Lernendenvorstellungen für Lehr-Lernprozesse zu vermitteln.
2. erlauben einen Perspektivwechsel der Lehramtsstudierenden hin zur Lernendenzentrierung als Ausgangspunkt von Analyse und Planung von Lernprozessen.
3. ermöglichen durch reduzierte Komplexität einen Zugang zu fachlichen und fachdidaktischen Verstehen- und Reflexionsprozessen.

Digel et al. (2010) können feststellen, dass die Entwicklung von Diagnosefähigkeiten über fallbasiertes Lernen „auch durch Merkmale der Teilnehmer beeinflusst wird" (Digel et al., 2010, S. 258). Insbesondere die Art des Vorwissens scheint dabei ausschlaggebend zu sein, denn: „Ein primär pädagogisches führt gegenüber einem primär fachlichen Vorwissen dazu, dass das Lehr-Lerngeschehen differenzierter wahrgenommen wird" (Digel et al., 2010, S. 258).

Weitere positive Befunde für das Lernen mit Videovignetten, eingebunden in eine Großveranstaltung, im Kontext Diagnosefähigkeiten können Enenkiel et al. (2022) mit ihrer digitalen Lernumgebung *ViViAn* im Bereich der Mathematikdidaktik liefern. Eingebunden in zur Diagnose anregende Aufgabenstellungen werden Studierende mit Unterrichtsvideos konfrontiert, stellen Diagnosen auf und vergleichen diese anschließend mit Musterlösungen.

Diagnosefähigkeiten werden zunächst unter Bezugnahme auf Beretz et al. (2017) und von Aufschnaiter et al. (2018) operationalisiert als „Beschreiben, Deuten, Ursachen finden und Konsequenzen ableiten" (Enenkiel et al., 2022, S. 67). Diese werden in der Erhebung separat untersucht. Die Ergebnisse der Studie zeigen, „dass sich die Mathematiklehramtsstudierenden, die mit der videobasierten Lernumgebung ViviAn gearbeitet haben, in allen Dimensionen signifikant mit einem großen Effekt verbessern" (Enenkiel et al., 2022, S. 92), während in der Kontrollgruppe keine Lernerfolge festgestellt werden (Enenkiel et al., 2022).

Die Art der Rückmeldung über einheitliche Musterlösungen halten Enenkiel et al. (2022) als Einschränkung der Studie fest: „Aufgrund der großen Studierendenzahl ist es bisher nicht möglich, den Studierenden persönliche Rückmeldungen zu ihren Videoanalysen zu geben" (Enenkiel et al., 2022, S. 94 f.) und stellen Grundsatzüberlegungen zur hochschuldidaktischen Ausgestaltung der

Lehrer:innenbildung an. Hieraus ergibt sich die Frage nach individualisierten Feedbackmöglichkeiten – gerade in einer digitalen Umsetzung. Dafür wird an dieser Stelle auf Kapitel 3 verwiesen, in welchem Feedback in digitalen Settings besprochen wird. Außerdem wird in Abschnitt 4.3.2 zum Design der FALEDIA-Plattform ein Vorschlag eröffnet, wie im Falle der dieser Arbeit zugrundeliegenden Studie die Frage nach Rückmeldungen gelöst wurde.

Die Untersuchung von Brandt (2022) liefert zusätzlich zu den bereits besprochenen Befunden (Abschnitt 2.2.1), Befunde zur Entwicklung von Diagnose- und Förderfähigkeiten durch die untersuchten Maßnahmen. So kann sie über Pre-Post-Tests auf der Ebene der Diagnose quantitativ zum einen herausfinden, „dass die Studierenden über gute Fähigkeiten im Bereich der Fehlerbeschreibung verfügen und diese durch die Teilhabe an der Lernumgebung noch weiterentwickeln konnten“ (Brandt, 2022, S. 242). Zum anderen zeigt sich mit kleiner Effektstärke, „dass die Fähigkeiten im Bereich der Ableitung fachdidaktischer Fehlerursachen nach der Teilhabe an der Lernumgebung signifikant höher sind als vor der Intervention“ (Brandt, 2022, S. 246). Studierende entwickeln also sowohl Fähigkeiten zur Fehlerbeschreibung als auch zu Ursachenableitung. Da die Intervention nicht ausschließlich aus fallbasierten Maßnahmen bestand und unklar ist, welchen Einfluss welche der Maßnahmen konkret hatten, sollen zusätzlich einzelne Facetten aus den von ihr geführten Interviews herausgegriffen werden.

Aus der Analyse qualitativer Interviews heraus kann sie vermuten, dass die Studierenden insbesondere durch die fallbasierten Maßnahmen angeregt wurden, fachdidaktisch fundierte Kriterien zu bilden (Brandt, 2022). Dabei hebt sie besonders hervor, dass die Interviewdaten aufzeigen, „wie es gelingen kann, Erfahrungswissen aus exemplarischen Lernsituationen erfolgreich auf neue Situationen zu übertragen und anzuwenden“ (Brandt, 2022, S. 239). Eine durchweg positive Bilanz durch alle Interviews hinweg wird bei der Rekonstruktion von Denkwegen von Lernenden, bezogen auf einen dargestellten Fehler, gezogen:

> „Dies stützt die These, dass eine Diagnose entlang adäquater Beobachtungskriterien gezielter und erfolgreicher gelingen kann – und eine Anregung, zur Aktivierung dieser, beispielsweise durch eine kriterienorientierte Aufgabenstellung unterstützend wirken kann.“ (Brandt, 2022, S. 241).

Brandt (2022) leitet aus ihren Befunden zur Fehlerbeschreibung von Studierenden ab, dass „insbesondere das Aktivieren und Fokussieren fachdidaktischer Beobachtungskriterien zur Diagnose eine große Herausforderung darstellt“ (Brand, 2022, S. 242). Das Nutzbarmachen dieser fachdidaktischen Kriterien ist jedoch konstitutive Voraussetzung für gelingende Diagnosen (Baumert & Kunter, 2011). Das bedeutet, dass exakt diese Schnittstelle zwischen dem Aufbau fachdidaktischen Wissens und der Umwandlung in anwendbare, diagnostisch handlungsleitende Kategorienbildung als *Aktivierungsfähigkeit* (Abschnitt 1.1.3) von Interesse ist, sollen systematisch Diagnosefähigkeiten gesteigert werden. Eine offene Frage ist somit, wie es gelingen kann, im Bereich von Diagnosefähigkeiten Wissensnetze zu schaffen, die es den Studierenden erlauben, handelnd darauf zurückzugreifen (Abschnitten 5.1 und 7.2).

Im Bereich der Ausbildung von verfügbarem Hintergrundwissen sowie der Wahrnehmung der eigenen Professionalität, scheinen Befunde darauf hinzudeuten, dass fallbasierte Lerngelegenheiten einen positiven Einfluss haben könnten. So konnten zum Beispiel von Oetjen et al. (2021) in einer Vergleichsstudie zur Diagnosefähigkeit angehender Lehrkräfte im Bereich des Schriftspracherwerbs von Grundschüler:innen, ausmachen, dass Studierende, die Lerninhalte über eine digitale Variante mit stärkerem Fallbezug als die Vergleichsgruppe (blended-learning) erhalten haben, sowohl eine höhere Selbstwirksamkeitswahrnehmung als auch eine Steigerung des fachdidaktischen Wissens nach der Intervention zeigen konnten. Die Autor:innen schließen daraus: „Gerade der stärkere Fallbezug in der Online-Variante könnte zu den Unterschieden im fachdidaktischen Wissen und in den Selbstwirksamkeitserwartungen beigetragen haben" (Oetjen et al., 2021, S. 49).

Die Ausbildung von Diagnosefähigkeiten in der universitären Lehramtsausbildung über fallbasiertes Lernen scheint zusammengefasst nicht nur möglich, sondern auch auf Seiten der Studierenden auf hohe Akzeptanz zu stoßen (z B. Brandt, 2022). Eine offene Frage bleibt jedoch, inwiefern fallbasiertes Arbeiten angeboten werden kann, um erstens möglichst viele Studierende anzusprechen und zweitens dennoch hinreichend angeleitet und eingebettet zu sein. Dafür scheint eine digitale Umsetzung in Form einer digitalen Lernumgebung, welche das Arbeiten an Fällen sowohl einbettet als auch zu Reflexionen anregt, dienlich zu sein. Zudem scheint eine gezielte Perspektive auch außerhalb von Videofällen aufgrund noch weniger Befunde interessant.

Im folgenden Abschnitt 2.3 werden zunächst die zentralen Punkte des Kapitel 2 zusammengefasst, um dann Ableitungen zum digitalen Angebot fallbasierten Lernens zu ziehen. In Kapitel 3 wird daran anknüpfend das Lernen mit digitalen Medien in der Lehrkräfteausbildung vertiefend betrachtet.

2.3 Synthese und Implikationen zur Umsetzung fallbasierten Lernens für diese Arbeit

Im Folgenden werden die zentralen Aspekte von Kapitel 2 zusammengefasst und die Überlegungen konzeptuell auf das Dreisäulenmodell der Diagnosefähigkeit bezogen (2.3.1). Zudem werden Aspekte zum digitalen fallbasierten Arbeiten herausgegriffen (2.3.2), um daran anknüpfend in Kapitel 3 das Lernen mit digitalen Medien im Bereich der universitären Lehrkräfteausbildung zu fokussieren.

2.3.1 Zusammenfassung und Konzeptualisierung

Da Diagnosefähigkeiten als zentraler Bereich der Lehrkräfteprofessionalität und somit essentieller Bestandteil der Berufspraxis von Lehrkräften angesehen werden (Kapitel 1), geht in der Ausbildung von Lehrkräften damit die Frage einher, wie diese Fähigkeiten handlungsweisend bereits in die erste Phase der Lehramtsausbildung (Selter et al., 2017) integriert werden können. Dafür muss zunächst das Erlernen solcher Fähigkeiten an sich betrachtet werden, welches in dieser Arbeit konstruktivistisch begriffen wird, um insbesondere daraufhin zu erschließen, wie Wissen und Handeln im Lernprozess zusammenhängen (Wahl, 2002). Im Kontext der Lehrkräfteausbildung steht im Vordergrund, wie „deklaratives Professionswissen in prozedurales Professionswissen" (Jeschke, Lindmeier & Heinze, 2021, S. 161), münden kann.

Der Aufbau von Fachwissen als Verstehensgrundlage des bereichsspezifischen fachdidaktischen Diagnosewissens ist dabei ebenso zentral wie fachdidaktische Wissensstrukturen auf praxisbezogene Problemsituationen reflektiert anzuwenden (Lindmeier, 2011). Erworbene Wissensfacetten „in konkreten Situationen angemessen anwenden zu können oder umgekehrt betrachtet: in eben diesen Situationen zu erkennen, welche Bestandteile aus dem Wissensfundus relevant sein können" (Tietgens, 1988, S. 37), beschreibt die Aktivierungsfähigkeit von Wissensstrukturen, welche zu Handlungsfähigkeit aus belastbaren Handlungsgrundlagen herausführen (Dreisäulenmodell der Diagnosefähigkeit, Abschnitt 1.1.3).

Das Erlenen von Handlungsfähigkeit bedeutet, dass Konfrontationen mit Problemen aus der Berufspraxis stattfinden (Dirks, 2012). Um eine Verknüpfung von Gelernten innerhalb von Handlungssituationen zu gewährleisten (Wahl, 2002), bietet sich als Methode zur Verknüpfung des von Theorie und Praxis das fallbasierte Lernen an (Goeze, 2010). Fallbasiertes Lernen stellt eine „reflexive Praxis" (Pieper, 2014, S. 9) dar: Konkretes Handeln wird auf Basis von theoretischem

Hintergrundwissen eingeordnet und reflektiert (Lindmeier, 2011). Ein Fall wird dabei als „Ausdrucksgestalt von Praxis, aber nicht die Praxis selbst“ (Hummrich, 2021, S. 24) angesehen, der immer drei zentrale Merkmale in sich trägt: Er ist sowohl ein problemhaltiger Ausschnitt aus der Praxis (Brandt, 2022; Goeze & Hartz, 2010) als auch insofern theoretisch fundiert, als dass er stellvertretend für einen bestimmten inhaltlichen Aspekt steht (Brandt, 2022; Goeze, 2010; Hummrich, 2021). Mit den vorangegangenen beiden Merkmalen geht einher, dass das dritte Merkmal die Verzahnung zwischen Theorie und Praxis darstellt (Brandt, 2022; von Aufschnaiter et al., 2017), welche die Arbeit mit Fällen anregt:

> „Der durch konstruktivistische Überlegungen geprägte Ansatz basiert auf der Annahme, dass das Gelernte ein Produkt der Auseinandersetzung einer bestimmten Person mit einem bestimmten Lerngegenstand in einer bestimmten Situation ist. [...] Die Kontextualisierung von Wissen wird durch die Nutzung von Fällen realisiert“ (Goeze & Hartz, 2010, S. 113).

Dabei ist ein Fall als realer oder realitätsnaher Ausschnitt aus der schulpraktischen Wirklichkeit zu verstehen (Goeze, 2010) und insbesondere diejenigen Fälle für diese Arbeit relevant, die als Vignetten bezeichnet werden und komprimierte und abgeschlossene Momente der schulischen Praxis (Schratz, Schwarz & Westfall-Greiter, 2012) darstellen. Sie „beschreiben Problemsituationen aus dem beruflichen Alltag von Lehrpersonen und sind so formuliert, dass sie jeweils für eine dem Lehrberuf zugrunde liegende Antinomie symptomatisch sind“ (Paseka & Hinzke, 2014, S. 46). Somit passen sie zum Ziel dieser Arbeit, der Steigerung von Diagnosefähigkeiten angehender Lehrkräfte, denn das Fallmaterial muss, „die Komplexität der schulpädagogischen Wirklichkeit in angemessener Weise widerspiegeln“ (Kunze, Dzengel & Wernet, 2014, S. 38) und zugleich durch Fokussierung die Komplexität so begrenzen, dass Studierende daran lernen können.

Dazu können Befunde von Brandt (2022) beitragen, dass fallbasierte Maßnahmen ‚schriftliche Vignetten‘ und ‚Videovignetten‘ (dazu auch Ahlers et al., 2024) von Studierenden als Lernmethode akzeptiert werden. Insbesondere eine durch Fälle angeregte Perspektivübernahme durch Hineinversetzen in Denkwege von Kindern, wird bei der Nutzung von Vignetten hervorgehoben (Brandt, 2022; s. auch Dannemann, 2019). Auch scheinen Befunde von Oetjen et al. (2021) darauf hinzudeuten, dass eine Ausbildung von verfügbarem Hintergrundwissen über fallbasierte Lerngelegenheiten gelingen kann.

In der Ausbildung von Lehrkräften entfaltet sich das Potential des fallbasierten Lernens insofern, dass Fälle „die Komplexität der Lehr-Lerninteraktion“

(Goeze & Hartz, 2010, S. 112) beinhalten, wodurch „die notorische Spannung zwischen Theorien (Studium) und Praxis (Beruf) in eine fruchtbare Beziehung zwischen universitärem Wissen und beruflichem Können“ (Pieper, 2014, S. 9), bedingt werden kann. Die Entlastung von Handlungsdruck, der in realpraktischen Settings durch die Unmittelbarkeit von Reaktionen auf Lernendenaktionen vorherrscht, eröffnet die Möglichkeit, durch mitunter auch mehrmaliges Ansehen einer diagnostischen Situation (Syring et al., 2016), Deutungstiefe zu erzeugen (Goeze & Hartz, 2010). Schriftlich dargebotene Fälle scheinen dabei im Punkt der Handlungsentlastung positiver wahrgenommen zu werden als Videos (Brandt, 2022; Syring et al., 2016), was auch für fremde Fälle im Vergleich zu eigenen Fällen gilt (Syring et al., 2016).

Ein fallbasiertes Abbilden problemhaltiger Ausschnitte (Heinzel, 2021) aus der Berufspraxis kann die eigenen Handlungen reflektierter (Lindmeier, 2011) und unter Einbezug theoretischer Modelle (Wahl, 2002) erlauben und somit Handlungsoptionen aktiv abzuwägen (Lemben et al., 2023), um diagnostisches Handeln zu optimieren (Shulman, 1992). Dannemann (2019) stellt dazu fest, dass Lernszenarien über Videovignetten durch eine reduzierte Komplexität den Zugang zu fachlichen und fachdidaktischen Verstehens- und Reflexionsprozessen erleichtern.

Obschon dem fallbasierte Lernen dem Konzept nach in verschiedenen Ausbildungskontexten Eignung als Methode zugeschrieben wird (Reichertz, 2014), beziehen sich benannte Grenzen insbesondere auf umsetzungspraktische Facetten: „Die bisherigen Studien verdeutlichen das Potenzial solcher Lernsettings, das sich aber nur unter bestimmten Qualitätsmerkmalen entfaltet“ (Hascher, 2014, S. 552), wozu zum Beispiel ein Fokus auf Verstehensprozesse anstatt das Einüben von Handlungsmustern (Hascher, 2014) oder aber eine fachdidaktisch durchdachte Einbindung in eine Lernumgebung (Bredel & Pieper, 2021) zählen. Eine „sachbezogene und zielorientierte Auseinandersetzung mit Fällen“ (Digel et al., 2010, S. 214) scheint Voraussetzung des Lernens über diese Methode zu sein, was bedeutet, dass über das eine solche Auseinandersetzung über das zugrundeliegende Lernsetting initiiert werden muss (Kunze, Dzengel & Wernet, 2014). Aus ihrer Interviewstudie kann Brandt (2022) die These ableiten, „dass eine Diagnose entlang adäquater Beobachtungskriterien gezielter und erfolgreicher gelingen kann“ (Brandt, 2022, S. 241).

Dazu werfen Enenkiel et al. (2022) die Frage nach der Einbindung von Rückmeldungen auf, denn „[aufgrund] der großen Studierendenzahl ist es bisher nicht möglich, den Studierenden persönliche Rückmeldungen zu ihren Videoanalysen zu geben“ (Enenkiel et al., 2022, S. 94 f.).

Zudem besteht die Frage nach der fachdidaktischen Einbindung und weitere Rahmungsentscheidungen, die das Lernen an Fällen begünstigen Lernumgebung (Bredel & Pieper, 2021): Als komplexe Aufgabe fallbasierten Lernens steht gerade die vielfach betonte Verbindung zwischen Theorie und Praxis. „Aktion und Reflexion werden von den gleichen Personen(gruppen) durchgeführt. (Beck et al., 2000, S. 16)“ Beck et al. (2000) sehen dies als Ausschlusskriterium für Handlungsentlastung an. Wenn jedoch Konstruktivismus in seiner gemäßigteren Form verstanden wird, folgt daraus: „Instruktion und Konstruktion schließen sich [...] nicht aus, sondern sind komplementär“ (Gerstenmaier & Mandl, 2011, S. 173), womit Lernen mit Fällen angesehen wird als ein

> „wechselseitiger Prozess aus Fremdimpulsen und Selbststeuerung, der selbstständiges Entdecken und Problemlöseaktivitäten erfordert und sich an der Struktur des zu erlernenden Wissens oder der Struktur der praktischen Anwendungssituation orientiert.“ (Syring et al., 2013, S. 88)

Daraus folgt die Notwendigkeit fallbasiertes Lernen so einzubinden, dass dessen Potentiale, inklusive des handlungsentlastenden Moments, zum Tragen kommen. Einbettung in eine Lernumgebung, welche auch Instruktionen und Reflexionsanlässe, sowie an geeigneter Stelle Rückmeldungen vorsieht, scheint zusammenfassend in dieser Arbeit sinnvoll.

Im Folgenden werden daher vorbereitend auf Kapitel 3, Überlegungen vorgenommen, wie ein Zugang zum fallbasierten Lernen gestaltet sein könnte.

2.3.2 Digitaler Zugang zu fallbasierten Lerngelegenheiten

Fallbasiertes Lernen soll die Möglichkeit bieten, real(istisch)e Praxiserfahrungen anzubieten, ohne direkt in der Praxis zu agieren (Kerres, 2018). Wird die organisatorische Komponente von universitären Großveranstaltungen mit einbezogen, so ergibt sich der Vorteil, dass zeitgleich viele Studierende an einem Fall lernen können (Booth et al., 2013; Saatz & Kienle, 2013) – insbesondere dann, wenn die Auseinandersetzung mit Fällen technisch verfügbar gemacht wird, „erweitert sich der hochschuldidaktische Möglichkeitsraum für Praxisbezugnahmen im Lehramtsstudium“ (Scheidig, 2020, S. 470). Dies kann insofern umgesetzt werden, als dass digitale Möglichkeiten in Form von zusätzlichen Informationen

(Haack, 2002) auf fachdidaktischer Ebene, Feedbacks (Kastaun et al., 2020) oder dynamischen Darstellungen (Roth, 2011) ausgeschöpft werden, um „einen didaktischen Mehrwert, der über die einfache Übertragung von Fallarbeit in ein zeit- und ortsunabhängiges Medium hinausgeht" (Goeze & Hartz, 2010, S. 119) zu realisieren.

Teilweise wird das fallbasierte Arbeiten mittlerweile bereits digital umgesetzt. Dies erscheint sinnvoll, sind die Träger von Fällen ohnehin häufig medialer Art (Goeze, 2010). In einer Studie zur digitalen Anreicherung des fallbasierten Lernens, konnten Goeze et al. (2014) feststellen, dass insbesondere diejenigen Verweise, die zur Perspektivöffnung anregten vorteilhaft im Sinne von vertieften Diagnosen scheinen (Goeze et al., 2014). Digitale Zusatzangebote in Form von Hyperlinks zu konzeptuellem Wissen, konnten ebenfalls insbesondere im Postet zur Anwendung des zusätzlichen Wissens beitragen (Goeze et al., 2014). Es scheinen also durchaus Vorteile einer digitalen Ausnutzung von Möglichkeiten im fallbasierten Lernen im Aufbau von Diagnosefähigkeiten zu bestehen.

Digitales fallbasiertes Arbeiten kann dazu beitragen:

> „multiple Zugänge zu einem Sachverhalt zu realisieren, und bieten dadurch, dass verschiedene Blickwinkel auf eine Problemstellung miteinander verbunden werden können, die Grundlage für den Aufbau komplexen anwendungsorientierten Wissens" (Digel et al., 2010, S. 237)

Eine digitale Umsetzung scheint somit potentiell gewinnbringend für das Arbeiten an Fällen zu sein. Zu beachten dabei gilt jedoch, dass dies sowohl zur Steigerung als auch zur Verminderung der Komplexität des fallbasierten Arbeitens beitragen könnte: Möglicherweise könnten durch die Einbettung Zusatzperspektiven eröffnet werden, die einerseits kognitiv verarbeitet werden müssen, andererseits möglicherweise einen zielgerichteteren Perspektivwechsel auf das Kinderdenken eröffnen (Goeze & Hartz, 2010). Dies beschreiben Ahlers et al. (2024) jedoch als Vorteil, denn „[dadurch] wird den Studierenden die Komplexität des Unterrichtsgeschehens deutlich" (S. 273).

Einige empirische Befunde konnten bereits darauf hindeuten, dass durch digitale angereicherte fallbasierte Lernsettings positiv wirken können (z. B. Codreanu et al., 2021; Enenkiel et al., 2022; Digel et al., 2010; Überblick s. Kapitel 3). Sowohl bei Noviz:innen als auch bei erfahrenen Lehrkräften scheint eine digitalgestützte Fallarbeit auf Akzeptanz zu stoßen: Digel et al. (2010) kann zeigen,

„dass mediengestützte Fallarbeit auf grundlegende Akzeptanz bei Lehrpersonen unabhängig von ihrem Vorwissen und ihrer Vorerfahrung trifft" (S. 257) und insbesondere das selbstbestimmte und selbstgesteuerte fallbasierte Arbeiten dadurch positiv hervorgehoben wurde (Digel et al., 2010). Somit kann ein freiwilliges Abrufen zusätzlicher Informationen in einer fallbasierten Lernumgebung möglicherweise gewinnbringend wirken (Kerres, 2018).

Anknüpfend hieran werden im nachfolgenden Kapitel 3 digitale Lerngelegenheiten in der universitären Lehrkräfteausbildung näher betrachtet.

3 Digitale Lerngelegenheiten in der universitären Lehrkräfteausbildung

„Das Medium transportiert kein Wissen von einer lehrenden zu einer lernenden Instanz, es kann Lernprozesse nur anregen.“ (Kerres, 2018, S. 328)

International geht zum Beispiel aus den Ausführungen des National Research Council (2012) hervor, dass eine weltweite Notwendigkeit darin besteht, die Ausbildung der zukünftigen Generation so zu gestalten, dass sie handlungsfähig in ihrem späteren Beruf werden. Dies bedeutet auch, dass sie in der Lage sein müssen, theoretisch erlerntes Wissen in berufspraktische Handlungen nutzbar zu machen (National Research Council, 2012). Die sogenannten *21st century skills* umfassen dabei auch das Leben in einer Gesellschaft, einer immer intensiveren Nutzung digitaler Medien (National Research Council, 2012). Umgekehrt postuliert Kerres (2021): „Wenn wir mediengestützte Lernarrangements entwickeln, dann hat dies Implikationen für das Handeln von Menschen und ihre Lebenswelt“ (S. 9). Dadurch wird betont, dass eine zweiperspektivische Betrachtung des Lernens mit digitalen Medien notwendig ist: Aus der Perspektive gesellschaftliche Handlungsfähigkeit zur kompetenten Nutzung aufzubauen und aus der Perspektive, digitale Lernangebote bewusst mit Blick darauf zu gestalten, dass sie einen direkten Einfluss auf die Lebenswelt der Nutzenden haben.

Die zunehmende Nutzung digitale Medien in der Schule ist mittlerweile konstitutiv in den deutschen Bildungsstandards verankert (Autorengruppe Bildungsberichterstattung, 2020), nicht zuletzt, da das Lernen über digitale Medien Potentiale eröffnet, die dem Verständnis von Lernenden zuträglich sind (Rink & Walter, 2020). Auch für den Einsatz im universitären Kontext ergeben sich aus

M. Maibach, *Diagnostische Performanz und Einschätzungen von Primarstufen-Studierenden*, Dortmunder Beiträge zur Entwicklung und Erforschung des Mathematikunterrichts 62,
https://doi.org/10.1007/978-3-658-50683-4_3

dem Lernen mit digitalen Medien neue Möglichkeiten. Dabei wird häufig die digitale Kompetenz und die Einstellungen von (angehenden) Lehrkräften in den Blick genommen (für einen Überblick Koschorreck & Gundermann, 2020). Scheidig (2020) schreibt jedoch abgesehen davon einem erhöhten Einsatz digitaler Angebote insbesondere in der Hochschulausbildung von Lehrkräften einen didaktischen Mehrwert zu: „Mit Technikeinsatz erweitert sich der hochschuldidaktische Möglichkeitsraum für Praxisbezugnahmen im Lehramtsstudium" (Scheidig, 2020, S. 470). Aufgrund dieser Perspektive ist auch die Einbindung digitaler Medien in das (effektive) Lernen von Studierenden zunehmend von Interesse (Ketter, 2023).

Was digitale Lernangebote mit besonderem Augenmerk auf deren Einsatz im Kontext der Ausbildung von angehenden Lehrkräften im Rahmen der Hochschule ausmacht, ist Gegenstand des Abschnitt 3.1. Hierfür werden zunächst die besonderen Merkmale von digitalen Lernangeboten herausgestellt (3.1.1). In Abschnitt 3.1.2 werden Vorüberlegungen dazu angestellt, welche konkreten Designanforderungen digitale Lernangebote mit Fokus auf die Zielgruppe der angehenden Lehrkräfte in ihrer universitären Ausbildung brauchen. Dazu werden einige empirische Untersuchungen herangezogen und erste Ableitungen zu wichtigen Elementen von digitalen Lernangeboten herausgearbeitet. Schlussendlich werden die Vorüberlegungen aus 3.1.2 in Abschnitt 3.1.3 strukturiert und Designprinzipien abgeleitet, die für diese Arbeit Gültigkeit besitzen sollen.

Zielgruppenspezifisch werde in Abschnitt 3.2 zwei verschiedene digitale Zugangsweisen beleuchtet, wovon der eine informierend (3.2.1) und der andere zur Exploration anregend (3.2.2) ausgerichtet ist. Die Spezifika und Ideen hinter den Konzepten werden dar- und in 3.2.3 systematisch gegenübergestellt.

Abschnitt 3.3 gibt eine Zusammenfassung zu digitalen Medien in der universitären Lehrkräfteausbildung und greift die wichtigsten offenen Fragen auf, um zu Kapitel 4 und 5, dem Design der in dieser betrachteten digitalen Lernplattform und dem Design der in dieser Arbeit vorgestellten Untersuchung überzuleiten.

3.1 Digitale Lernangebote in der Lehrkräfteausbildung

In den *Ländergemeinsamen inhaltlichen Anforderungen für die Fachwissenschaften und Fachdidaktiken in der Lehrerbildung* (2008) wird gefordert, die Entwicklung im Bereich Digitalität in die Ausbildung von Lehrkräften einzubeziehen: „Der Aufbau entsprechender Kompetenzen ist gemeinsame Aufgabe der Fachdidaktiken, Fachwissenschaften und Bildungswissenschaften" (KMK, 2008, S. 3). Im Bereich Mathematik wird zum Umgang mit digitalen Medien aufgeführt, dass zukünftige Lehrkräfte über Fähigkeiten verfügen sollen „aus fachlicher und fachdidaktischer Sicht angemessen zu rezipieren sowie Möglichkeiten und Grenzen der Digitalisierung kritisch zu reflektieren" (KMK, 2008, S. 38). Abzuleiten daraus ist die Forderung, digitale Medien in der Ausbildung angehender Lehrkräfte so einzusetzen, dass diese den Umgang damit auch vor dem Hintergrund des eigenen fachlichen und fachdidaktischen Lernens kennenlernen und somit zum Umgang damit aus eigenen Erfahrungen heraus befähigt werden.

Eine Förderung im Bereich Digitalität im Studium soll somit nicht zuletzt einen Beitrag dazu leisten, dem Anspruch der Lernendengeneration in der Schule nach kompetentem Umgang in einer digitalen Welt Rechnung zu tragen (Ahlers et al., 2024). Zudem gibt es erste Hinweise darauf, dass auch in der Hochschullehre auf Ebene der Ausbildung handlungsrelevanter Fähigkeiten der Einsatz von digitalen Medien potentiell bereichernd sein kann (Enenkiel et al., 2022).

Da in dieser Arbeit der Fokus auf dem Lernort Hochschule liegt, gilt es, die spezifischen Anforderungen an digitale Lerngelegenheiten aus dieser Perspektive heraus zu beleuchten. Einerseits werden dafür folgend grundsätzliche Merkmale digitaler Lernangebote herausgearbeitet (3.1.1) und andererseits auf die spezifische Zielgruppe hin weitergedacht. Dafür werden in 3.1.2 Untersuchungen zum Bereitstellen digitaler Lernangebote an angehende Lehrkräfte (teilweise im Bereich Diagnosefähigkeiten) herangezogen und in 3.1.3 Ableitungen in Form von Leitideen, die in Designprinzipien münden sollen, entlang der Vorüberlegungen aufgestellt.

3.1.1 Merkmale digitaler Lernangebote

Ein Begriff, der im Bereich des Angebots von Lerngelegenheiten häufig zu lesen ist, ist der Begriff der *Lernumgebung*. Ganz allgemein, meint dies, dass „Unterrichtsmethoden, -techniken und -medien planvoll arrangiert sind (Reinmann & Mandl, 2006). Im schulischen Kontext wird der Begriff der Lernumgebung bisweilen recht unterschiedlich gedeutet (Hannafin, 1995).

Reinmann und Mandl (2006) betrachten eine Lernumgebung als eine Gesamtheit bezogen auf all diejenigen Facetten, die das Lernen in seinem Prozess unterstützt. Im mathematikdidaktischen Kontext meint der Begriff häufig, dass Lerneinheiten unter mathematischer Fundierung, mit dem Einsatz reichhaltiger und strukturierter Lernangebote zur Verfügung gestellt werden, in denen die

Selbstständigkeit, das Entdecken und Erkunden, der Lernenden selbst im Mittelpunkt steht (Wittmann,1998; Vollrath & Roth, 2012). Dabei werden unter anderem Problemlöseprozesse und die eigene Entwicklung von Vorgehensweisen und Lösungsprozessen fokussiert und mithilfe von entsprechend strukturierten Aufgaben, die offene Zugangsweisen ermöglichen, angeregt (Wittmann,1998; Vollrath & Roth, 2012).

Wollring (2008) gliedert Leitideen zu Lernumgebungen auf, die er in diejenigen zu Sicherstellung der Effektivität und diejenigen die Logistik betreffend unterteilt. Wie auch die Konzeption von Roth (2011) wird in den Leitlinien zur Effektivität von Wollring (2008) herausgearbeitet, dass diese einem Gegenstand und Sinn folgen müssen, der einen gehalt- und sinnvollen mathematischen Lernanlass für die Lernenden bietet. Auch stellt Wollring (2008) Kommunikations- und Reflexionsanlässen als wichtiges Element von Lernumgebungen heraus und legt einen weiteren Schwerpunkt in der Möglichkeit zur Differenzierung.

Von *digitalen* Lernumgebungen wird häufig in ebenso weit gefasster Weise gesprochen. Im weitesten Sinne meint der Begriff eine Lernumgebung, die „digital angereichert wurde“ (Roth, 2022, S. 112). Eine neuere Bezeichnung insbesondere im Kontext digitaler Lernangebote, ist die des *Lernpfads*, welcher „für dynamische Lernumgebungen verwendet [wird], die besonderen Anforderungen genügen“ (Roth, 2011, S. 5).

Eine Anforderung ist das Verständnis solcher als strukturierte Lernangebote (Embacher, 2004): Roth (2011) beschreibt Lernpfade als Angebot eines bestimmten Lernwegs, entlang eines Themengebiets. Während Stepancik (2008) dabei die Individualität des Lernens betont, die durch eine klare Strukturierung der Lerninhalte auf der einen Seite und zugleich die Freiheit den eigenen Lernweg selbst mitzubestimmen auf der anderen, stellt Oberhuemer (2004) deutlich heraus, dass es sich bei Lernpfaden explizit *nicht* um ein System zum Lernmanagement handelt. Damit unterstreicht er die Wichtigkeit der Balance zwischen inhaltlichem Strukturierungsangebot und Selbstmanagement des eigenen Lernens (Oberhuemer, 2004). Lernpfade stellen nach Embacher (2004) Lernhilfen dar, welche den Schritt schaffen, isolierte Einzelaspekte so zu organisieren, dass der Lernprozess als Ganzes in den Vordergrund rückt.

Kerres (2018, 2021) betont dabei die Notwendigkeit kognitiv zu aktivieren und empfiehlt den Einsatz von sorgfältig durchdachten Lerngelegenheiten, die sich zum Beispiel an Fällen oder Problemstellungen orientieren können.

Middendorf (2022) geht davon aus, dass für digitale Lernumgebungen im Grundsatz die gleichen Prinzipien gelten wie für analoge:

> „Darüber hinaus bieten digitale Lernumgebungen gegenüber analogen Lernumgebungen jedoch erweiterte didaktische Potenziale, die sich aufgrund der Möglichkeiten der Vernetzung und der Interaktivität sowie Adaptierbarkeit ergeben“ (Middendorf, 2022, S. 5).

Zwei dieser Potentiale, die insbesondere für digitale Lerngelegenheiten gelten, sind die der Vernetzung und der Interaktivität: Anders als bei rein analogen Lerngelegenheiten, die in der Regel komplett linear ausgestaltet sind, besteht in einer digitalen Umsetzung die Möglichkeit, Inhalte flexibler zu verknüpfen (Middendorf, 2022). Dabei wird die selbstgesteuerte Erkundung des eigenen Lernwegs (Oberhuemer, 2004) der Nutzenden sowohl angesprochen als auch herausgefordert (Middendorf, 2022).

Die Selbststeuerung des eigenen Lernprozesses kann durch eine digital angesteuerte Interaktivität durch individuelle Einflussnahme zusätzlich angereichert werden. Ein digitaler Lernpfad sollte „zur aktiven Auseinandersetzung mit den präsentierten Informationen und Inhalten [...] anregen“ (Stepancik, 2008, S. 152). Das Vorhandensein einer inhaltlich sinnvollen Strukturierung, welche durch Passung des Material- und Medieneinsatzes (Roth, 2011) intensiviert wird, sowie durch didaktische Interaktionen wie zusätzliche Erklärungsangebote durch selbstanzuwählende Zusatzinformationen eine Selbstregulierung auf dem eigenen individuellen Niveau hervorbringen (Haack, 2002). Diese Selbstregulierung des eigenen Lernens kann insbesondere durch die sinnvolle Verknüpfung von Vernetzung und Adaptierbarkeit eines digitalen Lernangebots, welches sowohl zielgerichtete instruktive Elemente als auch aktivierende Anregungen zur eigenen Exploration enthält, ermöglicht werden (Middendorf, 2022).

Daraus ergibt sich zusammenfassend, dass eine mathematikdidaktisch gehaltvolle Lernumgebung die Möglichkeit bieten sollte, entlang eines mathematisch reichhaltigen Lernanlasses Raum zu selbständigen, individuellen mathematischen Entwicklungen durch Entdeckungen und Differenziertheit beizutragen. Sie sollte sowohl entsprechend passende Materialien und Medien bereit halten, als auch zu Kommunikation und Reflexion über den mathematischen Inhalt anregen (z. B. Roth, 2011; Wollring, 2008).

Im *Wiener Treffen zu Lernpfaden 2006* (Beteiligt: mathe-online-Gruppe, die Medienvielfalt-Gruppe, die Pentagramm-Gruppe und die DynaMa-Gruppe), wurde ein Kriterienkatalog für Lernpfade entwickelt, an dessen erster Stelle die Lernendenorientierung genannt wird. Übertragen auf diese Arbeit, muss der Begriff etwas erweitert und als *Nutzendenorientierung* begriffen werden.

Hierfür kann als Grundlage das Human-Centered Design (folgend HCD) als etablierte Methode angewendet werden (Biabdillah et al., 2021; Chaves & Bittencourt, 2018). Die konkreten Überlegungen zur Ausgestaltung der in dieser Arbeit betrachteten Lernplattform kann Kapitel 4 entnommen werden.

Das HCD ist ein Ansatz, über den digitale, interaktive Systeme menschenzentriert entwickelt werden. Dabei ist die Zielsetzung „Systeme gebrauchstauglich und zweckdienlich zu machen, indem [...] sich auf die Benutzer, deren Erfordernisse und Anforderungen konzentriert“ (ISOb, 2019, S. 6) wird. Die Nutzbarkeit für die Zielgruppe steht dabei im Vordergrund, wodurch sich unter anderem „die Effektivität und Effizienz [...] [sowie] die Benutzerzufriedenheit“ (ISOb, 2019, S. 6) im Gegensatz zu anderen Systemen erhöht (ISOb, 2019). Die Gestaltung nach dem HCD folgt einem iterativen Prozess (Abbildung 3.1).

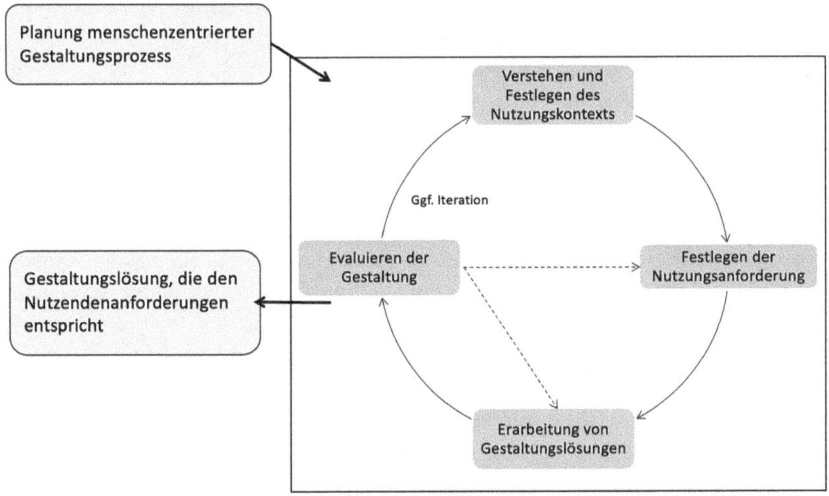

Abbildung 3.1 HCD-Modell. (Nach ISOb, 2019, S. 21)

Zusammenfassend geht es darum, die Anforderungen der Nutzenden zu verstehen, Festlegungen zu den Anforderungen zu treffen, aus den Festlegungen heraus Lösungen für die Gestaltung des letztendlichen Produkts abzuleiten und dieses zu evaluieren (ISOa, 2019; ISOb, 2019). Aus der Evaluation heraus kann es notwendig sein einen Iterationsprozess anzustoßen und aus den neuen Erkenntnissen heraus Schritte anzupassen, bevor erneut evaluiert wird. Letzten Endes steht optimalerweise eine konkrete und solide an die Anforderungen der Nutzenden angepasste Ausgestaltung des Systems.

Um der in dieser Arbeit betrachteten Zielgruppe der angehenden Lehrkräfte der Mathematik in der Primarstufe gerecht zu werden, sollen im nachfolgenden Teilkapitel entlang fachdidaktischer Konzeptionen zu Lernangeboten Vorüberlegungen zur Ausgestaltung eines digitalen Lernangebots für die Zielgruppe der Hochschulstudierenden gemacht werden.

3.1.2 Vorüberlegungen zu Designprinzipien digitaler Lernangebote in der Lehrkäfteausbildung

Ein Plädoyer für verstärkt zielgerichteten Einsatz digitaler Medien bereits in der Lehrkräfteausbildung liefern Ahlers et al. (2024):

> „Werden Kompetenzen angehender Lehrkräfte sowohl in pädagogisch-(fach) didaktischer als auch in digitalitätsbezogener Hinsicht bereits im Studium gefördert, trägt dies auf dem Weg zum Handeln zu einem Unterricht bei, der den Anforderungen zukünftiger Generationen in der digitalisierten Welt gerecht werden kann" (S. 276).

Allerdings stellen Nonte et al. (2021) in ihrer Befragungsstudie zur Evaluation digitaler Lernangebote für Studierende während der Corona-Pandemie fest: „Bisher fehlen jedoch Hinweise darauf, wie die Lehrer*innenbildung von digitalen Lehrinhalten und Methoden profitieren kann" (S. 45). Ihre Erkenntnisse umfassen dabei vornehmlich, dass Studierende wahrnehmen, eigenverantwortliches Lernen, insbesondere in digitalen Settings, sei prinzipiell von Vorteil in der Flexibilität und Selbststeuerung des eigenen Lernens. Wobei jedoch das eigenverantwortliche Lernen oftmals vielmehr vorausgesetzt als explizit in den Veranstaltungen gefördert würde (Nonte et al., 2021). Damit leistet die Studie einen Betrag zu empfundenen Vor- und Nachteilen durch die Zielgruppe des digitalen Lernangebots im Kontext der hochschulischen Ausbildung von Lehrkräften, nicht jedoch zu konkreten Gestaltungsprinzipien.

Auch Kastaun et al. (2020) weisen auf diese Lücke hin. Wenngleich bereits Untersuchungen zum Einsatz von *intelligente Lehr-Lernsystemen* (folgend iLLs) im schulischen Kontext vorliegen, zeichnet sich in den Fachdidaktiken ein anderes Bild: denn dort sind sie noch nicht hinreichend erforscht (Kastaun et al., 2020). Im universitären Kontext konnten z. B. Ehle et al. (2017) fachspezifisch bereits die Wirksamkeit von ILLs für den Aufbau von mathematischem Grundlagenwissen nachweisen. Inwiefern diese Ergebnisse auf den fachdidaktischen Bereich des Lehramtsstudiums übertragbar ist, ist jedoch noch offen.

Besonders im fachdidaktischen Kontext von Diagnosefähigkeiten als handlungsrelevanter Lerngegenstand (Kapitel 1), stehen zielgruppenspezifische Designentscheidungen an, die den konkreten Inhalt sowie die Voraussetzung mitdenken, das Wissen in der Praxis verfügbar zu machen (Kapitel 2; Wahl, 2002).

Projekte, die sich mit einer digital umgesetzten Steigerung oder dem Erlernen von Diagnosefähigkeiten von (angehenden) (Mathematik-)Lehrkräften befassen, gibt es noch nicht in hoher Anzahl. Eine Bestandsaufnahme zu Fokussierungen – also, in welche Richtung dabei geforscht wird – fünf neuerer ausgewählter Untersuchungen in diesem Bereich soll im Folgenden skizziert werden.

Diagnosefähigkeiten durch videobasierte Unterrichtsszenen steigern
Für die videobasierte Lernplattform ViviAn (Enenkiel et al., 2022; Kapitel 2) konnten signifikante Verbesserungen der Diagnosefähigkeiten angehender Mathematiklehrkräfte der Sekundarstufe verzeichnet werden. Es wurden videobasierte Unterrichtsszenen von den Studierenden angesehen, mit dem Auftrag, die Kompetenzen der Lernenden zu bewerten. Anschließend konnte die eigene Diagnose mit einem Expertenurteil verglichen werden. In einem quasi-experimentellen Setting wurde die Wirksamkeit der Arbeit mit der Plattform untersucht und mit den Ergebnissen einer Kontrollgruppe abgeglichen. Die Gruppe mit Zugang zur Plattform konnte signifikant besser abschneiden als die Kontrollgruppe.

Diagnose- & Argumentationsfähigekeit mit videobasierter Simulation steigern
In der quantitativ ausgerichteten Studie von Codreanu et al. (2021) wurden Diagnoseaktivitäten angehender Lehrkräfte in der Hochschulausbildung untersucht, die sich mit Videosimulationen zu diagnostischen Situationen im Kontext der Argumentationsfähigkeit von Lernenden auseinandersetzen mussten. Es wird die Qualität von on-the-fly Diagnosen (Kapitel 1) betrachtet. Die Befunde lassen sich auf verschiedenen Ebenen betrachten: Zum einen kann auf konzeptioneller Ebene ausgemacht werden, dass die Verbindung einer beschreibenden und einer begründenden Perspektive sich beim Diagnostizieren als sinnvoll erweisen. Des Weiteren liefern sie Hinweise darauf, dass eine videobasierte Simulation eines realistischen Settings sich als geeignetes Instrument herausstellt, um Analysen von Lehramtsstudierenden einzufordern. Drittens stellen sie heraus, dass eine Adaption des Settings für künftige ähnliche Vorhaben sinnvoll sein könnte. Zusätzlich greifen

sie auf, dass eine sukzessive Steigerung der Komplexität der simulierten Diagnosesituationen eine zielführende Weise sein könnte, um Diagnosefähigkeiten zu entwickeln.

Authentizität zu einem ,virtuellen Viertklässler' untersuchen
Eine Studie von Wildgans-Lang et al. (2020) konnte Befunde zum Authentizitätsempfinden praktizierender Mathematiklehrkräfte im Primarbereich gegenüber Dokumenten eines „virtuellen Viertklässler" ausmachen. Diese, in eine Lernplattform eingebundenen Falldokumente, wurde im Schnitt von den Teilnehmenden der Studie als authentisch empfunden. Das Empfinden von Authentizität in einem fallbasierten Setting konnte bereits als ausschlaggebender Faktor für die Akzeptanz und den selbstempfundenen Lernzuwachs von Studierenden ausgemacht werden (s. auch Brandt, 2022; Kapitel 2).

Transfer von Wissen zu Handlung über Perspektivwechsel anregen
In der Studie von Kastaun et al. (2020) arbeiten Studierende des Lehramts Biologie an einem iLL, bei welchem individualisiertes Feedback zu Bearbeitungen ein Kerndesignelement darstellt. Dazu werden die beiden Rollen der Lernenden und der Lehrenden unterschieden, die die Studierenden einnehmen, während sie die Plattform nutzen. In der Rolle der Lernenden wird neues Wissen aufgebaut und in der Lehrendenrolle dann entsprechend angewendet. Bindeglied der beiden Rollen ist die Transferleistung von Hintergrundwissen zu konkreten Handlungen (Abschnitt 2.1.1). Kastaun et al. (2020) sprechen dabei nach Fölling-Albers et al. (2018) von einer authentischen Lehr-Lernsituationen, zu denen wie in Kapitel 2 diskutiert, auch fallbasierte Settings zählen.

Relevanz von Videovignetten, um Diagnosefähigkeit zu steigern untersuchen
Im Projekt Diagonal-NaWi Ahlers et al. (2024) geht es insbesondere um die Akzeptanz und die Einschätzung von Studierenden zur Relevanz eines digitalen, fallbasierten Lernsettings über Videovignetten. Dabei werden die Studierenden über eine Skala im Anschluss an die Auseinandersetzung mit der Lernumgebung befragt und geben, ihre Einschätzungen über einen Freitext zu begründen. Die 57 befragten Masterstudierenden schreiben der Bedeutung der Auseinandersetzung über das digitale Angebot eine eher große Bedeutung zu und geben ebenfalls eher zustimmend an, dass ihre Diagnosefähigkeiten durch die Auseinandersetzung mit Videovignetten gefördert werden konnten (Ahlers et al., 2024).

Als wesentliche Komponente des Konzepts, stellen Ahlers et al. den Bezug zwischen Theorie und Praxis heraus und ziehen aus den Ergebnissen den Schluss, dass „das Lehr-Lern-Konzept auch durch das eigene experimentelle Problemlösen zu einer erfolgreichen Verzahnung von Theorie und Praxis“ (Ahlers et al., 2024, p. 273) beitragen konnte.

Zusammengefasst fokussieren die dargestellten Untersuchungen auf verschiedene Aspekte. Authentizität- und Relevanzempfindungen der Zielgruppe werden auf der einen Seite betrachtet, Wirkung und Fähigkeitsaufbau durch bestimmte Designentsscheidungen auf der anderen Seite. Dabei können bisherige Befunden darauf hinweisen, dass authentisch umgesetzte Fälle über digitale Angebote durchaus als lernförderlicher Zugang zur Entwicklung von Diagnosefähigkeiten dienen und Vorteile bieten können (Kastaun et al., 2020; Wildgans-Lang et al., 2020; Codreanu et al., 2021; Enenkiel et al., 2022; Ahlers et al., 2024). Die Wirksamkeit solcher Lernangebote scheinen somit unter anderem auf deren Akzeptanz und Authentizität zu basieren und sind von der jeweiligen spezifischen Gestaltung abhängig.

Zusätzlich ist insbesondere bei digitalen Lernangeboten die Vermeidung kognitiver Belastung relevant (cognitive theory of multimedia learning, Mayer, 2021). Mayer (2021) leitet draus eine doppelte Anforderung an medial repräsentierte Lernangebote ab: Zum einen sollte „das dargebotene Material [...] eine kohärente Struktur aufweisen“ (S. 61; eigene Übersetzung), und zum anderen sollte „die Botschaften [...] dem Lernenden Anleitungen für den Aufbau dieser Struktur geben“ (S. 61; eigene Übersetzung).

Middendorf (2022) bietet für die konkrete Ausgestaltung von Lernumgebungen einen Rahmen an (Abbildung 3.2).

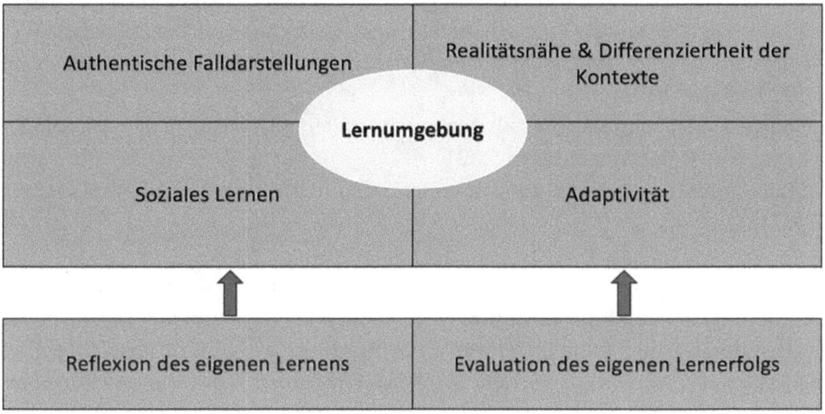

Abbildung 3.2 Ausgestaltung digitaler Lernumgebungen. (Nach Middendorf, 2022, S. 2)

Dazu stellt er heraus, beispielsweise unter Bezugnahme auf Reinmann und Mandl (2006), dass Lernumgebungen sich stets auf „realistische Lernkontexte" (Middendorf, 2022, S. 2) stützen sollten, die durch entsprechend gestaltete Aufgaben für authentische Zugänge sorgen. Ebenso wie Enenkiel et al. (2022) und Codreanu et al. (2021) verweist er auf die Authentizität von Lerngelegenheiten, wie z. B. durch realistische Fallszenarien. Darüber hinaus sind eine differenzierte Orientierung an den individuellen Voraussetzungen der Nutzenden und die Möglichkeit der Interaktion wesentliche Bausteine (Middendorf, 2022).

Aus den vorangegenangenen Überlegungen und Bestandsaufnahmen, kann eine erste systematische Zusammenstellung potentieller Faktoren und Potentiale des Designs einer lernförderlichen digitalen Lernumgebung für das Aufbauen von Diagnosefähigkeiten abgeleitet werden:

- Realistische Simulationen diagnostischer Situationen bieten (Enenkiel, 2022; Codreanu et al., 2021; Middendorf, 2022)
- Hohe Authentizität realistischer Falldokumente bereitstellen (Wildgans-Lang et al., 2020; Brandt, 2022; Middendorf, 2022)
- Individualisiertes Feedback zu Eigenbearbeitungen geben (Kastaun et al., 2020; s. z. B. auch Leutner, 2002)
- Differenziertheit im Sinne einer Orientierung an verschiedenen Lernvoraussetzungen und -bedarfen (Middendorf, 2022)
- Theorie-Praxis-Verknüpfungen (Ahlers et al., 2024)

- Interaktionsmöglichkeiten anbieten (Nonte et al., 2021; Middendorf, 2022)
- Förderung des Anwendungswissens (Transferleistung) von theoretischen Wissenselementen zu praktischen Handlungserfahrungen leisten (Kastaun et al., 2020; Wahl, 2002)
- Sinnvoll und einfach zu verstehend gestalteter Aufbau, zur Vermeidung kognitiver Belastung (Mayer, 2021)
- Sinnstiftung durch Einbettung in einen inhaltlich passenden Kontext (Mayer, 2021)

Diese Sammlung soll folgend dazu dienen, konkretere Überlegungen an die Anforderungen zum Einsatz digitaler Lernangebote im Bereich der universitären Ausbildung von handlungsrelevanten Fähigkeiten, wie es Diagnosefähigkeiten sind (Kapitel 1 und 2), anzustellen. Diese Grundlage dient zur Ausformulierung von Prinzipien, welche mit Fokus auf Zielgruppe und Inhalt, als gelungene Merkmale digital umgesetzter Lernangebote wirken sollen.

3.1.3 Ableitung der STARK-Prinzipien

Soll der oftmals klar strukturierte und frontale Prozess von Information durch Lehrende, Rezeption durch Lernende (Tsirikiotis & Schmidt, 2023), aufgebrochen werden, so gilt es auch bei der Entwicklung von Möglichkeiten zum Lernen mit digitalen Lerngelegenheiten einem konstruktivistischen Leitbild zu folgen und nicht ein Lernen durch Belehrung an ein digitales Instrument auszulagern (Tsirikiotis & Schmidt, 2023; Kerres, 2021). In der Bewusstmachung dessen liegt freilich schon ein zentraler Part, in der konkreten Umsetzung ein anderer, denn „Digitale Medien erweisen sich dabei als nicht grundsätzlich vorteilhaft. Entscheidend ist die didaktische Konzeption mediengestützter Lernangebote“ (Kerres, 2021, S. 1), der sich im Nachfolgenden gewidmet werden soll.

Wird davon ausgegangen, dass auch dem universitären Lernen der konstruktivistische Ansatz grundsätzlich zugrunde liegt – in den KMK-Standards für Lehrkräftebildung sind die Begriffe *eigenverantwortlich* und *konstruktiv* in zahlreichen der Kompetenzformulierungen wiederzufinden (KMK, 2004) –, so können einige dieser Vorteile ebenso für digitale Lernumgebungen im Kontext des digitalen Lernens in der universitären Ausbildung angenommen werden und behalten auch in diesem Kontext ihre Gültigkeit.

Eine Orientierung am HCD (Abschnitt 3.1.1) bedeutet, es müssen die Vorüberlegungen (Abschnitt 3.1.2) in Gestaltungsprinzipien münden, sodass eine möglichst enge Passung zwischen Design und Zielgruppe hergestellt werden kann. Dafür sollen die Prinzipien in studentischen Lehr-Lernprozessen gelten, die auch im ‚analogen' Setting zu möglichst hoher Eigenständigkeit und zum Aufbau handlungsrelevanten Wissens dienen (KMK, 2017). Wie in Kapitel 2 dargelegt, ist solches Wissen dasjenige, was Noviz:innen in der Praxis handlungsfähig macht. Also sie befähigt solide, theoretisch fundierte Entscheidungen zu treffen. In dem Fall dieser Arbeit auf Diagnose bezogen – entsprechend Diagnoseentscheidungen treffen und handelnd umsetzen zu können, die theoretisch, fachdidaktisch fundiert und begründbar sind.

Die Vorüberlegungen (3.1.2) münden in Ableitungen von Gestaltungsmerkmalen von digitalen Lerngelegenheiten für die Zielgruppe. Die fünf abgeleiteten Prinzipien *Steuerung, Transparenz, Anwendung, Relevanz* und *Kohärenz* werden im Folgenden unter dem Akronym *STARK*-Prinzipien zusammengefasst und folgend ausgeführt.

Steuerung

Selbstdifferenzierung durch selbstreguliertes Lernen ist laut KMK (2017) Teil der hochschuldidaktischen Anforderung an Studierende, indem sie den eigenen (Lern-)Stand beurteilen können und dazu fähig sind „autonom sachbezogene Gestaltungs- und Entscheidungsfreiheiten" (S. 7) zu reflektieren. Das bezieht das selbstständige Nutzen von Angeboten wie zusätzlichen Informationen oder vertiefenden Übungen mit ein.

Als grundsätzliches Lernprinzip, gilt das „'forschendes Lernen', das hier als wissenschaftlich, forschungsmethodisch, disziplinär und weitgehend selbstgesteuert verstanden wird" (KMK, 2017, S. 3). Somit wird den Studierenden die Möglichkeit geboten und zugleich der Anspruch gestellt, das eigene Lernen selbst auszugestalten und nach individuellen Wissensfacetten, sowie Bedarfen eigenständig anzupassen. „Selbststeuerung ist damit sowohl Voraussetzung als auch Ziel des Lernens mit Medien" (Kerres, 2018, S. 32).

In diesem Zuge besagt das *self-management principle*, dass Lernende dann besser lernen, wenn sie ihren eigenen Lernprozess steuern können (Zhang et al., 2021), wobei jedoch laut Schreiter (2021) das *learner control principle* Hinweise darauf liefert, dass Lernende nicht unbedingt besser lernen, wenn sie die Auswahl und Organisation von Lernmaterialien bestimmen. Die Balance zwischen Wegweisung in Form von Instruktionen, Materialauswahl, etc. und Selbstbestimmung in der Ausführung des angebotenen Wegs, gilt es zu bedenken.

Aufgabe von Lernumgebungen mit der Zielgruppe Studierende, ist somit zur Selbstdifferenzierung anzuregen, indem verschiedene Zugänge und vertiefende Informationen themenspezifisch angeboten werden, deren Nutzung eigenständig von den Studierenden aus geschieht. Nutzenden kann so die Gelegenheit geboten werden, cognitive load (z. B. Shneiderman et al., 2016) durch Redundanzen eigenständig zu vermeiden, indem eine inhaltlich sequenziell aufeinander aufbauende Struktur eine zu lange Auseinandersetzung mit einem bereits verstandenen Thema zu vermeiden (Renkl, 2021), – was zu einer kognitiven Mehrbelastung für den vorgesehenen aber individuell eventuell gar nicht sinnvollen Arbeitsschritt führen könnte (Renkl, 2021). Selbstregulierung des eigenen Lernens kann in der Entscheidung über die Ausgestaltung des eigenen Lernwegs wiederum zur kognitiven Entlastung beitragen (Mayer, 2021).

Befunde von Nonte et al. (2021) deuten darauf hin, dass Studierende der Auffassung sind, dass „die Förderung eigenverantwortlichen Lernens viel stärker [...] im Austausch mit Dozierenden und Kommiliton*innen" (Nonte et al., 2021, S. 50 f.) stattfinden. Es sollten daher Bereiche zur eigenen Konstruktion und zur Rekonstruktion von Wissen angeboten werden (Wollring, 2008).

Wenngleich Interaktivität aus der Perspektive der Sozialwissenschaften „das wechselseitig handelnde Einwirken zweier Subjekte" (Niegemann & Heidig, 2019, S. 2) meint, so kann eine digitale Lernumgebung doch im weiteren Sinne auch als Interaktionspartnerin verstanden werden (Niegemann & Heidig, 2019), wenn eben eine gewisse Form von gegenseitiger Kommunikation und Austausch stattfindet, die „ein zielgerichtetes Verhalten" (Niegemann & Heidig, 2019, S. 2) hervorbringen. In diesem Kontext gehört das Angebot von Feedback in selbst zu bearbeitenden Aufgaben oder Aufträgen, sowie angeleitete Reflexionen ebenfalls als zentrales Steuerungselement durch die Nutzenden in den Fokus gerückt (Müller & Ditton, 2014). Entlang des Feedbacks kann das eigene Lernen überprüft werden und bei Bedarf daran orientierte Weiterarbeit erfolgen.

„Feedback kann demnach verstanden werden als die bewusste Rückmeldung von Informationen an eine Person zu ihrem vorherigen Verhalten." (Müller & Ditton, 2014, S. 22) Dabei bezieht es sich auf die Diskrepanz zwischen einem Soll- und einem Ist-Zustand (Müller & Ditton, 2014), wobei es selbstverständlich auch möglich ist, dass der Soll- und der Ist-Zustand übereinstimmen (‚richtig'). Für ein gelungenes Feedback müssen im Sinne der „doppelten Subjektivität" (Landwehr, 2003, S. 13) beide Seiten einbezogen werden: die feedbackgebende Seite, aber auch die feedbackempfangende Seite (Müller & Ditton, 2014). Denn das Resultat, welches sich aus einem Feedback entwickelt, liegt auf der Aktionsseite der empfangenden Person, während die Passgenauigkeit und Angemessenheit auf der gebenden Person liegt (Müller & Ditton, 2014). Hierbei wird die interaktive Rolle eines feedbackgebenden digitalen Systems insbesondere deutlich: Die Feedbackgebende ist in dem Fall die digitale Plattform, die einer nutzenden Person möglichst passgenau Rückmeldungen zu Handlungen und Entscheidungen bietet, was bestenfalls eine Reflexion der feedbackempfangenden Person auslöst.

Dementsprechend hat digitales Feedback eine durchaus anspruchsvolle Sonderrolle: Wenngleich Feedback sicherlich durch eine digitale Umsetzung ökonomischer gestaltet werden kann, so ist die Kommunikation wesentlich eingeschränkter als im Gespräch zwischen Akteuren (Anmerkung: an dieser Stelle sind KI-Feedbackmechanismen ausgeklammert; einen Überblick dazu bieten z. B. Wrede, Gloerfeld & de Witt, 2023).

Wird Feedback als unabdingbarer Teil des Lernprozesses begriffen (Kopp & Mandl, 2014, S. 34), so erhöht sich dessen Relevanz in Settings des selbstregulierten Lernens. Lernende brauchen im digitalen Selbstlernsetting Feedback, um ihren eigenen Lernprozess zu steuern – sei es, dass sie Sicherheit erhalten, dass ihre Lösung richtig ist oder aber, dass sie Anregungen und Rückmeldungen erhalten, wenn Lösungen oder Denkwege noch fehlerhaft sind (Kopp & Mandl, 2014, S. 34).

Auch der Adaptivität von Feedback kommt in der digitalen Umsetzung eine wichtige Rolle zu. Kann nicht individuell in den Diskurs zwischen lernender und feedbackgebender Person getreten werden, müssen Feedbacks so ausgestaltet sein, dass sie Vorgehens- und Denkweisen sowohl antizipieren als auch in einen Einklang miteinander bringen, sodass Rückmeldungen gegeben werden, die den Lernprozess unterstützen (Kopp & Mandl, 2014).

Steuerung des eigenen Lernens wird somit hier vorgeschlagen als Möglichkeit (angeleitet) Entscheidungen für den eigenen Lernweg zu treffen. Kompetente Selbstdifferenzierung durch bestimmen, wann zusätzliche Information genutzt werden oder wie Feedback die eigenen Lernentscheidungen beeinflusst, bieten Ausgangspunkt wie Rahmung zur Umsetzung dieses Designvorschlags.

Transparenz

Feedback dient nicht nur der Steuerungsfunktion des eigenen Lernens, sondern trägt maßgeblich dazu bei, Transparenz über Anforderungen und Inhalte zu schaffen, sowie den eigenen Lernerfolg einordnen und ggf. daraus weitere Bedarfe ableiten zu können (Kopp & Mandl, 2014). Transparenz die Inhalte betreffend, sodass diese in den eigenen Lernweg eingeordnet werden können, ist ebenfalls ein wichtiges Designelement, das eng mit der Steuerung zusammenhängt.

Digitale Ausgestaltungen von Lernplattformen sollten berücksichtigen, dass es im Sinne der kognitiven Entlastung (Sweller et al., 2011) nicht rein um Implementationen digitaler Tools zur Informationsweitergabe geht, deren Nutzung bereits die kognitive Aufmerksamkeitsspanne in großen Teilen fordert. Der daran zu erlernende Inhalt sollte klar im Vordergrund stehen. Paulus, Veber und Mallwitz (2023) können aus ihrer qualitativen Erhebung von Studierendenäußerungen zur Distanzlehre darauf schließen, dass ein reines Selbststudium weniger ertragreich Lernprozesse fördert. Daraus schließen sie die Gelingensbedingung, dass Studierende „auf der fachlichen Ebene unterstützt werden" (Paulus, Veber & Mallwitz, 2023, S. 75) müssen, was beispielsweise durch Feedback gelingen kann. Instruktionen und Feedback zur Regulation von Eigenproduktionen scheinen wesentliche Komponenten in digitalen Selbstlerngelegenheiten zu sein (Mayer, 2021) und somit die Funktion des Leitens durch den Lernweg innezuhaben.

Im Kontext der Ausbildung zukünftiger Lehrkräfte, bildet theoretisches und praktisches Wissen, welches für Studierende im Hinblick auf ihre eigene spätere Berufspraxis sinnvoll eingebettet werden kann, eine weitere wichtige Facette der Transparenz. Denn eine Forderung an Hochschulabsolvent:innen ist, es „Wissen und Verstehen auf Tätigkeit oder Beruf anwenden und Problemlösungen in ihrem Fachgebiet erarbeiten oder weiterentwickeln" (KMK, 2017, S. 6) zu können.

Die Arbeit an digital umgesetzten Aufgaben oder (Reflexions-)Aufträgen sollten daher stets so eingebunden sein, dass Nutzende Wissen, zu welchem Zweck dies gerade geschieht und in welcher Phase des Lernens dies relevant ist. Dazu gehört dementsprechend die Einbindung in Situationen, die die spätere Praxis andeuten (Enenkiel, 2022; Codreanu et al., 2021), sodass der Zweck dem die theoretische Auseinandersetzung mit einem Thema in ihrer Anwendung transparent gemacht werden kann (Wahl, 2002).

Darüber hinaus sollte aus Gestaltungsperspektive die Struktur einer Plattform transparent umgesetzt sein. Dies kann durch eine Navigation geschehen, aber auch durch Verweise und einem kapitelähnlichen Aufbau, denn „[d]ie Person sollte immer wissen, wo sie sich in dem Informationsuniversum befindet und wie sie zu einem bestimmten Thema zurückgelangt" (Kerres, 2018, S. 357).

Transparenz zielt dementsprechend einerseits darauf ab, Nutzenden die Möglichkeit der eigenen Steuerung des Lernens zu ermöglichen – ohne Informationen darüber, was ein Lernweg beinhaltet, können keine Entscheidungen über den eigenen Lernweg getroffen werden. Zudem bietet die Transparenz ebenfalls Zugang dazu, die Relevanz des zu lernenden besser einschätzen zu können. Wird in einen weitreichenderen Rahmen eingebettet, wofür Lerninhalte im späteren Berufsleben wichtig sind, so können Studierende besser einschätzen, weswegen sich der Aufwand lohnt, der in das Erlernen investiert werden muss.

Anwendung
Ketter (2023) beschreibt als Schlüsselrollen von Medienbildung: „die Konstruktion von Räumen zur Fremdheitserfahrung, Reflexion und Exploration, die Kritik, Scheitern und Revidieren zulassen“ (S. 19). Ebenso ist aus dem KMK-Qualitätsrahmen für deutsche Hochschulabschlüsse (2017) die Anforderung an Bachelor-Absolvent:innen die Kompetenzerwartung zu entnehmen, Gelerntes auf Problemsituationen anzuwenden, indem sie „Wissen und Verstehen auf Tätigkeit oder Beruf anwenden und Problemlösungen in ihrem Fachgebiet erarbeiten oder weiterentwickeln“ (KMK, 2017, S. 6) können. Das Arbeiten an digital umgesetzten Fällen scheint aus den vorangegangenen Ausführungen (Kapitel 2) eine Möglichkeit darzustellen sowohl realistische Probleme im späteren Berufshandeln als Lerngelegenheit bereitzuhalten, als auch eine Verbindung zwischen Theorie und Praxis zu schaffen (z. B. Wildgans-Lang et al., 2020; Brandt, 2022; Kastaun et al., 2020). Schmidt und Tsirikiotis (2023) sprechen vom Erschaffen von *Möglichkeitsräumen*. Dabei wird ein digitaler realistisch-fiktiver Raum des Ausprobierens angeboten, der zugleich realitätsnähe aber auch Distanz schafft (Schmidt & Tsirikiotis, 2023) – somit mit der Idee des fallbasierten Lernens und dessen authentischer und entlastender Wirkung einhergeht.

Das Angebot von fallbasierten Problem(löse)situationen erscheint dementsprechend als zentrales Gestaltungsmerkmerkmal von Lernumgebungen, um eine Handlungsfähigkeit, wie die der Diagnosefähigkeit, aufzubauen. Die lerntheoretischen Zugänge der Reflexion und der Evaluation des eigenen Lernens (Middendorf, 2022) durch Übertagen auf Szenarien, die Theorie und Praxis verknüpfen, erlauben somit durch das Anwenden von Wissen „die selbstständige Konstruktion von Wissen“ (Middendorf, 2022, S. 3). Zwar beziehen sich die Ausführungen von Middendorf (2022) auf Lernumgebungen im schulischen Kontext, die Forderung nach Lernen durch Problemlösen, Selbststeuerung und kognitiver Aktivierung lässt sich im konstruktivistischen Sinne (Reich, 2001) jedoch auf alle Bereiche des Lehrens und Lernens übertragen. Dabei kann auch auf studentischer Ebene das vernetzte Erlernen von Theorie und Praxis gelingen, „indem sich dem Gegenstand verstehend angenähert werden kann und Selbst und Welt in ein stimmigeres Verhältnis gebracht, Irritationen konstruktiv vermittelt werden können“ (Tsirikiotis & Schmidt, 2023, S. 120). Daher sollen die hier vorgestellten Konzepte einer digitalen Lernumgeben für den universitären Kontext angenommen werden.

Dabei können auch visuelle Präsentationen als Unterstützung zum Verständnisaufbau und dessen Dokumentation nützlich sein (Ainsworth, 2021). Zumal diese auch Studierenden als Erklärungshilfe für die Anforderung ihre Problemlösungen sowohl „im Diskurs mit Fachvertreterinnen und Fachvertretern sowie

Fachfremden mit theoretisch und methodisch fundierter Argumentation [zu] begründen" (KMK, 2017, S. 7), als auch diese für sich selbst vor dem Hintergrund verschiedener Perspektiven zu reflektieren (KMK, 2017).

Das Angebot von Szenarien zur *Anwendung* bedeutet also für die Zielgruppe der angehenden Mathematiklehrkräfte in der Primarstufe einerseits, dass die Gelegenheit geboten wird, theoretisches mit praktischem Wissen zu verknüpfen. Andererseits und damit einhergehend bedeutet dies, dass Möglichkeiten geschaffen werden, anhand realistischer Praxisszenarien das eigene Wissen anzuwenden und zu reflektieren.

Relevanz

Eng verknüpft mit dem Prinzip der Anwendung, ist für die betrachtete Zielgruppe das Schaffen von Relevanz. Denn in der Verknüpfung von Theorie und Praxis und dem konsequenten Aufzeigen, warum das zu Lernende in der Praxis Relevanz hat, sollte bestenfalls in eine Sinnstiftung münden, die Motivation für das zu Erlernende schafft:

> „Der Organisationsprozess ist nicht willkürlich, sondern spiegelt vielmehr ein Bemühen um Sinnstiftung wider – etwa die Konstruktion einer Ursache-Wirkungs-Kette. Dieses Bemühen wird durch die Motivation des Lernenden, die Lerninhalte zu verstehen, unterstützt. " (Mayer, 2021, S. 64; eigene Übersetzung)

Auch die KMK (2017) führt auf, dass Studierende die Kompetenz erwerben sollen, Gelerntes auf die spätere Berufspraxis hin anwenden zu können. Daher sollten sowohl fachlich als auch fachdidaktische Themen in Lernumgebungen so aufbereitet werden, dass den Studierenden die Relevanz für die Unterrichtspraxis transparent deutlich wird, um somit eine Kohärenz zwischen den zu erlernenden Inhalten mit dem späteren Beruf als Lehrkraft zu schaffen. Das Anregen zu Selbsterklärungen, Vergleichen und dem Ziehen von Schlüssen aus betrachteten Situationen stellt damit eine der Aufgaben einer Lernplattform dar (Renkl, 2014), denn dies geschieht nicht zwangsläufig aus den Studierenden selbst heraus (Renkl, 1997). Das geht einher mit dem *generative activity principle,* welches besagt, dass Nutzende eines digitalen Lernangebots dann besser lernen, wenn sie zu konstruierenden Aktivitäten aufgefordert werden, wie sich Dinge vorzustellen, Selbsterklärungen oder Selbsttests (Fiorella & Mayer, 2021).

Insbesondere daher ist die Authentizität von angebotenen Lerngelegenheiten hervorzuheben (Brandt, 2022). Denn das Ziel, welches mit dem Lerngegenstand verfolgt wird, ist im Bereich er Diagnostik, die Befähigung in praktischen Situationen handlungsfähig zu sein (Abschnitt 2.2.2), und muss für die Nutzenden als das Empfinden von Relevanz für ihren eigenen Lernweg im Fokus stehen (Savery & Duffy, 1995, S. 31).

Die Verknüpfung von Theorie und Praxis in Verbindung mit der Nutzung des Erlernten und dessen Reflexion anhand authentischer Fälle, muss für das Prinzip der *Relevanz* also darin münden, dass Nutzende den Sinn für ihre berufliche Ausbildung erkennen. Theoretische Aspekte sollten dafür stets vor dem Hintergrund praktischer Szenarien gedacht und anhand derer in einen sinnstiftenden Reflexionskontext gesetzt werden. Dies kann nur im Zusammenspiel der Prinzipien *Transparenz* und *Anwendung* erfolgen, wodurch deutlich wird, wie eng verschränkt die Prinzipien miteinander zu denken sind.

Kohärenz

Da insbesondere digitale Angebote, die Selbstlernen voraussetzen, insofern herausfordernd für Nutzende sind, als dass ein hohes Maß an Konzentration eingefordert wird (Sweller, 2011), sollen die Prinzipien im Hinblick auf ihre digitale Umsetzung durch das Erzeugen von „Konsistenz“ (Shneiderman et al., 2016) und „Entdeckbarkeit“ (Norman, 2013) mitgedacht werden. Dies dienst dazu, den cognitive load zu minimieren (Sweller et al., 2011).

Fiorella und Mayer (2021) verweisen dafür auf das *segmenting principle*, wonach Lernende eine digital aufbereitete Lernbotschaft dann besser verarbeiten können, wenn diese sequenziert in Abschnitten angeboten wird, welches dem Lerntempo entsprechend bearbeitet werden kann, anstatt eine komplett zusammenhängende Einheit vorzugeben. Auch Norman (2013) verweist darauf, dass eine modulare Struktur, die sich wiederholende Elemente aufweist, den Nutzenden erlaubt, sich auf inhaltliche Aspekte zu konzentrieren.

Das Prinzip der *Kohärenz* soll es den Nutzenden zusammengefasst also erlauben, sich auf das inhaltliche Lernen zu fokussieren und die kognitive Aktivität nicht in Überlegungen zum strukturellen Aufbau der Plattform zu verlieren. Da dies jedoch ein eher formaler Aspekt ist, wird in dieser Arbeit weniger darauf eingegangen. Erwähnenswert für die Grundgedanken zu den Prinzipien, denen eine digitale Lernplattform ausgestaltet sein sollte, scheint es dennoch.

Neben Überlegungen zur Ausgestaltung von digitalen Lernangeboten mit der Zielgruppe der angehenden Lehrkräfte und dem Inhalt des Erlernens von Diagnosefähigkeiten, sieht das HCD vor, digitale Angebote vor dem Hintergrund der Zielgruppe zu evaluieren (ISOa, 2019; ISOb, 2019). Die Notwendigkeit der Evaluation wird besonders dann deutlich, wenn bedacht wird, dass eine reine zur Verfügungstellung digitaler Angebote und das Nutzen dieser durch die Zielgruppe nicht zwingend zu verbesserten Lernergebnissen führt (Schmidt &

Reintjes, 2020). Da die Evaluation jedoch keinem Prinzip der Gestaltung entspricht, sei an dieser Stelle lediglich angemerkt, dass Evaluation als wichtige Facette mitgedacht wird.

Im nachfolgenden Teil Abschnitt 3.2 wird fokussiert, wie die Aktivierung der Nutzenden digital angeregt werden kann. Dafür werden zwei Ansätze vorgestellt, von denen einer eher *informativ* und der andere *zur Expoloration anregend* ausgestaltet ist.

3.2 Digitalgestützter Aktivierungsgrad

Lernprozesse im Selbststudium, sind häufig so gestaltet, dass sie Lerninhalte aufeinander aufbauend, sukzessive in Verknüpfung mit zuvor Gelerntem vertiefen und damit ein hohes Maß an Selbstbestimmung über den eigenen Lernweg bieten, aber gleichzeitig auch einfordern (Köller & Schiefele, 2003; Perels & Dörrenbächer, 2020). Dabei hat Forschung gezeigt, dass unterschiedliche Ansätze zur Darbietung von Lerninhalten, an verschiedenen Stellen im Lernprozess präferiert werden. Zum Beispiel können Wittwer und Renkl (2008) ausmachen, dass Selbsterarbeitungen bei hohem Vorwissen zu einem Bereich grundsätzlich gegenüber informierenden Ansätzen bevorzugt werden. Dagegen können Kirschner, Sweller und Clark (2006) ausmachen, dass bei neuen oder komplexen Themen eher erklärende Ansätze als diejenigen zur Selbsterarbeitung sinnvoll erscheinen.

Es gilt zu bedenken, dass bei der Bereitstellung digitaler Lernangebote sich gleich eine Vielzahl an Möglichkeiten eröffnet, was Darstellungen zum betrachteten Lerninhalt betrifft:

> „dynamische Darstellungen wie Animationen oder Videos, interaktive Darstellungen wie Simulationen und Spiele, haptische und greifbare Systeme, die physische mit digitalen Darstellungen kombinieren, und Augmented Reality, bei der reale Phänomene mit digitalen Darstellungen angereichert werden" (Ainsworth, 2021, S. 158; eigene Übersetzung).

Das immense Spektrum an Optionen zur Aktivierung des Lernens, fordert gleichzeitig die Beschäftigung mit der Frage der Entscheidung für oder gegen gewisse Ausgestaltungen und Angebote, immer unter der Prämisse, dass im Vordergrund steht, was mit einer Umsetzung didaktisch erreicht werden soll (*the multiple representation*; Ainsworth, 2021, S. 158). Es besteht weiterhin noch Forschungsbedarf einerseits auf Seiten der Ausgestaltung digitaler Lernangebote, die eine Nutzendenzentrierung verfolgen, andererseits und insbesondere wird der Bedarf nach

Erkenntnissen über digitale, zielgruppenorientierte Lernangebote ausgerichtet an spezifischen Kontexten deutlich:

> „Es ist zwingend erforderlich, dass diese Bemühungen fortgesetzt werden, nicht nur, um die Gestaltungspraktiken besser zu verankern, sondern auch, um die Versprechungen und Grenzen von studentenzentrierten Lernumgebungen in differenzierten Kontexten besser zu verstehen. " (Land, Hannafin & Oliver, 2012, S. 21; eigene Übersetzung)

Wird von einer konstruktivistischen Grundhaltung ausgegangen, die in dieser Arbeit für erfolgreiches Lernen vertreten wird (z. B. Kerres, 2021, s. auch Abschnitt 3.1), so scheint vorausgesetzt, dass die Umsetzung einer digitalen fallbasierten Lernplattform einen gewissen Aktivierungsgrad innehaben sollte (z. B. Brown, Collins & Duguid, 1989) – ob nun rein kognitiv aktivierend oder zur konkreten eigenen Handlung auffordernd.

> „Die Fähigkeit zum problemorientierten Lernen und damit zum produktiven Umgang mit Problemen ist eine zentrale, zu kultivierende Ressource des lebenslangen Lernens und die Arbeit an Problemen, sei es als Mittel oder Zweck, eine zentrale Aufgabe der Didaktik." (Reusser, 2005, S. 163)

Kerres (2018) macht eine Aufteilung in expositorische, explorative und problemorientierte Methoden auf (Abbildung 3.3). In dieser Arbeit wird jedoch vorgeschlagen von der klaren Trennung Abstand zu nehmen und die problemorientierte Methode in die beiden anderen zu integrieren. Dafür wird sich einerseits an der Methode der *Worked-Examples* (Wittwer & Renkl, 2008) orientiert, die eher der expositorischen Sichtweise nach Kerres (2018) entspricht und andererseits am Ansatz des *Problem-Based-Learning* (z. B. Hmelo-Silver et al., 2007), die der des explorativen Lernens nahekommt.

	Expositorische Methoden	Exploratives Lernen	Problemorientierte Methoden
Prinzip	Entlang von Lernpfad werden systematisch Inhalte präsentieren	Lernende konstruieren Lernpfad	Lernen an Fällen, Projekten, etc.; teils gemeinsam
Chance	Systematische Vermittlung von Fachwissen	Neugier und Interessen regen zum Lernen an	Problemlöse-kompetenzen entwickeln
Heraus-forderung	Intensivierung von Lernprozessen (durch z. B. Übungen)	Gezieltes Anregen von Interessen und Neugier	Verallgemeinerbares und übertragbares Wissen aufbauen

Abbildung 3.3 Methoden. (Nach Kerres, 2018, S. 330)

Middendorf (2022) nähert sich durch Kategorisierung der Sammlung an wichtigen Kernaspekten in der Formulierung von vier Stufen von Lernumgebungen einer genaueren Konzeptualisierung an (Abbildung 3.4), wobei er diese entlang der didaktischen Stufen 1. bis 4. aufmacht (Middendorf, 2022, S. 3):

1. Expositorisch
   In einer solchen Lernumgebung wird Lernen als Rezeption gestaltet und über Vermittlung implementiert. Wenngleich das individuelle Lerntempo durch den Einsatz von Medien, welche eine Selbststeuerung des Lernens erlauben, ermöglicht wird, werden sowohl die Inhalte, Lernziele als auch -schritte vorgegeben. Eine Steuerung des eigenen Lernprozesses wird somit nur eingeschränkt ermöglicht.
2. Explorativ
   Lernumgebungen nach dem explorativen Ansatz zielen auf eigenständige Wissenskonstruktion, anstatt -reproduktion ab. Dafür wird der Ansatz des entdeckenden Lernens grundgelegt und das Arbeiten an Problemstellungen, wie das Entwickeln eigenständiger Problemlösungen steht im Vordergrund.
3. Adaptiv
   In adaptiv ausgerichteten Lernumgebungen, steht das Anknüpfen an die individuellen Lernvoraussetzungen im Vordergrund. Das Ziel kann dabei die Förderung, die Kompensation oder die Ausgestaltung von Präferenzen sein.

4. Sozial angereichert
   Eine kommunikativ ausgerichtete Lernumgebung – das kann sowohl reale als auch virtuelle Kommunikation betreffen –, die den gegenseitigen Austausch fokussiert, bildet die sozial angereicherte Lernumgebung. Dabei fungiert die soziale Anreicherung als Bindeglied zwischen sozialem und digitalem Lernen.

Abbildung 3.4 Vier Stufen von Lernumgebungen. (Nach Middendorf, 2022, S. 4)

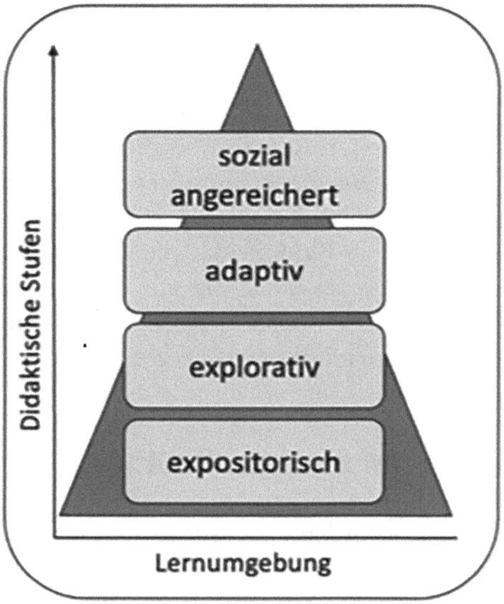

Die Gemeinsamkeit, die alle Stufen innehaben, ist das Verständnis von Lernen grundsätzlich als – mehr oder weniger – Konstruktion von Wissen. Wenngleich die erste Stufe mehr Reproduktion als Konstruktion beinhaltet, erlaubt sie den Lernenden jedoch noch immer die Individualität der Ausgestaltung nach dem eigenen Lerntempo. Lernumgebungen sollten neben der Lerngelegenheiten für die Adressat;innengruppe „Instruktionen durch die Lehrkraft erlauben" (Middendorf, 2022, S. 3) und somit die Lehrkraft weiterhin als Lernbegleitung einbinden. Leuders (2005) führt in diesem Zuge auf, dass gerade in digitalen Lernangeboten die Balance zwischen Instruktion und Konstruktion wegweisend sein kann und sie je nach Anwendungsart im Einklang mit konstruktivistischen Ideen einhergehen können.

In dieser Arbeit wird grundsätzlich zwischen eher aktiverer und eher rezeptiverer Informationsaufnahme unterschieden, wobei die rezeptivere Form dennoch eine kognitive Aktivierung intendiert und der zugrundeliegende Ansatz daher lieber als *informativer* Ansatz bezeichnet wird. Der explorative Ansatz inklusive Facetten des adaptiven Ansatzes nach Middendorf (2022), wird dabei nachfolgendend als *zur Exploration anregender* Ansatz verstanden.

Genau diese beiden Pole können bei der Gestaltung von Lernplattformen in zwei Varianten untergliedert werden, die sich eben insbesondere in der Aktivität der Nutzenden unterscheiden. Zum einen kann eine informierende Grundposition eingenommen werden (im Folgenden *I-Variante* benannt), zum anderen eine zur Exploration anregende Umsetzung (im Folgenden *E-Variante* benannt).

In Abschnitt 3.2.1 wird das Konzept von informierenden Ansätzen, in 3.2.2 von zur Exploration anregenden Ansätzen besprochen, Beispiele geboten, Vor- und Nachteile diskutiert sowie Qualitätsmerkmale herausgearbeitet. In Abschnitt 3.2.3 werden die beiden entgegengesetzten Ansätze zusammenfassend in ihren Hauptideen gegenübergestellt.

3.2.1 Informierender Ansatz

Der hier als informierend bezeichnete Ansatz orientiert sich am Lernen mit so genannte Worked-Examples, welche anhand gut strukturierter Beispiele Wissen eher rezeptiv vermitteln als Inhalte aktiv selbst zu entdecken (Garces et al., 2023). Die Worked-Examples sind jedoch nicht gleichbedeutend damit, dass den Nutzenden eigenständiges Denken abgenommen wird, sondern viel mehr so zu verstehen, dass insbesondere in Einführungsphasen neuer Inhalte, Denk- und Verstehensanstöße präsentiert werden. Diese Art der Wissensaufbereitung kann dazu beitragen, dass Lernende effektiv, effizient und verstehensorientiert, insbesondere beim Aufbau neuen Wissens und neuer kognitiver Fähigkeiten lernen (Atkinson et al., 2000; Hilbert et al., 2008; Renkl, 2005; 2021). Nach Hattie (2009) bieten direkte Instruktionen bei fachlichen Lerninhalten gar die effizienteste Zugangsform für Lernende. Renkl (2017) konnte in diesem Kontext für das Lernen mathematischer Konzepte positive Auswirkungen von Worked-Examples feststellen – insbesondere in der Einführungsphase des Studiums. Wichtig ist, dass die Darbietung der Lerninhalte unter direkter Adaption an den Wissensständen der Zielgruppe orientiert ist (Wittwer & Renkl, 2008).

In diesem Unterkapitel wird zunächst definiert, was unter einem informierenden Ansatz unter Rückbezug auf den Einsatz von Worked-Examples verstanden wird. Potentiale wie Grenzen werden anhand empirischer Befunde dargelegt und Qualitätskriterien guter informierender Ansätze herausgearbeitet.

Definition
Unter dem informierenden Ansatz wird in dieser Arbeit eine Nutzung von Worked-Examples und deren Einbettung in weitere Informationsquellen, wie rahmenden Text oder Reflexionsanregungen verstanden. Die angebotenen Informationen selbst, können zum Beispiel „durch Text, Audio oder Video" (Kerres, 2018, S. 330) angeboten werden.

Da die Art der Einbettung der Worked-Examples tragender Teil des Designs der hier vorgestellten Lernumgebung darstellt (vgl. Design der Plattform in Kapitel 4), wird nicht alleinig von Worked-Examples, sondern vom *informierenden Ansatz* gesprochen. Zur Umsetzung auf der Lernplattform zwecks angebundener Untersuchung, ist zudem eine Trennung zwischen informierend und zur Exploration anregend (Abschnitt 3.2.2) von Nöten (Kapitel 5), sodass auch in Feinheiten von hier vorgestellten Gestaltungsempfehlungen der Worked-Examples abgewichen wurde.

Der Grundgedanke des Lernens mit Worked-Examples, was Renkl (2021) auch sinngemäß als exemplarisches Lernen bezeichnet, ist die Ausrichtung, dass Üben alleine keine Garantie für gehaltvolles und sinnvolles Lernen bietet, was jedoch konstitutiver Anspruch an Lernen sein sollte (Renkl, 2021). Ebenso reicht das, was hier unter informierend verstanden wird, darüber hinaus. Sowohl das Vorhandensein mehrerer Beispiele als auch das Hinarbeiten auf die Lösung eines Problems (Sweller et al., 1998), sind Teil der Grundidee. Gerade in digital umgesetzten Lernangeboten, in denen die kognitive Belastung durch Faktoren wie dynamische Darstellungen und Usability hoch sein kann (Sweller et al., 2011), können Nutzende von Worked-Examples insofern profitieren, dass die Verringerung des cognitive loads Tiefenverständnis erlaubt, wenn sie insbesondere in Erarbeitungsphasen zur ersten Einordnung angeboten werden (Renkl, 2021). Denn „Worked examples consist of a problem formulation *and* the final solution" (Renkl, 2021, S. 231; Hervorhebung durch die Autorin). Es wird also sowohl das Problem als auch dessen Lösung angeboten, was ein Eindenken in das zu Erlernende, dessen problembasierte Anwendung als auch die Lösung des Problems zum Nachvollziehen bereithält.

Renkl (2015) unterstellt dem Arbeiten mit Worked-Examples damit eine kognitiv-aktive Auseinandersetzungsweise, die insbesondere dadurch erzeugt wird, dass die fokussierte Aufmerksamkeit auf zentrale Konzepte und Prinzipien des Lerngegenstands gerichtet werden kann (Renkl, 2015). Zur Entlastung wird beigetragen, indem wo möglich eine Sequenzierung in Lösungsschritten angeboten wird, welche schrittweise zu einer richten Lösung oder dem finalen Produkt führen (Renkl, 2021).

Potentiale

Insbesondere am Anfang eines neu zu lernenden Gegenstands, eines Konzepts oder auch einer Fähigkeit, entfaltet informatives Lernen anhand von Worked-Examples sein Potential (Hilbert et al., 2008). Daher geht Renkl davon aus, dass es eine geeignete Strategie darstellt, zu Beginn einer Lernsituation zunächst Verständnis über exemplarische Lernangebote aufzubauen – bestenfalls über Elemente, die die Lernenden dazu anregen eigene Erklärung für z. B. Phänomene zu finden –, bevor sie vor ganz freie Problemlöseprozesse gestellt werden (Renkl, 2014; 2017; 2021).

Eine Metaanalyse von Barbieri et al. aus dem Jahr 2023, untersucht 43 Artikel zum Lernen mit Worked-Examples im Bereich des schulischen Lernens von Mathematik über alle Altersklassen hinweg. Sie können moderate Effekte für die Wirksamkeit der Worked-Examples in der schulischen Bildung ausmachen (Barbieri et al., 2023). Dabei erkennen sie Unterschiede in der Aufbereitung der Beispiele – aus richtigen Beispielen wird besser gelernt als aus der Darstellung falscher Beispiele (Barbieri et al., 2023). Es scheinen also eher Potentiale für das Lernen aus richtigen Beispielen vorzuliegen.

Bereits Befunde aus dem letzten Jahrhundert geben Einblicke darein, dass ein Lernen mit Worked-Examples dazu führen kann, dass sowohl zeitlich schnell gelernt werden kann als auch ein anschließendes Problemlösen zu einem instruktiv erlernten Phänomen fehlerfreier und schneller geschieht als ohne (Sweller & Cooper, 1985; Zhu & Simon, 1987; Ward & Sweller, 1990; Paas & van Merriënboer, 1994). Auch die Verringerung des cognitive load im Vergleich zum eigenen Problemlösen, was insbesondere in digital umgesetzten Lerngelegenheiten förderlich wirken kann (Renkl, 2021), wird hervorgehoben. Empirische Befunde für die Wirksamkeit können dazu auf verschiedenen inhaltlichen Ebenen geliefert werden: sowohl in formalen Lernbereichen (Sweller & Cooper, 1985) als auch in unterrichtspraktischen (Hilbert, Renkl, Schworm, Kessler, & Reiss, 2008) weisen Ergebnisse auf positive Auswirkungen zum Lernen hin.

Außerdem kann auf die konkrete Problemstellung bezogen sowohl die Wirksamkeit von informierenden Lerngelegenheiten, welche mehrere Beispiele beinhalten als auch derjenigen, die mehrere Beispiel-Problem-Paare beinhalten (van Harsel, Hoogerheide, Verkoeijen, & van Gog, 2019) ausgemacht werden.

Wichtig ist, dass es nicht bei lediglich einem Beispiel bleibt, sondern immer ein Phänomen anhand mehrerer Beispiele beleuchtet wird.

Renkl (2021) geht so weit, ein klares Plädoyer zum Einsatz von Worked-Examples gestützt auf die zahlreichen positiven Befunde, die die die Wirksamkeit belegen, auszusprechen:

> „Most generally, instructional designers and teachers may want to include worked examples in multimedia learning environments as their effectiveness is well documented. Hence, the effectiveness of multimedia environments can be enhanced by worked examples.“ (Renkl, 2021, S. 232).

Herausforderungen

Trotz der scheinbar positiven Erfahrungen und konzeptionellen Überlegungen zum Einsatz von Worked-Examples, scheint dieser in der Lehrpraxis mitunter negativ konnotiert zu sein. Hilbert et al. (2008) zum Beispiel konnten in Interviews mit Lehrkräften die Einstellung ausmachen, konkrete Beispiele seien lediglich für schwache Lernende und ausschließlich zur Vermittlung rein prozeduralen Wissens geeignet (Hilbert et al., 2008).

Informierende Ansätze unterliegen freilich auch Herausforderungen: Eine Hauptkritik besteht darin, dass sie „oft schlecht umgesetzt oder auf einzelne Bestandteile wie Texte oder Vorträge reduziert [sind]. Es geht also darum, die Methode in ihren vielfältigen Möglichkeiten auszugestalten und ihren Anteil in einem Lernangebot angemessen zu gewichten“ (Kerres, 2018, S. 332).

Chi et al. (2001) beschreiben zudem, dass der cognitive load mit erklärenden Strukturierungselementen wie Zusammenfassungen und Wiederholenden Elementen sogar steigen kann, wenn die Zielgruppe bereits über ein hohes Vorwissen zu dem dargebotenen Thema verfügt und diese somit als irrelevant für das eigene Lernen empfunden werden (Acuña, García-Rodicio & Sánchez, 2011). Diese Erkenntnisse unterstreichen die Notwendigkeit, informierende Elemente direkt an den Wissens- und Lernständen der Zielgruppe zu planen und umzusetzen (Wittwer & Renkl, 2008). Adaption als eines der zentralsten Qualitätsmerkmale von informierenden Ansätzen (Wittwer & Renkl, 2008), können in einer direkten analogen Situation viel direkter auf das Gegenüber vorgenommen werden, wodurch vorgefertigte Erklärungen keinen Unterricht oder Tutorien komplett ersetzen können (Kulgemeyer, 2019).

Sterzing, Kulgemeyer und Reinhold (2022) konnten dazu herausfinden, dass der spezifischen Zielgruppe, bei der Erklärvideos eingesetzt werden, eine herausragende Rolle zukommt: „Schwache Studierende im Vorwissen profitieren stärker von Erklärvideos als starke" (Sterzing, Kulgemeyer & Reinhold, 2022). Daraus wird abgeleitet, dass es gelingen kann, schlechte Instruktionsqualität zu kompensieren, indem starke Studierende „relevante Informationen suchen oder für sie unklare Stellen mehrfach betrachten" (Sterzing, Kulgemeyer & Reinhold, 2023, S. 376).

Unter anderem deswegen, weil Videos von guter didaktischer Qualität jedoch deutlich geringeren cognitive load hervorrufen (Sterzing, Kulgemeyer & Reinhold, 2023), scheint die Qualität dennoch keineswegs irrelevant. Daher wird im Folgenden der Fokus auf Qualitätskriterien informativer Lernangebote gerichtet.

Qualitätskriterien

Da die Wirksamkeit des Einsatzes von Worked-Examples, wie auch bei anderen gut durchdachten Lernangeboten, immer direkt mit ihrer Umsetzung verknüpft ist (Pant, 2014; Renkl, 2015), bedeutet dies: auch eine prinzipiell gute Methode, die empirisch untersucht Befunde liefert lernwirksam zu sein, kann so eingesetzt werden, dass sie unwirksam ist. Voraussetzung für das Ausschöpfen der Potentiale des informierenden Ansatzes ist es, dass kein Leistungsdruck zum richtigen Lösen einer Aufgabe oder Problemstellung erzeugt wird (Hilbert et al., 2008). Dies kann der kognitiven Entlastung zuträglich sein und die Konzentration auf den zu verstehenden Lerngegenstand lenken (Hilbert et al., 2008; Sweller, 1994).

Als Gelingensempfehlungen formuliert Renkl (2015; 2021) drei typische Schritte, nach denen das Lernen mit Worked-Examples bestenfalls aufgebaut ist.

1. Einführend werden Grundsätze eigeführt und geklärt, dabei kann es sich zum Beispiel um mathematische Gesetzmäßigkeiten handeln (Renkl, 2021, S. 231).
2. Daran anknüpfend werden die konkreten Worked-Examples zum in 1. dargestellten Inhalt geboten. Dabei gilt zu beachten, dass es sich immer um mehrere Beispiele handeln muss, die den Gegenstand illustrieren, damit wirklich vom Arbeiten mit Worked-Examples gesprochen werden kann. Es kann sich dabei um illustrierende Beispiele handeln oder auch eine beispielhafte passende Problemlösung zum Gegenstand (Renkl, 2021, S. 231).
3. Abschließend empfiehlt es sich, nach dem Verständnisaufbau über informierende Ansätze mit Beispielen auch dazu aufgefordert werden, eigenständig Probleme zu lösen, die dem gelernten Gegenstand unterliegen Gegenstand (Renkl, 2021, S. 231).

Das dritte Prinzip wird für diese Arbeit in der Definition des informierenden Ansatzes bewusst eher ausgeklammert. Zwar findet das Lernen immer im Hinblick darauf statt, dass eine (spätere) Anwendung stets impliziert ist, jedoch soll aufgrund des Untersuchungsdesigns (Kapitel 5) das informierende Lernen möglichst streng von dem Lernen mit zu Exploration anregenden Elementen (Abschnitt 3.2.2) getrennt werden. Zu diesem Zweck wird für das informierende Lernen in dieser Arbeit lediglich der erste und zweite Punkt einbezogen, das Anwenden mitgedacht, aber nicht explizit eingefordert. Die konkrete Umsetzung der informierenden Lerngelegenheiten dieser Arbeit, ist Abschnitt 4.3.1 zu entnehmen.

Um weiteren Herausforderungen bei der zur Verfügungstellung erklärender Lerngelegenheiten Rechnung zu tragen, formuliert Kulgemeyer (2018; 2019; 2020) Qualitätskriterien. Diese sind primär auf Erklärvideos bezogen, werden jedoch hier als Kriterien für verschiedene informierende Elemente grundgelegt, da Kulgemeyer sich auf Elemente instruktionaler Erklärungen (Wittwer & Renkl, 2008) bezieht. Die Kriterien werden dabei in die drei Unterkategorien *Adaption, Veranschaulichungswerkzeuge, Relevanz, Struktur, Präzise und kohärent erklären, Konzepte erklären* und *in den Unterricht einbetten* unterteilt. An dieser Stelle wird ein Überblick geboten, welcher die Kernideen von Kulgemeyer (2019) auf ‚gute' informierende Elemente überträgt.

Da Adaptionen in informierenden Settings eine herausragende Rolle zukommt (Wittwer & Renkl, 2008), diese jedoch nicht mehr situationsbezogen angepasst werden können (Kulgemeyer, 2018), ist die Planung entlang der Zielgruppe umso wichtiger. Hier sei auf das HCD verwiesen (Abschnitt 3.1.1), welches die adressierte Gruppe als Ausgangspunkt der Planungen vorsieht (ISOa, 2019; ISOb, 2019). Zudem können über Einbezug des *Steuerungs*-Prinzips selbstbestimmte Elemente bedacht werden, die die Tiefe und Ausführlichkeit der benötigten Informationen in die individuelle Lernplanung der Nutzenden legt.

Das Verdeutlichen von *Relevanz* beinhaltet, dass informierende Elemente darauf ausgerichtet sein sollen, den Nutzenden transparent zu machen, warum die Auseinandersetzung mit der Thematik praxisrelevant für ihre Ausbildung im Bereich der späteren Ausübung ist. Dies kann laut Kulgemeyer (2019) einerseits durch direkte Einbettung und das Highlighten der entsprechenden Argumente oder inhaltlichen Punkte geschehen, andererseits durch kognitiv aktivierende Elemente, die zur Reflexion anregen.

Das Kriterium Struktur geben ist für die Nutzendem im Sinne der *Transparenz* über ihren Lernweg essenziell. Dabei führt Kulgemeyer (2019) auf, dass verschiedene Lernziele, verschiedene Anforderungen in sich tragen. Soll Fachwissen vermittelt werden, bietet es sich eine „Regel-Beispiel-Struktur" (Kulgemeyer, 2019, S. 286) an. Vertiefende Einblicke und routinemäßige Tätigkeiten werden eher über eine „Beispiel-Regel-Struktur" (Kulgemeyer, 2019, S. 286) wirksam angeboten.

Auch der Anspruch den cognitive load gering zu halten, lässt sich aus Kulgemeyers Qualitätskriterien entnehmen. Er verweist dabei auf den Aspekt der *Kohärenz*. Dabei ist die erklärende Komponente an sich auch innerlich kohärent zu gestalten, sodass sie zielgerichtet und sprachlich vernetzend gestaltet ist (Kulgemeyer, 2019).

In den Qualitätskriterien wird die unterrichtliche Einbettung in Form einer anschließenden, über das Video beschriebene Lernaufgabe aufgeführt (Kulgemeyer, 2019). Dies passt zum Prinzip der *Anwendung*. Hier wird die Anwendung jedoch aufgrund der oben beschriebenen Notwendigkeit der Trennung der informativen und der zur Exploration anregenden Darbietungsweise (Abschnitt 5.2) viel mehr in der Übertragung auf Reflexionsanlässe und Falldarstellungen gesehen, wie es auch bei Ansätzen des generativen Lernens zu finden ist (Wittrock, 1989).

Während der hier vorgestellte Ansatz informierend ausgestaltet ist, soll im nachfolgenden Ansatz vorgestellt werden, wie ein zur Exploration anregender Ansatz digital gestaltet sein kann, bzw. welche Potentiale und Grenzen eine solche Darreichung von Informationen in sich trägt.

3.2.2 Zur Exploration anregender Ansatz

Den Gegenpol zum informierenden Ansatz bildet in dieser Arbeit der *zur Exploration anregende Ansatz*. In einer Definition von zu explorativen Lernumgebungen sollen „die Lernenden möglichst selbstständig Problem-, Lösungs- und Wissensstrukturen erarbeiten" (Middendorf, 2022, S. 3) und ihren Lernweg selbst bestimmen. Dabei wird das entdeckende Lernen als Methode der Wissenskonstruktion benannt (Middendorf, 2022). Raum für Selbststeuerung des Lernens durch explorierende Auseinandersetzungen zu bieten, bedeutet auch:

> „[Es] tritt die lehrende Instanz während des Lernprozesses in den Hintergrund und überlässt den Lernenden die Initiative. Dabei handelt es sich um eine absichtliche, pädagogische Entscheidung, die nicht mit Passivität verwechselt werden darf." (Kerres, 2018, S. 349 f.)

Der zur Exploration anregende Ansatz wird daher an den Problem-Based-Learning (z. B. Yew & Goh, 2016; Hmelo-Silver et al., 2007; Smith et al., 2022) angelehnt. Nachfolgend wird zunächst definiert, wie die Sichtweise auf den Ansatz für diese Arbeit ist. Anschließend werden sowohl Potentiale als auch Herausforderungen diskutiert und Qualitätskriterien abgeleitet.

Definition
Der Fokus auf eigenständige und aktive Problemlöseprozesse als Lernmethode, hat das problem-based-learning (kurz PBL) inne, oder auch das forschende Lernen, welches aufgrund seiner Nähe in der Konzeption teilweise auch synonym verwendet wird (Hmelo-Silver et al., 2007). Von dem problem-based-learning Ansatz wird dann gesprochen, wenn ein Ausgangsproblem im Fokus der Auseinandersetzung steht (Kerres, 2018). Die Ausrichtung dieser Arbeit mit dem zur Exploration anregenden Ansatz sieht es dann umgesetzt, wenn Lernenden ermöglicht wird, ihr Lernen anhand eines zum Lerninhalt sinnvollen Problems und dessen Lösung zu generieren (Yew & Goh, 2016; problembasierte Methode bei Kerres, 2018). In dieser Arbeit werden die genutzten Probleme als *fallbasiert* und *reflexiv* bezeichnet (Kapitel 4). „Darüber hinaus wird ein Lernweg bei explorativen Lernangeboten in vielen Fällen zwar nicht vorgegeben, doch zumeist wird ein Lernweg empfohlen.“ (Kerres, 2018, S. 352)

Der Ursprung des Ansatzes wird in der universitären Ausbildung von Studierenden verortet (Smith et al., 2022), nicht zuletzt aufgrund der hohen metakognitiven Ansprüche, die der Erkenntnisgewinn aus „authentischeren, anspruchsvolleren und offeneren Problemen“ (Quintana et al., 2004, S. 338; eigene Übersetzung) einfordert. Daher beschreiben Yew und Goh als das typische Charakteristikum des PBL Ansatzes *das Problem als Lernauslöser*, zu welchem die Problemlösung gefunden werden müssen (Yew & Goh, 2016).

Land, Hannafin und Oliver (2012) verorten das PBL bei dem Ansatz des *Learner-centered design*, welches durch schüler:innenzentrierten Lernumgebungen (SCLEs) „interaktive, sich ergänzende Aktivitäten [bieten], die es dem Einzelnen ermöglichen, auf individuelle Lerninteressen und -bedürfnisse einzugehen, mehrere Komplexitätsebenen zu untersuchen und das Verständnis zu vertiefen“ (Hannafin & Land, 1997, S. 168). Dabei steht unter anderem die Steuerung des eigenen Lernens und die Sinnstiftung durch die Fokussierung auf Problemlöseprozesse im Vordergrund (Land, Hannafin & Oliver, 2012; Quintana, Shin, Norris, & Soloway, 2006).

Die Interaktivität einer Lernplattform ist dabei mehr als Grad zu verstehen: „Interaktivität bezeichnet vielmehr das Ausmaß, in dem eine Lernumgebung Interaktionen ermöglicht und fördert“ (Niegemann und Heidig, 2019, S. 3). Daher wird in dieser Arbeit die Bezeichnung *zur Exploration anregend* verwendet, da zwar das Angebote einer interaktiven Auseinandersetzung gegeben werden, jedoch nicht per se vorausgesetzt oder unterstellt werden kann, dass Interaktionsprozesse tatsächlich stattfinden. Zumal „Computerbasierte Ansätze des PBL [...] zumeist in Einzelarbeit ausgeführt“ (Kerres, 2018, S. 368) werden.

Die Umsetzung bzw. die Anregung zur Exploration kann durch das PBL gelingen: Bei diesem Ansatz werden die Nutzenden durch entsprechende Aufgabenstellungen ermutigt, ihren Lernprozess in geleiteten Selbsterarbeitungen aktiv auszugestalten. Die anregenden Aufgaben können auf der Plattform durch interaktive Elemente bearbeitet werden.

Potentiale

Dem PBL liegt der Konstruktivismus als Lerntheorie zugrunde (z. B. Savery & Duffy, 1995, S. 32), wobei angenommen wird, dass Lernen eine „konstruktive, selbstgesteuerte, kollaborative und kontextbezogene" (Dolmans et al., 2005, eigene Übersetzung) ist. Das größte Potential dieses Ansatzes liegt damit wohl darin, dass es „nicht auf Nachvollziehbarkeit und Reproduktion von Wissen, sondern auf Konstruktion von Wissen" (Middendorf, 2022, S. 3) und damit auf Konzepte, anstatt isolierte Produkte abzielt. Darüber hinaus besteht das Potential, dass explorative Lernsituationen durch die Herausforderung des eigenverantwortlichen Lernens zur intrinsischen Lernmotivation beitragen kann (Kerres, 2018).

Saverys (2006) Definition des PBL besagt, es ist "an instructional (and curricular) learner-centered approach that empowers learners to conduct research, integrate theory and practice, and apply knowledge and skills to develop a viable solution to a defined problem" (S. 9). In dieser Definition werden gleich drei verschiedene didaktische Potentiale angesprochen: 1. Forschende Grundhaltung, 2. Verzahnung von Theorie und Praxis, 3. Anwendung von (Hintergrund-)Wissen, um handeln zu können (also Handlungswissen aufzubauen). Auch Smith et al. (2022) schreiben dem PBL zu, sowohl Problemlösefähigkeiten aufbauen als auch die Integration von Wissen herstellen zu können. Empirische Studien konnten die Effektivität des PBL-Ansatzes auch nachweisen:

Eine Metaanalyse von Gijbels et al. (2005) mit 43 empirischen Untersuchungen zum PBL im Kontext der Hochschulbildung, vornehmlich im Bereich Medizin, kann Potentiale aus verschiedenen Perspektiven hervorbringen: Zum einen konnte ein konsequenter und positiver Effekt auf das generierte Wissen über PBL-Ansätze ausgemacht werden. Andererseits wurde festgestellt, dass Lernende zwar leicht geringere Ergebnisse in ihrem Wissenserwerb erzielten, jedoch Untersuchungen auf längere Zeit gezeigt haben, dass sie sich letztendlich an mehr von ihrem erworbenen Wissen erinnern konnten (Gijbels et al., 2005).

Da die meisten Metaanalysen zum PBL im Bereich der Medizin zu verorten sind, haben Walker und Leary (2009) in ihrer Metaanalyse auch 47 Studien bedacht, die außerhalb dieses Bereichs liegen. Ihre Ergebnisse zeichnen dabei jedoch ein ähnliches, wenn vielleicht sogar noch intensiveres Bild im Hinblick auf die Potentiale des Ansatzes: „Across almost all of the analyses run, PBL students either did as well as or better than their lecture-based counterparts, and they tended to do better when the subject matter was outside of medical education“ (Walker & Leary, 2009, S. 24).

Eine neuere Metaanalyse aus dem Jahr 2020 zum simulierten Lernen von Chernikova et al. bietet einen Überblick über 145 empirische Untersuchungen zur Wirksamkeit dieser Ansätze mit Augenmerk auf unterstützende Angebote (Scaffolds) zur Förderung von komplexen Tätigkeiten, wie dem Problemlösen oder bereichsspezifischen, professionelle Entscheidungen betreffende Kenntnisse und Fähigkeiten (Chernikova et al., 2020). Dabei bezeichnen sie simuliertes Lernen als ein Werkzeug, welches nach Cook et al. „die Notwendigkeit der Interaktion mit authentischen Objekten“ (Cook et al., 2013, S. 876, eigene Übersetzung) innewohnt. Sie operationalisieren es wie folgt: „[It] implies that there is critical thinking and a kind of problem solving that is present during learning and learners take an active role in the skill development processes" (Chernikova et al., 2020, S. 503), sodass die Nähe zum hier vorgestellten zur Exploration anregenden Ansatz gegeben ist.

Sie können in ihrer Analyse einen grundsätzlich positiven Effekt – über viele Fachbereiche hinweg – für das simulierte Lernen ausmachen, der sogar höher ist, als der Effekt des Vorwissens (Chernikova et al., 2020). Zudem halten sie als ein Problem von Hochschuldidaktik fest, dass es oftmals an Feedback mangelt, was Simulationen in der Regel durch ein entsprechendes Angebot überwinden (Chernikova et al., 2020). Mit dem Anspruch an Simulationen, dass diese Feedback bereit halten, erklären sie die Befunde, dass weitere Scaffolding-Maßnahmen keine Effekte auf das Lernen zu haben scheinen (Chernikova et al., 2020).

Sie mutmaßen darüber hinaus, dass Simulationen aufgrund der Möglichkeit einer zielguppenspezifischen Ausrichtung sogar potentiell lernförderlicher sein können, als tatsächliche Praxiserfahrungen: „Simulated problems may be tailored to the needs of learners as an approximation of practice and are thus probably often more effective than real practice." (Chernikova et al., 2020, S. 522)

Neben Befunden zur Wirksamkeit bestehen jedoch auch Herausforderung an das Lernen mit zur Exploration anregenden Elementen. Diesen wird sich im Folgenden zugewandt.

Herausforderungen

Naturgemäß liegt in der Auswahl eines zugrundeliegenden Problems eine ausschlaggebende Herausforderung für das Lernen an dem solchen (z. B. Smith et al., 2022; Dolmans et al., 2005). Die Passung zum Lernkontext muss gegeben sein, aber auch die Möglichkeit aus der Problemlösung generelle Schlüsse zu ziehen, die das Lernen und das Vernetzen von Lerngegenständen erlauben. Dabei birgt das Problem, anhand welchem gelernt werden soll, nicht selten einen kognitiven Konflikt in sich, was Savery und Duffy als ‚puzzlement' (Savery & Duffy, 1995, S. 31), als Lernauslöser bezeichnen. Um zu vermeiden, dass erlernte Strategien schlicht angewendet, sondern neue Strategien aufgebaut werden (Renkl, 2021), ist ein Anspruch an die Problemstellungen, dass sie sich nicht ständig wiederholen, sondern neue Lernmöglichkeiten bieten.

Kirschner, Sweller und Clark (2006) kritisieren bereits im Titel ihres Artikels ‚Why Minimal Guidance During Instruction Does Not Work: An Analysis of the Failure of Constructivist, Discovery, Problem-Based, Experiential, and Inquiry-Based Teaching' konstruktivistische Ansätze des Lernens – worunter sie unter anderem auch den PBL-Ansatz fassen (Kirschner, Sweller & Clark, 2006) – scharf. Sie begreifen einen solchen Ansatz als „minimally guided approach" (Kirschner, Sweller & Clark, 2006, S. 75) und werfen vor, es gäbe keine Belege für dessen Wirksamkeit, weder für unerfahrene, noch für erfahrene Lernende (Kirschner, Sweller & Clark, 2006). Daher bezeichnen sie ihn als „failed approach" (S. 84).

Diese Kritik scheint durchaus insofern berechtigt, dass auch de Jong (2021) im *guided-discovery principle* festhält, dass besser aus entdeckend ausgerichteten digitalen Lerngelegenheiten gelernt werden kann, wenn sie durch Anleitung geführt werden (de Jong, 2021).

Dem Vorwurf des minimal guidance von Kirschner, Sweller & Clark (2006) entgegen, lassen sich allerdings Positionierungen finden, die gegenteilige Argumente hervorbringen. Beispielsweise halten Hmelo-Silver, Duncan und Chinn (2007) der Kritik entgegen, dass die Konzepte des PBL und der des forschenden Lernens, keinesfalls gleichbedeutend damit sind, Lernende ohne Anleitung unstrukturiert arbeiten zu lassen. Stattdessen sind den Ansätzen richtig verstanden „umfassende Unterstützung und Anleitung, um das Lernen der Lernenden zu erleichtern" (Hmelo-Silver, Duncan & Chinn, 2007, S. 99, eigene Übersetzung), impliziert.

Wenngleich die Herausforderung von zur Exploration anregenden Lerngelegenheiten sicherlich genau in der gezielten Erkenntnisgewinnung durch Anleitung liegt, kann dieser Anforderung durch fokussierte Forschung zu den Bedarfen entgegengewirkt werden:

> „Consequently, the need for pedagogical support tailored to the demands of these more ambitious learning tasks has been an emerging focus of design and empirical research efforts." (Quintana et al., 2004, S. 338)

Unter Verweis auf die Scaffolding-Strategien von zum Beispiel Chinn, 2006; Guzdial, 1994; Jackson et al., 1994; Linn, Davis & Bell, 2004 und Reiser et al., 2001 halten Hmelo-Silver, Duncan & Chinn, 2007 als Gemeinsamkeit geeigneter Unterstützungsmaßnahmen „Sinnstiftung", „Prozessmanagement", „Artikulation" und „Reflexion" (Hmelo-Silver, Duncan & Chinn, 2007, S. 101, eigene Übersetzungen) als zentrale Merkmale fest.

Hieraus resultierend scheint das Angebot eines Gerüsts in Form von Einbettung von Problemlöse-/ oder Forschungssituationen im Lernprozess zielführend für ein qualitativ hochwertiges Lernangebot zu sein. Folgend wird dies im Abschnitt Qualitätskriterien näher verdeutlicht.

Qualitätskriterien

Neben der Feststellung von Hmelo-Silver, Duncan & Chinn (2007) und Quintana et al. (2004), dass zur Exploration anregende Lernsituationen im schulischen Kontext vor der Herausforderung stehen, solide in ein Instruktionsangebot eingebettet zu sein, macht auch die Metaanalyse zu 72 empirischen Studien des forschenden Lernens von Lazonder und Harmsen (2016) als ein Qualitätskriterium aus, dass Instruktionen in diesem Lernansatz von zentraler Bedeutung für den Lernerfolg sind. Während sie diesen Grundsatz daran festmachen, dass Lernende, die Anleitungen während der Bearbeitung ihrer Aufgaben erhielten, konsequent über die Studien hinweg höhere Punktzahlen erzielen und mit mehr Fachwissen aufwarten konnten (Lazonder & Harmsen, 2016), konnten sie in Einzelheiten Unterschiede ausmachen. So ist es scheinbar unabhängig von der Spezifität der Anleitung, ob die Lernenden ihre Lernergebnisse und Lernaktivitäten verbessern konnten (Lazonder & Harmsen, 2016). Auch das Alter der Lernenden scheint keinen Einfluss auf die Wirksamkeit der Instruktionen beim Lernen zu haben: „These results suggest that less specific forms of guidance are already quite useful to young learners with low inquiry skills, and that older, more experienced learners do benefit from specific types of guidance such as scaffolds and explanations. " (Lazonder & Harmsen, 2016, S. 705)

Dies liegt den Schluss nahe, dass auch für diese Arbeit, mit der Zielgruppe Studierende, die bereits mehr Lernerfahrungen haben, angenommen werden kann, dass Instruktionen zu Eigenaktivitäten grundsätzlich als unterstützendes Qualitätsmerkmal gelten können.

Daneben ist freilich auch – wie auch im informativen Zugang – die Problemauswahl entscheidend, sollen die Nutzenden daraus einen bestimmten Lernertrag ziehen (Smith et al., 2022). Dabei gilt es im Sinne der *Transparenz* und Relevanz (Abschnitt 3.1.3) die Nützlichkeit der Auseinandersetzung mit dem zur Exploration anregenden Element in den Vordergrund zu rücken (Kerres,

2018) und zum Beispiel durch inhaltliche oder berufspraktische Einbettungen zu betonen.

> „PBL zielt darauf ab, reichhaltige Probleme zu verwenden, die Informationen aus einer Reihe von traditionell isolierten Lernbereichen integrieren, um fließendes und tiefgehendes Lernen innerhalb und zwischen den Disziplinen zu fördern" (Smith et al., 2022, S. 14 f., eigene Übersetzung).

Auch eine Fokussierung auf die Lernprozesse, anstatt die konkreten Lösungen (Kerres, 2018) kann zum Transparenzempfinden beitragen.

Im Kontext der Einbettung von Lernen durch Explorationen, ist auch die Rückmeldung als leitendes Element zu nennen, welches mit dem Prinzip der Steuerung des eigenen Lernprozesses einhergeht (Abschnitt 3.1.3). Denn das *Feedback-Prinzip* besagt, dass Menschen besser aus digitalen Lernangeboten lernen können, wenn sie ein Feedback zu ihren Bearbeitungen erhalten (Johnson & Marraffino, 2021).

Feedback kann, anders als andere wissenschaftliche Konzepte recht klar definiert werden: „‘Feedback geben‘, meint: ‚Jemandem etwas zurückmelden‘‘‘ (Müller & Ditton, 2014, S. 9). Im wissenschaftlichen Sinne, muss der Begriff jedoch von alltäglichen Feedback-Situationen abgegrenzt werden. Müller und Ditton (2014) verstehen Feedback in weitgefasstem Sinne als Kommunikations- und Handlungskomplex. Dabei ist jede Reaktion (oder das Ausbleiben einer solchen) als Feedback auf eine Aktion des Gegenübers zu denken.

Dem Feedback im digitalen Kontext kommt eine Sonderrolle zu. Wird Feedback als unabdingbarer Teil des Lernprozesses begriffen (Johnson & Marraffino, 2021), so erhöht sich dessen Relevanz (Abschnitt 3.1.3) in Settings des selbstregulierten, aktiv explorierenden Lernens. Lernende brauchen Feedback, um ihren eigenen Lernprozess zu steuern – sei es, dass sie Sicherheit erhalten, dass ihre Lösung richtig ist, oder dass sie Anregungen und Rückmeldungen erhalten, wenn Lösungen oder Denkwege fehlerhaft sind (Kopp & Mandl, 2014, S. 34).

Ebenso wie die kognitiven Anforderungen in (digitalen) Lernangeboten zu komplexeren Inhalten (z. B. Problemlösungen), werden die Anforderungen an das zugehörige Feedback differenzierter. Diese basieren auf den Annahmen des Kognitivismus, die Feedback als Informationsquelle sehen, auf dessen Basis das Lernverhalten adaptiert bzw. verändert werden kann" (Kopp & Mandl, 2014, S. 35). Differenziertes Feedback (Lesgold & Mandl, 1988), muss neben der korrekten oder falschen Lösung, Hilfestellungen und Anregungen zur Reflexion geben, wie es auch in mündlichen Feedbacksituationen, welche individuell ausgelegt sind geschieht: „Das heißt, Verhalten bzw. Leistung und nachfolgendes

Feedback stehen in einem proximalen Verhältnis zueinander" (Müller & Ditton, 2014, S. 11). Digitale Interaktivität bedeutet, dass Nutzende und digitale Systeme wechselseitig und aufeinander bezogen (re)agieren (Domagk et al., 2010).

Eine ziemlich deutliche Anwendungsorientierung (STARK-Prinzipien, Abschnitt 3.1.3), liegt der Anregung zur Exploration ohnehin inne. Dennoch sollte die bereitgestellte Aktivität explizit zu einer Beschäftigung mit dem darin dargestellten Inhalt einladen (Kerres, 2018). Zudem gilt es – auch im Sinne der Konsistenz beim Lerngegenstand der Diagnosefähigkeiten (Abschnitt 1.2.1) – Fehler der Nutzenden „als pädagogisch wertvolle Erfahrungen" (Kerres, 2018, S. 352) für den Lernweg nutzbar zu machen. Auch an dieser Stelle kann das geeignete Feedback dazu beitragen, den Nutzenden zu Einsichten aus Fehlern zu verhelfen.

Zuletzt soll im Sinne der Kohärenz (Abschnitt 3.1.3) deutlich werden, was das Medium von den Nutzenden verlangt und wie die Nutzung funktioniert (Kerres, 2018), sodass zusätzlicher cognitive load vermieden wird (Sweller, 2011).

3.2.3 Zur Verbindung der beiden Ansätze

Zusammenfassend können sowohl für informierende als auch für zur Exploration anregende Lerngelegenheiten empirische Befunde zu deren Wirksamkeit vorweisen (z. B. Renkl, 2021; Lazonder & Harmsen, 2016). Es scheint somit möglicherweise von der Zielgruppe oder dem Gegenstand abhängig zu sein, welche Variante des Lernens sich besser eignet.

Kerres (2018) stellt eine Reihe von Leitfragen zur Entscheidung, ob sich eine eher informierende oder zur Exploration anregende Methode für den Lernprozess anbietet und fasst dies (2013) in einer tabellarischen Übersicht zusammen (Abbildung 3.5).

Exposition	Exploration
Lehrstoff	
hierarchisch gegliedert	flach gegliedert
Lernsituation	
formell	informell
Zielgruppe	
homogen	inhomogen
Lerngewohnheit	
unselbstständig	selbstständig
Motivation	
extrinsisch	intrinsisch
Vorwissen	
niedrig	hoch

Abbildung 3.5 Exposition und Exploration. (Nach Kerres, 2013, S. 326)

Die Gegenüberstellung zeigt zwei strikt voneinander getrennte Pole auf. Sicherlich sind diese Überlegungen mit einzubeziehen, jedoch wird in dieser Arbeit, wie eingangs in diesem Kapitel beschrieben, eine weniger klare Grenze gezogen. Expositorische Ansätze sollten demnach Problemstellungen enthalten (3.2.1) und zur Exploration anregende Elemente instruktionale Einbettungen (3.2.2).

Es ist nicht unbedingt die Art der Präsentation von Lerngelegenheiten, die besonders zum Lernerfolg beiträgt, sondern die kognitive Aktivierung, die damit einhergeht (Mayer, 2021; Renkl, 2015). Daher ist die Frage zu klären, an welcher Stelle im Aufbau von Diagnosefähigkeiten, welche Art der kognitiven Aktivierung zu höherem Lernerfolg führt – immer unter der Annahme, dass die beiden Darreichungsformen gleichermaßen attraktiv und aktivierend gestaltet, bzw. eingebettet sind. Dazu scheint ein Lernen unter Einbezug von Problemen auf Grundlage von realistischen Falldarstellungen oder Reflexionsanlässen von Theoretischem, für diese Arbeit zielgruppengerecht (Brandt, 2022) und kann in

Form von „Datenmaterialien, Informationen und Originaldokumente [...] zur Verfügung gestellt“ (Kerres, 2018, S. 365), aber auf unterschiedlichem Wege – über Worked-Examples oder PBL – aufbereitet werden.

Schlussendlich soll an dieser Stelle festgehalten werden: Der Begriff des PBL erscheint teilweise irreführend, da auch dem informierenden Ansatz Probleme, deren Lösungen und Reflexionsprozesse zugrunde liegen. Die Art und Weise, wie damit umgegangen wird, ist dabei der entscheidende Unterschied, der die beiden hier vorgestellten Ansätze voneinander abgrenzt. Die Essenz des PBL wird hier als aktiver und eigenständiger Problemlöseprozess betrachtet, wohingegen der informierende Ansatz anhand von Beispielen über die Problemlösung informiert und zur Reflexion darüber anregt. Daher wird in dieser Arbeit von dem *zur Exploration anregenden Ansatz*, wobei sich in weiten Teilen an dem PBL-Ansatz (Yew & Goh, 2016, S. 75 f.; Hmelo-Silver, 2007) und *dem informativen Ansatz* gesprochen, wobei sich an den Worked-Examples (Renkl, 2021) orientiert wird.

Der Unterschied liegt also vielmehr in der Art der Aktivierung – eher informierend versus eher explorierend – und nicht in der zugrundeliegenden Ausgestaltung des zu Lernenden auf inhaltlicher Ebene.

3.3 Synthese und Implikationen zur digitalen Umsetzung für diese Arbeit

In Abschnitt 3.3 wird eine Zusammenfassung der folgend relevantesten Aspekte aus Kapitel 3 vorgenommen, diese in Verbindung mit zentralen Punkten aus Kapitel 1 und 2 gebracht und eine Überleitung zum zweiten Part dieser Arbeit, der Darstellung des Designs, vorgenommen.

3.3.1 Zusammenfassung und Konzeptualisierung

Die Einordnung der STARK-Prinzipien in das dieser Arbeit zu Grunde liegende Dreisäulenmodell der Diagnosefähigkeit (Abschnitt 1.1.3) als handlungsrelevante Fähigkeit wurde bereits implizit in deren Beschreibung vorgenommen. Zusammenfassend soll an dieser Stelle eine explizite Verknüpfung zwischen theoretischer Rahmung des Aufbaus von Diagnosefähigkeit durch das Dreisäulenmodell der Diagnosefähigkeit und der in diesem Kapitel ausgearbeiteten Designprinzipien einer digitalen Lernplattform im Hochschulkontext erfolgen.

Theoretisch-kognitive Fähigkeiten
Grundlage eines jeden gesteuerten und professionellen Handelns, ist das Vorhandensein dafür relevanter theoretisch-kognitiver Fähigkeiten, die sich im Falle der Diagnosefähigkeit in fachlichem und fachdidaktischem Wissen zum entsprechenden Inhaltsbereich ausdrücken (Baumert & Kunter, 2011). Dieses Wissen bildet die *Handlungsgrundlage.* Eine Lernumgebung, die dieses Grundlagenwissen in irgendeiner Weise präsentiert, sollte den Nutzenden ein Angebot machen, in welchem diese den individuellen Wissensaufbau eigenverantwortlich einschätzen und steuern können.

Das Prinzip der *Steuerung* soll dazu beitragen, dass Nutzende an ihren aktuellen Lern- und Wissensstand selbstständig anknüpfen können und die Informationen erarbeiten, wie es der individuelle Lernstand erfordert. Dafür ist es unabdingbar, dass eine *Transparenz* von der digitalen Lernumgebung geschaffen wird, welche einerseits die präsentierten Inhalte einsteigend als Überblick beschreibt, sodass von Nutzendenseite ein Abgleich stattfinden kann, welche Themenbereiche ihnen möglicherweise bereits bekannt sind und welche neu. Des Weiteren sollten die Inhalte in Zusammenhang gebracht werden, um den intendierten Lernweg darzulegen, der von den Nutzenden mit den bereitgestellten Inhalten gegangen werden soll. Eine transparente Vernetzung der Inhalte, schafft Klarheit darüber, warum die Auswahl an zur Verfügung gestellten Informationen getroffen wurde und weswegen diese aufbauend aufeinander relevant zu lernen sind. Als dritte Komponente des Aufbaus von Hintergrundwissen sollte die *Relevanz* für die spätere Praxis geklärt werden. In Falle des Aufbaus von Diagnosefähigkeit entsprechend, warum das ausgewählte Thema für die Grundschulpraxis ein zentrales ist und weswegen es für die Studierenden wichtig ist als angehende Lehrkräfte für Mathematik in der Primarstufe, fachliches und fachdidaktisches Grundlagenwissen zu genau dem ausgewählten Thema aufzubauen, um in ihrer Berufspraxis professionell Handeln zu können.

Hierbei stellt sich die Frage, inwiefern Studierende die jeweiligen Prinzipien für ihr Lernen als förderlich oder hemmend identifizieren (Kapitel 5 und 7).

Aktivierungsfähigkeiten
Das Treffen von Entscheidungen setzt voraus, dass zuvor Einordnungen von Wahrgenommenem in Form von Identifikations- und Interpretationsprozessen stattfinden können (z. B. Mason, 2011; Weyers et al., 2024). Dafür ist ein Hineinversetzen in die Denkweise von Kindern unerlässlich. Das Nachvollziehen von Lösungen, das Identifizieren von Kompetenzen und Fehlern und das Interpretieren von Lösungswegen, Ursachenanalysen für Fehler und weitere Diagnosefragen bei Unsicherheiten über die möglicherweise bestehende Fehlvorstellung, kann

nur dann gelingen, wenn grundsätzlich die Perspektive eingenommen wird, dass auch falschen Lösungen sinnvolle Gedankengänge zugrunde liegen (Prediger & Wittmann, 2009).

Das Designelement *Anwendung*, meint konkret auf den Aufbau von Diagnosefähigkeit bezogen, dass Nutzende nachvollziehen können, wie Kinder denken. Dies kann einerseits durch Erfahrungen mit eigenen Problemlöseprozessen geschehen, die an die Probleme von Kindern angelehnt sind, welche den Kindern im Aufbau von Kompetenzen begegnen. Auf Studierendenseite ist dies eine Perspektivübernahme, die durch eigene Erfahrung angeregt, eingeordnet und reflektiert wird. Andererseits kann die *Anwendung* auch in der Auseinandersetzung mit real(istisch)en Fällen von Kinderlösungen (re)produziert werden. Dabei wird die perspektivische schulpraktische Tätigkeit simuliert und zu erlernende Wissenselemente somit kontextuell und praxisnah (Tietgens, 1988; Kade, 1990; Nittel, 2000).

Wichtig bei der *Anwendung* ist eine Rahmung, die eine eigene Einordnung des Angewendeten erlaubt. Dies kann in Form von Feedback zu Tätigkeiten oder aber geleiteter, begleitender Reflexionselemente sein (Kastaun et al., 2020; Leutner, 2002).

Relevanz bedeutet beim Aufbau von Aktivierungsfähigkeiten, dass die Studierenden ihre Anwendungserfahrungen als reflektiert und praxisorientiert empfinden, sodass sie daran praktische Handlungsfähigkeiten aufbauen (Wahl, 2002).

Hierbei scheint interessant zu ermitteln, ob das Anwenden auch bei informativen Zugängen durch kognitiv aktive Auseinandersetzung wahrgenommen und als hilfreich empfunden wird. Zudem scheint es offen zu sein, ob angehende Lehrkräfte einen der beiden Zugänge präferieren, um Sicherheit in ihrer Diagnosefähigkeit aufzubauen – und dies an welcher Stelle im Lernprozess (Kapitel 6 und 7).

Umsetzungsfähigkeit

Bei allen im Aufbau von Diagnosefähigkeit relevanten Hintergrundfacetten, steht letztendlich immer die Frage, ob das Gelernte auch praktisch umsetzbar ist. Die gelungene Performanz ist zentrales Gütekriterium im Aufbau von handlungsrelevanten Inhalten (Leuders et al., 2018; Wahl, 2002). Diese sollen genau zu dem Zweck aufgebaut werden: theoretisch fundierte Handlungsfähigkeit in der Praxis.

Die Performanz ist eng verknüpft mit der *Anwendung*. Hier wird auf die zuvor dargestellten zwei Zugangsweisen eingegangen: Die *zu Exploration anregende Variante* enthält konkrete diagnostische Handlungsübungen, mit entsprechendem Feedback, während die rein *informative* Variante diese Handlungstrainings nicht enthält – dafür aber Erklärungen anhand von Fällen (Kapitel 4). Darin liegt eine zentrales Erkenntnissinteresse dieser Arbeit (Abschnitt 5.1): Die Einbindung beider Varianten separat voneinander und im Vergleich zueinander quantitativ und qualitativ zu beforschen.

Die Handlungsübungen in Form von Anwendungserlebnissen, müssen ebenfalls von Feedback und Einordnung gerahmt werden, damit die Nutzenden ihre Tätigkeiten, im Sinne der Kontrolle ihres eigenen Lernfortschritts, einordnen können (Kastaun et al., 2020). Auch hier spielt die *Relevanz* eine zentrale Rolle. Sich aufwändig mit Lösungen von Schüler:innen auseinanderzusetzen ist höchst konzentrationsaufwändig (Hmelo-Silver, Duncan & Chinn, 2007; Quintana et al., 2004) und dieser Aufwand muss durch die Einschätzung als sinnvoll und praxisrelevant für das spätere professionelle Handeln eingeschätzt werden, um einen lohnenswerten Aufwand darzustellen. Aber auch das vermutlich etwas weniger konzentrationsaufwändige Informieren über diagnostische Handlungstätigkeiten, muss als relevant eingeschätzt werden und somit mit in die Schulpraxis eingeordnet werden. Aus diesem Grund ist es auch hier als wichtiges Designelement anzusehen, dass Performanzinformationen zum Relevanzerleben des gesamten Lernwegs beitragen.

Im Folgenden werden die Hinführungen zu Designüberlegungen aus der Perspektive des informierenden und des zur Exploration anregenden Ansatzes vertieft. Dies bildet den Abschluss des Part I, der Theorie und leiten über zu Part II, dem Design.

3.3.2 Vorüberlegungen zum Design

> *„Unter der Annahme, dass Computertechnologien in Zukunft mehr und mehr Routine-Aufgaben übernehmen können, sollen diese Fähigkeiten insbesondere zur Bewältigung von Nicht-Routine-Aufgaben und den komplexen Anforderungen des zukünftigen Alltags vorbereiten. Dies gilt es in Zukunft, auch bei der Gestaltung neuer Lerngelegenheiten im MINT-Bereich zu berücksichtigen."* (Roth et al., 2023, S. 8)

Das hier einleitende Zitat bezieht sich zwar auf den MINT-Unterricht in der Schule, das Argument lässt sich jedoch übertragen: Wenngleich Diagnosen zur Routinetätigkeit von Lehrkräften gezählt werden kann, verhält es sich mit der Diagnosefähigkeit anders als mit anderen Routinetätigkeiten. Wie in Kapitel 1 dargelegt, beinhaltet eine sichere Diagnosefähigkeit genau die Balance zwischen Routine und Offenheit individueller Ansätze und Denkweisen gegenüber (Berliner, 2001; Häsel-Weide & Prediger, 2017; Heritage, 2007; Spiegel, 1999). Diagnosen schöpfen bestenfalls aus Erfahrungen und Einordnungen in bereits kennengelernte typische Denkweisen bei Kindern, dürfen sich aber keinesfalls der

Tatsache verschließen, dass Gedankengänge individuell sind (Spiegel, 1999). Eine Diagnose zu stellen, ist entsprechend als eine Art Kontinuum zwischen Routinetätigkeit und Problemlöseprozess zu denken, wobei die diagnostizierende Person im Vorfeld nicht weiß, vor welcher dieser Aufgaben sie steht.

Dementsprechend ist die Diagnosefähigkeit eine sich immer weiter aus Erfahrung und Auseinandersetzung mit individuellen Denk- und Handlungsweisen speisende Fähigkeit, die immer präziser und professioneller wird, je mehr Erfahrung hinzukommt (Streit et al., 2019). Das bedeutet im Umkehrschluss, dass Noviz:innen im Diagnostizieren, wie es Studierende sind, im Aufbau ihrer Diagnosefähigkeiten häufiger vor Problemlösesituationen stehen, als es erfahrene Diagnostizierende tun.

Eine Aufbereitung über fallbasiertes Lernen wurde in Kapitel 2 bereits diskutiert und als geeignete Methode herausgearbeitet (Goeze, 2010; Goeze & Harz, 2010). Die Umsetzung als digitales Lernangebot ist zum einen ökonomisch sinnvoll, zum anderen vor dem Hintergrund der steigendenden Anforderungen einer digitalen Kompetenz zukünftiger Lehrkräfte, eine Gelegenheit echte Problemlöseprozesse entlang realistischer Diagnoseerfahrungen anhand von Fällen, digital aufbereitet selbstständig zu lernen (Booth et al., 2013; Digel et al., 2010; Enenkiel et al., 2022; Haack, 2002).

Ansätze zur digitalen Aufbereitung bestehen bereits. In dieser Arbeit wurde zum einen ein *informativer Ansatz* vorgestellt, welcher sich an den Worked-Examples (z. B. Garces et al., 2023; Renkl, 2017) orientieren und dem Konzept eine komplexere Problemstellung inklusive dessen Lösung anzubieten (Renkl, 2021) zum verständigen Nachvollziehen zugrunde liegt. Zum anderen wurde ein zur Exploration anregender Ansatz über das Problem-Based-Learning (z. B. Yew & Goh, 2016; Hmelo-Silver et al., 2007; Smith et al., 2022) vorgestellt. Dabei steht die eigenständige, entwickelnde Auseinandersetzung mit einem Problem im Fokus (Kerres, 2018).

Bisherige Ansätze gelten dabei „nicht in allen Fällen, und es ist noch unklar, wie einige dieser Richtlinien in Lernbereichen ohne algorithmische Lösungsverfahren angewendet werden können" (Renkl, 2021, S. 238, eigene Übersetzung). Gerade in Feldern, in denen Lernen keinem strengen Algorithmus folgt, sind Gestaltungsmaßnahmen und deren Wirksamkeit noch nicht umfassend erforscht. Der Aufbau von praxisrelevantem Wissen und Handlungswissen (Wahl, 2002) zählt sicherlich hierunter. Auch beim Aufbau von relevantem Hintergrundwissen ist dies fraglich, denn es wird durchgehend deutlich, dass hier Anwendungswissen aufgebaut werden soll, welches in der Tiefe verstanden werden muss, um das Denken von Kindern antizipieren zu können (Baumert & Kunter, 2011).

Das Schaffen zweier separater digitaler Angebote zur Steigerung von Diagnosefähigkeit, eine nach dem *informativen* Ansatz, die andere nach dem *zu Exploration anregenden* Ansatz (s. Kapitel 4), bietet die Möglichkeit zu erforschen, welche digitale Zugangsweise für diesen spezifischen Lerngegenstand und diese spezifische Lerngruppe wirkungsvoll scheint. Nachweislich können beide Ansätze – I-Variante und E-Variante – Lernmöglichkeiten eröffnen. Bisher gibt es Hinweise darauf, dass die Kombination beider Ansätze innerhalb einer Lernplattform zu Lernerfolgen beitragen kann (Neubrand et al., 2016; Loibl et al., 2017) – auch für größere Kohorten an Lernenden, wie es in einer universitären Großveranstaltung der Fall ist (Booth et al., 2013). Dies wird auch durch Daten einer Meta-Analyse im Bereich des technologiegestützten Lernens von Bond et al. (2018) unterstützt. Welche Vor- und Nachteile die jeweilige Variante in direkter Gegenüberstellung für die Ausbildung handlungsrelevanten Diagnosewissens – also dem Aufbau von Diagnosefähigkeit hat – ist bislang noch offen.

Nachfolgen werden in Part II (Design) entsprechend Überlegungen zum Design der hier grundgelegten *FALEDIA-Plattform* (Kapitel 4) und der angegliederten Untersuchung (Kapitel 5) angestellt.

Teil II
Design

Design der FALEDIA Lernplattform 4

Das Design der FALEDIA-Lernplattform ist in einem multiprofessionellen Projektteam, bestehend aus Informatiker:innen der FH Dortmund sowie Mathematikdidaktiker:innen der TU Dortmund und der Universität Münster, entstanden. Gemeinsam wurden Fragen der digitalen Umsetzung von adressat:innenbezogenen Anforderungen diskutiert und die bestvorstellbare Umsetzung ausgehandelt.

Nachdem in den ersten drei Kapiteln eine theoretische Auseinandersetzung mit Diagnosefähigkeiten (Kapitel 1), dem fallbasierten Lernen (Kapitel 2) und dem Lernen mit digitalen Medien (Kapitel 3) vorgenommen wurde, die für das Design der FALEDIA-Plattform den notwendigen Hintergrund bildet, wird nachfolgend das Design der FALEDIA-Lernplattform detailliert vorgestellt.

Die Plattform bestand zum Untersuchungszeitpunkt dieser Arbeit aus zwei Modulen: einem zum Stellenwertverständnis und einem zum Operationsverständnis. Die Module sind strukturell gleich aufgebaut. Sie bestehen aus einem Hintergrund- und einem Diagnoseteil, wobei der Hintergrundteil wiederum in jeweils drei zentrale Hintergrundfacetten thematisch untergliedert ist. In der Untersuchungsversion wurden zu den beiden Modulen zwei separate Versionen angeboten, die zwar inhaltlich gleich aufgebaut waren, jedoch verschiedene Zugänge zu den Informationen anboten. Eine Version war rein informativ, die

Ergänzende Information Die elektronische Version dieses Kapitels enthält Zusatzmaterial, auf das über folgenden Link zugegriffen werden kann https://doi.org/10.1007/978-3-658-50683-4_4.

M. Maibach, *Diagnostische Performanz und Einschätzungen von Primarstufen-Studierenden*, Dortmunder Beiträge zur Entwicklung und Erforschung des Mathematikunterrichts 62,
https://doi.org/10.1007/978-3-658-50683-4_4

andere Version mit zur Exploration anregenden Elementen versehen (s. dazu Abschnitt 3.2 und 4.3).

Durch einen Überarbeitungszyklus im Anschluss an die hier vorgestellte Untersuchung beinhaltet die Plattform mittlerweile sechs weitere Module (Zahlverständnis, Einspluseins, nicht-zählendes Rechnen, Einmaleins, Zahlenrechnen, Ziffernrechnen), – eine Übersicht über die aktuell verfügbaren Module kann Tabelle 4.1 entnommen werden. Die jeweiligen Module bestehen aus einer verschmolzenen Version, welche sowohl informative als auch zur Exploration anregende Zugänge, aber keine separaten Varianten mehr bietet. Zudem werden in den einzelnen Modulen sowohl ein Ausblick zum Thema *Förderung* angeboten wie auch Kompetenzlisten, in denen die Nutzenden ihre Sicherheit zum Thema entlang mehrerer passender Kompetenzformulierungen von unsicher bis sicher einschätzen und eigene Notizen zu ihrem Lernverlauf ergänzen können.[1]

Tabelle 4.1 Kurzbeschreibung der FALEDIA-Module (FALEDIA, o. J.)

Modul	Kurzbeschreibung
Zahlverständnis	<u>Hintergrundwissen</u> zu: *Grundvorstellungen von Zahlen, Darstellungen vernetzen* und *Zusammenhänge zwischen Zahlen* <u>Diagnosen an Fällen</u>, um: das ordinale und kardinale Zahlverständnis zu diagnostizieren, Fehler im Bereich des Zählens zu erkennen und zu beschreiben, Förderaufgaben für ein Kind diagnosegeleitet auszuwählen.
Operationsverständnis	<u>Hintergrundwissen</u> zu: *Grundvorstellungen besitzen, Darstellungen vernetzen* und *Aufgabenbeziehungen nutzen* <u>Diagnosen an Fällen</u>, um Fehler im Bereich des Operationsverständnisses zu diagnostizieren, eine Förderaufgabe für ein Kind diagnosegeleitet auszuwählen und Aufgabenbeispiele zu den unterschiedlichen Hintergrundfacetten zuzuordnen.
Einspluseins	<u>Hintergrundwissen</u> zu: *Grundvorstellungen der Addition, Nutzen von Aufgabenbeziehungen* und *Darstellungen vernetzen* <u>Diagnosen an Fällen</u>, um typische Fehler im Bereich des Einspluseins zu gruppieren, Fehler im Bereich des Einspluseins zu diagnostizieren und Förderaufgaben für Kinder diagnosegeleitet auszuwählen.

(Fortsetzung)

[1] Die Plattform ist durch das Anfordern eines Accounts über die Eingabe einer gültigen Mailadresse frei zugänglich und unter folgendem Link erreichbar: https://plattform.faledia.de

Tabelle 4.1 (Fortsetzung)

Modul	Kurzbeschreibung
Stellenwertverständnis	Hintergrundwissen zu: *Bündeln und Entbündeln, Stellenwert und Zahlenwert* und *Darstellungen vernetzen* Diagnosen an Fällen, um typische Fehler im Bereich des Stellenwertverständnis nachzuvollziehen und nach Gemeinsamkeiten zu ordnen, Fehler im Bereich des Stellenwertverständnis zu diagnostizieren und eine Förderaufgabe für ein Kind diagnosegeleitet auszuwählen.
Nicht zählendes Rechnen	Hintergrundwissen zu: *Teil-Ganzes-Verständnis, Erweiterung von Zählkompetenzen* und *Aufbau flexibler Rechenstrategien* Diagnosen an Fällen, um Förderaufgaben für ein Kind diagnosegeleitet auszuwählen.
Einmaleins	Hintergrundwissen zu: *Kenntnis der Kernaufgaben, Nutzung von Ableitungsstrategien* und *Vernetzung von Aufgaben und Darstellungen* Diagnosen an Fällen, um typische Fehler im Bereich des Einmaleins zu gruppieren, Fehler im Bereich des Einmaleins zu diagnostizieren und Förderaufgaben für Kinder diagnosegeleitet auszuwählen.
Zahlenrechnen	Hintergrundwissen zu: *Unterschiedliche Strategien zum halbschriftlichen Rechnen, deren flexibler Einsatz* und *Unterschiedliche Darstellungsweisen* Diagnosen an Fällen, um typische Fehler im Bereich des halbschriftlichen Rechnens nachzuvollziehen und nach Gemeinsamkeiten zu ordnen, Fehler im Bereich des halbschriftlichen Rechnens zu diagnostizieren und Förderaufgaben diagnosegeleitet auszuwählen.
Ziffernrechnen	Hintergrundwissen zu: *Verfahrensweisen, verstehensorientierte Erarbeitung* und *Flexibles Rechnen* Diagnosen an Fällen, um Hintergrundwissen und Diagnose zu verknüpfen, typische Fehler im Bereich des schriftlichen Rechnens nachzuvollziehen und nach Gemeinsamkeiten zu ordnen sowie Aussagen von Lernenden danach zu analysieren, inwiefern diese von Verständnis zeugen.

Um zu gewährleisten, dass das Design der Lernplattform an die Zielgruppe und die inhaltliche Zielsetzung angepasst ist, muss eine Anbindung an die Bedürfnisse der Nutzenden sichergestellt werden (Biabdillah et al., 2021; Chaves & Bittencourt, 2018; Zaharias & Poulymenakou, 2005). Zur Umsetzung dieses Designziels wurde das standardisierte Prozessmodell (ISOa, 2019; ISOb, 2019) des human-centered design (kurz HCD) für interaktive Systeme (Abschnitt 3.1.1) als Orientierungsrahmen genutzt.

Über das HCD nach ISO (a & b, 2019) wurden Entscheidungselemente aus der Perspektive beider am Projekt beteiligten Fachbereiche bewertet, in einem iterativen und diskursiven Prozess Umsetzungsverabredungen getroffen, diese entwickelt und gemeinsam – auch unter Einbezug studentischer Hilfskräfte aus der Zielgruppe der FALEDIA-Plattform (Studierende Mathematik für die Primarstufe) – die Produkte evaluiert und überarbeitet, bis der erste Prototyp der Plattform in einer Erhebungsphase, die in dieser Arbeit betrachtet wird (Kapitel 5), erprobt werden konnte.

Entlang des HCD Modells (Abbildung 3.1) werden die grundlegenden Designentscheidungen – in dieser Arbeit aus vornehmlich mathematikdidaktischer Perspektive – in die drei Bereiche *Verstehen und Festlegen des Nutzungskontexts*, *Festlegen der Nutzungsanforderungen* und *Erarbeitung von Gestaltungslösungen* eingeordnet (Abbildung 3.1).

Verstehen und Festlegen des Nutzungskontexts
Der Kontext, in dem die FALEDIA-Lernplattform entwickelt wurde, ist direkt mit im Projektziel verankert. Das Vorhaben lautet, die Diagnosefähigkeit von angehenden Grundschullehrkräften im Fach Mathematik fallbasiert und handlungsnah über eine Lernplattform aufzubauen. Spezifiziert werden kann dies im Rahmen dieser Arbeit an dem konkreten Thema der Untersuchung: dem Stellenwertverständnis.

Bei der Zielgruppe, der Studierenden der Mathematik Grundschullehramt, kann keine Vorerfahrung mit dem Selbststudium auf Lernplattformen vorausgesetzt werden. Zudem ist davon auszugehen, dass viele der Studierenden noch keine konkrete Praxiserfahrung im Diagnostizieren aufweisen, da sie sich in der ersten Phase der Lehramtsausbildung befinden. Zwar ist es möglich, dass einige bereits durch Praktika oder Nebentätigkeiten an Schulen erste Erfahrungen in diesem Gebiet gesammelt haben, jedoch kann daraus weder eine begründete Annahme des Grads der angeleiteten Diagnoseerfahrung, noch der Tiefe dieser Erfahrung getroffen werden. Demnach ist Vorerfahrung kein Charakteristikum, das als Nutzungskontext ausgemacht werden kann. Im Gegenteil sollten sowohl Studierende mit als auch ohne Vorerfahrungen Lerngelegenheiten zur Steigerung ihrer Diagnosefähigkeit im Bereich des Stellenwertverständnisses durch die FALEDIA-Lernplattform geboten bekommen. Für eine genauere Darstellung der hier untersuchten Zielgruppe sei auf das Kapitel zum Untersuchungsdesign (5) verwiesen.

Der Einsatz der Plattform soll primär zwar nicht komplett losgelöst von jeglicher Lehrveranstaltung oder geleiteten Einbindung geschehen, jedoch ebenso die Möglichkeit bieten, sie als Angebot des reinen Selbststudiums nutzen zu können. Dementsprechend muss die FALEDIA-Lernplattform die Möglichkeit bieten, ausreichend Hintergrundinformationen, weiterführende Informationen und Rückmeldungen zu Aufträgen anbieten, die das eigenständige Lernen adäquat absichern und einbetten.

Festlegen der Nutzungsanforderungen
Sowohl der Zweck der Steigerung von Diagnosefähigkeiten als ein handlungsrelevanter Bereich der späteren Berufspraxis, als auch die Bedarfe der Zielgruppe der angehenden Lehrpersonen, die ihr Lernen im Kontext der späteren Praxis einbetten und als relevant einordnen können müssen, erfordern spezielle Zugänge, die dies ermöglichen. Daher wurden neben textuellen Rahmungen mit Informationspräsentation (Abschnitt 4.1) problembasierte Zugänge ausgewählt (Abschnitt 4.2), damit sich die angehenden Lehrkräfte perspektivisch in die Sichtweise und das Lernen von Kindern hineinversetzen können.

Darüber hinaus wurde sich für fallbasierte Elemente entschieden, um praxisrelevantes Handlungswissen aufzubauen, welches letztendlich in Performanz münden kann. Fallbasierte Zugänge schaffen realistische Situationen, in denen vor dem Hintergrund eines real(istisch)en Auszugs aus der Wirklichkeit gehandelt werden kann, ohne dem unmittelbaren Handlungsdruck zu unterliegen (Kerres, 2018; Goeze, 2010). Dadurch kann die Komplexität pädagogischen Handelns angedeutet und Handeln in der Praxis erlernt werden, immer vor dem Hintergrund, dieses Handeln in ein theoretisches Modell einzuordnen und somit Theorie und Praxis zu verknüpfen (Brown, Collins & Duguid, 1989).

Die FALEDIA-Lernplattform muss also Zugänge schaffen, die Grundlagenwissen aufbauen (textuelle Elemente), Perspektivübernahme fordern (Problemanlässe) und Praxishandlungen einüben (fallbasiertes Lernen).

Die genaue Umsetzung der problembasierten Aufträge und der fallbasierten Lernelemente ist Gegenstand der hier durchgeführten Untersuchung. Sie werden auf zwei verschiedene Weisen umgesetzt: einerseits rein informativ, andererseits zur Exploration anregend (Abschnitt 4.3). Die Auswertung der Wirksamkeit der beiden Ansätze wird in Kapitel 6 dargestellt.

Erarbeitung von Gestaltungslösungen
Überführt werden können die in den beiden vorherigen Abschnitten aufgeführten Anforderungen durch Ausdifferenzierung der *STARK-Prinzipien* (**S**teuerung, **T**ransparenz, **A**nwendung, **R**elevanz, **K**ohärenz; s. Abschnitt 3.1.3) auf der einen

Seite und durch konkrete Formulierung von Kompetenzerwartungen an die Studierende auf der anderen Seite. Entlang dieser Elemente, können die Lerninhalte auf der FALEDIA-Lernplattform planmäßig konzeptualisiert und entsprechend eingebunden werden. Die Designelemente und die Kompetenzerwartungen müssen aufeinander abgestimmt und für die Implementierung der Inhalte gemeinsam gedacht werden.

Die *STARK-Prinzipien* sollen im Folgenden auf die zuvor vorgenommene Analyse des Nutzungskontexts und der Spezifizierung für die Zielgruppe konkret ausformuliert werden. Die Kompetenzerwartungen werden in Abschnitt 4.1.1 dargestellt und immer wieder im Fließtext mit den *STARK-Prinzipien* entlang der konkreten inhaltlichen Ausgestaltung zusammengeführt.

Da als grundlegend für den Aufbau von Diagnosefähigkeit angesehen wird, dass angehende Lehrkräfte inhaltlich passendes Hintergrundwissen zur Verfügung haben (z. B. Prediger et al., 2012), bietet ein erster Teil der FALEDIA-Plattform entsprechende Lernangebote zum Auf- bzw. Ausbau von fachlichem wie fachdidaktischem Wissen zum Thema *Stellenwertverständnis* an. Inhalte zum Aufbau von Handlungswissen zur Diagnose werden im zweiten Teil der Lernplattform angeboten.

Entlang dieser Zweiteilung wird in diesem Kapitel zunächst das Design der inhaltlichen Hintergrundfacetten dargestellt (Abschnitt 4.1.1), bevor die Ausgestaltung des Diagnosebereichs besprochen wird (Abschnitt 4.1.2).

Da über die FALEDIA-Plattform praxisrelevantes Handlungswissen aufgebaut werden soll, werden in Abschnitt 4.2 die Designentscheidungen zu problemhaltigen Lerngelegenheiten begründet und in ihren jeweiligen reflexiven (4.2.1) und fallbasierten (4.2.2) Zugängen dargelegt. Die Intentionen der beiden Zugänge werden anhand ausgewählter Beispiele verdeutlicht.

Bezogen auf die aus den theoretischen Teilen abzuleitende Frage, wie Studierenden des Lehramts Mathematik Primarstufe im Kontext des digitalen Lernens Angebote gemacht werden können, die zu Lernerfolg führen, werden in Abschnitt 4.3 die Elemente beider konzipierten Varianten der FALEDIA-Plattform (Abschnitt 3.2) – eine mit rein informativem Charakter (Abschnitt 4.3.1), die andere zur Exploration anregend (Abschnitt 4.3.2) –, in ihren Designentscheidungen begründet.

Eine Zusammenfassung der wichtigsten Designelemente der FALEDIA-Plattform bietet das Abschnitt 4.4, womit eine Hinführung zu den in Kapitel 5 dargelegten Forschungsfragen geschieht.

4.1 FALEDIA Hintergrund- und Diagnosebereiche

Die Bedeutung von Hintergrundwissen für Diagnosetätigkeiten wurde in Abschnitt 1.2.4 bereits diskutiert und in das Modell zum Aufbau von Diagnosefähigkeit als ein zentraler Bestandteil integriert (Abschnitt 1.1.3). Innerhalb der folgenden Kapitel wird zur Orientierung anfangs jeweils der Bereich des Modells abgebildet, der in den nachfolgenden Ausführungen im Vordergrund steht.

Das Design der FALEDIA-Lernplattform sieht im ersten Teil vor, das notwendige Hintergrundwissen zu den drei wichtigsten Aspekten des zu betrachtenden Themas anzubieten. Für das Stellenwertverständnis werden die drei Hintergrundfacetten *Bündeln und Entbündeln, Prinzip des Stellen- & Zahlenwerts* und *Darstellungen vernetzen* als zentral erachtet (Padberg & Benz, 2021; Schulz, 2014).

Auf Grundlage von zuvor im Projektteam definierter Kompetenzerwartungen an die Studierenden der Mathematik für die Primarstufe (Abschnitt 2.1.1) wird auf der FALEDIA-Lernplattform entsprechend zunächst das relevante Hintergrundwissen und folgend die Diagnose anhand von real(istisch)en Fällen (Abschnitt 2.2.2) aufbereitet.

Zum professionellen Diagnosehandeln im Bereich Stellenwertverständnis gehört, dass Studierende selbst fachlich sicher handeln können, fachdidaktisches Wissen über Vermittlung und Besonderheiten haben sowie auch erkennen und analysieren können, wenn Kinder Schwierigkeiten im Bereich des Stellenwertverständnisses haben, bzw. welche konkreten Ursachen diesen zugrunde liegen (Schulz, 2014) – zusammengefasst: Dass Studierende eigenes Hintergrundwissen und diagnostische Handlungsfähigkeiten im Bereich des Stellenwertverständnisses aufgebaut haben. Da die eigene Sicherheit im Stellenwertverständnis und Kenntnis über die fachlichen und die fachdidaktischen Besonderheiten als Voraussetzung anzusehen ist, um Diagnosen in dem Bereich adäquat durchführen zu können (Abschnitt 1.2.4), ist die FALEDIA-Plattform in die Bereiche „Hintergrundwissen“ und „Diagnose“ unterteilt.

Im Bereich der Diagnose werden beispielsweise typische Fehler von Lernenden erarbeitet oder Kinderdokumente auf Kompetenzen, Schwierigkeiten und Ursachen für identifizierte Fehler hin analysiert. Die genauen Fälle und deren

Umsetzung in zwei unterschiedlichen Varianten – einerseits unter Nutzung informativer Elemente, andererseits zur Exploration anregenden Lerngelegenheiten –, deren Spezifika, Gemeinsamkeiten und Unterschiede, werden in Abschnitt 4.2 (Darstellung der Fälle) und 4.3 (Darstellung der digitalen Umsetzung) beleuchtet.

Im Folgenden werden die Inhalte und die Designkonzeption der beiden Bereiche dargestellt.

4.1.1 Zum angebotenen Hintergrundwissen

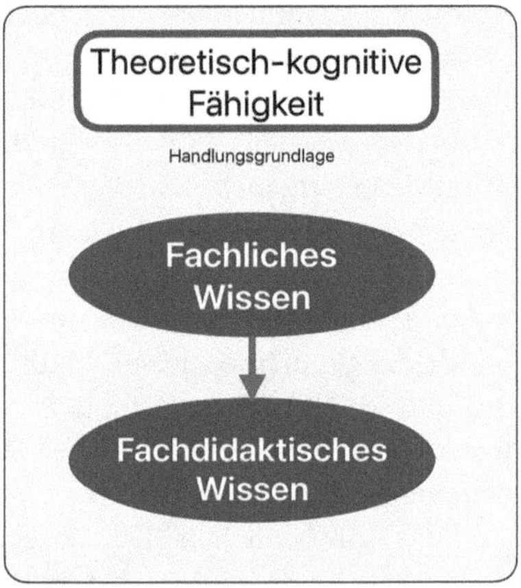

Abbildung 4.1 Theoretisch-kognitiven Fähigkeiten im Dreisäulenmodell der Diagnosefähigkeit

Das auf FALEDIA angebotene Hintergrundwissen ist im Dreisäulenmodell der Diagnosefähigkeit im Bereich der theoretisch-kognitiven Fähigkeiten zu verorten (Abbildung 4.1). Dabei bildet den Einstieg in den Hintergrund zum Stellenwertverständnis ein kurzer Überblicksteil, in welchem zum einen transparent dargelegt wird, warum das Stellenwertverständnis ein zentrales Thema für die spätere Berufspraxis ist. Dafür wird diskutiert, warum unzureichendes Stellenwertverständnis bei Kindern langfristig zu Problemen führt: Denn es ist belegt, dass ein nicht oder nicht hinreichend gut ausgebildetes Stellenwertverständnis das gesamte Mathematiklernen von Kindern erschwert (Moser Opitz & Schassmann, 2007; Wartha & Schulz, 2014). Ein gesichertes Stellenwertverständnis gilt als Prädiktor für die Leistungen im Mathematikunterricht der Primar-, (Möller et al., 2011) als auch der Sekundarstufe (Moser Opitz, 2007). Spezifisch auf betroffene Kompetenzen konnte die Vergleichsstudie von Carpenter et al. (1998) ausmachen, dass Kinder mit unzureichend ausgebildetem Stellenwertverständnis sowohl eine höhere Anzahl an Fehlern machen als auch ein geringeres Kontingent an Rechenstrategien zeigen können (Carpenter et al., 1998) und dadurch eher auf Algorithmen anstatt auf Beziehungen beim Lösen von Aufgaben zurückgreifen (s. auch Thompson & Bramald, 2002).

Zudem wird ein Überblick über die nachfolgend behandelten Inhalte und die sich daraus ergebende Gliederung in drei Teilabschnitte *Bündeln und Entbündeln, Stellenwert und Zahlenwert* und *Darstellungen vernetzen* geboten (orientiert an Wartha & Schulz, 2014).

Die drei Unterkapitel sind jeweils in die gleichen Abschnitte gegliedert (STARK-Prinzip: Kohärenz). Ein einleitender Absatz dient als Orientierung, worum es im Nachfolgenden gehen wird. Darauf folgt ein *„Was sollten Sie wissen?"* Absatz, in welchem näher auf fachliche und fachdidaktische Aspekte der jeweiligen Facette zur selbstbestimmten Erarbeitung (STARK-Prinzip: Steuerung) eingegangen und über informierende oder zur Exploration anregende digitale Lernelemente (STARK-Prinzip: Anwendung) in einer Perspektivübernahme aus der Sicht von Mathematiklernenden der Primarstufe vertieft wird (STARK-Prinzip: Relevanz). Abschließend bietet die Plattform zu jeder der drei Facetten des Hintergrundteils einen Überblick über die zu erwerbenden Kompetenzen von Kindern in dem jeweiligen Bereich (STARK-Prinzip: Transparenz).

Entlang der Hintergrundfacetten wurden folgende Kompetenzerwartungen an die Studierenden formuliert (Tabelle 4.2):

Tabelle 4.2 Kompetenzerwartungen der FALEDIA-Plattform zum Hintergrundwissen

Hintergrundwissen – Die Studierenden können…		
Bündeln & Entbündeln	Stellen- & Zahlenwert	Darstellungswechsel
H1.1 fachliches und fachdidaktisches Wissen zum Prinzip der fortgesetzten Bündelung aufbauen. H1.2 Bündelungen und Entbündlungen in verschiedenen Stellenwertsystemen durchführen. H1.3 die Eigenerfahrung grundschulgemäß reflektieren und kennen Kompetenzerwartungen von Lernenden zum Bereich bündeln und entbündeln.	H2.1 fachliches und fachdidaktisches Wissen zum Prinzip des Stellenwerts und des Zahlenwerts aufbauen. H2.2 Stellen- und Zahlenwerte in verschiedenen Stellenwertsystemen bestimmen. H2.3 die Eigenerfahrung grundschulgemäß reflektieren kennen Kompetenzerwartungen von Lernenden zum Bereich Stellenwert und Zahlenwert.	H3.1 fachliches und fachdidaktisches Wissen Darstellungswechsel im Stellenwertverständnis aufbauen. H3.2 Darstellungswechsel zwischen den verschiedenen Darstellungsformen vollziehen und beschreiben. H3.3 die Eigenerfahrung grundschulgemäß reflektieren kennen Kompetenzerwartungen von Lernenden zum Bereich Darstellungswechsel.

Die Umsetzung der an die Studierenden gerichteten Kompetenzerwartungen werden im Folgenden entlang des Inhalts des Unterkapitels *Bündeln und Entbündeln* exemplarisch begründet. Für detaillierte Ausführungen zu den Unterkapiteln *Stellen- und Zahlenwert* und *Darstellungswechsel*, sei auf den Anhang verwiesen (digital einsehbar).

Kompetenzerwartung H1.1
Im Unterkapitel zum Bündeln und Entbündeln wird zunächst fachlich geklärt, was das *Prinzip der fortgesetzten Bündelung* nach Padberg und Benz (2021) bedeutet. Dabei wird schriftlich erläutert, dass dies für das dekadische System heißt, dass sukzessive je zehn Bündel eines Stellenwerts zu einem Bündel nächsthöherer Ordnung, also des nächsten Stellenwerts, zusammengefasst werden, bis in jedem Stellenwert maximal neun Elemente verbleiben (Padberg & Benz, 2021).

Aus fachdidaktischer Perspektive folgen nach Klärung des fachlichen Inhalts Anbindungen an die Zielgruppe der Mathematiklernenden der Primarstufe, indem in Anlehnung an Schulz (2015) anhand einer Abbildung des didaktischen Würfelmaterials sukzessive aus einer ungeordneten Anhäufung einzelner Einerwürfel eine Abbildung entsteht, aus welcher direkt erkennbar ist, welche Zahl mit dem Material dargestellt ist (Abbildung 4.2).

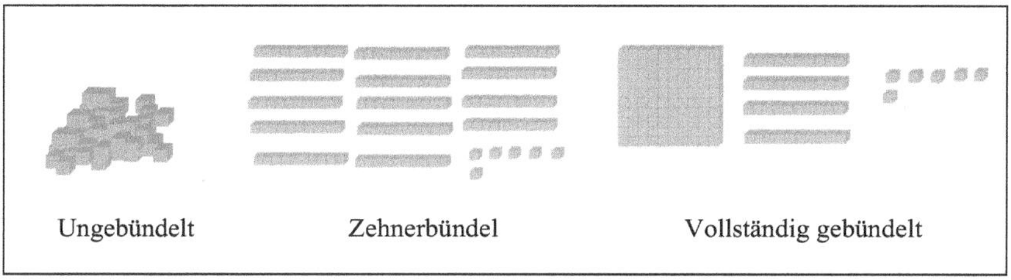

Abbildung 4.2 Sukzessiv fortschreitende Bündelung von Würfelmaterial

Dies dient gleich mehreren Zielen: Die Einführung von geeignetem didaktischem Material für Bündelungsaktivitäten wird vorgenommen, das Prinzip der Bündelung wird grundschulgemäß veranschaulicht, sodass Anbindung an die spätere Berufspraxis geschaffen und damit das Designelement der Relevanz angesprochen wird.

Das Prinzip der Relevanz wird erneut angesprochen, indem eine Anbindung an die spätere Praxis stattfindet und in der die Tragweite eines sicheren Stellenwertverständnisses über den Primarbereich hinaus geklärt wird: Denn durch das Aufbauen eines sicheren Umgangs mit Bündelungen und Entbündelungen wird die Vorstellung vorbereitet, die auch für Zahlen im Dezimalbereich weiterhin Gültigkeit besitzt (Abbildung 4.3).

Hier wird zudem das Designprinzips der Steuerung angesprochen. Ist den Studierenden bereits bewusst, wie das Prinzip der fortgesetzten Bündelung im Dezimalbereich funktioniert, so reicht ein Überfliegen der Abbildung. Haben sie sich dies noch nie bewusst gemacht, kann anhand der Abbildung vertiefend nachvollzogen werden, dass das Prinzip im diesem Zahlenraum genauso umgesetzt werden kann, wie in dem Bereich der natürlichen Zahlen.

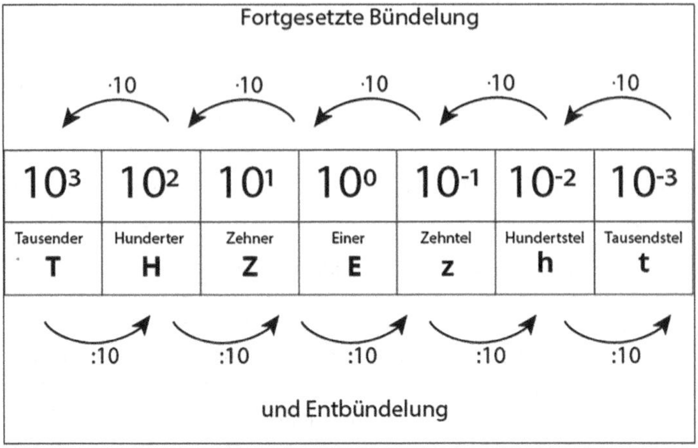

Abbildung 4.3 Prinzip der Bündelung im Dezimalbereich

Kompetenzerwartung H1.2

Im Anschluss an die inhaltliche Vorbereitung zum Prinzip der fortgesetzten Bündelung werden die Studierenden als Moment der Selbsterfahrung aufgefordert, sich mit der Bündelung von Zahlen in anderen als dem dekadischen Stellenwertsystem auseinanderzusetzen (Abbildung 4.4). Dafür werden Plättchen in der Stellenwerttafel betrachtet, die um eine gewisse Anzahl an Plättchen erhöht werden. Die Frage dabei ist jeweils, ob die Plättchen in die nächsthöhere Stelle gebündelt werden müssen oder nicht – also, wie die Plättchendarstellung der erhöhten Zahl aussieht. Hierfür müssen die Studierenden die Information aus dem einleitenden Teil dieses Abschnitts, dass im dekadischen System stets zehn Einheiten eines Stellenwerts zu einer Einheit des nächsthöheren Stellenwerts gebündelt werden, nutzen, sie übertragen und auf andere Stellenwerte und deren Bündelungseinheiten beziehen.

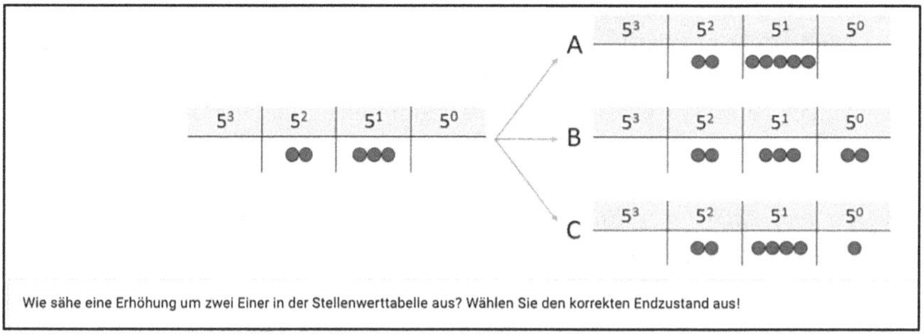

Abbildung 4.4 Bündelung von Zahlen im Stellenwertsystem zur Basis 5

Entlang mehrerer Beispiele können sich die Studierenden, im Sinne des Prinzips der Steuerung, entsprechend ihrer eigenen individuellen Bedarfe vertiefend mit dem Übertragen des Prinzips der Bündelung auseinandersetzen. Inhaltlich kann an dieser Stelle deutlich werden, dass das Prinzip der fortgesetzten Bündelung, egal in welchem Stellenwertsystem, prinzipiell immer gleich funktioniert.

Der sichere Umgang damit und das intuitive Handeln und Antizipieren, was bei Erhöhungen passiert, rührt aus Erfahrung im Umgang mit dem dekadischen Stellenwertsystem (z. B. tragfähiges Stellenwertverständnis bei Van De Walle, 2004, S. 190). Hier wird das Prinzip der Anwendung deutlich, indem Vorwissen auf neue Denkweisen übertragen wird. Das Handeln in ungewohnten Stellenwertsystemen wird kontextuell eingebettet und explizit als Reflexionsauftrag betitelt, sodass die Nutzenden wissen, welche Anforderung bei Auseinandersetzung mit dem Nachfolgenden angedacht ist. An dieser Stelle greifen die Prinzipien der Relevanz und der Transparenz ineinander: Es wird transparent deutlich gemacht, warum es wichtig ist, sich mit dem Inhalt vertiefend auseinanderzusetzen, um nachempfinden zu können, was dies im Lernprozess der Zielgruppe der Grundschüler:innen bedeutet und somit Relevanz für die spätere Berufspraxis geschaffen.

Es geht dabei darum, die Perspektive von Kindern ansatzweise nachvollziehen zu können, die sich im dekadischen System noch nicht sicher orientieren. Die Auseinandersetzung ist auf zwei verschiedene Arten umgesetzt, womit sich in Abschnitt 4.3.3 näher auseinandergesetzt wird.

Kompetenzerwartung H1.3
Die eigene Erfahrung wird im begleiteten Text reflektiert und auf die folgenden drei Fragen, die sich vermutlich auch Lernende der Schuleingangsphase mehr oder weniger bewusst stellen, aber selbstständig lösen müssen, fokussiert:

1) *Ist eine Bündelung erforderlich?*
2) *Verbleiben nach einer Bündelung noch Plättchen in der Spalte, in der eine Bündelung erforderlich wurde?*
3) *Ist in der Spalte, in die Plättchen durch die Bündelung überführt wurden, durch das Hinzukommen der gebündelten Plättchen gegebenenfalls eine weitere Bündelung erforderlich?*

Der rahmende Text bietet im Anschluss daran die Möglichkeit, tiefer in die Reflexion der Perspektivübernahme einzusteigen, indem genauer diskutiert wird, welche Denkprozesse vermutlich antizipiert werden können, während Kinder das Bündeln und Entbündeln im dekadischen System lernen. Dabei ist die Voraussetzung, dass Lernende verstehen, was die Erhöhung einer Zahl um einen bestimmten Wert und dessen Übertragung auf die Stellenwerttafel mit Plättchen bedeutet. Komplexer wird diese Überlegung, wenn die Anzahl an zu erhöhenden Plättchen die Menge 9 überschreitet.

Als Beispiel kann eine Erhöhung um 12 fungieren, bei der idealerweise um ein Plättchen in der Zehnerspalte und zwei Plättchen in der Einerspalte erhöht wird. Kinder, die noch unsicher im Stellenwertverständnis sind, können möglicherweise die gedanklich direkte Bündelung von zehn der zwölf Plättchen in ein Plättchen in der Zehnerspalte noch nicht vollziehen. In diesem Fall wird sich an der Anzahl 12 orientiert, diese umständlich in die Einerspalte gelegt und im Anschluss erst zehn Plättchen aus der Einerspalte durch ein Plättchen in der Zehnerspalte eingetauscht.

Das Hinzufügen der Plättchen in gebündelter Form – also als ein Plättchen in der Zehnerspalte und zwei Plättchen in der Einerspalte – erlaubt eine effizientere Arbeit und ein Hantieren mit einer übersichtlicheren Anzahl an Plättchen. Sich dessen bewusst zu werden und den ökonomischeren Weg zu erkennen, ist die Herausforderung für Lernende am Anfang ihres Stellenwertverständnisses (Fuson et al., 1997; Ross, 1985). Eine Einsicht in das Prinzip der fortgesetzten Bündelung und dessen Anwendung bildet zugleich beispielsweise die Grundlage für das verstehensbasierte Erlernen der Addition (z. B. Scherer, 2009).

Abschließend werden die zentralen Kompetenzen, die die angehenden Lehrkräfte in ihrem zukünftigen Unterricht bei ihren Lernenden aufbauen sollen, zum Thema *Prinzip der fortgesetzten Bündelung* zusammengefasst und bieten somit erneut einen transparenten und praxisnahen Einblick, sowie die Gelegenheit der Reflexion des Gelernten, anhand berufspraktischer Überlegungen (Tabelle 4.3).

Tabelle 4.3 Kompetenzen im Bereich Bündeln und Entbündeln

Was sollen die Kinder lernen?
Die Kinder können...
ungebündelte Materialsätze so lange bündeln, bis keine weitere Bündelung mehr möglich ist.
gebündelte Materialsätze so lange entbündeln, bis keine weitere Entbündelung mehr möglich ist.
Bündelungen und Entbündelungen mit verschiedenen didaktischen Materialien (bspw. Zehnersystemmaterial oder Plättchen in der Stellenwerttafel) verstehend vornehmen.

Im Sinne der Kohärenz folgen die beiden weiteren Hintergrundfacetten der gleichen Struktur aus Klärung des fachlichen und fachdidaktischen Inhalts, Übertragen der Informationen auf einen Anwendungskontext, der die Informationen berufspraktisch zugleich einbettet und der Reflexion aus grundschuldidaktischer Perspektive. Die genaue Umsetzung der Inhalte Stellenwert und Zahlenwert und Darstellungswechsel entlang der aufgestellten Kompetenzerwartungen können dem Anhang (digital einsehbar) entnommen werden.

Die Kompetenzerwartungen und deren Ausgestaltung auf der FALEDIA-Plattform zum Diagnosewissen werden im nachfolgenden Unterkapitel vorgestellt.

4.1.2 Zum angebotenen Diagnosewissen

Im Anschluss an die Behandlung der wichtigsten Hintergrundfacetten zum Stellenwertverständnis im Bereich *Bündeln und Entbündeln,* wird ein weiterer Abschnitt auf der FALEDIA-Plattform angeboten, der sich explizit mit der Diagnose im Bereich des Stellenwertverständnisses befasst. Auch hier bildet ein rahmender Text die Grundlage, in welchem fachdidaktische Informationen und Einbettungen der Inhalte zur Verfügung gestellt werden, die sich insbesondere mit Wissen zur bereichsspezifischen Diagnose befassen.

Daneben werden fallbasierte Anregungen zur Diagnose von Kinderdokumenten angeboten. In Abschnitt 4.2 wird hierauf genauer eingegangen, Einblicke in die spezifische Ausgestaltung der Fälle folgt dann in Abschnitt 4.2.1. In diesem Teilkapitel wird der Inhalt der Plattform konzeptuell anhand der formulierten Kompetenzerwartungen an die Studierenden dargestellt und begründet (Tabelle 4.4).

Tabelle 4.4 Kompetenzerwartungen der FALEDIA-Plattform zur Diagnose

Diagnose – Die Studierenden können …
D1 Typische Fehler von Kindern und entsprechende Aufgabenauswahl zu deren Diagnose – beim Bündeln und Entbündeln beschreiben. – von Stellen- und Zahlenwert beschreiben. – beim Darstellungswechsel beschreiben.
D2 Lernendendokumente auf Kompetenzen und Schwierigkeiten im Bereich der drei Hintergrundfacetten hin analysieren.
D3 aus Lernendendokumenten passende Ursachen für auftretende Schwierigkeiten im Bereich der drei Hintergrundfacetten ableiten.

Entlang des Dreisäulenmodells der Diagnosefähigkeit (Abschnitt 1.1.3) ist die erste *Kompetenzerwartung D1* dem Teil des Diagnoseprozesses *Aufgaben beurteilen* zuzuordnen (Abbildung 4.6) und bereitet gleichzeitig durch ein Kennenlernen typischer Fehler (z. B. Wartha & Schulz, 2012; Fromme, 2016; Gaidoschik, o. J.) darauf vor, *Lernstände zu erheben.* Die Fähigkeit, *Aufgaben auszuwählen,* deren Passung zum Diagnoseinhalt gegeben ist, wie auch das (Er)Kennen typischer Fehler ist Voraussetzung für eine *Erhebung von Lernständen* (Prediger & Wittmann, 2009; Brunner, Obersteiner & Leuders, 2021) und ein wesentlicher Teil der *Kompetenzerwartung D2.*

Die anschließende *Ableitung von Ursachen* zu auftretenden Fehlern ist in der *Kompetenzerwartung D3* wiederzufinden. Selbstverständlich ist dieser Prozess nicht als abgeschlossen zu betrachten, sobald eine These zur Ursache von Fehlvorstellungen vorliegt, sondern als zyklischer Prozess, der im Sinne von förderorientierter Diagnostik (Abschnitt 1.1.2) stetig weiter zu durchlaufen ist (Abbildung 4.5).

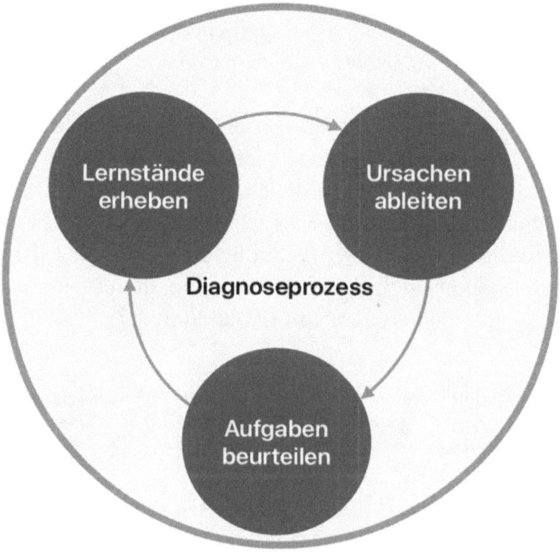

Abbildung 4.5 Der Diagnoseprozess

Die Umsetzung der Kompetenzerwartungen wird im Folgenden entlang des Inhalts des Diagnoseabschnitts der FALEDIA-Plattform begründet und in das jeweilige STARK-Element (Abschnitt 3.1.2) eingebettet.

Kompetenzerwartung D1

Abbildung 4.6 Angesprochene Facetten des Diagnoseprozesses in D1

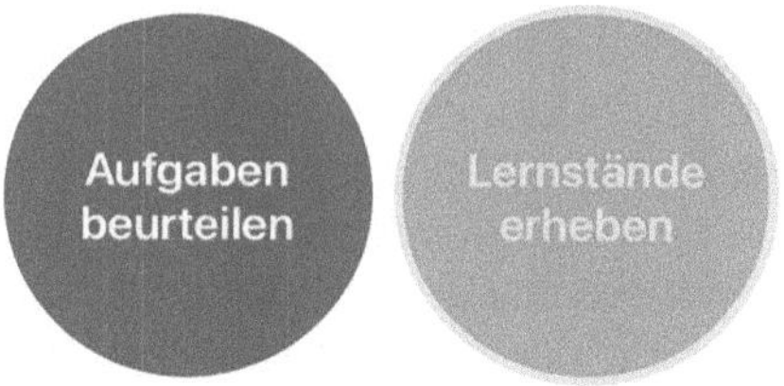

Die erste Kompetenzerwartung D1 bezieht sich auf ein Kennenlernen und Beschreiben typischer Fehler von Kindern als Vorbereitung darauf, Lernstände zu erheben und darüber die Auseinandersetzung mit der Passung einer Aufgabe zu dem Diagnosevorhaben zu ermöglichen (Abbildung 4.6). Dies wird zunächst durch den Rahmungstext – für den Einbezug des Designelements der *Transparenz* –, vorbereitet.

Anschließend erfolgt die erste fallbasierte Auseinandersetzung mit bearbeiteten Dokumenten von Lernenden, anhand derer die Studierenden sich, gemäß dem Prinzip der *Anwendung*, mit verschiedenen typischen Fehlern von Kindern im Stellenwertverständnis befassen sollen. Es werden Beispiele präsentiert, bei denen ein Darstellungswechsel zwischen einer bildlichen Darstellung des Würfelmaterials, einer symbolischen Darstellung in der Stellenwerttafel und des symbolischen Zahlzeichens vorgenommen werden soll (Abbildung 4.7).

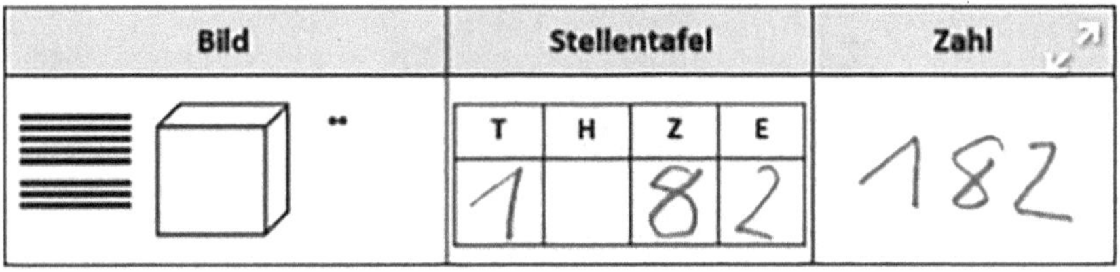

Abbildung 4.7 Beispiel für eine fallbasierte Auseinandersetzung zu D1

Bei jedem dieser Darstellungswechsel ist ein Fehler eingebunden, wovon je drei Lösungen zum gleichen typischen Fehler zuzuordnen sind. Die gleichen Fehlertypen werden gruppiert, benannt und beschrieben (für einen ausführlichen Einblick Abschnitt 4.2.2). Der rahmende Text gibt dabei, unter Einbezug der STARK-Prinzipien *Steuerung* und *Relevanz*, weitere Erklärungen zur fallbasierten Auseinandersetzung mit den typischen Fehlern (Schulz, 2014).

Die Auswahl der Fälle wird den Nutzenden transparent gemacht, denn die in den Kinderdokumenten vorzufindenden Irritationen – in Form von zum Beispiel einer ungebündelten bildlichen Darstellung von Würfelmaterial –, dienen dem Zweck der diagnostischen Überprüfung von anwendbaren Einsichten in die und Verständnis von den Prinzipien auf Seiten der Kinder.

Deutlich gemacht wird daran zudem, dass es nicht hinreichend ist, den Kindern lediglich beliebige Aufgaben zum Darstellungswechsel zu stellen, um eine geeignete Diagnoseaufgabe konzipiert zu haben (z. B. Brunner, Obersteiner & Leuders, 2021). Aufgaben, die beispielsweise keine Bündelungen notwendig machen, können verständlicher Weise keine Einsichten in das verfügbare Wissen von Kindern zum Prinzip des fortgesetzten Bündelns liefern.

Demzufolge wird an dieser Stelle die *Relevanz* der Passung von gestellter Aufgabe zu der intendierten Diagnose einer bestimmten Kompetenz bei den Lernenden, deutlich gemacht. Die Wahl der Diagnoseaufgabe bedingt in direktem Zusammenhang die damit mögliche Einsicht in die Denkweise der Kinder zu einem bestimmten Aspekt (Abschnitt 1.2.3). Den Studierenden soll zusammenfassend deutlich werden, dass Aufgaben stets vor dem Hintergrund dessen, welche Denkweisen und Kompetenzen damit diagnostiziert werden sollen, durchdacht und ausgewählt werden muss (Brunner, Obersteiner & Leuders, 2021) (Abbildung 4.8).

Kompetenzerwartung D2

Abbildung 4.8
Angesprochene Facette des Diagnoseprozesses in D2

Hat die oben angesprochene Aufgabenauswahl stattgefunden, so geht es in einem nächsten Schritt darum, die Informationen, die die Kinderlösung zu einer Aufgabe beinhalten, zu deuten und damit Lernstände zu erheben (Abbildung 4.8). Im Sinne einer förderorientieren Diagnose (Hußmann & Selter, 2013) mit dem Ziel, über Anwendung mögliche Fehlkonzepte aufzudecken und zu bearbeiten, geht es immer um die folgenden zwei Blickrichtungen auf eine (fehlerhafte) Lernendenlösung:

Erstens müssen der Fehler sowie die bereits vorhandenen Kompetenzen erkannt, bestimmt und beschrieben werden. Dafür soll die Denkweise der Kinder antizipiert und nachvollzogen werden – immer unter der Perspektive, dass dem Gedankengang der Kinder grundsätzlich ein Sinn unterstellt wird (z. B. Selter & Spiegel, 2018). Dem Antizipieren von Vorgehensweisen und Denkwegen in der Beschreibung des Fehlers kommt, gemäß dem Prinzip der Anwendung, eine herausragende Rolle für die Weiterarbeit mit dem Lernendendokument zu: es ermöglicht den kompetenzorientierten Blick hierauf (Moser Opitz & Nührenbörger, 2015). Sollen Diagnosen immer im Hinblick auf eine passgenaue Förderung hin erfolgen, so muss die diagnostizierende Person analysieren, welche Kompetenzen bereits vorhanden sind und welcher der Punkt ist, an den angeknüpft werden kann (Abschnitt 1.2.1). Dies bedeutet, dass eine Einordnung in den Lernweg des individuellen Kindes vorgenommen und so mit Blick auf die Praxis *Relevanz* erzeugt wird.

Die zweite Blickrichtung ist das Identifizieren von Ursachen für Fehler, was in *Kompetenzerwartung D3* im nachfolgenden Abschnitt genauer dargelegt wird.

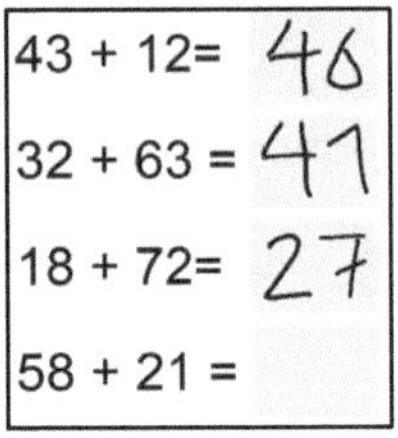

Abbildung 4.9 Bearbeitung des fiktiven Kindes Marie

Als exemplarischer Auszug aus Umsetzung der FALEDIA-Plattform dient hier die Bearbeitung des fiktiven Kindes Marie (Abbildung 4.9). Im ersten Schritt geht es darum, die Lösung der nächsten Aufgabe 58 + 21 aus der vorherigen Bearbeitung von Marie zu antizipieren, um einen kompetenzorientierten Zugang zu der Bearbeitung anzuregen. Dabei soll die Grundhaltung, dass ein sinnvoller Gedankengang der Lösung zugrunde liegt, mit dem es sich auseinanderzusetzen lohnt, obwohl er offensichtlich zur falschen Lösung führt und Marie nicht schlicht zufällige Zahlen ohne Konzept notiert hat, angeregt werden. Denn hinter Überlegungen, die im zunächst unverständlich wirken, verbergen sich häufig sinnvolle Lösungsstrategien (Selter & Spiegel, 1997; 2005; 2018).

Der Gedankengang, dass Marie scheinbar die Ziffern des zweiten Summanden konsequent ziffernweise zum Einer des ersten Summanden hinzuaddiert, ihre Rechnung bei der Aufgabe 58 + 21 also 58 + 2 + 1 lautet, soll hier rekonstruiert und auf die Lösung einer weiteren Aufgabe übertragen, also angewendet, werden. Dieses Vorgehen soll zu einer detaillierten Identifikation des vorliegenden Fehlers führen.

Der Überlegung zu der verwendeten Lösungsstrategie folgt die Auseinandersetzung damit, über welche Kompetenzen Marie bereits verfügt. Denn kann sie eine Lösungsstrategie entwickeln, die zwar nicht zum richtigen Ergebnis führt, jedoch einen grundsätzlich sinnvollen Gedankengang darstellt, ist es wahrscheinlich, dass sie über Kompetenzen verfügt, an die bei einer diagnosebasierten Förderung angeknüpft werden kann.

Hierbei können die Studierenden ableiten, dass Marie einstellige Zahlen korrekt zu zweistelligen Zahlen addieren kann. Die Aufgabe 43 + 1 + 2 (die sie statt 43 + 12 gerechnet hat), löst sie korrekt mit 46. Auch scheint sie einen Zehnerübergang bei der Addition von Einstelligen zu Zweistelligen Zahlen korrekt durchführen zu können, wie die Aufgabe 18 + 27 zeigt, die sie als 18 + 2 + 7 denkt und für die von ihr berechnete Aufgabe korrekt, mit 27 löst.

An dieser Stelle, nach der Analyse von Kompetenzen und Fehlern, knüpft eine Auseinandersetzung mit der Ursache ihres Fehlers an, was zur Kompetenzerwartung D3 zählt.

Kompetenzerwartung D3

Abbildung 4.10
Angesprochene Facette des Diagnoseprozesses in D3

Der Fokus auf die Aufgabenbearbeitung der Lernenden, lag zunächst im Bereich der Lernstandserfassung (Sundermann & Selter, 2006). Unter der Perspektive der förderorientierten Diagnose, ist die Analyse von Fehlern auf die Ursache hin jedoch unabdingbar (Meyer, 2015). Dies wird im Rahmungstext an die Studierenden transparent gemacht, indem das Wirkungsgefüge zwischen Ursache eines Fehlers und passgenauer Förderung dargelegt wird, denn nur wenn die Ursache erkannt wurde, können an Fehlvorstellungen angesetzt und diese aufgearbeitet werden (Abbildung 4.10).

Da es nicht lediglich darum gehen soll, kurzfristige Lösungen für ein auftretendes Problem zu trainieren, sondern langfristig Fehlvorstellungen aufzulösen, bzw. grundlegendes und anschlussfähiges Verständnis aufzubauen (Sundermann & Selter, 2006), muss die genaue Ursache ermittelt werden, die dem verfestigten Fehler zugrunde liegt. Die Einordnung der Ursache in den Lernweg des Kindes kann als eine Intervention im Sinne einer passgenauen Förderung auf die Diagnose aufbauen (Sundermann & Selter, 2006).

In Maries Fall scheint ihr Fehler darin begründet zu sein, dass das Prinzip des Stellenwerts von ihr noch nicht ausreichend verstanden wurde. Dadurch, dass sie den zweiten Summanden stellenweise hinzuaddiert, lässt sie die Stellenwerte außer Acht, in denen die Ziffern stehen.

Anhand zweier weiterer Beispiele mit fehlerhaften Lernendenlösungen können, entsprechend des Prinzips der *Steuerung*, weitere Analysen vorgenommen werden, die nach dem Prinzip der *Kohärenz*, dem gleichen analytischen Muster folgen.

Abschließend wird im Rahmungstext, im Sinne der *Transparenz*, darauf hingewiesen, dass es vielfältige und verschiedene Fehlerursachen bei Kindern geben kann. Zudem wird ein förderorientierter Ausblick gegeben, indem die Wichtigkeit herausgestellt wird, Fehlerursachen zu erkennen, um eine Grundlage für eine individuelle und diagnosebasierte Förderung zu schaffen, denn alleine das Einordnen von identifizierten Fehlern in einen Ursachenkontext kann gewährleisten, dass Fehlvorstellungen aufgearbeitet und Vorstellungen und Verständnis aufgebaut werden können.

Das Zusammenspiel aus Hintergrundwissen und spezifischem Diagnosewissen und damit das Schaffen essentieller Handlungsgrundlagen ist daher von zentraler Bedeutung, um im realen Unterrichtskontext adäquate und passgenaue Diagnosen durchführen zu können (Abschnitt 1.1.3). Nur wenn Informationen aufgrund von geeigneten Hintergrundkonzepten eingeordnet werden können, kann sichergestellt werden, dass Fehler und Kompetenzen überhaupt erkannt und diese – insbesondere vor dem Hintergrund relevanter Meilensteine und Vorstellungen im bereichsspezifischen Lernweg –, auf Ursachen für auftretende Fehler hin analysiert werden können (Hoya & Hellmich, 2012). Daher wird im nachfolgenden Teilkapitel eine Gesamtdarstellung von Kompetenzerwartungen, inhaltlicher Umsetzung auf FALEDIA sowie den entsprechenden Designprinzipien erfolgen.

Ausgehend vom Dreisäulenmodell der Diagnosefähigkeit (Abschnitt 1.1.3) wird die Verknüpfung von theoretisch-kognitiven Fähigkeiten im Sinne des Kennens von fachlichem und fachdidaktischem Wissen mit handlungsrelevanten Wissenselementen fokussiert und ineinandergreifend aufgebaut, damit es in Umsetzungsfähigkeit – der diagnostischen Performanz – münden kann. Jede Wissensfacette soll sich dabei auf die Tätigkeiten des Diagnoseprozesses beziehen. Es geht somit um Wissen *über* das Beurteilen passender Diagnoseaufgaben, *dem Erfassen von Lernständen* und dem *Ableiten von Ursachen* auf der Seite der kognitiv-theoretisch aufzubauenden Fähigkeiten. Auf der anderen Seite geht es aber auch um die Aktivierung dieses Wissens, um in *Aufgaben* diejenigen Elemente identifizieren und interpretieren zu können, die für eine passgenaue Diagnose von Bedeutung sind ein Einbetten in Lernwege.

Neben den Designüberlegungen, die die inhaltlichen Aspekte zum Stellenwertverständnis betreffen, muss dem HCD (ISOa, 2019; ISOb, 2019) entsprechend auch die Art der Wissensvermittlung an die angesprochene Zielgruppe bedacht werden. Dazu muss insbesondere die *Anwendung* und *Relevanz* einbezogen werden, um den Studierenden, die zukünftig praktisch lehren werden, die Möglichkeit zu bieten, Handlungsfähigkeit aufzubauen. Hierfür wurde sich im Projektteam für problemhaltige Lerngelegenheiten entschieden. Deren Designüberlegungen werden im nachfolgenden Teilkapitel besprochen.

4.2 Zu den problemhaltigen Lerngelegenheiten

Problemhaltige Lerngelegenheiten werden für die FALEDIA-Lernplattform in zwei verschiedene Elementtypen unterteilt. Diese Unterteilung im Design der Plattform begründet und wie folgt zu verstehen: Die Unterteilung der problemhaltigen Lerngelegenheiten in *reflexive Elemente* und *fallbasierte Elemente* ist als Spezialisierung gedacht. Fallbasierte Lerngelegenheiten bedeuten selbstverständlich nicht, dass diese nicht reflektiert werden. Sie enthalten als zentrales Element jedoch ein real(istisch)es Lernendendokumente mit dem sich problemorientiert auseinandergesetzt wird (Kapitel 2). Reflexive Elemente bedeuten hier, dass anhand von Problemstellungen, die die Nutzenden selbst vor Situationen stellen, die sie mit ihrem Routinewissen nicht lösen können (Abschnitt 4.3), ein Hineinversetzen bzw. ein Reflektieren der Schüler:innenperspektive beim Erlernen neuer Inhalte vorgenommen werden soll.

Beide problemhaltigen Lerngelegenheiten sind Elemente, in denen das Designelement der *Relevanz* zum Tragen kommt. Denn sowohl das Hineinversetzen in Problemsituationen von Schüler:innen als auch die fallbasierte Auseinandersetzung mit Lernendendokumenten sollen eine Sinnstiftung bieten und durch Praxisorientierung einen Einblick geben, weswegen es für die Studierenden relevant ist, sich mit dem jeweiligen Gegenstand auseinanderzusetzen.

Auch die Verzahnung zwischen Theorie und Praxis ist hierdurch angesprochen. Zum einen bieten *reflexive Elemente* durch eigene Problemlöseprozesse an, einen Inhalt intensiv zu durchdringen. Andererseits werden entlang der *fallbasierten Elemente* genau diese theoretischen Wissenselemente und deren praxisnahe Durchdringung aktiviert, was bestenfalls in eigene diagnostische Ideen und Ansätze – also Performanz – mündet. Dabei soll ein ständiges sich aufeinander beziehen von Theorie und Praxis angeregt werden, bei dem Umsetzungsfähigkeiten durch aktiven Rückbezug von Entscheidungsfindungsprozessen auf die theoretische Rahmung aus fachlichem und fachdidaktischem Wissen stattfindet (Abbildung 4.11).

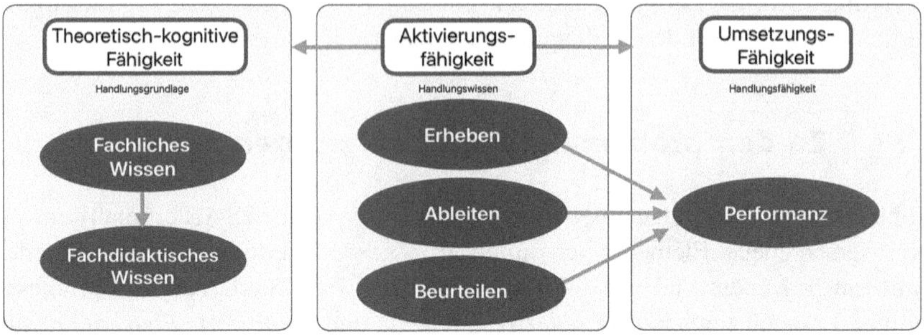

Abbildung 4.11 Teilfähigkeiten der Diagnosefähigkeit als Theorie-Praxis-Verzahnung

Die problemhaltigen Lerngelegenheiten bieten somit zusätzlich die Gelegenheit einer *Anwendung*, bei welchem Hintergrundwissen bewusst im Gedankenprozess aktiviert werden kann.

Im Folgenden werden zunächst die *reflexiven Elemente*, folgend die *fallbasierten Elemente* diskutiert und deren Intention hervorgehoben.

4.2.1 Reflexive Elemente

Die FALEDIA-Lernplattform enthält in denjenigen Abschnitten, in denen es hauptsächlich um den Aufbau von fachlichem und fachdidaktischem Wissen geht, Elemente, die zur Reflexion des gerade Gelernten anregen sollen. Eine Einordnung des neu erworbenen oder wieder aufgefrischten Wissens in die Denkweisen von Kindern soll die Möglichkeit einer Sinnstiftung anbieten. Die Studierenden sollen so die *Relevanz* der theoretisch zu erarbeitenden Inhalte durch Anwenden erleben und zur Einsicht gelangen – und somit die Motivation gewinnen –, die Beschäftigung mit den präsentierten Inhalten als essentiell für die spätere Berufspraxis zu erkennen. Dies dient auch der Vorbereitung auf den explizit auf die Diagnose gerichteten Abschnitt, denn die Perspektivübernahme, die hier eingefordert wird, ist hilfreich, um über den Nachvollzug der Denkweisen der Kinder Zugänge zu deren Lösungen zu erhalten (Wildgans-Lang et al., 2020; Brandt, 2022).

Insgesamt finden sich auf der FALEDIA-Plattform zum Stellenwertverständnis drei *reflexive Elemente*. Exemplarisch wird hier, aufbauend auf die inhaltliche Darstellung zur Hintergrundfacette *Bündeln und Entbündeln*, das in diesem Bereich verwendete reflexive Element *Bündelungsaktivitäten in anderen Stellenwertsystemen* detailliert besprochen. Für genauere Einblicke in die Designentscheidungen zu den *reflexiven Elementen* der anderen beiden Hintergrundfacetten, – *Zahlen in anderen Stellenwertsystemen der Größe nach ordnen* und *Darstellungswechsel in anderen Stellenwertsystemen* –, sei auf den Anhang verwiesen (digital einsehbar).

Eingebunden in den Hintergrundbereich des *Bündelns und Entbündelns*, wird ein reflexiver Zugang angeboten, bei dem die Nutzenden vor die Situation von ungewohnten Bündelungsaktivitäten gestellt werden. Während das Bündeln im dekadischen System für Erwachsene eine Routinetätigkeit darstellt, verlangt es in anderen Stellenwertsystemen, in denen der Umgang mit der Bündelungseinheit ungewohnt ist, eine Herausforderung. Daher wird in drei verschiedenen Stellenwertsystemen mit jeweils unterschiedlichem Schwierigkeitsgrad und im Sinne der Anwendung das Nachdenken über Bündelungsaktivitäten angeregt.

Um ansatzweise nachempfinden zu können, welche Schwierigkeiten Kinder, die im dekadischen System noch ungeübt sind, beim Bündeln von Mengen haben – entsprechend *Relevanz* zu schaffen –, wird zunächst die Situation aufgemacht, zu einer Menge an Plättchen im Stellenwertsystem zur Basis 4 in der Stellenwerttafel sukzessive in Einerschritten weitere Plättchen hinzuzufügen. Dabei muss beachtet werden, dass nun die maximale Anzahl an Plättchen je Spalte die Anzahl drei nicht übersteigen darf. Bei vier oder mehr Plättchen greift der Bündelungszwang (Padberg & Benz, 2021) und vier Plättchen in einem Stellenwert müssen zu einem Plättchen im nächsthöheren Stellenwert gebündelt werden (Abbildung 4.12).

Diese einsteigende Auseinandersetzung, bietet zunächst transparent einen Einblick, wie das Denken in einem anderen Stellenwertsystem als dem dekadischen grundlegend funktioniert.

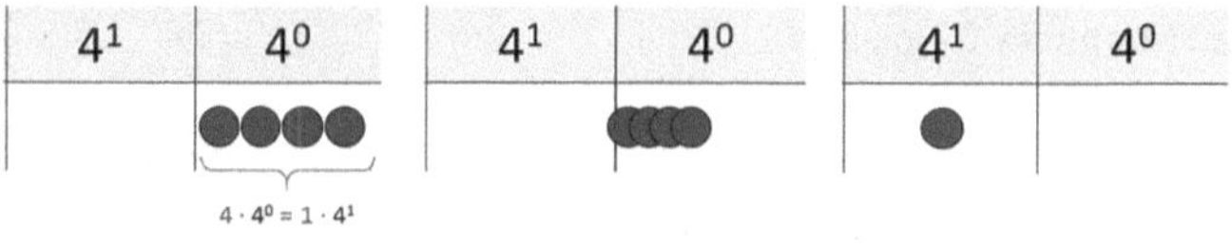

Abbildung 4.12 Reflexives Element mit Bündelungsaktivität im Stellenwertsystem zur Basis 4

Eine Progression der Schwierigkeit – es folgen zwei weitere reflexive Elemente im Stellenwertsystem zur Basis 5 und 3 (s. dazu Anhang, digital einsehbar) – erlaubt den Studierenden eine *Steuerung* des eigenen Einblicks. Es kann antizipiert werden, dass es den Studierenden vermutlich schwerfällt, in den unterschiedlichen Stellenwertsystemen zu denken. Stellen sie fest, dass es ihnen keine Probleme bereitet und aus dem ersten Zugang keine Reflexion auf die Gedankengänge von Schüler:innen erfolgt, so können die Studierenden eigenständig zum zweiten oder dritten Zugang übergehen, um so den für sie ansprechenden Schwierigkeitsgrad zu wählen.

Umgekehrt gilt selbstverständlich das Gleiche: Ist bereits der erste Zugang genug, so bleibt es den Studierenden selbst überlassen, ob sie noch komplexere Zugänge einsehen möchten. Da die weiteren Reflexionsanlässe zu den anderen Hintergrundfacetten jedoch auch Auseinandersetzungen in anderen Stellenwertsystemen fordern, muss mit dem ersten, leichtesten Zugang hier die Möglichkeit geboten werden, zunächst (noch) einmal den Umgang mit anderen Stellenwertsystemen zu vergegenwärtigen, um überhaupt Handlungsfähigkeit für die weiteren reflexiven Elemente zu gewährleisten.

Intendiert bei der Auseinandersetzung mit Bündelungen in ungewohnten Stellenwertsystemen ist, dass die Studierenden durchaus länger darüber nachdenken müssen, zu welcher Wirkung eine Operation führt und ob ggf. sogar selbst fehlerhafte Gedankengänge produzieren werden. Dies soll eröffnen, dass die Studierenden sich in das Erlernen des Stellenwertverständnisses bei Kindern hineinversetzen können und somit dem auf FALEDIA präsentierten Inhalt zum Bündeln und Entbündeln eine *Relevanz* durch eigenes Erleben für ihre spätere Berufspraxis beimessen.

Das Trainieren von Einsichten in die Denkweise von Kindern, also das eigene Erfahren und Reflektieren von Herausforderungen und Schwierigkeiten (Wahl, 2002) im Umgang mit ansonsten durchaus routinierten Tätigkeiten, soll die Studierenden anregen, eine kompetenzorientierte Fokussierung auf die Diagnose einzunehmen. Dies geschieht im nachfolgenden Teil, welcher die Diagnose von Lernendenerarbeitungen im Bereich des Stellenwertverständnisses anhand fallbasierter Elemente fokussiert.

4.2.2 Fallbasierte Elemente

Die Sinnstiftung, die in den problemhaltigen Lerngelegenheiten im Fokus der Designentscheidungen steht, wird im Diagnoseabschnitt der FALEDIA-Plattform über die *Relevanz* mit der Auseinandersetzung durch praxisnahe Elemente angeregt. Hierfür ist die Auseinandersetzung mit fallbasierten Lerngelegenheiten zentral (Kapitel 2): Sie eröffnet die Möglichkeit, praxisnahes Handlungswissen zu generieren, wobei das Handeln im unterrichtspraktischen Kontext zwar eingefordert wird, ohne jedoch mit dem Aufkommen von unmittelbarem Reaktionsdruck auf spontan aufkommende Diagnosesituationen zu überfordern (Krammer et al., 2012).

In diesem Unterkapitel werden konkrete Fälle, an denen die Studierenden lernen sollen, dargelegt und deren Auswahl, beziehungsweise Umgang damit begründet. Dabei kann zwischen zwei Anforderungsweisen unterschieden werden, die aufeinander aufbauen und jeweils verschiedene Fälle enthalten: *Typische Fehler* und *Kinderlösungen analysieren.* Die Fälle sind im Sinne der *Kohärenz* jeweils mit gleichen Anforderungen verknüpft und tragen durch die Möglichkeit selbstständig zur entscheiden, wie viele der Angebote betrachtet werden, zum STARK-Prinzip der Steuerung bei.

Im Folgenden werden je ein Beispiel zum Bereich *Typische Fehler* und ein Beispiel zu *Kinderlösungen analysieren* aufgeführt. Die weiteren detaillierten Falldarstellungen zu den beiden Anforderungsbereichen können im digital einsehbar) nachgelesen werden.

Typische Fehler

Die erste Anforderung bildet die Auseinandersetzung mit typischen Fehlern von Kindern im Aufbau des Stellenwertverständnisses (z. B. Wartha & Schulz, 2012; Fromme, 2016; Gaidoschik, o. J.). Die Auswahl der typischen Fehler ist dabei als exemplarischer Einblick zu verstehen und erhebt keinen Anspruch auf Vollständigkeit. Insbesondere ist die Anbindung an die im Hintergrundteil aufgemachten Facetten eines tragfähigen Stellenwertverständnisses in die Auswahl eingeflossen, um der Kohärenz in Form von Durchgängigkeit Rechnung zu tragen. Die Studierenden können dadurch das auf FALEDIA erworbene Hintergrundwissen direkt praxisnah als Anwendung in ihre späteren Berufsanforderungen einordnen, was wiederum der Relevanz zuträglich sein soll.

Die Hintergrundfacette *Darstellungswechsel* wird durchgängig als Aufgabenstellung an die Kinder berücksichtigt. Wie im Hintergrundteil eröffnet, kann eine Anregung zum Darstellungswechsel die Möglichkeit eröffnen, Fehlvorstellungen diagnostisch aufzudecken: Denn ein gelungenes Vernetzen von Darstellungen dient als Indikator eines tragfähigen Stellenwertverständnisses (Schulz, 2014), wohingegen auftretende Fehler hierbei Indikator von nicht ausreichend aufgebauten Vorstellungen sein können.

Das *Prinzip der fortgesetzten Bündelung* wird in der Auseinandersetzung mit typischen Fehlern als eine auftretende Fehlvorstellung als Fehlertyp eingebunden (Abbildung 4.14). Hierbei gelingt jeweils das stellengerechte Übertagen der bildlichen Darstellung in die Stellenwerttafel. Die Beispiele zeigen jeweils, dass das Kind die Anzahl des dargestellten Materials in die entsprechende Spalte der Stellentafel überträgt.

Der abgebildete Fall (Abbildung 4.13; fehlende Bündelung) wird an dieser Stelle herausgegriffen und als Exempel für dieses fallbasierte Element besprochen. Dabei ist beispielsweise ein Hunderter abgebildet, welcher auch in der Stellenwerttafel mit der Ziffer 1 übersetzt wird. Es werden zwölf Zehnerstangen dargestellt, welche auch als Anzahl zwölf in der Zehnerspalte vom Kind eingetragen werden. Einer sind im Bild nicht vorhanden und auch hier gelingt es dem Kind, die entsprechende Einerspalte der Stellenwerttafel mit der Ziffer 0 zu füllen. Bei der Übersetzung ins Zahlzeichen übernimmt das Kind jedoch die Ziffern, die es in der Stellentafel eingetragen hat und notiert diese hintereinander, ohne die 12 Zehner zu einem weiteren Hunderter und zwei Zehnern zu bündeln. Dabei entsteht die Zahl 1120 anstatt der Zahl 220.

Entsprechend dieses Fehlermusters werden auch die anderen beiden Aufgaben dieses Fehlertyps bearbeitet. Der Fehlertyp wird als *fehlende Bündelung* benannt.

Abbildung 4.13 Fallauswahl ‚Typische Fehler'

Die kinderbezogene Aufgabenauswahl, anhand derer die Bearbeitungen fallbasiert auf der FALEDIA-Plattform angeboten werden, ist konsequent so ausgestaltet, dass kleine Irritationen durch nicht konventionelle Zahldarstellungen vorliegen. Bildliche Darstellungen wie von 12 ungebündelten Zehnern sind ein Beispiel dafür. Insbesondere Aufgaben zum Darstellungswechsel, in denen diese Irritationen enthalten sind, eignen sich für die Diagnose, inwiefern Lernende auf die unserem Stellenwertsystem zugrundliegenden Prinzipien tragfähig und mit gesichertem Verständnis zurückgreifen können.

Wie in den Fallbeschreibungen bereits implizit besprochen, sind die typischen Fehler nicht absolut trennscharf immer nur einer der Hintergrundfacetten zuzuordnen. Zwar steht eine Betrachtungsweise im Fokus, jedoch bedingen sich die Prinzipien gegenseitig. Allen Fällen liegen per se Probleme im Darstellungswechsel zugrunde, wobei die Fehlerausprägung (vermutlich) nicht rein in einem Unverständnis der Darstellungen liegt, sondern auch auf Probleme bei der Vorstellung zu anderen Prinzipien des Stellenwertverständnisses hinweist.

Auch in Fällen, in denen hier der Prägnanz halber – denn es ist möglicherweise ein erster Zugang der Studierenden mit Fehlern zum Stellenwertverständnis von Kindern – plakativ einem Prinzip zugeordnet wurde, spielen andere Facetten mit hinein.

Bei der Analyse von Kinderlösungen mit Fokus darauf, was genau der Fehler ist, welche Fehlvorstellung vermutlich zugrunde liegt und welche Kompetenzen dennoch bereits aus der Lösung abgeleitet werden können, müssen die Prinzipien gedanklich verbunden werden. Dies wird hier als Voraussetzung einer allumfassenden und kompetenzorientierten diagnostischen Auseinandersetzung mit Lösungen von Kindern angesehen. Die Analyse von Kinderdokumenten bildet die zweite Anforderungsweise, unter deren Perspektive sich mit ausgewählten Fällen auseinandergesetzt werden soll.

Kinderlösungen analysieren

Das Einüben eines analytischen Blicks auf Kinderlösungen dient dazu, Handlungsfähigkeit für die spätere Unterrichtspraxis aufzubauen und ist somit stark mit dem *Relevanz*empfinden der Studierenden verknüpft. Dadurch, dass sie die Analyse unter Rückgriff auf zuvor erlernte fachliche und fachdidaktische Fähigkeiten reflektieren, erfahren sie dabei gleichzeitig ein *Anwendungs-* und *Kohärenz*erleben auf der FALEDIA-Lernplattform.

Entlang dreier Fälle gilt es jeweils den Dreischritt aus 1. Fehlerbeschreibung durch Antizipation der Gedankengänge und Übertragung dieser auf eine weitere Lösung nach dem jeweiligen Fehlermuster vorzunehmen, 2. die Feststellung bereits vorhandener Kompetenzen aus den Lösungsdarstellungen herzuleiten und 3. die Ursache des Fehlers vor dem Hinblick der Hintergrundfacetten eines tragfähigen Stellenwertverständnisses einzuordnen. Das Fallbeispiel *Taifun* wird folgend entlang des Dreischritts besprochen. Die beiden weiteren Fälle *Marie* und *Clara* können im Anhang nachvollzogen werden (digital einsehbar).

Das Fallbeispiel von *Taifun* greift einen Darstellungswechsel zwischen bildlicher Darstellung und symbolischer Darstellung in der Stellenwerttafel sowie des Zahlzeichens auf (Abbildung 4.14). Taifun trägt ungebündelte Mengen der bildlichen Darstellungen als Anzahlen in der entsprechenden Spalte der Stellenwerttafel ein, überträgt diese jedoch ungebündelt in das Zahlzeichen, indem er alle Ziffern aus der Stellenwerttafel nacheinander direkt als Zahlzeichen übersetzt.

Die noch nicht bearbeitete Aufgabe, in der zwei Tausenderwürfel, drei Zehnerstangen und 58 Einerwürfel bildlich dargestellt sind, würde er entsprechend seines Fehlermusters wie folgt lösen: In der Stellenwerttafel würde er die Anzahlen der jeweils dargestellten Stellenwerte korrekt übertragen. An die Tausenderstelle würde er eine zwei schreiben, an die Hunderterstelle eine Null, die Zehnerstelle würde er mit drei besetzen und in der Einerstelle die 58 notieren. Da er auch hier vermutlich die Ziffern wieder ungeachtet der noch zu bündelnden Elemente genauso ins Zahlzeichen übersetzen würde, wäre die Zahl, die er notieren würde, vermutlich die 20358.

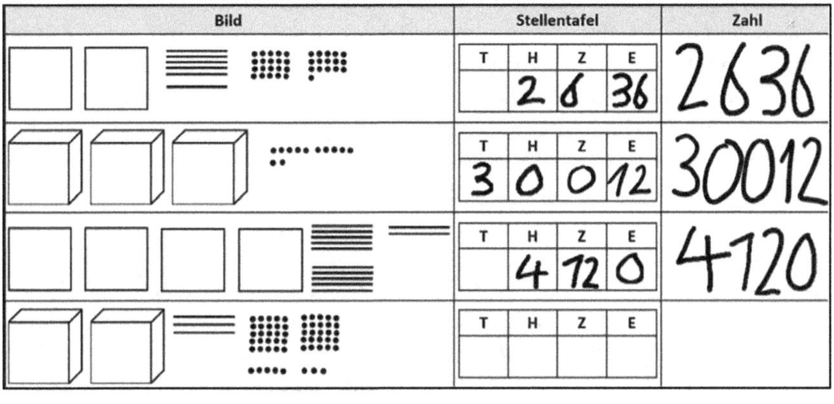

Abbildung 4.14 Fallauswahl ‚Kinderlösungen analysieren'

Aus Taifuns Lösung wird deutlich, dass er unter anderem bereits über die Kompetenz verfügt, Anzahlen von bildlich dargestellten Mengen korrekt in eine formale Darstellung in der Stellenwerttafel übersetzen zu können. Auch unbesetzte Stellenwerte bereiten ihm dabei keine Probleme.

Als Ursache für seinen Fehler, die Anzahldarstellung in der Stellenwerttafel nicht korrekt in das Zahlzeichen zu übersetzen, liegt vermutlich darin, dass er das Prinzip des Bündelns und das Prinzip des Stellenwerts noch nicht hinreichend verstanden hat, um es hier anzuwenden. Da er bei Anzahlen von mehr als 9 Elementen pro Stellenwert, anstatt zu bündeln, die zweistellige Anzahl der Elemente in das Zahlzeichen überträgt, dabei also zwei Ziffern in einem Stellenwert notiert, entstehen Zahlen, deren Anzahl an Stellenwerten zu hoch ist. Er hat das Prinzip des Bündelns und das Prinzip des Stellenwerts nicht vollumfänglich verstanden.

Die Darlegung der problembasierten Lerngelegenheiten, die auf der FALEDIA-Plattform angeboten werden, ist in diesem Unterkapitel unter der inhaltlichen Perspektive erfolgt. Das Design der FALEDIA-Plattform sieht jedoch auf Ebene der digitalen Umsetzung eine Unterscheidung der Zugangsweise in zwei Varianten vor. Die eine Variante hält an den Stellen der problembasierten Lerngelegenheiten einen informativen Zugang bereit, über den sich die Studierenden zu den aufgeworfenen Problemstellungen informieren können. Die andere Variante stellt diese Elemente als zu Exploration anregende Elemente zur Verfügung, in der die Studierende sich die Inhalte selbstständig erarbeiten müssen.

Das nachfolgenden Teilkapitel nimmt die Umsetzung der problembasierten Elemente je Variante in den Blick und bezieht sich dabei auf die genauen Ausprägungen der Problemdarbietung an die Studierenden.

4.3 Zu der digitalen Umsetzung

Die in den nachfolgenden Kapiteln dargestellte Untersuchung, zur Steigerung von Diagnosefähigkeiten über die digitale, fallbasierte Lernplattform FALEDIA, geschieht aus zwei Umsetzungsperspektiven. Die Plattform wird dafür entlang zweier verschiedener Ansätze gestaltet: der *informativen Variante* (folgend I-Variante), die sich an Worked-Examples (z. B. Renkl, 2017, Abschnitt 3.2.1) und der *zur Exploration anregenden Variante* (folgend E-Variante), die sich am Problem-Based-Learning (z. B. Yew & Goh, Abschnitt 3.2.2) orientiert.

Da empirische Befunde darauf hinweisen, dass beide Ansätze zu Lernerfolg führen können (z. B. Walker & Leary, 2009; Barbieri et al., 2023), scheint es interessant diese beiden Ansätze isoliert nebeneinander für den hier vorliegenden Lerngegenstand der Diagnosefähigkeiten und für die hier betrachtete Zielgruppe der angehenden Lehrkräfte Mathematik Grundschule zu untersuchen (mehr dazu s. Kapitel 5) und somit die Plattform entsprechend aufzubereiten. Eine separate Ausgestaltung der FALEDIA-Plattform entlang der beiden Ansätze, in zwei verschiedenen Varianten, ist demnach Teil des im Folgenden vorgestellten Designs der digitalen Umsetzung.

Dafür werden zunächst die informativen Elemente (4.3.1), dann die zur Exploration anregenden Elemente (4.3.2) dargelegt. Die Einbettung der sich unterscheidenden Elemente erfolgt identisch: Entlang eines rahmenden Begleittextes und einigen Abbildungen werden anhand desselben Inhalts zum Stellenwertverständnisses informative (folgend I-Elemente) und zur Exploration anregende Elemente (folgend E-Elemente) eingebunden. Es werden sowohl Problemstellungen zum fachlichen und fachdidaktischen Grundlagenwissen angeboten als auch Fälle in Form von Lernendendokumenten. Insbesondere die fallbasierten Angebote dienen durch Anwendung oder Anwendungsbeispiele der Verknüpfung von Theorie und Praxis (Kapitel 2), womit die Umsetzungsfähigkeit von angeeignetem diagnostischem Wissen gesteigert werden soll.

Um eine Vergleichbarkeit beider Varianten zu ermöglichen, wurden die digital unterschiedlichen Elemente inhaltlich gleich und auch möglichst gleichermaßen ansprechend durch die Nutzung einer visuell äquivalenten Oberfläche gestaltet. Eine Gegenüberstellung der jeweils entsprechenden I- und E-Elemente wird in 4.3.3 vorgenommen.

4.3.1 Informative Variante

Die Variante von FALEDIA, die die informativen Elemente enthält (die I-Variante), bietet die Informationen und Beispiele über die vier Medien *Video, Audio, Bild* und *Text* an (Kerres, 2018). Dabei ist die textliche Rahmung inhaltlich in beiden Varianten (I- wie auch E-Variante) gleich.

Die I-Elemente bieten als Grundinformationen thematisch passendes fachliches und fachdidaktisches Hintergrundwissen zum Stellenwertverständnis im Hintergrundteil der Plattform, aber auch Einblicke und Erklärungen zu praxisnahen Problemen über Falldarstellungen im Diagnoseteil.

Dabei enthalten die I-Elemente zusätzlich zu den Grundinformationen auch diejenigen Hinweise, die sich die Nutzenden in der E-Variante erarbeiten oder durch Feedback zu ihren Erarbeitungen erhalten. Dafür wurden Gedankengänge, die sich Studierende vermutlich während einer Bearbeitung machen, antizipiert und in die I-Elemente integriert.

Folgend werden die I-Elemente *Video*, *Audio* und *Text* vorgestellt. Das Element *Bild* kommt auf der Plattform in der Regel eher zur Unterstützung anderer Elemente vor und werden im Folgenden daher nicht separat betrachtet.

Videos

Als Beispiel für das Medium Video, soll das Weiterzählen im Stellenwertsystem zur Basis 5 dienen. Die STARK-Prinzipien (Abschnitt 3.1.3) werden hierbei exemplarisch an diesem Beispiel aufgegriffen und in ihrer Umsetzung auf der FALEDIA-Plattform illustriert. Die Prinzipien gelten über diese Beispiele hinaus auch für alle weiteren I-Elemente, was im Folgenden skizziert wird, jedoch werden sie an den anderen Stellen nicht mehr explizit daran ausformuliert.

Das Prinzip der *Steuerung* findet sich all den I-Elementen deutlich, denn die Nutzenden können jeweils frei entscheiden, ob und wie intensiv sie die angebotenen Informationen nutzen möchten. Im Falle der Videos tritt die Steuerungsmöglichkeit durch die Pause- und Spulfunktion noch einmal deutlicher in den Vordergrund (Nonte et al., 2021; Middendorf, 2022).

Als Thumbnail des hier betrachteten Videos (Abbildung 4.15) wird direkt deutlich, um was es im Video inhaltlich geht und welches Problem im Fokus der der Überlegungen steht. Dies ist dem Prinzip der Transparenz zuzuordnen, denn die Nutzenden können durch die einleitende Fragestellung über das Video eine Antwort auf diese erwarten (Renkl, 2021). Auch die weiteren angebotenen Videos auf der Plattform beinhalten die einführende, problemhaltige Fragestellung, sowie die Lösung des Problems. Andere I-Elemente beinhalten beispielsweise Überschriften oder andere strukturgebende Designs, die die Transparenz für die Nutzenden deutlich machen.

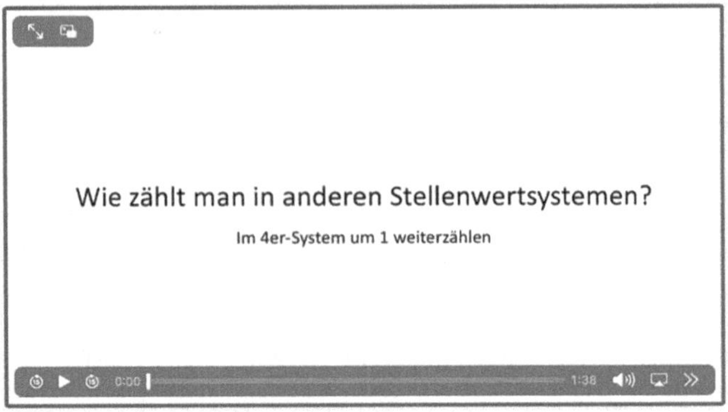

Abbildung 4.15 Beispiel I-Element Video

Die *Relevanz* des Inhalts wird in den meisten Fällen auf der FALEDIA-Plattform, wie auch in diesem Beispiel, durch den rahmenden Text geboten, indem das in dem Video präsentierte Hintergrundwissen praxisrelevant eingeordnet wird. Zudem erfolgen über den rahmenden Text zusätzlich Anregungen zu Reflexion des Dargestellten.

> „Vielleicht hast Du festgestellt, dass es Dir im Vierersystem etwas schwerer fällt schnell vorauszusagen, wie die nächstgrößere Zahl aussieht. Ebenso kann es für Kinder, die noch unsicher im Umgang mit dem Zehnersystem sind, durchaus eine anspruchsvolle Aufgabe sein eine sukzessive Erhöhung von Zahlen durch das Hinzufügen von jeweils einem Plättchen in einer Stellenwerttafel nachzuvollziehen." (FALEDIA, o. J.)

Inhaltlich wird im Video zunächst der grundsätzliche Aufbau des Vierersystems und das Weiterzählen um 1 entlang von Ähnlichkeiten und Unterschieden zum bekannten dezimalen System an der Stellenwerttafel mit Plättchen erklärt.

Die Bündelung im Vierersystem wird durch sukzessives dynamisches Hinzulegen von vier Plättchen in der 4^0er-Spalte und anschließendes Büdeln in ein Plättchen in der 4^1er-Spalte demonstriert, während auditiv und durch Darstellungsvernetzung mit der symbolischen Schreibweise auf den Bündelungszwang eingegangen wird und dieser im Vierersystem erklärt.

Im Sinne der Worked-Examples werden im Folgenden zwei weitere Videos mit vertiefenden Beispielen auf der FALEDIA-Plattform angeboten (van Harsel,

Hoogerheide, Verkoeijen, & van Gog, 2019), welche kohärent dem gleichen Aufbau und der gleichen Optik sowie Darstellungsweise folgen. Diese *Kohärenz* in Optik und Funktionsweise gilt ebenso für Audios.

Audios

Das Angebot von auditiven Erklärungen wird auf FALEDIA immer in Kombination mit bildlichen Darstellungen verknüpft. So können die Nutzenden das Gehörte direkt, im Sinne einer Darstellungsvernetzung, mit dem Visuellen in Verbindung bringen. Die Erklärungen eines Worked-Examples dienen der kognitiven Aktivierung und sollen dementsprechend nicht passiv nachvollzogen werden (Renkl, 2021). Der Cognitive Load soll durch eine zusätzliche bildliche Repräsentation ebenfalls geringer gehalten werden, denn es entlastet bei der Vorstellung der Informationen (Sweller et al., 2011). Der visuelle Eindruck unterstützt die aktive Auseinandersetzung mit und das Nachvollziehen des Gehörten (Kerres, 2021).

Ein Umsetzungsbeispiel einer Audio-Erklärung ist Abbildung 4.16 zu entnehmen. An dieser Stelle steht die übergeordnete Fragestellung, was die Lernendenlösungen an gemeinsamen Strukturen aufweisen, woraus sich typische Fehler ableiten lassen. Während der Erklärung wird auf die abgebildeten Dokumente Bezug genommen und die Spezifik des Fehlers erläutert.

Auch hier stehen sowohl innerhalb des Fehlertyps je drei verschiedene Lösungen zur Verfügung als auch zum grundsätzlichen Erkennen gleicher Strukturen aus Lösungen, vier verschiedene Fehlertypen, anhand derer die Gemeinsamkeiten erläutert werden.

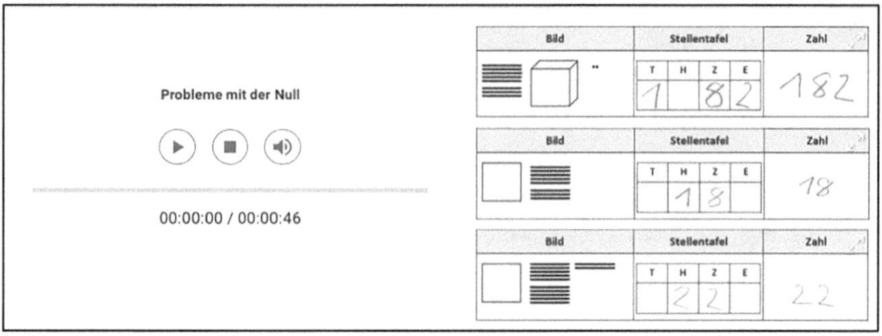

Abbildung 4.16 Beispiel I-Element Audio

Texte
Wie bereits aufgeführt, bietet das Medium Text auf FALEDIA hauptsächlich rahmende Informationen, die in beiden Versionen gleich sind. Als separates I-Element gibt es keine Text-Komponente. Jedoch dient textliche Aufbereitung als Zusatz zu bildlichen Elementen eine Erklärung zum Visuellen (Abbildung 4.17). Reine Abbildungen sind, wie oben erwähnt, auf FALEDIA in der Regel ebenso wenig vorgesehen, wie reine Text I-Elemente. In Kombination können sie jedoch voneinander profitieren.

Entlang des Textes kann in diesem Beispiel die abgebildete Lösung der Schülerin Marie nachvollzogen werden. Der Abgleich zwischen den im Text beschriebenen Merkmalen mit den in der Abbildung zu findenden Ausprägungen kann erneut zur kognitiven Aktivierung beitragen, ohne einen zu hohen Cognitive-Load (Sweller, 2011) zu erzeugen. Zudem können die notwendigen Informationen über den Text komprimiert dargestellt werden, sofern keine weiteren (z. B. dynamischen) Verstehenshilfen notwendig sind.

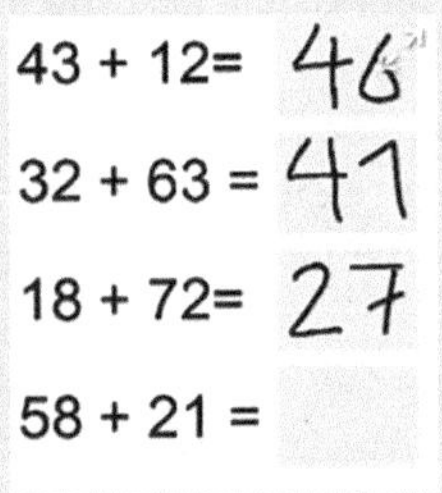

Marie kann bereits einstellige Zahlen korrekt zu zweistelligen Zahlen addieren. Beim Addieren einstelliger Zahlen zu zweistelligen Zahlen kommt sie prinzipiell zum richtigen Ergebnis, wobei ihr auch der Zehnerübergang keine Schwierigkeiten bereitet. Das erkennt man zum Beispiel an der dritten Lösung: Marie rechnet anstatt 18 + 72 die Aufgabe 18 + 7 + 2 = 27 und gelangt für ihre gedachte Aufgabe auf die richtige Summe.

Die Ursache für Maries Fehler könnte sein, dass Marie das Prinzip des Stellenwerts noch nicht verstanden hat. Das lässt sich anhand dessen vermuten, dass sie die Stellenwerte des zweiten Summanden außer Acht lässt, während sie dessen Ziffern zum ersten Summanden addiert. Bei der Berechnung der Summe behandelt sie beide Ziffern des zweiten Summanden als Einer.

Abbildung 4.17 Beispiel I-Element Text

Die Elemente der I-Variante dienen also zusammengefasst der Informationsbeschaffung über Problemanlässe, welche die Lösung zu der aufkommenden Frage direkt in sich tragen (Renkl, 2021). Über mehrere Beispiele wird jeweils sichergestellt, dass die Problemlösung nicht eindimensional, sondern übertragbar auf eine ganze Klasse weiterer Problemstellungen gedacht wird.

Anders verhält es sich mit den Elementen der E-Variante. Dabei liegt der Fokus darauf, die eigene Erarbeitung der Problemlösung in die Erarbeitung der

Nutzenden zu übertragen. Im nachfolgenden Unterkapitel werden die Aufgaben der E-Variante detailliert vorgestellt und in das FALEDIA Design eingebettet.

4.3.2 Zur Exploration anregende Variante

Die FALEDIA Variante zum Stellenwertverständnis, die zur Exploration anregende Elemente (E-Elemente) enthält, bietet insgesamt vier verschiedene sogenannte *Lernbausteine*. Innerhalb dieser Lernbausteine wurden die problembasierten Lerngelegenheiten so umgesetzt, dass die Studierenden unter passenden Aufgabenstellungen selbstständig die jeweiligen Inhalte erarbeiten. Eingebettet in die textliche Rahmung werden somit Anwendungsgelegenheiten geschaffen, die einerseits zur reflexiven Perspektivübernahme der Lernendensicht auf neu zu erlernende Inhalte anregen und anderseits fallbasiert das spätere praktische Handeln bezogen auf Diagnosen als Lehrkraft in der Unterrichtspraxis anbahnen (Abschnitt 4.2).

Die textliche Einbettung sorgt, wie auch bei den informativen Angeboten – denn es ist der gleiche Text – dafür, dass das STARK-Prinzip *Relevanz* auch bei der E-Variante umgesetzt ist. Dabei wird durch spezifische kurze einleitende Worte innerhalb eines jeden *Lernbausteins* sowie die Einbettung dessen, was die Erkenntnisse auf dem Lernweg bedeuten, *Transparenz* geschaffen. Zudem ist die Anwendung des theoretischen Wissens auf aktive Situationen aus sich selbst heraus dem Prinzip der *Anwendung* zuzuordnen. Durch die Anwendungssituationen und der sich daraus ergebenden Verknüpfung von Theorie und praktischer Andeutung ergibt sich erneut die Möglichkeit, das Gelernte als *relevant* zu empfinden. Die Durchführung der angebotenen Lernbausteine ist freiwillig und je nach individuell empfundenem Lernstand können an vielen Stellen mehrere Beispiele bearbeitet und somit der eigene Lernweg *gesteuert* werden.

Alle Lernbausteine verfügen über eine *Überprüfen*-Funktion, über welche den Nutzenden ein Feedback passend zu ihrer Bearbeitung geboten wird. Das Feedback soll zur Reflexion der Bearbeitung und der Entscheidung im Bearbeitungsprozess genutzt werden. Zusätzlich werden weiterführende Informationen angeboten, über die die Studierenden sich einer vertiefenden Auseinandersetzung passend zum angebotenen Lerninhalt auseinandersetzen und weitere Erklärungen erhalten können. Durch die immer gleichen Symbole und die ähnliche Optik wird *Kohärenz* geschaffen, sodass der Umgang mit den Lernbausteinen nicht für jedes Beispiel neu gelernt werden muss. Der grundsätzliche Aufbau von der Lernbausteine kann Abbildung 4.18 entnommen werden.

Abbildung 4.18 Grundsätzlicher Aufbau der FALEDIA-Lernbausteine

Die vier verschiedenen im FALEDIA-Projekt konzipierten Lernbausteine wurden entsprechend der auszuführenden Tätigkeit benannt:

1. Die Gruppen
2. Der Schieberegler
3. Das Sortieren
4. Das Auswählen

Die Lernbausteintypen werden im Folgenden in ihrer Funktion, Intention und inhaltlichen Ausgestaltung beschrieben und unter Augenmerk auf das an die Bearbeitung der Studierenden angepasste individualisierte Feedback betrachtet.

Die Gruppen
Der sogenannte *Gruppen* Lernbaustein fordert Nutzende auf, Elemente verschiedenen Kategorien zuzuordnen, also entlang inhaltlich gleicher Merkmale zu gruppieren. Dabei werden diese Elemente per drag and drop in sogenannte *Container* gezogen, die entweder bereits eine inhaltlich passende Überschrift anzeigen oder während des Bearbeitungsprozesses noch unbeschriftet sind. Die unbeschrifteten Container erhalten mit dem Klick auf *Überprüfen*, bei einer passenden Gruppierung, nachträglich eine Überschrift.

Der Gruppenbaustein wird an zwei Stellen der FALEDIA-Plattform zum Stellenwertverständnis eingesetzt. Einerseits im Bereich *Darstellungswechsel* wobei zu vier Zahlen im Stellenwertsystem zur Basis 5 (vorbereitend auch einmal zur Basis 10) verschiedene Darstellungen gruppiert werden sollen, die der gleichen Zahl entsprechen. Andererseits wird dieser Baustein im Bereich Diagnose bei der Auseinandersetzung mit *typischen Fehlern* eingesetzt, wobei Lösungen von Kindern entsprechend gleicher Fehlermuster in die Container gruppiert werden (Abbildung 4.19).

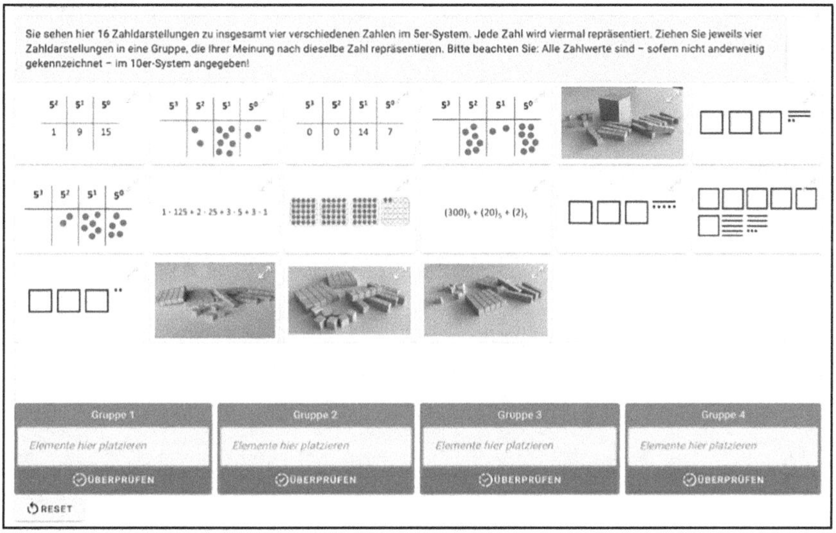

Abbildung 4.19 Beispiel E-Element Gruppen

Für einen Einblick in die Intention hinter der inhaltlichen Auseinandersetzung mit den beiden Gruppenbausteinen sei auf Abschnitt 4.2 verwiesen, in welchem die reflexiven und die fallbasierten Elemente ausführlich besprochen werden.

Die Gruppenbausteine sind jeweils mit einem Arbeitsauftrag versehen, welcher oben über dem Arbeitsbereich angezeigt wird (Abbildung 4.19). Unter dem Auftrag befinden sich die zu gruppierenden Elemente, welche hier jeweils vier Darstellungen passend zu einer Zahl im Stellenwertsystem zur Basis 5 sind. Diese Darstellungen können in die sich unterhalb davon befindenden Container gezogen werden. Die Container haben im oberen Bereich eine Überschrift. In diesem Fall sind die Gruppen zunächst lediglich nummeriert. Nach erfolgreicher Bearbeitung erscheinen inhaltlich passende Titel, zur nachträglichen Reflexion. In

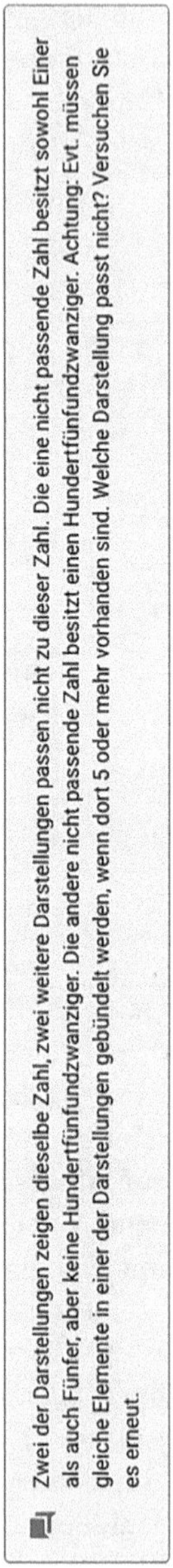

Abbildung 4.20 Beispiel Feedback Gruppen

diesem Fall erscheint die symbolische Normalschreibweise der Zahl, zu welcher die gruppierten Elemente passen (z. B. ‚Darstellung der Zahl $(302)_5$').

Mit einem Klick auf den *Überprüfen*-Button erscheint oberhalb des nunmehr gefüllten Containers ein Feedback passend zu der jeweiligen Bearbeitung (Abbildung 4.20).

Im Sinne des Designprinzips der *Steuerung*, welches die Studierenden zur Selbstständigkeit und Eigenverantwortung ihres Lernweges motivieren soll, ist insbesondere bei Eigenerarbeitungen ein individualisiertes Feedback wichtig (Kapitel 4). Die Studierenden sollen darüber in der Lage sein, ihr Lernen so anzupassen, dass es an individuelle Lernstände und Vorstellungen anknüpfbar ist.

Daher wird das Feedback auf FALEDIA grundsätzlich über die vorherige Antizipation von möglicherweise häufig auftretenden Fehlern gestaltet. Beim Gruppieren von Elementen kann so auf bereits richtig erkannte Zusammenhänge zwischen eingeordneten Elementen eingegangen und gleichzeitig Hinweise darauf gegeben werden, weswegen andere zugeordnete Elemente noch nicht passen. Da die Studierenden jederzeit ihre Gruppierungen überprüfen können, ist es möglich, das zurückgemeldete Feedback direkt während der Erarbeitungsphase auf die Beziehung zwischen den Elementen innerhalb einer Gruppe zu beziehen und damit weiterzuarbeiten.

So können Studierende je nach Gruppierung individuell an ihrer Lösung und ihren Gedankengängen ansetzen, um sukzessive zur richtigen Lösung zu gelangen. Ein *Reset* Button bietet darüber hinaus die Möglichkeit die Bearbeitung von Anfang an zu starten, sollte es für die Studierenden hilfreich sein, ihre Gedanken von vorne neu zu ordnen.

Da es eine Vielzahl an Kombinationsmöglichkeiten der einzelnen Elemente gibt – je nach zur Verfügung stehender Elemente und Container –, wurde im Projektteam entschieden, die inhaltlich sinnvollen Kombinationen auszumachen und zu betrachten sowie dazu für die Studierenden nutzbare Feedbacks zu erstellen, anstatt alle Kombinationen an Gruppierungen mit eher oberflächlichem Feedback zu generieren. Zudem wurde eine Rückmeldung implementiert, die zurückmeldet, wenn die falsche Anzahl an Elementen in einen Container gruppiert wurden. So konnte die Anzahl an zu bedenkenden Rückmeldungen für diesen Gruppenbaustein auf Lösungen reduziert werden, bei denen je vier Elemente in einen Container gruppiert wurden.

Exemplarisch bietet der in Abbildung 4.20 dargestellte Gruppenbaustein letztendlich 35 individualisierte Rückmeldungen, die aus der Lösung entsprechenden Textbausteinen bestehen (Tabelle 4.5) – inklusive des Feedbacks bei vollständig richtiger Lösung.

Tabelle 4.5 Zusammensetzung Feedback Gruppenbaustein

Bezeichnung	Textbaustein Rückmeldung
[3 richtig]	„Drei der Darstellungen zeigen dieselbe Zahl, eine zeigt jedoch eine andere Zahl. Die nicht passende Zahl besitzt …“
[$(302)_5$ falsch]	„keine Fünfer.“
[$(320)_5$ falsch]	„kein Einer.“
[$(322)_5$ falsch]	„sowohl Einer als auch Fünfer, aber keine Hundertfünfundzwanziger.“
[$(1233)_5$ falsch]	„einen Hundertfünfundzwanziger.“
[Hinweis Bündelung]	„Achtung: Eventuell müssen gleiche Elemente in einer der Darstellungen gebündelt werden, wenn dort 5 oder mehr vorhanden sind. Welche Darstellung passt nicht? Versuchen Sie es erneut.“
[2×2 richtig]	„Die ausgewählten Darstellungen zeigen zwei verschiedene Zahlen. Jeweils zwei der Darstellungen zeigen die dieselbe Zahl. Eine der beiden Zahlen besitzt…“
[andere Zahl]	„Die andere Zahl besitzt…“
[2 richtig]	„Zwei Darstellungen zeigen dieselbe Zahl, zwei weitere Darstellungen passen nicht zu dieser Zahl. Die eine nicht passende Zahl besitzt…“
[nicht passend]	„Die andere nicht passende Zahl besitzt…“

Aus den Textbausteinen wird entsprechend der individuellen Studierendenlösung das Feedback zusammengesetzt. Zu dem in Abbildung 4.21 gezeigten Feedback, bei dem bereits zwei Lösungen zueinander passen, die anderen beiden jedoch voneinander verschiedene Zahlen repräsentieren, werden entsprechend die Textbausteine zu den Bezeichnungen [2 richtig], [$(322)_5$ falsch], [nicht passend], [$(1233)_5$ falsch] und [Hinweis Bündelung] als Komponenten des Feedbacks hintereinander gesetzt.

Die möglichen auftretenden Fehler wurden über Ziffern codiert und die daraus resultierende Aneinanderreihung von Textbausteinen für ein sinnvolles Feedback zu der Bearbeitung eingepflegt. Die Reihenfolge der in den Container gezogenen Elemente ist dabei irrelevant und führt zum gleichen Feedback.

Auf die gleiche Weise werden die Rückmeldungen bei anderen Gruppenbausteinen generiert, jedoch jeweils inhaltlich an den Arbeitsauftrag angepasst. So soll sichergestellt werden, dass die Studierenden in der Bearbeitung der Aufgaben handlungsfähig sind und sich durch das Feedback geleitete inhaltliche Reflexionen ihrer eigenen Lösungen der richtigen Lösung durch Überarbeitung und Durchdenken ihrer Vorgehensweise nähern können.

Der Schieberegler

Ein weiterer Lernbaustein, der auf der FALEDIA-Plattform genutzt wird, ist der sogenannte *Schieberegler.* Dabei ist das grundlegende Konzept, einen aufeinanderfolgenden Prozess abzubilden, bei welchem die Nutzenden an Entscheidungspunkten eigenständig über die Auswahl aus mehreren Optionen entscheiden, wie der Prozess weitergeht.

Im Hintergrundteil des Stellenwertverständnisses, ist der Schieberegler als reflexives Element bei der Auseinandersetzung mit dem Weiterzählen in anderen Stellenwertsystemen eingesetzt. Dieser bietet den Studierenden im Bereich *Bündeln und Entbündeln* die Gelegenheit, sich selbst damit auseinanderzusetzen, welche Anforderungen es an Kinder stellt, Zahlen sukzessive zu erhöhen, wenn diese noch kein sicheres Stellenwertverständnis im dekadischen System aufgebaut haben (Abschnitt 4.2.1).

In diesem Beispiel (Abbildung 4.22) werden die Studierenden aufgefordert, den fortlaufenden Prozess des Weiterzählens von einer Zahl in einem anderen Stellenwertsystem, über die Darstellung als Plättchen in der Stellenwerttafel nachzuvollziehen. An Entscheidungspunkten werden sie vor die Aufgabe gestellt, aus jeweils drei Optionen zu wählen, wie die Repräsentation in der Stellenwerttafel mit Plättchen nach einer weiteren Erhöhung um eine bestimmte Anzahl an Plättchen aussehen muss. Es muss demnach darüber nachgedacht werden, ob eine Bündelung stattfinden muss und welche Auswirkungen diese auf den Rest der bereits vorhandenen Plättchen hat.

An jeder der Entscheidungsstufen sind entsprechend zu den drei Auswahlmöglichkeiten, drei Feedbacks hinterlegt, wovon eines angibt, dass die richtige Lösung ausgewählt wurde. Da hier ein weniger differenziertes Feedback geboten wird, haben die Studierenden jedoch die Möglichkeit sich *weitere Informationen* anzeigen zu lassen, sodass auch hier das Designprinzip der *Steuerung* über den eigenen Lernprozess eingebunden ist. Die weiteren Informationen sind als Angebot zu verstehen, welches die Studierenden dann nutzen können, wenn sie den Eindruck haben, noch mehr Informationen für ihr eigenes Verständnis zu benötigen oder sich tiefer informieren möchten.

Das Feedback beim Anklicken eines falschen Folgezustands, beläuft sich in diesem Fall auf die Beschreibung dessen, was die jeweilige Handlung gewesen wäre, wenn sie zu diesem Zustand geführt hätte (Abbildung 4.21). In diesem Fall entspricht die Erhöhung nicht dem geforderten Hinzufügen zweier Plättchen in der Einerspalte, sondern es wurde ein Plättchen in der Einer- und eines in der Zehnerspalte hinzugefügt. Dementsprechend entspricht der ausgewählte Endzustand nicht der Aufgabenstellung.

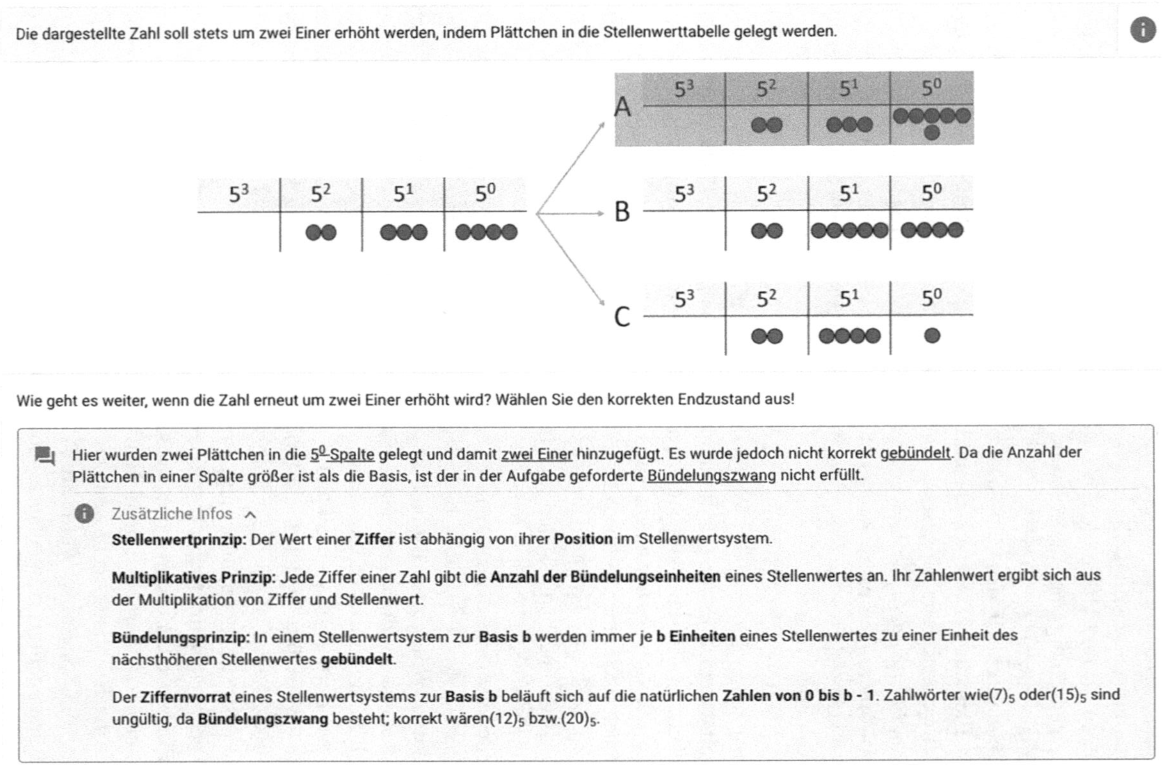

Abbildung 4.21 Beispiel E-Element Schieberegler

Die weiteren Informationen bieten einen Einblick in zwei wichtige Prinzipien, die an dieser Stelle mitgedacht werden müssen. Im Beispiel wurde das Stellenwertprinzip nicht beachtet, denn es ist relevant, an welcher Position die Plättchen hinzugefügt werden. Die Spalte der Stellenwerttabelle schreibt dem Plättchen eine Wertigkeit zu.

Entlang mehrerer Beispiele wird das Weiterzählen in anderen Stellenwertsystemen über den Schieberegler angeboten, sodass anhand eines steigenden Schwierigkeitsgrades die Auseinandersetzung auf eigenem Niveau gesteuert werden kann.

Das Sortieren

Der Baustein *Sortieren* der FALEDIA-Plattform fordert die Nutzenden auf Elemente auf eine Skala linear nach einer bestimmten Struktur anzuordnen und somit in einer Reihenfolge zu bringen.

Eingebunden ist der Lernbaustein im Stellenwertverständnis im Hintergrundbereich des *Prinzips des Stellenwerts und des Zahlenwerts.* Es sollen Elemente – hier vier Zahlen dargestellt in unterschiedlichen Stellenwertsystemen – auf einer Skala von klein (links) nach groß (rechts) sortiert werden. Dazu können die Elemente per *drag and drop* auf die Skala gezogen werden (Abbildung 4.22).

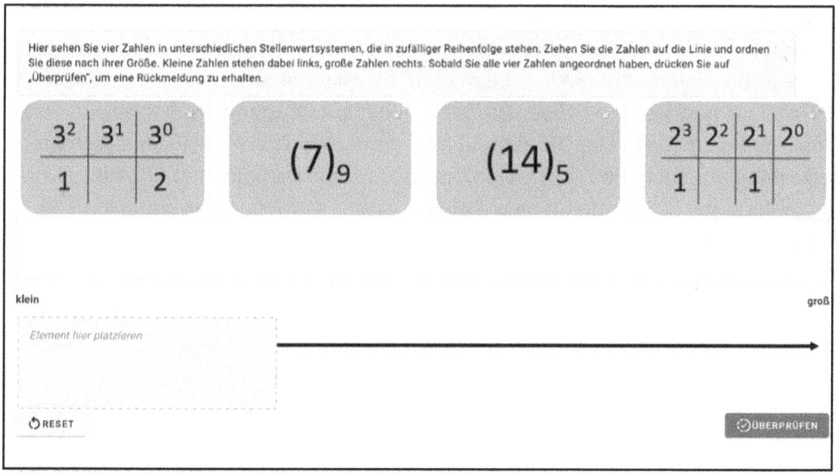

Abbildung 4.22 Beispiel E-Element Sortieren

Im Feedback wurde zunächst zwischen drei Bearbeitungsvarianten unterschieden und entsprechende Textbausteine als passende einleitende Rückmeldung konzipiert (Tabelle 4.6):

Tabelle 4.6 Feedback Lernbaustein Sortieren Einleitung

Bezeichnung	Textbaustein
[Richtig]	„Prima, Sie haben die Zahlen ihrer Größe nach korrekt sortiert!“
[Fehler]	„Das ist noch nicht ganz richtig.“
[Error]	„Diese Anordnung ist noch nicht richtig.“

Die Bearbeitungsvarianten zu fehlerhaften Lösungen wurden noch einmal unterteilt in „Error“ und „Fehler“. Error bezeichnet dabei Lösungen, zu denen sich im Projektteam keine nachvollziehbaren Vorgehensweisen ableiten lassen. Hiernach wird lediglich ein Tipp als Textbaustein eingeblendet, welcher ein mögliches Vorgehen als Strategie zur Herangehensweise enthält.

„Fehler“ meint demgegenüber auftretende Lösungsmöglichkeiten, denen eine nachvollziehbare Strategie zugrunde liegen könnte. Das mit dem Lernbaustein intendierte Lernziel an die Studierenden (Abschnitt 4.2.1) wird im Sinne der *Steuerung* auch bei diesem Lernbaustein mit einem individualisierten Feedback unterstützt, welches eine Hilfestellung zur Bearbeitung, anknüpfend an die Vorstellungen der Studierenden gewährleisten soll. Dafür wurden elf Fehlertypen antizipiert, die einer fehlerhaften Bearbeitung zugrunde liegen könnten und mit entsprechenden Rückmeldungen über die Zusammensetzung aus Textbausteinen generiert. Der Rückmeldung, dass eine Lösung falsch ist, folgt in ausgewählten Fällen ein Diagnosevorschlag vom System mit dem Hinweis, woran die fehlerhafte Sortierung liegen könnte. Dazu wurden sechs unterschiedliche Möglichkeiten antizipiert (Tabelle 4.7).

Tabelle 4.7 Feedback Lernbaustein Sortieren Diagnose

Bezeichnung	Textbaustein
[DiaStellen]	„Es könnte sein, dass Sie die Zahlen anhand der Anzahl ihrer Stellen sortiert haben – jedoch lässt sich an der Anzahl der Stellen nicht sofort erkennen, welche Zahl die größere ist."
[DiaReihenfolge]	„Es könnte sein, dass Sie die Zahlen von groß nach klein sortiert haben."
[DiaBasis]	„Es könnte sein, dass Sie die Zahlen anhand der Größe ihrer Basen sortiert haben."
[DiaLeerstellen]	„Es könnte sein, dass Sie die Position der Zahlen in der Stellenwerttabelle nicht berücksichtigt haben."
[DiaDeutung1]	„Es könnte sein, dass Sie die Zahlen als 7, 11, 12, 14 gedeutet und Leerstellen in der Stellenwerttafel sowie die Basen nicht beachtet haben. Dabei haben Sie absteigend der Größe nach sortiert."
[DiaDeutung2]	„Es könnte sein, dass Sie die Zahlen als 7, 11, 12, 14 gedeutet und Leerstellen in der Stellenwerttafel sowie die Basen nicht beachtet haben."

Kann der Reihenfolge eine solche Diagnose passend zugeordnet werden, wird der entsprechende Textbaustein nach dem Textbaustein [Fehler] eingefügt. Anschließend folgt ein Tipp zur Weiterarbeit. Bietet die Reihenfolge keine schlüssige Anbindung an die Diagnose-Textbausteine, so folgt nach dem Textbaustein [Fehler] direkt ein Tipp zur Weiterarbeit. Dies ist zumeist dann der Fall, wenn genau eine Zahldarstellung an einer falschen Stelle einsortiert wurde.

Es wurden insgesamt fünf verschiedene Textbausteine für anschlussfähige Tipps konzipiert (Tabelle 4.8):

Tabelle 4.8 Feedback Lernbaustein Sortieren Tipp

Bezeichnung	Textbaustein
[Tipkonkret1]	„Schauen Sie sich die Einordnung der $(102)_3$ nochmal an."
[Tipkonkret2]	„Schauen Sie sich die Einordnung der $(14)_5$ nochmal an."
[Tipkonkret3]	„Schauen Sie sich die Einordnung der $(7)_9$ nochmal an."
[Tipkonkret4]	„Schauen Sie sich die Einordnung der $(1010)_2$ nochmal an."
[TipVorgehen]	„Durch Addition der Ziffern, multipliziert mit ihrem jeweiligen Stellenwert, lässt sich der Wert einer Zahl im Zehnersystem ermitteln. Die $(120)_3$ wird also durch $1{\cdot}3^2 + 2{\cdot}3^1 + 0{\cdot}3^0$ ins dekadische System umgerechnet."

Die Rückmeldungen zum Lernbaustein *Sortieren* bestehen somit aus mindestens einem (richtige Lösung) und maximal drei Textbausteinen. Exemplarisch wird eine solche Feedbackzusammensetzung in der nachfolgenden Abbildung gezeigt (Abbildung 4.23).

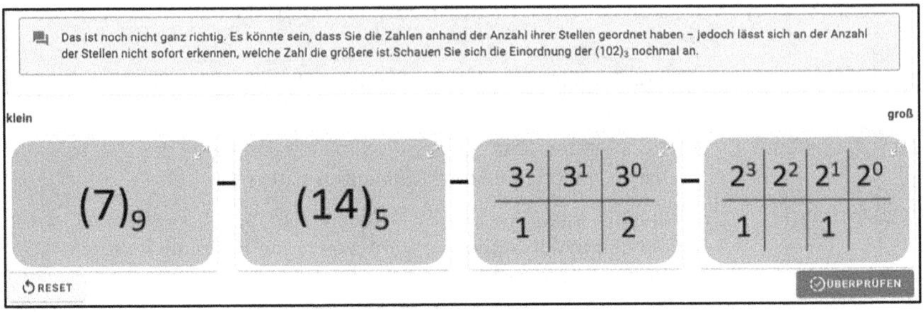

Abbildung 4.23 Beispiel Feedback Lernbaustein Sortieren

In dieser Bearbeitung liegt ein Fehler vor, der möglicherweise aus einer systematischen Überlegung heraus entstanden ist. Der Fehlercode [Fehler] wird für diese Lösungsvariante angegeben und es wird durch den zugeordneten Textbaustein darüber informiert, dass die Anordnung so noch nicht richtig ist. Da die Person möglicherweise die Basen außer Acht gelassen hat, kann über die Bezeichnung [DiaStellen] ein schlüssiges Diagnoseangebot gegeben werden. Der nachfolgende Textbaustein zu [Tipkonkret1], dient als Ansatzpunkt, um zu überlegen, an welcher Stelle im Lösungsprozess genau die Einordnung noch einmal überdacht werden muss.

So entsteht zu jedem nicht komplett richtigen Lösungsversuch eine zusammengesetzte Rückmeldung, die möglichst konkret an die Denkweise der Studierenden anknüpft und es ihnen somit erlaubt, genau an der individuellen Bearbeitung weiter- oder umzudenken.

Das Auswählen

Der Lernbaustein *Auswählen* ist eine mehrstufige Single Choice Aufgabe, bei der zu einer übergeordneten Fragestellung je drei Antwortmöglichkeiten angeboten werden. Mehrstufigkeit bedeutet in diesem Fall, dass es mehrere Fragestellungen gibt, die inhaltlich aufeinander aufbauen und sich auf ein gemeinsames Ausgangsproblem beziehen. Es können auch zwei Teilfragen mit je drei Antwortmöglichkeiten dargeboten werden, die nur im Zusammenhang miteinander überprüft werden können.

Auf der FALEDIA-Plattform zum Stellenwertverständnis, ist der Auswählenbaustein in den Diagnoseteil eingebunden und enthält als übergeordnetes Ausgangsproblem eine Falldarstellung eines fehlerhaften Lernenendendokuments (Abbildung 4.24). In der Auseinandersetzung geht es um die analytische Sichtweise auf das Dokument, wobei der kleinschrittige Nachvollzug des Fehlers, das Erkennen von bereits vorhandenen Kompetenzen und die Ableitung von Ursachen für den gezeigten Fehler gemeint sind (Abschnitt 4.2.2).

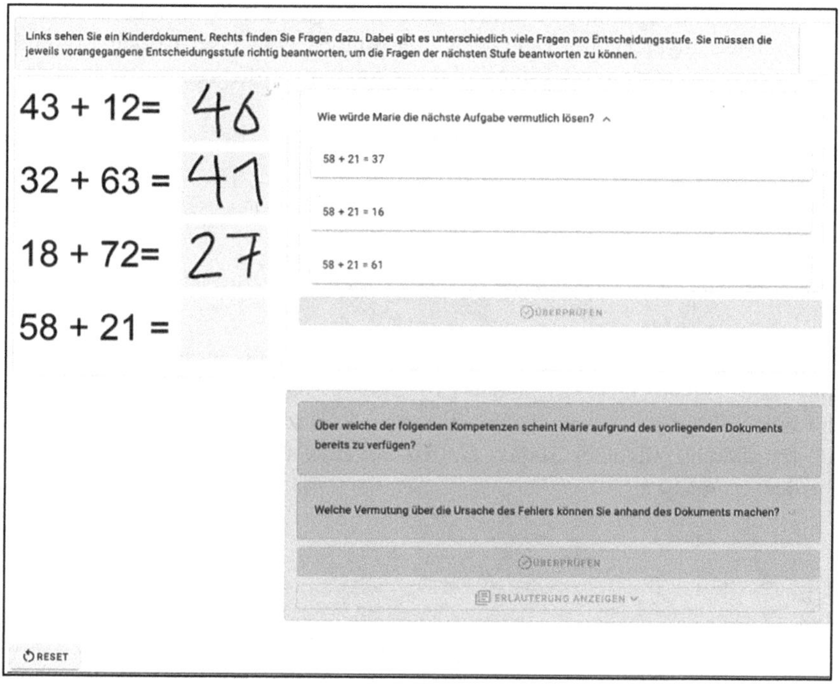

Abbildung 4.24 Beispiel E-Element Auswählen

Die erste Entscheidungsstufe fordert die Studierenden dazu auf, sich mit dem Fehler auseinanderzusetzen, sodass dem Fehlermuster entsprechend eine Lösung reproduziert wird, die wahrscheinlich Maries Lösung der Aufgabe darstellt.

Sobald die richtige Antwort ausgewählt wurde, wird die zweite Entscheidungsstufe bearbeitbar. Die nachträgliche Freischaltung der zweiten Entscheidungsstufe stellt sicher, dass die Studierenden sich zunächst intensiv mit der Fehleranalyse auseinandergesetzt haben, bevor sie Kompetenzen ableiten und Ursachen benennen.

Die beiden Fragen, die die zweite Entscheidungsstufe enthält, sind im Sinne der *Transparenz* jederzeit einsehbar, jedoch erscheinen die Antwortmöglichkeiten erst nach Freischaltung durch die richtige Beantwortung der ersten Entscheidungsstufe. Da beide Fragen der zweiten Entscheidungsstufe zusammenhängen, muss für beide Fragen eine Antwortmöglichkeit ausgewählt werden, bevor diese überprüft werden können. Es erscheint ein zweistufiges gemeinsames Feedback bezogen auf beide Fragen der zweiten Entscheidungsstufe.

Das Feedback zur ersten Entscheidungsstufe (Abbildung 4.25) ist eine einstufige Rückmeldung, die sich nur auf die erste Frage bezieht. Damit werden die Studierenden angeregt, die Denkweise, die Maries Fehler vermutlich zugrunde liegt zu antizipieren und so auf die richtige Antwortmöglichkeit zu kommen.

> Es ist unwahrscheinlich, dass Marie die Aufgabe so löst. In dieser Lösung wurden jeweils alle vorhandenen Ziffern addiert (5 + 8 + 2 + 1). Dies entspricht nicht Maries Fehlermuster.

Abbildung 4.25 Beispiel einstufiges Feedback Lernbaustein Auswählen

Die zweite Entscheidungsstufe bietet ein zweiteiliges Feedback (Abbildung 4.26) entsprechend der beiden zu beantwortenden Fragen. Ist eine richtige und eine falsche Antwortmöglichkeit ausgewählt, so wird dies den Studierenden transparent mitgeteilt, sodass sie wissen, dass sie nur die falsche Antwort überdenken müssen.

> Das denken wir auch. Wären die zweiten Summanden jeweils als Ziffern zu betrachten, würde Marie diese korrekt zum ersten Summanden addieren. Zum Beispiel 43 + 1 + 2 = 46.

> Das glauben wir nicht. Bei der Addition einstelliger Zahlen zu zweistelligen Zahlen bündelt Marie - sofern erforderlich – korrekt, was darauf hindeutet, dass ihr das Bündelungsprinzip sehr wohl bekannt ist. Dennoch bedarf es einer weiteren Feindiagnostik, um diese Aussage zu bestätigen.

Abbildung 4.26 Beispiel zweistufiges Feedback Lernbaustein Auswählen

Im angebotenen Feedback wird stets eine inhaltliche Begründung mitgeliefert, warum diese Antwortmöglichkeit nicht die richtige war. Dabei ist die Formulierung bewusst so gewählt, dass keine definitive Sprechweise verwendet wird.

Im Sinne der *Kohärenz* wird zuvor im Diagnoseteil besprochen, dass Denkweisen von Kindern diagnostisch überprüft werden müssen. Daher wird auch im Feedback darauf geachtet, dass mitgeteilt wird, dass diese Auswahlmöglichkeit eher unwahrscheinlich ist, jedoch eine Feindiagnose Aufschluss über Maries Verständnis liefern würde.

Die weiteren Auswählenbausteine zum Thema des Stellenwertverständnissen sind, im Sinne der *Kohärenz*, analog aufgebaut.

Die E-Elemente fordern von den Nutzenden eine eigenständige Auseinandersetzung mit dem dargebotenen Lerninhalt, wobei ein grundlegendes Designprinzip darin besteht, möglichst passgenaues Feedback zu der Bearbeitung anzubieten. So kann den STARK-Prinzipen der Steuerung und der Transparenz entsprechend, selbstbestimmt der individuelle Lernweg ausgehend von den Studierenden gesteuert werden.

Um die Umsetzung der I- und E-Elemente übersichtlich nebeneinander betrachten zu können, wird im folgenden Unterkapitel eine Gegenüberstellung beider Varianten der Plattform geboten.

4.3.3 Die Versionen in Gegenüberstellung

Um einen Vergleich zwischen den beiden oben beschriebenen Varianten möglich zu machen, ist die Einbindung der I- und E-Elemente jeweils sowohl an gleicher Stelle im rahmenden Text als auch inhaltlich zum gleichen Gegenstand gegeben. Das bedeutet zum Beispiel, dass das Gruppieren von Lernendenlösungen zu typischen Fehlern in der einen Variante über Audioerklärungen zu den abgebildeten Falldokumenten (I-Variante) und in der anderen Variante über den Gruppenbaustein (E-Variante) realisiert wird. Dabei wird der exakt gleiche Inhalt verwendet, der rahmende Text und der sonstige Aufbau der Plattform sind darüber hinaus ebenfalls gleich. Der Anspruch daran ist somit, dass die angebotenen Lerninhalte die gleichen Informationen zur Verfügung stellen und dass die Nutzung (immer abhängig von individuellen Präferenzen) gleichermaßen attraktiv ausgestaltet ist.

Anhand des Beispiels zum Clustern von typischen Fehlern (Abbildung 4.27), wird folgend skizziert, wie die Designentscheidungen in der Umsetzung zweier inhaltlich gleicher Elemente auf unterschiedlicher Aktivierungsebene aussehen. Während die E-Variante fordert, dass die Studierenden die abgebildeten Lösungen der Schüler:innen selbstständig anhand von wahrgenommenen Ähnlichkeiten in den Dokumenten gruppieren, bietet die I-Variante Audioerklärungen zu ebendiesen Ähnlichkeiten, die aus den Dokumenten entnommen werden können. Während die E-Variante ein Feedback zu der Auseinandersetzung der Nutzenden bereithält, welches – auf adaptive Weise – enthält, ob und warum die gruppierten Elemente zusammenpassen, erhalten die Nutzenden der I-Variante ebenso die Informationen, was den typischen Fehler ausmacht, wie er in den Dokumenten erkannt werden kann und weswegen der typische Fehler und die Abbildungen zusammenpassen. Diejenigen kognitiven Prozesse, die bei der Lösung des Gruppenbausteins angeregt werden, werden antizipiert und in die Audioerläuterung integriert.

Ein Beispiel für die Umsetzung der antizipierten kognitiven Prozesse ist die Beschreibung, wie die Zahl bei ‚Probleme mit der Null' trotz falscher Notation als Zahlsymbol aus der Stellentafel noch richtig abgelesen werden kann. Diese Gedanken könnten sich Nutzende beim Bearbeiten des zugehörigen Gruppenbausteins machen, um die drei passenden Lösungen zu sortieren.

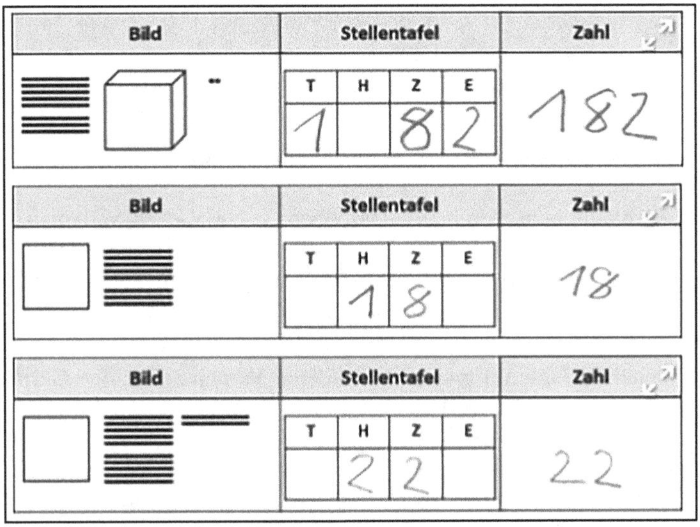

Abbildung 4.27 Gleiches Ausgangsbeispiel ‚Probleme mit der Null'

Um die Gleichheiten und Unterschiede übersichtlich für alle auf FALEDIA angebotenen Elemente zu verdeutlichen, wird nachfolgend die Umsetzung der I- und E-Elemente tabellarisch, mit kurzen Beschreibungen, gegenübergestellt (s. Tabelle 4.9).

Tabelle 4.9 Gegenüberstellung der E- und I-Elemente

E-Element	I-Element
Schieberegler: Bündelung Über eine interaktive Stellentafel mit Plättchen soll in verschiedenen Stellenwertsystemen und eine konstante Anzahl an Plättchen weitergezählt und Bündelungen an entsprechender Stelle vorgenommen werden.	**Video: Bündelung** Es wird unter der Leitfrage „Wie zählt man in anderen Stellenwertsystemen?" dynamisch gezeigt und erklärt, wie an einer Stellentafel mit Plättchen um eine konstante Anzahl an Plättchen im jeweiligen Stellenwertsystem weitergezählt und an entsprechender Stelle gebündelt wird.
Ordnen: Stellenwert und Zahlenwert Entlang einer linearen Skala sollen Zahlen in unterschiedlichen Stellenwerten ihrer Größe nach geordnet werden, ohne diese ins dezimale Stellenwertsystem zu übersetzen.	**Video: Stellenwert und Zahlenwert** Unter der Leitfrage „Wie sortiert man Zahlen in anderen Stellenwertsystemen geschickt?" wird dynamisch gezeigt und erklärt, wie Zahlen ihrer Größe nach geordnet werden können, ohne diese ins dezimale Stellenwertsystem zu übersetzen.
Gruppen: Darstellungswechsel Dezimalsystem Zahlen, die über unterschiedliche Repräsentanten dargestellt werden, sollen danach gruppiert werden, welcher Zahl sie entsprechen.	**Abbildung: Darstellungswechsel Dezimalsystem** Zahlen, die über unterschiedliche Repräsentanten dargestellt werden, sind danach angeordnet, welcher Zahl sie entsprechen.
Gruppen: Darstellungswechsel Fünfersystem Zahlen, die über unterschiedliche Repräsentanten dargestellt werden, sollen danach gruppiert werden, welcher Zahl sie entsprechen.	**Audio + Bild: Darstellungswechsel Fünfersystem** Zahlen, die über unterschiedliche Repräsentanten dargestellt werden, sind danach angeordnet, welcher Zahl sie entsprechen. Es erfolgt zu jeder Zahl eine Audioerklärung, warum die Darstellungen jeweils zu der Zahl passen, die sie zeigen.

(Fortsetzung)

Tabelle 4.9 (Fortsetzung)

E-Element	I-Element
Gruppen: Typische Fehler Fehlerhafte Dokumente von Lernenden sollen danach gruppiert werden, welche dem gleichen Fehlertyp entsprechen.	**Audio + Bild: Typische Fehler** Fehlerhafte Dokumente von Lernenden werden danach beschrieben, welche dem gleichen Fehlertyp entsprechen und warum.
Auswählen: Diagnostischer Dreischritt Zu fehlerhaften Bearbeitungen von Lernenden sollen nach dem diagnostischen Dreischritt zunächst antizipiert werden, wie das Kind eine weitere Aufgabe entsprechend des Fehlermusters lösen würde (implizite Fehlerbeschreibung). Danach soll entschieden werden, über welche Kompetenzen das Kind bereits verfügt und welche Ursache dem Fehler zugrunde liegen könnte.	**Bild + Text: Diagnostischer Dreischritt** Zu fehlerhaften Bearbeitungen von Lernenden wird nach dem diagnostischen Dreischritt zunächst antizipiert, wie das Kind eine weitere Aufgabe entsprechend des Fehlermusters lösen würde (Begründet durch eine Fehlerbeschreibung). Danach wird erläutert, über welche Kompetenzen das Kind bereits verfügt und welche Ursache dem Fehler zugrunde liegen könnte.

Nachdem die Designentscheidungen der FALEDIA-Plattform aus der Sicht der inhaltlichen und aufgabenbezogenen Ausrichtung und digitalen Implementation durch die Abschnitten 4.1 bis 4.3 vorgenommen wurden, wird in Abschnitt 4.4 eine Übersicht über alle drei Aspekte hinweg geboten. Anschließend wird auf das Design der Untersuchung und insbesondere die Forschungsfragen übergleitet, welche in Kapitel 5 ausführlich nachzulesen sind

4.4 Zusammenfassung des Designs der FALEDIA-Plattform

Die FALEDIA-Plattform ist entlang des HCD (ISOa, 2019; ISOb, 2019) gezielt an den antizipierten Bedarfen der Zielgruppe ausgerichtet designt worden. Bei der Zielgruppe handelt es sich um Studierende der Mathematik für die Primarstufe der TU Dortmund, wodurch die Plattform eine klar handlungsorientierte Ausrichtung hat, welche die Nutzenden im Bereich der Diagnosefähigkeiten, am Beispiel des Stellenwertverständnisses, zu Handlungsfähigkeit in der Berufspraxis vorbereiten soll. Dies soll im Rahmen der universitären Ausbildung durch konsequente Verzahnung von theoretischen Grundlagen mit praktischen Anwendungsszenarien geschehen (Kapitel 2).

Um dies zu gewährleisten, wurde sich zum einen an dem für diese Arbeit aufgestellten Dreisäulenmodell der Diagnosefähigkeiten (Abschnitt 1.1.3) orientiert, was vorsieht, vor dem Hintergrund des Diagnoseprozesses aus Lernstände erheben, Ursachen ableiten und Aufgaben beurteilen, theoretisch-kognitive Fähigkeiten bereichsspezifisch als Handlungsgrundlage zu erwerben. Diese sollen durch fachdidaktische Tätigkeiten wie Identifizieren und Interpretieren mit Aktivierungsfähigkeiten zu Handlungswissen erweitert werden. Letztendlich ist das Ziel die sichere Performanz durch Umsetzungsfähigkeiten, welche schlussendlich die diagnostische Handlungsfähigkeit darstellt.

Durch Ausrichtung an diesem Modell, ist zentrale Designüberlegung der FALEDIA-Plattform, fachliches und fachdidaktisches Wissen durch Anwendung und/oder Übertragung in, bzw. auf realistische Praxiskontexte für Studierende so nutzbar zu machen, dass diese in ihrer diagnostischen Handlungsfähigkeit gesteigert werden.

Konkrete Kompetenzformulierungen (4.1) tragen zur zielgerichteten Gestaltung der FALEDIA-Plattform bei, indem die Umsetzung um die zentralen, von den Studierenden zu erwerbenden Kompetenzen, ausgerichtet ist.

Dafür wurden Designprinzipien erarbeitet, auf dessen Grundlage und unter dessen konsequentem Einbezug, die Inhalte adressat:innenengerecht umgesetzt werden. Diese Prinzipien sind die hier so bezeichneten und aus der Literatur abgeleiteten STARK-Prinzipien (Abschnitt 3.1.3), der Steuerung, Transparenz, Anwendung, Relevanz und Kohärenz. Studierende sollen ihren Lernweg stets selbst mitgestalten können, was durch transparente Darstellung der Inhalte möglich gemacht wird. Sowohl die transparente Darstellung als auch die Möglichkeit zur praxisnahen Einbettung theoretischen Wissens durch Anwendung (Kapitel 2, Wahl, 2002), soll dazu beitragen, dass den Nutzenden die Relevanz des zu Lernenden deutlich gemacht wird und die Lerninhalte dadurch als sinnvoll wahrgenommen und besser verstanden werden können (Mayer, 2021). Durch einen kohärenten Aufbau der Plattform soll zusätzlicher Cognitive Load (Sweller, 2011) vermieden werden, sodass die aufgebrachte Konzentration zu möglichst großen Teilen in die inhaltliche Auseinandersetzung mit dem Lerninhalt fließen kann.

Auch hier wird die konsequente Vernetzung zwischen Theorie und Praxis durch reflexive und fallbasierte Lerngelegenheiten (4.2), sowie die inhaltliche Ausgestaltung der Plattform, die immer wieder zu Reflexionen und Bezugnahmen zum unterrichtlichen Kontext, sowie dem Lernen der Lernenden in der Primarstufe Bezug nimmt als zentral betrachtet, um die STARK-Prinzipien umzusetzen.

Zuletzt besteht ein zentrales Designelement darin, die Zugangsweise (4.3) der Theorie-Praxis verknüpfenden Elemente auf zwei verschiedene Weisen anzubieten. Zum einen werden über eine informative Variante Elemente entsprechend der Worked-Examples (z. B. Renkl, 2021) als Lerngelegenheiten angeboten. Zum anderen und unter Bezug zum Problem-Based-Learning Ansatz (z. B. Hmelo-Silver et al., 2007), wird eine zur Exploration anregende Variante designt, welche den Studierenden Lerngelegenheiten zur aktiven Erarbeitung derselben Lerninhalte anbietet.

Das nachfolgende Kapitel 5 bietet eine detaillierte Beschreibung des Designs der Untersuchung der in diesem Kapitel vorgestellten FALEDIA-Plattform.

Design der Untersuchung 5

In diesem Kapitel wird das Design der empirischen Untersuchung dieser Arbeit dargestellt. In Abschnitt 5.1 werden zunächst die Ziele und Forschungsfragen, die der Untersuchung zugrunde liegen, vorgestellt. Abschnitt 5.2 hat die Darlegung der Methodik zum Inhalt. Dabei werden die Rahmenbedingungen der Untersuchung besprochen, um anschließend die Untersuchungsmethodik einzuordnen.

Die Erhebungs- und Auswertungsinstrumente werden in Abschnitt 5.3 vorgestellt, wobei entlang der in den Forschungsfragen eröffneten Perspektiven aus diagnostischer Performanz und Aktivierung vorgegangen wird. Zuletzt wird in Abschnitt 5.4 ein Überblick über das gesamte Forschungsdesign geboten.

5.1 Forschungsziele und Forschungsfragen

Ziel der hier vorgestellten Untersuchung ist es, dass Studierende durch die Nutzung der FALEDIA-Plattform ihre Diagnosefähigkeit im Bereich des Stellenwertverständnisses steigern können. Aufbauend auf diese globale Zielsetzung stehen im Zentrum der Untersuchung die folgenden drei zentralen Erkenntnisinteressen:

Erkenntnisinteresse 1 (E1) bezieht sich auf die diagnostische Performanz:

> *E1: Inwiefern kann die FALEDIA-Plattform zur Steigerung von Diagnosefähigkeit im Bereich Performanz beitragen?*

M. Maibach, *Diagnostische Performanz und Einschätzungen von Primarstufen-Studierenden*, Dortmunder Beiträge zur Entwicklung und Erforschung des Mathematikunterrichts 62,
https://doi.org/10.1007/978-3-658-50683-4_5

Erkenntnisinteresse 2 (E2) bezieht sich auf Unterschiede in der Performanz und der Selbsteinschätzung der Diagnosefähigkeiten.

E2: Lassen sich Erklärungsansätze für die Diskrepanz zwischen der gemessenen diagnostischen Performanz und der Selbsteinschätzung der Studierenden ausmachen?

E3: Welche FALEIDA-Variante wird von den Studierenden präferiert und wie wird dies begründet?

E4: Gibt es Hinweise auf förderliche oder hemmende Elemente im Bereich der Aktivierungsfähigkeiten?

Erkenntnisinteresse 3 (E3) und 4 (E4) bezieht sich auf die Aktivierungsfähigkeit im Diagnoseprozess:

Um die zentralen Erkenntnisinteressen untersuchen zu können, werden Forschungsfragen bezogen auf die diagnostische Performanz (Forschungsfrage 1) und bezogen auf Diskrepanzen zwischen Performanz und Selbsteinschätzung (Forschungsfrage 2) sowie die Aktivierung der Studierenden (Forschungsfrage 3) sowie die Aktivierungsfähigkeit (Forschungsfrage 4) aufgestellt. Diese werden im Folgenden ausgeschärft.

Fragen zur diagnostischen Performanz

Ziel ist es, die Ausgangslage der diagnostischen Performanz *vor* der Intervention vergleichen zu können mit der diagnostischen Performanz *nach* der Intervention und damit dem Erkenntnisinteresse 1 nachzukommen. Dies soll stets vor den Teilfacetten des Diagnoseprozesses aus ‚Lernstände erheben, Ursachen ableiten und Aufgaben beurteilen' geschehen. Hierfür werden drei Teilforschungsfragen formuliert sowie eine weitere in Bezug auf die retrospektive selbsteingeschätzte Entwicklung der Diagnosefähigkeiten durch die Studierenden. Eine Übersicht über die Forschungsfrage 1 und die damit verbundenen Teilziele und Teilfragen zu Forschungsfrage 1 kann der nachfolgenden Tabelle 5.1 entnommen werden.

Tabelle 5.1 Teilforschungsziele und -fragen zu Forschungsfrage 1

FF 1: Welche Diagnosefähigkeiten im Stellenwertverständnis zeigen Studierende und schätzen Studierende vor der und im Anschluss an die Auseinandersetzung mit der FALEDIA-Lernplattform selbst ein?

Teilforschungsziel	Teilforschungsfrage
Darlegung der Ausgangslage zur diagnostischen Performanz	FF1.1: Welche diagnostische Performanz im Stellenwertverständnis zeigen Studierende vor der Auseinandersetzung mit der FALEDIA-Lernplattform?
Darlegung der diagnostischen Performanz nach der Intervention mit der FALEDIA Plattform	FF1.2: Welche diagnostische Performanz im Stellenwertverständnis zeigen Studierende im Anschluss an die Auseinandersetzung mit der jeweiligen Variante der FALEDIA-Lernplattform?
Vergleiche zwischen der Ausgangslage der diagnostischen Performanz und nach der Intervention mit der FALEDIA-Plattform	FF1.3: Welche diagnostische Performanz im Stellenwertverständnis zeigen Studierende vor der und im Anschluss an die Auseinandersetzung mit der jeweiligen Variante der FALEDIA-Lernplattform im Vergleich?
Darlegung der selbsteingeschätzten diagnostische Performanz durch die Studierenden	FF1.4: Wie wird der retrospektive Lernerfolg bezogen auf die diagnostische Performanz von Studierenden selbsteingeschätzt?

Fragen zur Diskrepanz zwischen Selbsteinschätzung und Performanz

Die Forschungsfragen zur Diskrepanz zwischen diagnostischer Performanz und der retrospektiven Selbsteinschätzung der Studierenden geschieht unter Einbezug quantitativer und qualitativer Daten und wird anhand ausgewählter Falldarstellungen untersucht. Die Tabelle 5.2 gibt eine Übersicht über Forschungsfrage 2 und die entsprechenden Teilforschungsziele und Teilforschungsfragen bezüglich des Erkenntnisinteresses 2.

Tabelle 5.2 Teilforschungsziele und -fragen zu Forschungsfrage 2

FF 2: Welche Erklärungsansätze für die Diskrepanz zwischen der Selbsteinschätzung und der gemessenen Ergebnisse lassen sich anhand von Fallbetrachtungen entwickeln?	
Teilforschungsziel	Teilforschungsfrage
Rekonstruktion von Erklärungsansätzen für die Diskrepanz im Fallbeispiel Ilse	FF2.1: Welche Erklärungsansätze für die Diskrepanz zwischen der Selbsteinschätzung und der gemessenen Ergebnisse lassen sich anhand der Fallbetrachtungen Ilse entwickeln?
Rekonstruktion von Erklärungsansätzen für die Diskrepanz im Fallbeispiel Hans	FF2.2: Welche Erklärungsansätze für die Diskrepanz zwischen der Selbsteinschätzung und der gemessenen Ergebnisse lassen sich anhand der Fallbetrachtungen Hans entwickeln?
Rekonstruktion von Erklärungsansätzen für die Diskrepanz im Fallbeispiel Martin	FF2.3: Welche Erklärungsansätze für die Diskrepanz zwischen der Selbsteinschätzung und der gemessenen Ergebnisse lassen sich anhand der Fallbetrachtungen Martin entwickeln?
Rekonstruktion von Erklärungsansätzen für die Diskrepanz im Fallbeispiel Margot	FF2.4: Welche Erklärungsansätze für die Diskrepanz zwischen der Selbsteinschätzung und der gemessenen Ergebnisse lassen sich anhand der Fallbetrachtungen Margot entwickeln?

Fragen zur Aktivierung

Die qualitative Untersuchung von Interviewaussagen danach, inwiefern Präferenzen zu den FALEDIA-Versionen deutlich werden und wie diese begründet werden, trägt zur Auseinandersetzung mit Erkenntnisinteresse 3 bei. Die Gliederung der Forschungsfrage 3 in Teilforschungsfragen kann Tabelle 5.3 entnommen werden.

Tabelle 5.3 Teilforschungsziele und -fragen zu Forschungsfrage 3

FF 3: Wie werden Präferenzen von konzeptionellen Merkmalen, bezogen auf die Versionen der FALEDIA-Plattform begründet?	
Teil-Forschungsziel	Teil-Forschungsfrage
E versus I in Bezug auf das Erwerben von Hintergrundwissen	FF 3.1: Welche konzeptionellen Merkmale bezogen auf die Versionen der FALEDIA-Plattform werden zur Facette *Hintergrundwissen erwerben* präferiert? Und wie wird dies begründet?
E versus I in Bezug auf den Stand im Lernprozess	FF 3.2: Welche konzeptionellen Merkmale bezogen auf die Versionen der FALEDIA-Plattform werden zur Facette *Stand im Lernprozess* präferiert? Und wie wird dies begründet?
E versus I in Bezug auf die Komplexität des Themas	FF 3.3: Welche konzeptionellen Merkmale bezogen auf die Versionen der FALEDIA-Plattform werden zur Facette *Komplexität des Themas* präferiert? Und wie wird dies begründet?
E versus I in Bezug auf Diagnostizieren	FF 3.4: Welche konzeptionellen Merkmale bezogen auf die Versionen der FALEDIA-Plattform werden zur Facette *Diagnostizieren* präferiert? Und wie wird dies begründet?
E versus I in Bezug auf das Vernetzen von Wissen	FF 3.5: Welche konzeptionellen Merkmale bezogen auf die Versionen der FALEDIA-Plattform werden zur Facette *Wissen vernetzen* präferiert? Und wie wird dies begründet?

Fragen zur Aktivierungsfähigkeit

Um den zweiten Teil des Erkenntnisinteresse 3 nach förderlichen und hemmenden Elementen bei der Ausbildung aktivierbarer Fähigkeiten zu untersuchen, wurden die nun folgende Forschungsfrage 4 sowie die Teilziele und Teilforschungsfragen zu Forschungsfrage 4 aufgestellt (Tabelle 5.4).

Tabelle 5.4 Teilforschungsziele und -fragen zu Forschungsfrage 4

FF 4: Welche konzeptionellen Merkmale und Designelemente der FALEDIA-Plattform werden zur Anregung von Aktivierungsfähigkeiten benannt? Und wie wird dies begründet?	
Teil-Forschungsziel	Teil-Forschungsfrage
Potentiell förderliche Elemente	FF 4.1: Welche *potentiell förderlichen* konzeptionellen Merkmale werden zum Aufbau von Aktivierungsfähigkeiten benannt? Und wie wird dies begründet?
Potentiell hemmende Elemente	FF 4.2: Welche *potentiell hemmenden* konzeptionellen Merkmale werden zum Aufbau von Aktivierungsfähigkeiten benannt? Und wie wird dies begründet?

5.2 Methodik des Untersuchungsdesigns

In Abschnitt 5.1 wurden die beiden Untersuchungsschwerpunkte *Diagnostische Performanz* und *Aktivierung* ausgemacht. Im Folgenden werden daran orientiert Überlegungen zur Methodik der Untersuchung vorgenommen. Dazu werden zunächst Rahmenbedingungen zur Untersuchung geklärt und darauf aufbauend der zeitliche Ablauf der quantitativen und qualitativen Vorgehensweise dargelegt und das jeweilige Vorgehen methodisch spezifiziert.

5.2.1 Beschreibung der Rahmenbedingungen

Im Unterkapitel 5.2.1 werden die Rahmenbedingungen, die der Untersuchung unterliegen, vorgestellt. Dazu erfolgt eine Einordnung der Gesamtstichprobe sowie der universitären Lehrveranstaltung, in welcher die Datenerhebung stattfand. Zudem wird das Untersuchungsdesign entlang einer 2×2-Matrix aus Plattformversion und Anbindung an die Lehrveranstaltung aufgeschlüsselt, die die Unterteilung der Gesamtstichprobe in vier einzeln betrachtete Teilstichproben erklärt.

Situative Rahmung
Die Untersuchung, die in dieser Arbeit vorgestellt wird, ist eingebunden in die universitäre Lehrveranstaltung ‚*Grundlegende Ideen der Mathematikdidaktik der Primarstufe*', kurz GIMP, des Wintersemesters 2020/2021. Diese für diese Untersuchung relevanten Informationen der GIMP-Veranstaltung sowie die Informationen zur Untersuchungsgruppe werden im Folgenden vorgestellt.

Die GIMP-Veranstaltung besteht als zwei Semesterwochenstunden Vorlesung (90 Minuten) und zwei Semesterwochenstunden Übung (90 Minuten), wobei der Vorlesungs- und Übungsbetrieb inhaltlich eng aufeinander abgestimmt sind. Insgesamt haben sich im Wintersemester 2020/2021 266 Studierende für die Veranstaltung angemeldet, wodurch 12 Übungsgruppen zustande kamen, die jeweils 20–25 Teilnehmer:innen umfassten.

Eine Besonderheit ergab sich in der Veranstaltung 2020/2021 dadurch, dass es sich um ein ‚Corona-Semester' handelte, in welchem die Lehre digital stattfand. Dafür wurden sowohl die Vorlesung als auch die Übungen synchron via Zoom angeboten.

Inhaltlich werden in den Übungen zur GIMP-Veranstaltung Aufgaben bearbeitet, welche auf die Vorlesungsinhalte der jeweiligen Woche abgestimmt sind, sodass eine Vertiefung der Vorlesungsinhalte in kleineren Gruppen unter direktem Austausch und Anwendung auf Übungsaufgaben stattfinden kann. Die Übungsblätter sind dabei in drei verschiedene Aufgabenformate unterteilt:

- Aufgaben zur schriftlichen Vorbereitung mit Abgabe
- Aufgaben zur schriftlichen Vorbereitung ohne Abgabe
- Präsenzaufgaben

Inhaltlich beschäftigt sich die GIMP-Veranstaltung mit zentralen mathematikdidaktischen Themen, welche an verschiedenen Inhaltsbereichen und Aufgaben der Mathematik in der Primarstufe besprochen und diskutiert werden. Der thematische Verlaufsplan der Veranstaltung im Wintersemester 2020/2021 kann Abbildung 5.1 entnommen werden.

Vorlesung Mo	Vorlesung Mi	Thema	Übung Mo/Di
02.11.20	04.11.20	0 Organisatorisches 1 Operatives Prinzip und Spiralprinzip	09./10.11.20
09.11.20	11.11.20	2 Entdeckendes Lernen und Produktives Üben	16./17.11.20
16.11.20	18.11.20	3 Zunehmende Mathematisierung und Natürliche Differenzierung	23./24.11.20
23.11.20	25.11.20	4 Prozessbezogene Kompetenzen fördern	30.11/01.12.
30.11.20	02.12.20	5 Sprachbildung im Mathematikunterricht	07./08.12.20
07.12.20	09.12.20	6 Leistungsstarke Kinder	14./15.12.20
14.12.20	16.12.20	7 Inklusiver Mathematikunterricht	04./06.01.21
04.01.21	06.01.21	8 Leistungen feststellen und beurteilen	11./12.01.21
11.01.21	13.01.21	9 Zahlverständnis	18./19.01.21
18.01.21	20.01.21	10 Nicht-zählendes Rechnen	25./26.01.21
25.01.21	27.01.21	11 Stellenwertverständnis	01./02.02.21
01.02.21	03.02.21	12 Operationsverständnis	08./09.02.21
08.02.21	10.02.21	13 Digitale Medien	

Abbildung 5.1 Themenübersicht GIMP 2020/2021

Das Thema *Stellenwertverständnis*, welches den Inhalt der FALEDIA-Plattform darstellte, mit welchem sich die Studierenden in einer Intervention mit der Plattform selbstständig auseinandersetzen sollten, ist laut Plan zum Ende der Veranstaltung Inhalt. Die Intervention mit der FALEDIA-Plattform und die beiden Testzeitpunkte der schriftlichen Untersuchung wie auch die Interviews waren zeitlich davor geschaltet (s. Abschnitt 5.2.2), um Einflüsse der Vorlesung auf die Ergebnisse auszuschließen.

Die Zielgruppe der Untersuchung besteht aus Bachelorstudierenden des Lernbereichs *Mathematische Grundbildung*, in der Regel zwischen dem dritten und fünften Bachelorsemester. Die Anzahl an Teilnehmenden an der Studie, von denen vollständige Datensätze vorliegen, beläuft sich auf $N_{Gesamt} = 220$. Die Anzahl der Teilnehmenden wird im Folgenden als *Gesamtkohorte* bezeichnet. In dieser Anzahl an Personen sind die Interviewteilnehmenden (s. folgende Absätze) nicht inkludiert. Diese Entscheidung wurde im Projektteam getroffen, da nicht ausgeschlossen werden kann, dass sich die während der Intervention durch das Forschungsteam beobachteten Teilnehmenden anders mit der Plattform auseinandergesetzt haben als die restliche, unbeobachtete Kohorte.

Zudem wurden zufällig 21 Studierende angefragt, die sich bereiterklärten, zusätzlich zu den schriftlichen Erhebungen an Interviewbefragungen teilzunehmen. Diese Befragungen teilen sich in zwei Zeitpunkte und werden als *Interview 1* und *Interview 2* bezeichnet. Bei *Interview 1* konnte bei zwei teilnehmenden Personen aus technischen Gründen keine Interviewaufzeichnung stattfinden, bzw. diese aufgrund von Tonproblemen nicht ausgewertet werden, daher stehen letztendlich $N_{Interview1} = 19$ Interviews zur Verfügung. Für die Teilnahme an *Interview 2* wurden diejenigen Personen angefragt, die bereits an *Interview 1* teilgenommen haben, wobei die Teilnahme erneut freiwillig war. Es kamen insgesamt $N_{Interview2} = 15$ verwertbare Interviews zustande. Die Teilnehmenden an den Interviews werden im Folgen als *Interviewteilnehmende* bezeichnet.

Zu Anonymisierungs- und Zuordnungszwecken wurde allen Studierenden ein dreistelliger individueller Zifferncode zugeordnet, unter welchem die Auswertung und Zusammenführung der Daten erfolgte. Die Anonymisierung sollte zum einen zum Datenschutz beitragen und zum anderen zur Vermeidung von Druck und Minimierung von Antworten aufgrund von sozialer Erwünschtheit.

Praxiserfahrung im Bereich der Diagnose kann bei allen Teilnehmenden nicht als vorausgesetzt angenommen, jedoch auch nicht ausgeschlossen werden. Zum einen könnten Praxiserfahrungen bereits durch zum Beispiel Nebentätigkeiten gemacht worden sein, zum anderen ist es möglich, dass das Seminar *‚Diagnose und individuelle Förderung 1'* parallel zu der GIMP-Veranstaltung im Wintersemester 2020/2021 besucht wurde. Insbesondere diejenigen Praxiserfahrungen, die nicht im universitären, fachdidaktisch begleiteten Kontext erfolgen, können nicht adäquat erfasst werden. Darüber hinaus ist die FALEDIA-Plattform grundsätzlich so konzipiert, dass (angehende) Lehrkräfte mit verschiedenen Voraussetzungen und Vorerfahrungen sich selbstgesteuert diejenigen Informationen und Einblicke verschaffen können, die ihnen individuell hilfreich erscheinen. Da zudem ohnehin ein Pre- und ein Posttest vor und nach der Intervention mit der FALEDIA-Plattform durchgeführt wurde und dabei die Differenzen der Punkte als Entwicklung betrachtet werden (Abschnitt 5.3.1) und da als Erkenntnisinteresse dieser Arbeit nicht die Frage zugrunde liegt, welche Zielgruppe am besten mit der FALEDIA-Plattform lernt, wurde sich dafür entschieden, die diagnostische Vorerfahrung nicht als Variable mitzuerheben. Zudem erschienen demografische Informationen wie Alter und Geschlecht für diese Untersuchung nicht als relevant, weswegen sie ebenfalls nicht erhoben wurden.

Das Erkenntnisinteresse besteht vielmehr darin, die diagnostische Performanz bezogen auf das Seitenformat und der Einbettung der Plattform in den Übungsbetrieb zu erheben sowie die Aktivierungsprozesse zu betrachten. Daher wird die daraus folgende methodische Rahmung im Folgenden besprochen.

Methodische Rahmung

Aus der Konzeption der FALEDIA-Plattform heraus ergibt sich zusätzlich eine methodische Rahmung, die Aufteilung der Gesamtkohorte in Untergruppen betreffend.

Zum einen betrifft dies die Unterteilung der FALEDIA-Plattform in zwei verschiedene Varianten (Abschnitt 4.6), eine mit informierenden Elementen (I-Variante) und die andere mit zur Exploration anregenden Elementen (E-Variante). Teilnehmende der Übungsgruppen 1–6 hatten während der Intervention den Zugang zur E-Variante und Teilnehmende der Übungsgruppen 7–12 den Zugang zu I-Variante. Daraus ergibt sich eine Zweiteilung der Kohorte mit $N_E = 107$ (E-Kohorte) und $N_I = 113$ (I-Kohorte) Teilnehmenden, über die beforscht wurde, inwiefern die Variante der FALEIDA-Plattform einen Einfluss auf die erreichte Punktzahl im Posttest hatte (Abschnitt 6.1).

Zum anderen wurde die Gesamtkohorte ein weiteres Mal unterteilt, und zwar danach, ob sie während der Interventionsphase eine thematisch passende Übung zum Stellenwertverständnis zu erarbeiten hatten oder ob diese Übung nach der Interventionsphase stattfand, also nicht thematisch begleitend. Teilnehmende der Übungsgruppen 1–3 und 7–9 hatten eine begleitende Übung, Teilnehmende der Übungsgruppen 4–6 und 10–12 hatten keine begleitende Übung. Daraus ergibt sich eine weitere Zweiteilung der Kohorte mit Teilnehmenden mit Begleitübung $N_{mÜ} = 110$ (mÜ-Kohorte) und Teilnehmenden ohne Begleitübung $N_{oÜ} = 110$ (oÜ-Kohorte). Dabei wurde in der Untersuchung beforscht, inwiefern die Übung während der Interventionsphase einen Einfluss auf die erreichte Punktzahl im Posttest hatte (Abschnitt 6.1).

Zusammen ergibt sich daraus eine 2×2-Matrix aus Seitenformat und Übungsformat (Tabelle 5.5).

Tabelle 5.5 Übersicht über die Gruppen und Merkmale der Gruppen

	Seitenformat	
Übungsformat	E, mit Ü	E, ohne Ü
	I, mit Ü	I, ohne Ü

Die Verteilung der Unterkohorten sieht zusammengefasst entsprechend wie folgt aus:

- E-Variante und mit begleitender Übung: $N_{EmÜ} = 58$, folgend *EmÜ*
- I-Variante und mit begleitender Übung: $N_{ImÜ} = 52$, folgend *ImÜ*
- E-Variante und ohne begleitende Übung: $N_{EoÜ} = 49$, folgend *EoÜ*
- I-Variante und ohne begleitende Übung: $N_{IoÜ} = 61$, folgend *IoÜ*

Da die Auswahl der Teilnehmenden an den Interviews zufällig aus der Gesamtkohorte erfolgte, besteht hier keine ungefähre 25 %ige Verteilung entlang der beiden Formate. Die Anzahlen der Interviewteilnehmenden sind wie folgt verteilt (Tabelle 5.6):

Tabelle 5.6 Teilnehmerzahlen der Interview-Studie nach Gruppen

Teilnehmende Interview 1 N = 19			
EmÜ	EoÜ	ImÜ	IoÜ
N = 4	N = 10	N = 2	N = 3
Teilnehmende Interview 2 N = 15			
EmÜ	EoÜ	ImÜ	IoÜ
N = 3	N = 8	N = 2	N = 2

Im Unterkapitel 5.2.2 wird das genaue Vorgehen der Untersuchung anhand eines Zeitstrahls dargestellt und beschrieben.

5.2.2 Vorgehen und zeitliche Abfolge

Folgend wird zunächst ein Überblick über die einzelnen Elemente der Untersuchung geboten und anschließend der zeitliche Ablauf entlang der in Abschnitt 5.2.1 aufgemachten Untergruppen der Untersuchung vorgenommen. Die Erhebungsinstrumente werden in Abschnitt 5.3 gemeinsam mit den entsprechenden Auswertungsinstrumenten vorgestellt.

Die Untersuchung, die in dieser Arbeit vorgestellt wird, besteht aus einer zweigeteilten Testung, einem inhaltsgleichen *Pretest* und *Posttest*, sowie einer *Intervention* mit der FALEDIA-Plattform zwischen den beiden Testzeitpunkten. Hinzukommt das Element *Inhaltliche Übung zum Stellenwertverständnis* und für einen kleinen Teil der Gesamtkohorte das Element *Interview*, welches sich in *Interview 1*, während der Intervention und *Interview 2*, im Anschluss an die Untersuchung, aufsplittet. Damit ergeben sich zusammengefasst die folgenden fünf Elemente der FALEDIA Untersuchung:

1. Pretest
2. Posttest
3. Intervention
4. Inhaltliche Übung zum Stellenwertverständnis
5. Zwei Interviews

Die Elemente 1–3 sind diejenigen Elemente der Untersuchung, die für alle Teilnehmenden der Gesamtkohorte gleich sind. Untersuchungsablauf lässt sich am folgenden Zeitstrahl verdeutlichen (Abbildung 5.2).

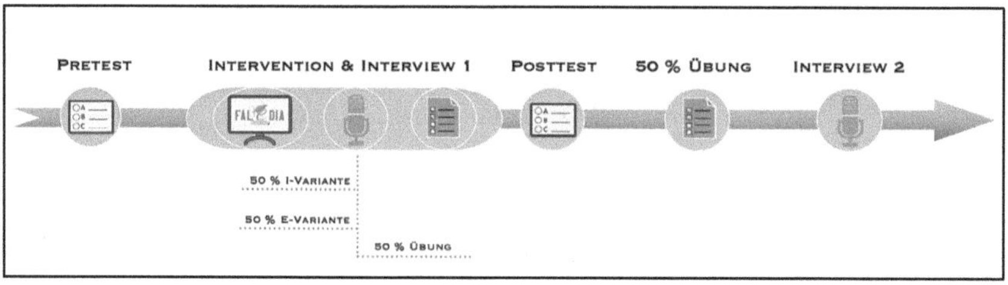

Abbildung 5.2 Zeitlicher Ablauf der Untersuchung

Zunächst fand ein Pretest mit der Gesamtkohorte statt, in welchem die diagnostische Performanz bezogen auf den Inhaltsbereich des Stellenwertverständnisses entlang von Fallbeispielen erhoben wurde (Abschnitt 5.3.1). Die Daten wurden über eine Vorbereitungsaufgabe mit Abgabe, die verpflichtend eingereicht werden muss, um die Studienleistung im Modul der GIMP-Veranstaltung zu erhalten (Abschnitt 5.2.1), zum jeweiligen Übungstag Montag, 30.11.2020, bzw. Dienstag, 01.12.2020, eingeholt. Die Rahmenbedingungen zur Bearbeitung wurden zuvor in der Übung geklärt und befanden sich zum erneuten Nachlesen als Aufgabenstellung auf dem Übungsblatt (Abbildung 5.3).

Zur schriftlichen Vorbereitung MIT Abgabe

Aufgabe 4.1: Eingangsstandortbestimmung Stellenwertverständnis

Die verpflichtende Abgabe wird diese Woche aus der Bearbeitung einer Standortbestimmung (SOB) zum Projekt FALEDIA bestehen. Das Dokument steht im Moodle zur Verfügung. Es handelt sich um eine ausfüllbare PDF Datei, bitte nutzen Sie diese, um Ihre Ausführung schriftlich festzuhalten. Sollten Sie Probleme beim Ausfüllen haben, drucken Sie diese Seite bitte aus und bearbeiten Sie die SOB handschriftlich. Scannen Sie dieses Dokument wieder ein oder fotografieren Sie es ab.

Wichtig: Füllen Sie die Standortbestimmung gewissenhaft aus und laden Sie diese wieder im Moodle hoch. Achten Sie dabei darauf, dass Sie sich maximal 30 Minuten Zeit für die Bearbeitung nehmen. Diese SOB ist weder als normale Abgabe, noch als Test anzusehen. Es geht darum, Ihr aktuelles Wissen und Ihre Denkweisen für eine bessere Adaption unseres Projekts aufzudecken. Daher schauen Sie bitte während der Bearbeitung nichts nach und füllen Sie die Aufgaben nach bestem Wissen aus. Sie werden auch keine individuelle Korrektur der SOB erhalten, da es hier weder richtige oder falsche Bearbeitungen gibt.

Wir bitten Sie, sich an die aufgeführten Punkte zu halten, dadurch unterstützen Sie das für Studierende konzipierte FALEDIA-Projekt dabei, das nur mit Ihrer Hilfe passgenau entwickelt werden kann.

Vielen Dank

das FALEDIA-Team

Abbildung 5.3 Begleitende Aufgabenstellung des Pretests aus der Übung der GIMP-Veranstaltung

Im Anschluss daran fand, erneut integriert in den Übungsbetrieb durch eine verpflichtende Aufgabe zur Abgabe, die Intervention mit der FALEDIA-Plattform statt. Die Studierenden mussten diese Abgabe bis zum 07./08.12.2020 einreichen und hatten eine Woche zwischen Pretest und Abgabetermin Zeit, um sich selbstständig, jedoch aufgabengeleitet (Abbildung 5.4) mit der FALEDIA-Plattform zum Stellenwertverständnis auseinanderzusetzen. Die Abgaben wurden vor der Bearbeitung im Projektkontext über einen dreistelligen Ziffercode anonymisiert, wobei jeder Person ein eindeutiger Code zugewiesen wurde, sodass die erhobenen Daten zusammengeführt werden konnten.

Zur schriftliche Vorbereitung MIT Abgabe am 07./08.12.2020

- Im Moodle als PDF hochladen
- **EIN** Dokument pro Abgabe
- Dateiname: 5.1_GruppeX_NACHNAME (setzen Sie hier bitte Ihre Gruppennummer und Ihren Nachnamen ein)

Aufgabe 5.1: FALEDIA – Stellenwertverständnis

Kompetenzbereiche: Stellenwertverständnis

a) Schauen Sie sich die angehängten Aufgaben zur von Jonas bearbeiteten Standortbestimmung (SOB) an.
b) Bearbeiten Sie Seite FALEDIA zum Stellenwertverständnis im Hinblick darauf, dass Sie die Aufgaben zur SOB von Jonas beantworten möchten.
c) Bearbeiten Sie die angehängten Aufgaben zur SOB von Jonas.

Abbildung 5.4 Aufgaben zur Erkundung der FALEDIA-Plattform

Zu dem Fallbeispiel Jonas (Abbildung 5.5) wurde der diagnostische Dreischritt aus 1. Kompetenzen und Fehler bestimmen (Lernstände erheben), 2. Fehlerursachen analysieren (Ursachen ableiten) und weiterführende Diagnoseaufgaben zur Feindiagnose einschätzen (Aufgaben beurteilen) abgefragt. Das Fallbeispiel wurde dabei so ausgewählt, dass alle drei Hintergrundfacetten und der Diagnoseteil der FALEDIA-Plattform inhaltlich angesprochen wurden, um einen Anreiz zu schaffen, sich die Plattform möglichst allumfassend anzuschauen. Die Übungsgruppen 1–6 hatten dabei lediglich Zugang zu der E-Variante der Plattform, die Übungsgruppen 7–12 zu der I-Variante.

Zu 5.1 SOB_SWV: Bündeln

Jonas ist ein Schüler der dritten Klasse. Im Unterricht fiel auf, dass Jonas Probleme mit der Bündelung beim Stellenwertverständnis hat. Sein Lehrer stellte ihm daher folgende Diagnoseaufgabe: Trage die Zahl in die Stellenwerttafel ein und schreibe sie auf.

Bild	Stellentafel	Zahl
	T: 1, H: 2, Z: 12, E: 2	12122

Abbildung 5.5 Aufgabe zur Übung Stellenwertverständnis: Fallbeispiel Jonas

Während allen Übungsgruppenteilnehmenden diese Aufgabe als Aufgabe zur schriftlichen Abgabe gestellt wurde, fand des Weiteren für die Hälfte der Übungsgruppen, 1–3 (E-Variante) und 7–9 (I-Variante), eine inhaltliche Übung zum Stellenwertverständnis mit weiteren Aufgaben zum Themenbereich innerhalb der Interventionsphase statt. Die anderen Gruppen befassten sich im Anschluss an die Aufgabe zur Abgabe während der Übungszeit mit dem Inhalt der Sprachbildung im Mathematikunterricht.

Die Aufgabenstellung der Übung zum Stellenwertverständnis bestand darin, typische Fehler von Lernenden im Stellenwertsystem zur Basis 8 auf Studierendenebene zu rekonstruieren und zu reflektieren (Abbildung 5.6). Die genauen Aufgabenstellungen können dem Anhang (digital einsehbar) entnommen werden.

Zur schriftlichen Vorbereitung OHNE Abgabe:

Aufgabe 5.2: Standortbestimmung zum SWV auswerten
Kompetenzbereiche: Stellenwertverständnis

a) Füllen Sie die SOB im 8er-System aus dem Moodleraum aus.
b) Überlegen Sie sich auf Grundlage der Bearbeitung der SOB, wie die Fehlertypen auf der FALEDIA-Seite im 8er-System aussehen würden.
c) Erläutern Sie, wie sich Ihre Bearbeitung der SOB im 8er-System auf Konzepte, Probleme, Denkweisen von SuS beim Erlernen des Stellenwertsystems beziehen lassen.

Abbildung 5.6 Aufgabe zur Übung Stellenwertverständnis: Stellenwertsystem zur Basis 8

Die zweite Aufgabe fokussierte, den Darstellungswechsel beim Aufbau des Stellenwertverständnisses zu reflektieren, ebenfalls am Beispiel des Stellenwertsystems zur Basis 8 (Abbildung 5.7).

Präsenzaufgabe Bearbeitung IN der Übung:

Aufgabe 5.3: Darstellungswechsel zum SWV
Kompetenzbereiche: Stellenwertverständnis

a) Berechnen Sie die folgenden Aufgaben im 8er-System:
$(635)_8 + (333)_8$ $(174)_8 + (376)_8$ $(406)_8 - (314)_8$ $(513)_8 - (77)_8$
Übersetzen Sie sich die Aufgaben nicht ins 10er-System, sondern versuchen Sie im 8er-System zu denken.
b) Stellen Sie Ihre Rechnung bei am 8er-Mehrsystemblock-Material dar. Dieses finden Sie im Übungsordner im Moodleraum.
c) Übertragen Sie Ihre Erfahrungen aus a) und b) auf das Vorgehen von SuS bei ersten Erfahrungen mit Darstellungswechseln? Welche Erkenntnisse können Sie für das Vorgehen von Kindern in der aus Ihrer Erarbeitung ableiten?

Abbildung 5.7 Aufgabe Übung Stellenwertverständnis: Rechnen im Stellenwertsystem zur Basis 8

Beide Aufgaben der inhaltlichen Übung zum Stellenwertverständnis intendierten dabei zunächst eine Problemlösesituation durch die Auseinandersetzung einem eher unbekannten Stellenwertsystem und anschließende Rekonstruktions- und Reflexionsaufgaben, die eine Auseinandersetzung mit der Denkweise von Kindern anregen sollten.

Alle Studierenden, die diese Aufgaben nicht während der Interventionsphase behandelten, Übungsgruppen 4–6 (E-Variante) und 10–12 (I-Variante), taten dies nach Abschluss des Posttests, um Chancengleichheit zu gewährleisten.

Der Posttest fand als Aufgabe zur Abgabe bis zur darauffolgenden Übung in der darauffolgenden Woche (14./15.12.2020) statt. Dabei waren die Aufgabenstellungen des Tests die gleichen wie im Pretest, ebenso die Informationen zur Bearbeitung im Vorfeld.

Da das *Interview 1* mit N = 19 zufällig ausgewählten Studierenden ebenfalls nach dem Pretest, aber während der Interventionsphase stattfinden sollte, – die Studierenden wurden während ihres Erstkontakts mit der FALEDIA-Plattform und der Bearbeitung der Aufgabe zur Abgabe via Zoom begleitet –, wurden diese zwischen dem 02.12.2020 und dem 14.12.2020 angesetzt. Die Teilnehmenden an den Interviews 1 hatten dabei teilweise Zugang zur E-Variante (N = 14) und teilweise Zugang zur I-Variante (N = 5), sowie teilweise vorab die inhaltliche Übung zum Stellenwertverständnis vor (N = 6) und nach der Intervention sowie zu dem Posttest (N = 13). Das grundsätzliche Erhebungssetting war entsprechend der

Gruppenzugehörigkeit gleich wie bei der Gesamtkohorte, einzig die Intervention fand durch das Forschungsteam begleitet statt.

Im Nachgang an alle zuvor beschriebenen Elemente der Erhebung fanden zwischen Mitte März und Mitte April 2021 weitere Interviews statt. Diese *Interviews 2* hatten den Vergleich der beiden Versionen der Plattform zum Inhalt. Daher wurden im Vorfeld die Zugänge zur jeweils anderen FALEDIA-Version für die Studierenden freigeschaltet, sodass sie sowohl die E- als auch die I-Variante einsehen konnten. Eine Auswahl an Inhalten der Plattform, die vergleichend im Interview gegenübergestellt werden sollte, wurde vorab mit den Teilnehmenden kommuniziert und darum gebeten, sich diese Inhalte auf beiden Varianten vorbereitend anzusehen. Die Teilnehmenden des *Interview 1* wurden gefragt, ob sie bereit sein auch an *Interview 2* teilzunehmen. Aufgrund der Freiwilligkeit der Teilnahme und vereinzelt technischer Probleme, war die Zahl der Teilnehmenden zu *Interview 2* geringer als zu *Interview 1*. Es konnten Daten von $N = 15$ Personen erhoben werden. Davon waren $N = 11$ zuvor der E-Variante zugeordnet und $N = 4$ der I-Variante. $N = 5$ waren der Gruppe mit Übung während der Interventionsphase und $N = 10$ der Gruppe ohne Übung während der Interventionsphase zugeordnet. Alle Teilnehmenden hatten sowohl zu dem Zeitpunkt des Interviews den Zugriff auf beide Versionen der Plattform als auch die Übung mittlerweile besucht.

Zu erwähnen dabei ist, dass zusätzlich zu Inhalten zum Stellenwertverständnis noch Inhalte zu der weiteren FALEDIA-Seite zum Operationsverständnis in das Interview einflossen. In dieser Arbeit werden nur Stellen betrachtet, die entweder das Stellenwertverständnis konkret ansprechen oder allgemeine Ableitungen zu den Versionen der Plattform zulassen.

Entsprechend der Einordnungen zur Erhebung und der Konkretisierungen des zeitlichen wie methodischen Vorgehens werden in Teilkapitel 5.3 die konkreten Erhebungs- und Auswertungsinstrumente zur quantitativen (5.3.1) und zur qualitativen (5.3.2) Untersuchung hinsichtlich der Performanz und der Aktivierung von Diagnosefähigkeiten vorgestellt.

5.3 Quantitative Erhebungs- und Auswertungsinstrumente

Nachdem in den vorangegangenen Teilkapiteln Forschungsziele und -fragen sowie Methodisches zur Untersuchung geklärt wurde, werden in diesem Kapitel die Erhebungs- und Auswertungsinstrumente vorgestellt.

5.3.1 Erhebungsinstrument der Performanz von Diagnosefähigkeiten

Die diagnostische Performanz wurde in der Untersuchung über einen schriftlichen Test in Pre-/Postformat erhoben (Abschnitt 5.2.2) und die erhobenen Daten quantitativ ausgewertet. Zunächst wird in diesem Abschnitt daher das Erhebungsinstrument des eingesetzten schriftlichen Tests vorgestellt und anschließend das Kategoriensystem, über welches die quantitative Auswertung erfolgte.

In dieser Arbeit wird die Einschätzung von Brandt (2022) geteilt, dass „nur Performanz – in Form der schriftlichen Bearbeitungen – mithilfe der Standortbestimmung zu erfassen" ist (Brandt, 2022, S. 152).

Der Pre-Post-Test bestand aus zwei mehrteiligen Aufgaben, deren Grundlage jeweils ein Fallbeispiel in Form einer fehlerhaften Kinderlösung zu einer Aufgabe zum Stellenwertverständnis bildet (Abbildung 5.8). Die Aufgaben A1a und A1b entsprechen dabei der Erfassung zur Performanz von Diagnosefähigkeiten im Bereich *Lernstände erheben* und werden in der folgenden Auswertung daher zusammengefasst (Abschnitt 6.1). Aufgabe A1c dient dazu, die Performanz von Diagnosefähigkeiten im Bereich *Ursachen analysieren* zu erheben.

Aufgabe A1

Der Schülerin Lena wurde im 2. Schuljahr die folgende bildliche Darstellung (links) vorgelegt. Ihre Aufgabe bestand darin, die in der bildlichen Darstellung vorgegebene Zahl (links) als Zahlsymbol (rechts) darzustellen.

Bild	Zahl
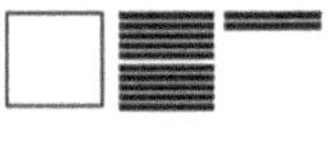	1102

a) Beschreiben Sie prägnant, was Lena bei dieser Aufgabe richtig macht.
b) Beschreiben Sie prägnant, was Lena bei dieser Aufgabe nicht richtig macht.
c) Analysieren Sie begründet, welche Ursache(n) dem zugrunde liegen könnte(n).

Abbildung 5.8 Pre-Post-Test: Fallbeispiel Lena

Der zweiten Aufgabe A2 (Abbildung 5.9) soll entsprechend zur Erhebung der Performanz von Diagnosefähigkeiten im Bereich *Aufgaben beurteilen* dienen.

Aufgabe A2

Die Zweitklässlerin Emily stellt die in der bildlichen Darstellung vorgegebene Zahl (links) wie folgt in der Stellentafel (mittig) und als Zahlsymbol (rechts) dar.

Bild	Stellentafel	Zahl
	T: – / H: 2 / Z: 3 / E: 22	2322

Welche der folgenden Aufgaben halten Sie jeweils für wie geeignet, um mehr darüber herauszufinden, welche Probleme Emily hat?
Ordnen Sie die Aufgabe auf einer Skala von links (*sehr gut geeignet*) bis rechts (*gar nicht geeignet*) ein.
Begründen Sie jeweils, welche Aufschlüsse Sie sich durch den Einsatz der einzelnen Aufgaben erhoffen, bzw. warum Sie die Aufgabe für nicht oder bedingt geeignet halten.

Abbildung 5.9 Pre-Post-Test: Fallbeispiel Emily

Die Studierenden sollen ausgehend von dieser Bearbeitung vier vorgeschlagene Aufgaben dahingehend bewerten, inwiefern sie diese für geeignet halten, feindiagnostisch Emilys Denkweise beim Entstehen des Fehlers zu überprüfen. Dabei sollen die Studierenden zunächst auf einer sechsgliedrigen Skala von sehr gut bis gar nicht geeignet eine Einschätzung zu der jeweiligen Aufgabe abgeben und diese im Anschluss begründen (Abbildung 5.10).

Ihre Einschätzung

sehr gut geeignet ←——→ gar nicht geeignet

☐ ☐ ☐ ☐ ☐ ☐

Erläuterung:

Du hast 8 Zehner und 7 Einer.
Wie heißt die Zahl?
Du bekommst weitere 5 Einer.
Wie heißt die Zahl jetzt?
Notiere die Zahl.

Stellentafel

T	H	Z	E
	1	8	

Schreibe das passende Zahlsymbol auf.

Stellentafel

T	H	Z	E
	1	14	3

Schreibe das passende Zahlsymbol auf.

Lege die Zahl 283 mit Dienes-Material.

Abbildung 5.10 Pre-Post-Test: Aufgabenauswahl zur Aufgabenbeurteilung

Die Auswertung der über den Pre- und Posttest erhobenen Daten erfolgte über ein Kategoriensystem, welches es ermöglichte, die Antworten zu quantifizieren. Das Auswertungsinstrument wird im Folgenden vorgestellt.

5.3.2 Auswertungsinstrument der Performanz von Diagnosefähigkeiten

Das Kategoriensystem zur Auswertung der Performanz ist durch Adaption des Kategoriensystems von Brandt (2022) entstanden. Brandt (2022) entwirft ein System, welches die Angemessenheit von schriftlichen Aussagen zu einer fallbasierten schriftlichen Vignette bewertet und entlang diagnostischer und förderorientierter Tätigkeiten gegliedert ist. Den Kategorien sind jeweils Punktzahlen zugeordnet, wodurch ein quantitativ auswertbares Ergebnis nach der Kategorisierung entsteht.

In dieser Arbeit wird bei der Auswertung nach dem Diagnoseprozess (im Folgenden ‚DP') in die Teilfacetten Item DP1: *Lernstände erheben* (A1 a/b), Item DP2: *Ursachen analysieren* (A1 c) und Item DP3: *Aufgaben beurteilen* (A2) unterteilt. Die Antworten in den Tests zu A1 werden – nach Angemessenheit kategorisiert –, über ein dreistufiges Kategoriensystem bepunktet. Dabei bestehen die Kategorien:

- Vollständig angemessen angesprochen: 2 Punkte
- Teilweise angemessen angesprochen: 1 Punkt
- Nicht (angemessen) angesprochen: 0 Punkte

Die Angemessenheit der Antworten bezieht sich jeweils auf die bereichspezifischen Hintergrundfacetten (im Folgenden ‚HF') zum Stellenwertverständnis, welche in der FALEDIA-Plattform eröffnet werden. Dazu können entsprechend maximal 2 Punkte für einen Bezug zur HF1: *Bündelungsprinzip*, zur HF2: *Prinzip des Stellen- und Zahlenwerts* und zur HF3: *Darstellungswechsel* erreicht werden. In Summe können in Aufgabe A1 a/b somit maximal sechs Punkte und in Aufgabe A1 c ebenfalls maximal sechs Punkte erreicht werden. In Aufgabe A1 kann also eine maximale Punktzahl von 12 Punkten vergeben werden. Anzumerken ist dabei, dass bei mehrfachem Ansprechen einer Kategorie in HF1–3 innerhalb der gleichen Bearbeitung die maximale Punktzahl, die mit den Antworten erreicht wurde, gewertet wird.

Im Folgenden werden die Kategoriebeschreibungen entlang der Facetten des Diagnoseprozesses operationalisiert und jeweils über ein Ankerbeispiel verdeutlicht.

(DP1) Lernstände erheben

Die Operationalisierung der Angemessenheit von Aussagen zu Aufgabe A1 a/b erfolgt separat über die drei Kategorien HF1–3. Es wurde jeweils bei der vollständig angemessenen Kategorie darauf geachtet, dass Bezüge zu der Denkweise des Kindes hergestellt werden können. Die Tabelle 5.7 zeigt die jeweilige Kategoriebeschreibung, die zu einer Bewertung einer vollständig, teilweise oder nicht angemessenen Bewertung führt und gibt jeweils ein entsprechendes Ankerbeispiel zu der Kategorie.

Tabelle 5.7 Kategoriesystem zu DP1

HF1: Bündelungsprinzip	HF2: Prinzip des Stellen- und Zahlenwerts	HF3: Darstellungswechsel
Vollständig angemessen angesprochen		
HF1.1) a) Nicht vorhanden. b) Es wird angesprochen, dass 10 Zehner zu einem Hunderter gebündelt oder eingetauscht werden müssten. Der Prozess des Bündelns muss berücksichtigt werden.	**HF2.1)** a) Nicht vorhanden. b) Es wird angesprochen, dass die einzelne (spalten-weise) Notation der „Zwischenergebnisse" zu einer Zahl führt, bei denen die Stellen-& Zahlenwerte nicht berücksichtigt werden.	**HF3.1)** a) Nicht vorhanden. b) Es wird angesprochen, dass einige Elemente des Würfelmaterials nicht richtig erkannt werden. Der Transfer vom Material zum Zahlzeichen wird dabei explizit als Fehler beschrieben. Ein reines *falsch erkennen* reicht nicht.
ANKERBEISPIEL 341A: „Lena hat die 12 Zehner nicht zu einem Hunderter und zwei Zehnern gebündelt."	**ANKERBEISPIEL** 336A: „Lena bestimmt hier die Anzahlen separat von links nach rechts und notiert sie ungebündelt im Zahlsymbol, wodurch es zu einer Verschiebung der Stellenwerte kommt."	**ANKERBEISPIEL** 293A: „Sie hat nicht gebündelt. Sie hätte die 10 10er zu einem weiteren Hunderter bündeln müssen, hat jedoch die Anzahlen der Darstellungen einfach nur in die Zahl übertragen."

(Fortsetzung)

Tabelle 5.7 (Fortsetzung)

HF1: Bündelungsprinzip	HF2: Prinzip des Stellen- und Zahlenwerts	HF3: Darstellungswechsel
Teilweise angemessen angesprochen		
HF1.2) a) Es wird angesprochen, dass Lena die Bündelungseinheit 10 richtig notiert. b) Es wird angesprochen, dass 10 Zehner nicht als 1 Hunderter wahrgenommen werden → Ergebnis steht im Vordergrund und nicht das Bündeln und/ oder Eintauschen.	**HF2.2)** a) Es wird angesprochen, dass Lena bewusst zu sein scheint, dass es unterschiedliche Stellen in einer Zahl gibt. b) Es wird angesprochen, dass sie die Ziffern/ Zahlen nicht entsprechend des Stellenwerts notiert, aber es wird nicht deutlich, wodurch die Verschiebung entsteht. → Ergebnis steht im Vordergrund und der Prozess wird nicht deutlich. ODER Es wird nur der Prozess der Notation beschrieben, ohne dass auf die Stellen- und Zahlenwerte eingegangen wird.	**HF3.2)** a) Es wird angesprochen, dass Lena einen Unterschied zwischen den Darstellungen von Hundertern und Zehnern wahrnimmt. b) Es wird angesprochen, dass das Material nicht richtig erkannt/ interpretiert wurde. Dabei wird nicht explizit auf den Wechsel der Darstellungen eingegangen.
ANKERBEISPIEL 211E: „Sie hat die 10 Zehnerstangen nicht als eine zweite Hunderterplatte verstanden“	**ANKERBEISPIEL** 159E: „Sie hat zwei Einer statt zwei Zehner und einen Tausender, statt einen Hunderter aufgeschrieben.“	**ANKERBEISPIEL** 214A: „Sie erkennt also nicht, dass die Platte einen Hunderter darstellt und die Stangen alle Zehner sind, auch wenn sie in unter-schiedlichen Spalten liegen.“
Nicht (angemessen) angesprochen		
HF1.3) Die Bündelung wird nicht angesprochen.	HF2.3) Der Stellenwert/ Zahlenwert wird nicht angesprochen.	HF3.3) Der Darstellungswechsel wird nicht angesprochen.

(DP2) Ursachen analysieren

Auch die Angemessenheit von Aussagen zu Aufgabe A1 c geschieht entlang der drei Kategorien HF1–3. Es wird insbesondere auch darauf geachtet, ob die These zur Ursache am Fallbeispiel der Ausgangsaufgabe belegt wird. Die Begründung von Ursachen und die Erfassung der Lernstände geschehen dabei separat voneinander und es wird nicht nach Bezügen gesucht, sodass DP1 und DP2 als separate diagnostische Tätigkeiten analysiert werden können.

Aus Tabelle 5.8 kann die jeweilige Kategoriebeschreibung, die zu einer Bewertung einer vollständig, teilweise oder nicht angemessenen Bewertung führt, entnommen werden. Zudem erfolgt jeweils die Angabe eines entsprechenden Ankerbeispiels.

Tabelle 5.8 Kategoriesystem zu DP2

HF1: Bündelungsprinzip	HF2: Prinzip des Stellen- und Zahlenwerts	HF3: Darstellungswechsel
Vollständig angemessen angesprochen		
HF1.1) Es wird angesprochen und begründet (am Beispiel), dass Lena das Bündelungsprinzip noch nicht verinnerlicht hat.	**HF2.1)** Es wird angesprochen und begründet (am Beispiel), dass Lena das Prinzip des Stellenwerts-&Zahlenwerts noch nicht verinnerlicht hat.	**HF3.1)** Es wird angesprochen und begründet (am Beispiel), dass Lena den Darstellungswechsel noch nicht verinnerlicht hat.
ANKERBEISPIEL 306A: „Lena hat Probleme beim Bündeln/ Entbündeln. Sie hat kein Verständnis dafür, dass 12 Z = 1 H 2 Z."	**ANKERBEISPIEL** 312A: „Auch könnte sie Schwierigkeiten mit dem Verständnis des Stellenwerts haben, so z. B. zu verstehen, dass die Position einer Ziffer ihren Stellenwert bestimmt. Dies könnte sich darin zeigen, dass sie die 0 für die 10 Zehner an die Einerstelle rückt und sich weiter durch die 2 als Einer interpretierten Zehner die Stellen verschieben."	**ANKERBEISPIEL** 148A: „Vermutlich reproduziert Lena die dreispaltige Darstellung (ein Würfel, zehn Balken, zwei Balken) auf eine Stellenwerttafel. Hinten die Einer, dann die Zehner, dann die Hunderter. Dieser Fehler liegt also in der Unsicherheit des Darstellungswechsels."

(Fortsetzung)

Tabelle 5.8 (Fortsetzung)

HF1: Bündelungsprinzip	HF2: Prinzip des Stellen- und Zahlenwerts	HF3: Darstellungswechsel
Teilweise angemessen angesprochen		
HF1.2) Es wird angesprochen, dass Lena das Bündelungsprinzip noch nicht verinnerlicht hat, ohne dies anhand des Dokuments zu belegen/begründen/ erläutern…	**HF2.2)** Es wird angesprochen, dass Lena das Prinzip des Stellenwerts-&Zahlenwerts noch nicht verinnerlicht hat ohne dies anhand des Dokuments zu belegen/ begründen/ erläutern… → Allgemeine Äußerungen wie "hat das Stellenwertsystem nicht verstanden" werden dieser Kategorie zugeordnet.	**HF3.2)** Es wird angesprochen, dass Lena den Darstellungswechsel noch nicht verinnerlicht hat. ohne dies anhand des Dokuments zu belegen/ begründen/ erläutern … ODER Es wird nicht der Wechsel der Darstellungsformen als Problematik herausgestellt, sondern nur das Material an sich.
ANKERBEISPIEL „Lena hat das Prinzip des Bündelns noch nicht verstanden."	**ANKERBEISPIEL** „Lena hat das Prinzip des Stellenwerts und des Zahlenwerts noch nicht verstanden." „Lena hat die Positionen der Zahlen noch nicht verstanden."	**ANKERBEISPIEL** „Lena hat Probleme beim Darstellungswechsel."
Nicht (angemessen) angesprochen		
HF1.3) Die Bündelung wird nicht angesprochen.	**HF2.3)** Der Stellenwert/ Zahlenwert wird nicht angesprochen.	**HF3.3)** Der Darstellungswechsel wird nicht angesprochen.

(DP3) Aufgaben beurteilen

Für die Auswertung der Aufgabe A2 wurden die drei Hintergrundfacetten HF1–3, nach denen die Auswertung gegliedert, ist beibehalten, jedoch die Kategorien nicht weiter nach Angemessenheit unterteilt. Da es in A2 darum gehen sollte, eine Diagnoseaufgabe nach Passgenauigkeit für ein vorab betrachtetes Fallbeispiel zu beurteilen, standen der *Bezug zum Fehler*, der aus dem Fallbeispiel entnommen werden kann und der *Bezug zur Aufgabe*, die jeweils als Option präsentiert wurde, im Vordergrund. Dementsprechend wurden diese beiden Bezugspunkte als Kategorien zur Auswertung bestimmt.

Während der *Bezug zum Fehler* lediglich einmal über alle vier angebotenen Aufgaben zur Feindiagnose hinweg beurteilt wurde, musste der *Bezug zur Aufgabe* sinnlogischerweise für jede Diagnoseaufgabe separat betrachtet werden. Daraus ergibt sich folgende Bepunktung:

- Bezug zum Fehler; maximal je 1 Punkt pro HF
- Bezug zur Aufgabe; maximal je 1 Punkt pro HF und Aufgabe

Daraus ergibt sich, dass in der Kategorie *Bezug zum Fehler* maximal drei Punkte vergeben werden konnten, in der Kategorie *Bezug zur Aufgabe* maximal viermal drei Punkte, also insgesamt 12 Punkte. In Aufgabe A2 konnten somit maximal 15 Punkte erreicht werden.

Die Bezüge zum Fehler, bzw. zur Aufgabe wurden entlang der HF1–3 operationalisiert und Ankerbeispiele hinzugefügt. Eine Übersicht darüber bietet Tabelle 5.9.

Tabelle 5.9 Kategoriesystem zu DP3

HF1: Bündelungsprinzip	HF2: Prinzip des Stellen- und Zahlenwerts	HF3: Darstellungswechsel
Bezug zum Fehler		
HF1.1) Es wird darauf eingegangen, inwiefern Emily einen Fehler beim Bündeln macht. Wird nicht auf Emilys Bündelungsfehler eingegangen, gibt es hier keinen Punkt. Sonst 1 Punkt.	**HF2.1)** Es wird darauf eingegangen, inwiefern Emily einen Fehler beim Stellen- & Zahlenwert macht. Wird nicht auf Emilys Stellen-& Zahlenwertfehler eingegangen, gibt es hier keinen Punkt. Sonst 1 Punkt.	**HF3.1)** Es wird darauf eingegangen, inwiefern Emily einen Fehler beim Darstellungswechsel macht. Wird nicht auf Emilys Fehler beim Darstellungswechsel eingegangen, gibt es hier keinen Punkt. Sonst 1 Punkt.

(Fortsetzung)

Tabelle 5.9 (Fortsetzung)

HF1: Bündelungsprinzip	HF2: Prinzip des Stellen- und Zahlenwerts	HF3: Darstellungswechsel
ANKERBEISPIEL 316E: „Emily scheint die Einer noch nicht zu Zehnern zu bündeln, wenn diese die Zehner-Schwelle erreichen.“	**ANKERBEISPIEL** 340A: „Diese Aufgabe würde zeigen, ob Emily Probleme mit der Null hat, also ob sie die Null mit aufschreiben würde. Dies würde Aufschluss darüber geben, ob Emily die Stellenwerte verstanden hat. Hierfür wäre diese Aufgabe sehr sinnvoll, da Emily in der oben dargestellten Aufgabe die Stellenwerte nicht beachtet hat.“	**ANKERBEISPIEL** 123E: „Des Weiteren findet ein Richtungswechsel statt, was zeigen kann, ob Emily nur Probleme hatte von symbolischer Darstellung zu formaler oder auch andersherum.“
Bezug zur Aufgabe		
HF1.2) Es wird darauf eingegangen, inwiefern in der Aufgabe ein das Bündeln angesprochen wird. Eine negative Fokussierung (sprich: wird durch die Aufgabe nicht angesprochen) ist ebenso zulässig.	**HF2.2)** Es wird darauf eingegangen, inwiefern in der Aufgabe ein der Stellen-& Zahlenwert angesprochen wird. Eine negative Fokussierung (sprich: wird durch die Aufgabe nicht angesprochen) ist ebenso zulässig.	**HF3.2)** Es wird darauf eingegangen, inwiefern in der Aufgabe ein der Darstellungswechsel angesprochen wird. Eine negative Fokussierung (sprich: wird durch die Aufgabe nicht angesprochen) ist ebenso zulässig wie ein Vorschlag, die Aufgabe noch mit Material zu stützen.
ANKERBEISPIEL 316E: „Die Aufgabe ist sehr gut geeignet, da dort das oben aufgeführte Problem erneut aufgegriffen wird.“	**ANKERBEISPIEL** 340A: „Diese Aufgabe würde zeigen, ob Emily Probleme mit der Null hat, also ob sie die Null mit aufschreiben würde. Dies würde Aufschluss darüber geben, ob Emily die Stellenwerte verstanden hat. Hierfür wäre diese Aufgabe sehr sinnvoll, da Emily in der oben dargestellten Aufgabe die Stellenwerte nicht beachtet hat.	**ANKERBEISPIEL** 335A: „Da sie keinen Darstellungswechsel vornehmen muss unterscheidet sich die Aufgabe von der obigen was ein weiterer Grund dafür ist, dass die Aufgabe nur teilweise Klarheit schaffen kann.“

Im Überblick ergeben sich aus den drei zuvor einzeln betrachteten Kategoriesystemen folgende zu erreichende maximale Punktzahlen (Tabelle 5.10):

Tabelle 5.10 Maximal zu erreichende Punktzahlen

DP1: Lernstände erheben	6 Punkte
DP2: Ursachen analysieren	6 Punkte
DP3: Aufgaben beurteilen	15 Punkte
Erreichbare Gesamtpunktzahl	27 Punkte

Aus den erreichbaren Punktzahlen, dem Untersuchungsdesign der 2 × 2-Matrix und den Erkenntnisinteressen ergibt sich die Notwendigkeit sowohl die Ausgangssituation vor der Intervention, die Situation nach der Intervention und die Entwicklung der beiden Messzeitpunkte im Vergleich rechnerisch zu bestimmen.

Zuvor wurden dafür die Pre- und Posttests durch zwei unabhängige ratende Personen codiert, wobei eine möglichst hohe Interraterreliabilität angestrebt wurde. Dazu wurden zufällige Testcodierungen vorgenommen, diese diskutiert und nach subjektiven Wahrnehmungen untersucht, um das Kategoriensystem möglichst objektiv zu gestalten. Dies war ein fortlaufender Prozess, welcher zu mehreren Überarbeitungen und Ausschärfung der Kategorien beitrug, bis keine Einzelfälle mehr auftraten, die zu Unklarheiten in der Kategorisierung führten. Die entstandene Interraterreliabilität wurde abschließen mit Krippendorf's Alpha (α) bestimmt (Abschnitt 6.1). Dabei bezeichnet er Werte $\geq .80$ als sehr gute Übereinstimmung und Werte $\geq .667$ als grundsätzlich akzeptabel (Krippendorf, 2018).

Im folgenden Abschnitt wird beschrieben, wie die ausgewerteten Daten rechnerisch verwertet wurden.

Berechnungen der quantitativen Daten

Der Forschungsfrage FF1 (5.1), liegt unter anderem das Erkenntnisinteresse zugrunde, inwiefern die Varianten der FALEDIA-Plattform und die Einbindung in eine thematisch passende Begleitübung zur Steigerung von Diagnosefähigkeit im Bereich der Performanz beitragen können (E1). Dafür werden zunächst die Punktzahlen vor der Interventionsphase (Messzeitpunkt 1 = MZ1) betrachtet und analysiert, anschließend werden die Punktzahlen nach der Interventionsphase (Messzeitpunkt 2 = MZ2) und zuletzt ein Vergleich zwischen beiden Zeitpunkten in Form einer Entwicklung der Diagnosefähigkeiten durch die verschiedenen Maßnahmen während der Intervention fokussiert.

Zunächst werden jeweils ANOVAS für eine erste Orientierung gerechnet. Für eine Betrachtung der einzelnen Messzeitpunkte separat voneinander (FF1.1 und 1.2) wurde anschließend eine mehrfaktorielle Varianzanalyse mit Messwiederholung durchgeführt (Luhmann, 2020; nach einem Modell des SBAZ[1]). Diese Entscheidung begründet sich aus dem Vorhaben, insbesondere die Unterschiede in DP1–3 vor beziehungsweise nach der Intervention mit der FALEDIA-Plattform separat zu betrachten. Dafür werden die erreichten Punktzahlen in Prozenten ausgedrückt, um eine bessere Vergleichbarkeit der drei Facetten des Diagnoseprozesses DP1–3 anzustreben, da die zu erreichenden Punktzahlen variieren. Eine mehrfaktorielle Varianzanalyse ohne Messwiederholung (Luhmann, 2020) ist aufgrund des dreifachen Auftretens der Einzelpersonen über den Faktor *diagnostische Tätigkeit* innerhalb einer Rechnung nicht durchführbar. Daher werden DP1–3 analog zu den Faktoren *verschiedene Zeitpunkte* betrachtet (Luhmann, 2020). Da DP1–3 voneinander unterscheidbare Konstrukte darstellen, werden sie als mehrfache Testung nebeneinander interpretiert und die mehrfaktorielle Varianzanalyse im Hinblick auf die diagnostischen Tätigkeiten DP1–3 ist durchführbar, wodurch DP1–3 vergleichend zu dem jeweiligen Messzeitpunkt MZ1 beziehungsweise MZ2 interpretierbar werden.

Zudem werden die emmeans (modellbasierte Mittelwerte; genauer s. weiter unten in diesem Kapitel) zwischen den Gruppen EmÜ, EoÜ, ImÜ und IoÜ verglichen und der Standfehler (SE) (Bätting, 2015) mit einem Konfidenzlevel von 0,95 über R berechnet. Der Standardfehler gibt dabei die durchschnittliche Abweichung an, die im Vergleich mit dem Mittel der Grundgesamtheit entsteht.

Die Forschungsfrage FF1.3 bezieht sich ebenfalls auf die 2×2-Matrix aus Seitenformat und Übungsformat, wobei die vier Gruppen in der Entwicklung ihrer Diagnosefähigkeiten untersucht werden sollen. Dabei sind entsprechend auch die erreichten Punktzahlen zu den beiden Messzeitpunkte MZ1 und MZ2 als Faktoren mitzuberücksichtigen und zudem die Facetten des Diagnoseprozesses DP1–3. Dafür wird ebenfalls auf ein Modell zur mehrfaktoriellen gemischten Varianzanalyse (Luhmann, 2020; zur Verfügung gestellt durch das SBAZ) über R zurückgegriffen: „Eine Varianzanalyse mit Messwiederholung ist ein geeignetes Verfahren, um die Mittelwerte mehrerer abhängiger Stichproben zu vergleichen.“ (Luhmann, 2020, S. 221) Das Modell impliziert die Annahme einer Normalverteilung der Residuen (Luhmann, 2020; von Ophysen et al., 2021), wodurch

[1] Für diese Arbeit wurde die statistische Beratung (SBAZ) der TU Dortmund in Anspruch genommen. Erreichbar unter: https://sbaz.zhb.tu-dortmund.de

abgesichert ist, dass den Schätzwerten eine angemessene Verteilung der Fehler inneliegt. Dies stellt sicher, dass die berechneten Vergleiche zwischen den Gruppen vorgenommen werden dürfen.

Es werden sowohl Between-Effekte als auch Within-Effekte untersucht. Die Between-Effekte werden „durch eine kategoriale Variable gebildet, deren […] überschneidungsfreie Teilgruppen definieren, die hinsichtlich des Zielmerkmals verglichen werden sollen" (von Ophysen et al., 2021, S. 117). Within-Effekte stellen „Unterschiede innerhalb von Personen" (Luhmann, 2020, S. 228) heraus. Diese beiden Effekte können über die mehrfaktorielle gemischte Varianzanalyse kombiniert werden, wobei von beiden Faktorengruppen mindestens einer vorhanden sein muss (Luhmann, 2020).

In die Untersuchung zur FALEDIA-Plattform fließen vier Faktoren mit unterschiedlich vielen Ausprägungen ein, wodurch eine $2 \times 2 \times 2 \times 3$ mehrfaktorielle gemischte Varianzanalyse entsteht:

- Messzeitpunkt (MZ1 und MZ2) – 2 Ausprägungen
- Seitenformat (E- oder I-Variante) – 2 Ausprägungen
- Übungsformat (mÜ oder oÜ) – 2 Ausprägungen
- Facette des Diagnoseprozesses (DP1, DP2 und DP3) – 3 Ausprägungen

„Messzeitpunkte stellen eine besondere Art von Inner-Subjekt-Faktoren dar" (von Ophysen et al., 2021, S. 117), welche gleichbedeutend mit Within-Effekten sind. Diese werden daher in den hier untersuchten Daten mit der Veränderung der erreichten Punkte in Prozent vor der Intervention (MZ1) zu denen nach der Intervention (MZ2) angesprochen, also die Entwicklung der Diagnosefähigkeit über die Zeit. Die Between-Effekte werden durch das Seitenformat und das Übungsformat gemessen.

Die Festlegung, ob mit Datensätzen ein Within- oder Between-Effekt „in einer Analyse berücksichtigt wird, ist vor allem eine Frage des Untersuchungsdesigns" (von Ophysen et al., 2021, S. 118). Daher werden bei den Aufgaben zum Diagnoseprozess, mit denen die verschiedenen diagnostischen Tätigkeiten DP1–3 angesprochen werden, sowohl Within- als auch Between-Effekte untersucht (Abbildung 5.11). Daraus ergeben sich entsprechend zwei unterschiedliche Erkenntnisinteressen:

1) Zeitliche Entwicklung: Aus horizontaler Perspektive wird untersucht, wie sich die prozentual erreichten Punkte bei der Bearbeitung einer der Aufgaben zu DP1, DP2 oder DP3 über die Messzeitpunkte verändern. Die diagnostische

Tätigkeit wird also jeweils *miteinander* verglichen (z. B. DP1 zu MZ1 mit DP1 zu MZ2).

2) Vergleich zwischen den diagnostischen Tätigkeiten: Aus vertikaler Perspektive wird untersucht, wie sich die diagnostischen Tätigkeiten zu einem Zeitpunkt zueinander verhalten (z. B. DP1 zu MZ1 mit DP2 zu MZ1). Die Tätigkeiten werden dabei als voneinander unabhängige Faktoren betrachtet. In diesem Zusammenhang werden auch die estimates, also die Veränderungen zwischen den beiden Messzeitpunkten zwischen den diagnostischen Tätigkeiten, verglichen, um herauszustellen, ob sich eine der diagnostischen Tätigkeiten signifikant mehr oder weniger gegenüber einer anderen durch die Intervention entwickelt hat.

Abbildung 5.11
Untersuchungsperspektive auf die diagnostischen Tätigkeiten

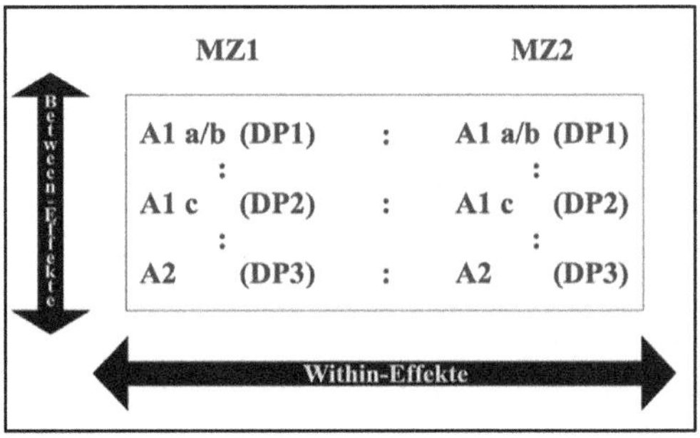

Der zentrale zu untersuchende Haupteffekt bezieht sich darauf, ob das Interventionsformat, bestehend aus der Variante der FALEDIA-Plattform und dem Übungsformat, einen Einfluss auf die Veränderung der Diagnosefähigkeiten zwischen den beiden Messzeitpunkten hat. Zudem lassen sich Haupteffekte zu den Variablen Seitenformat und Übungsformat separat voneinander betrachten wie auch zu der durch die jeweilige Aufgabe angesprochenen Facette des Diagnoseprozesses (Tabelle 5.11).

Darüber hinaus können Interaktionen zwischen verschiedenen Variablen als Nebeneffekte in den Blick genommen werden. Beispielsweise, inwiefern sich das Seitenformat auf die Bearbeitung zu der Facette des Diagnoseprozesses auswirkt oder ob die Übung während der Interventionsphase in Kombination mit einer bestimmten Facette des Diagnoseprozesses besonders wirksam war.

Zusammengefasst ergibt sich die folgende Übersicht:

Tabelle 5.11 Übersicht über die Untersuchungseffekte

Faktor	Ausprägungen (Anzahl)	Effekt	Untersuchbarer Haupteffekt
Messzeitpunkt	MZ1 und MZ2 (2)	Within	Veränderung der Performanz der Diagnosefähigkeit über die Messzeitpunkte
Seitenformat	E und I (2)	Between	Einfluss des Seitenformats auf die Entwicklung der Diagnosefähigkeit
Übungsformat	Mit und ohne (2)	Between	Einfluss von Übung auf die Entwicklung der Diagnosefähigkeit
Diagnostische Tätigkeit	DP1, DP2, DP3 (3)	Within & Between	Unterschiede zwischen den Facetten des Diagnoseprozesses vertikal und horizontal

Zur Datenberechnung werden der emmeans, der estimate, das p-value und die Effektstärke (nach Cohens d) berechnet.

Der emmeans dient zur Bestimmung modellbasierter Mittelwerte. Er bezieht sich nicht auf die konkreten Rohdaten dieser Kohorte, sondern bezieht das Modell mit ein, sodass eine geringere Fehleranfälligkeit durch individuelle Daten besteht. Die Mittelwerte zu dieser konkreten Gruppe aus den Rohdaten werden in der deskriptiven Darstellung der Ausgangs- und Abschlusswerte vor und nach der Intervention betrachtet (Abschnitten 6.1.1 und 6.1.2). Dadurch, dass der emmeans sich auf das Modell stützt, also einen modellbasierten Schätzwert der Randmittel darstellt, und nicht auf die Rohdaten, können Kovariate berücksichtigt werden. Das bedeutet, dass neben den Hauptvariablen auch zusätzliche Variablen einbezogen werden wodurch „rechnerisch die abhängige Variable um den Einfluss der Kovariaten bereinigt" (Backhaus et al., 2023, S. 212) werden. Dadurch können Variationen in den Daten korrigiert werden, die nicht auf die Hauptvariable zurückzuführen sind, wodurch potentielle Gruppenunterschiede ausgeglichen werden können. Dadurch ermöglichen sie insbesondere in komplexeren Untersuchungsdesigns zuverlässige Vergleiche, die auch ungleichen Gruppengrößen oder unterschiedlichen Faktoren einbeziehen, bei denen die einfachen Mittelwerte möglicherweise nicht die Gruppenunterschiede widerspiegeln können (Backhaus et al., 2023).

Zur Bestimmung der Signifikanzen beinhaltet das Modell einen F-Test (Luhmann, 2020), über den „können wir ein empirisches Signifikanzniveau, den p-Wert, ableiten“ (Backhaus et al., 2023, S. 93). Dabei wird als Kennwert $p < .05$ üblicherweise als Signifikanzwert in für Grundlagenforschungen bestimmt (Bortz & Döring, 2006). Werte ab $p < .05$ gelten als signifikant, Werte ab $p < .01$ als sehr signifikant und $p < .001$ als hoch signifikant (Bortz & Döring, 2006).

Zusätzlich wird zur Bestimmung von Effektstärken nach Cohens *d* (1988) vorgegangen. Zu deren Auswertung wird sich auf Hedderich und Sachs (2018) bezogen und für folgende Werte die folgenden Effekte angenommen: Ab $d = .20$ liegt ein kleiner Effekt vor, ab $d = .50$ ein mittlerer Effekt und ab $d = .80$ ein großer Effekt (Hedderich & Sachs, 2018).

> „Ein signifikantes Ergebnis der messwiederholten Varianzanalyse bedeutet nur, dass sich mindestens zwei der Mittelwerte unterscheiden. Es bedeutet jedoch nicht zwangsläufig, dass sich alle Mittelwerte voneinander unterscheiden. Daher sollte man bei einem signifikanten F-Test anschließend (also post hoc) paarweise Vergleiche der Mittelwerte durchführen.“ (Luhmann, 2020, S. 226)

Das in dieser Arbeit genutzte Modell verwendet als Post-hoc-Test die Holm-Methode (adjust = ‚holm‘) beziehungsweise die Tukey-Methode (adjust = ‚tukey‘) (Lenth et al., 2025). Dabei werden paarweise Vergleiche zwischen den Gruppen vorgenommen, um zu bestimmen, „wo sich empirisch signifikante Mittelwertunterschiede zeigen“ (Backhaus et al., 2023, S. 180). Zudem gibt Luhmann an, diese zur Adjustierung der Signifikanzwerte (p-value) im Modell zu nutzen, wobei das Risiko von Typ-I-Fehlern – sprich falsch-positive Ergebnisse, die bei mehrfacher Testung in der Regel zunehmen –, reduziert wird (Luhmann, 2020).

Um die Genauigkeit der berechneten Daten zu erhöhen, wurde das Konfidenzlevel bei der Berechnung mit 0.95 angegeben. Zudem wurden, zur Bestimmung der Anzahl an unabhängigen Variablen, die variieren können, sodass die Parameter dennoch davon unbeeinflusst geschätzt werden können, die Freiheitsgrade über die Kenward-Roger-Methode (1997) bestimmt. Diese Methode bietet sich insbesondere bei gemischten Modellen mit kleineren Teilgruppen an und sorgt dafür, dass Verzerrungen in der Schätzung so behandelt werden, dass dennoch präzise Interferenzen geliefert werden können (Kenward & Roger, 1997).

Wie oben beschrieben, werden Differenzen zwischen prozentual erreichten Punktzahlen von MZ1 und MZ2 betrachtet. Dies geschieht über den estimate.

Dieser ist ebenfalls ein Schätzwert, welcher sich auf das Modell und die damit berechneten emmeans, genauer auf die Differenzen der emmeans bezogen auf die verschiedenen Faktoren (s. Tabelle 5.12), bezieht (Luhmann, 2020). Da angenommen wird, dass MZ2 in der Regel die höheren emmeans liefert, wird er durch [(prozentuale Punktzahl zu MZ1) – (prozentuale Punktzahl zu MZ2)] berechnet. Die Nullhypothese (H_0) und die Alternativhypothese (H_1) zur Bestimmung der Signifikanzen über den p-value (p) lauten entsprechend allgemein formuliert folgendermaßen:

H_0: Die prozentual erreichte Punktzahl einen bestimmten Faktor betreffend ist zu MZ1 höher als oder gleich zu MZ2.

H_1: Die prozentual erreichte Punktzahl einen bestimmten Faktor betreffend ist zu MZ2 höher als zu MZ1.

Die einzelnen Faktoren betreffend, ergeben sich als Übersicht folgende Hypothesen:

Tabelle 5.12 Hypothesen bezogen auf die einzelnen Faktoren der Erhebung

Faktor	Effekt	H_0 und H_1
Messzeitpunkt	Within	*H_0: Die prozentual erreichten Punktzahlen zu MZ1 ist kleiner als oder gleich zu MZ2.*
		H_1: Die prozentual erreichten Punktzahlen zu MZ2 ist höher als zu MZ1.
Seitenformat	Between	*H_0: Das Seitenformat hat keinen Einfluss auf die prozentual erreichten Punktzahlen zwischen den Gruppen von MZ1gegenüber MZ2.*
		H_1: Das Seitenformat hat einen Einfluss auf die prozentual erreichten Punktzahlen zwischen den Gruppen von MZ1gegenüber MZ2.
Übungsformat	Between	*H_0: Das Übungsformat hat keinen Einfluss auf die prozentual erreichten Punktzahlen zwischen den Gruppen von MZ1gegenüber MZ2.*
		H_1: Das Übungsformat hat einen Einfluss auf die prozentual erreichten Punktzahlen zwischen den Gruppen von MZ1gegenüber MZ2.

(Fortsetzung)

Tabelle 5.12 (Fortsetzung)

Faktor	Effekt	H_0 und H_1
Diagnostische Tätigkeit	Between	*H_0: Die diagnostische Tätigkeit hat keinen Einfluss auf die prozentual erreichten Punktzahlen zwischen den Gruppen von MZ1gegenüber MZ2.*
		H_1: Die diagnostische Tätigkeit hat einen Einfluss auf die prozentual erreichten Punktzahlen zwischen den Gruppen von MZ1gegenüber MZ2.
	Within	*H_0: Die Entwicklung der prozentual erreichten Punktzahlen zu DP1, DP2 und DP3 unterscheiden sich nicht zwischen den Messzeitpunkten MZ1 und MZ2.*
		H_1: Die Entwicklung der prozentual erreichten Punktzahlen zu DP1, DP2 und DP3 unterschieden sich zwischen den Messzeitpunkten MZ1 und MZ2.

Zusammengefasst ermöglicht das Modell sowohl Aussagen über die einzelnen Faktoren im Verlauf der Messzeitpunkte als auch über die Wechselwirkungen zwischen den Faktoren.

5.3.3 Erhebungsinstrument und Auswertung der Selbsteinschätzung

Der selbsteingeschätzte Lernzuwachs wird retrospektiv, sprich nach der Interventionsphase mit der FALEDIA-Plattform, erhoben. Folgend wird das Erhebungsinstrument vorgestellt und die Auswertung beschrieben.

Erhebung
Anhand eines schriftlichen Fragebogens, werden die Studierenden gebeten, retrospektiv einzuschätzen, wie sie ihren Kenntnis- und Fähigkeitsstand vor und nach der Auseinandersetzung mit der FALEDIA-Plattform einschätzen. Diese Erhebung fand zeitlich nach der Erhebung des Posttests, aber vor den Interviews 2 statt.

Der Fragebogen wurde digital über den Moodle-Kurs der GIMP-Lehrveranstaltung zur Verfügung gestellt und es liegen $N_{\text{Selbsteinschätzung}} = 188$ Daten vor. Methodisch wurde eine Likert-Skala (1932) gewählt, bei der Teilnehmende innerhalb eines Kontinuums von üblicherweise einem extrem positiven Pol bis zu einem extrem negativen Pol Einschätzungen vornehmen (Stier 1999). Die

Entscheidung für die Selbsteinschätzung über eine Likert-Skala wurde getroffen, da diese zumeist für Selbst- und Fremdeinstufung und Einstellungsmessungen (Greving, 2007; Schnell, Hill & Esser 2005, S. 187) genutzt wird, weswegen diese Methode somit für die Einschätzung des eigenen Lernerfolgs passend scheint. In dieser Untersuchung wird eine sechsstufige Likert-Skala verwendet, wobei das Kontinuum von 1 = sehr gut bis 6 = gar nicht gut reicht. Die gerade Anzahl an Stufen (hier sechs) wurde bewusst gewählt, da dadurch eine Tendenz zur Mitte vermieden und eine klarere Positionierung angeregt werden sollte (Wosnitza & Jäger, 2006).

Um zu gewährleisten, dass die Studierenden die Items „inhaltlich im intendierten Sinne deuten, wurde eine retrospektive Selbsteinschätzung genutzt" (Häsel-weide et al., 2024, S. 178). Ohne die vorherige Auseinandersetzung mit dem Inhalt der FALEDIA-Plattform, wäre der retrospektive Blick nicht möglich gewesen, wodurch insbesondere die Vorher-Werte schwer auszuwerten gewesen wären. Im retrospektiven Vorher-Nachher-Vergleich sollte angegeben werden, wie die Studierenden selbst ihre eigenen Kenntnisse und ihr eigenes Können zu den folgenden vier verschiedenen Items bewerten:

- Hintergrundwissen kennen (theoretisch-kognitive Fähigkeiten)
- Lernwege und Schwierigkeiten von Kindern kennen (theoretisch-kognitive Fähigkeiten)
- Passende Aufgaben zur Diagnose auswählen können (Aktivierungsfähigkeiten)
- Lernstände in Kinderlösungen analysieren können (Aktivierungsfähigkeiten)

Diese vier Items werden jeweils für die drei Hintergrundfacetten HF1 = *Bündeln und Entbündeln*, HF2 = *Stellenwert und Zahlenwert* und HF3 = *Darstellungswechsel*, sowie zum *Stellenwertverständnis allgemein* abgefragt. Einen beispielhaften Einblick in den Fragebogen bietet Abbildung 5.12.

	Ich kenne das Hintergrundwissen zum Thema…nach der Auseinandersetzung mit der FALEDIA Plattform.					
	sehr gut					gar nicht gut
Bündeln und Entbündeln	○	○	○	○	○	○
	1	2	3	4	5	6

Abbildung 5.12 Beispielitem Selbsteinschätzung

Tabelle 5.13 Itemübersicht Selbsteinschätzung

	Bündeln & Entbündeln		Stellenwert & Zahlenwert		Darstellungswechsel		Stellenwertverständnis allgemein	
	E	A	E	A	E	A	E	A
Ich kenne das Hintergrundwissen zum Thema…	1.1E	1.1A	1.2E	1.2A	1.3E	1.3A	1.4E	1.4A
Ich kenne die typischen Lernwege und Schwierigkeiten von Lernenden zum Thema …	2.1E	2.1A	2.2E	2.2A	2.3E	2.3A	2.4E	2.4A
Ich kann geeignete Aufgaben auswählen, um zu überprüfen inwiefern ein Kind über Verständnis zum Thema … verfügt.	3.1E	3.1A	3.2E	3.2A	3.3E	3.3A	3.4E	3.4A
Ich kann zu Kinderlösungen angeben, inwiefern das Kind über Kompetenzen zum Thema … verfügt.	4.1E	4.1A	4.2E	4.2A	4.3E	4.3A	4.4E	4.4A

Zusammengefasst ergeben sich somit 16 Items, die sowohl für den Stand vor (E = Eingangswert) der Intervention als auch für den Stand nach (A = Abschlusswert) der Intervention beantwortet werden sollen. Diese können als Überblick in Tabelle 5.13 eingesehen werden.

Auswertung quantitativ – Forschungsfrage 1.4
Zur Auswertung des Fragebogens zur Selbsteinschätzung werden Mittelwerte aus den angegebenen Punktzahlen gebildet und sowohl im Vorher-Nachher-Vergleich als auch innerhalb der Gruppen EmÜ, EoÜ, ImÜ und IoÜ gegenübergestellt. Dafür wird erneut ein Modell zur mehrfaktoriellen gemischten Varianzanalyse herangezogen, die Aussagen zwischen den Gruppen zulässt. Die Variablen bestehen in diesem Fall aus dem Eingangswert (E) und dem Abschlusswert (A), sowie den Items und den Gruppenformaten.

Darüber hinaus wird in einem nächsten Schritt die Korrelationen *cor* (Korrelationskoeffizient) und *cor-test* (Signifikanzwert) (Luhmann, 2020), zwischen der Selbsteinschätzung und der ausgewerteten diagnostischen Performanz (Abschnitt 5.3.1) untersucht. Die Korrelation bezieht sich auf die realen Mittelwerte und nicht auf die emmeans aus dem Modell. Es wird jeweils der Selbsteinschätzungswert gegen den Gesamtwert des Pre-, beziehungsweise Posttest gerechnet, da keine 1:1 Zuordnung der Selbsteinschätzungsitems zu den DP1–3 besteht. Die Überprüfung auf Korrelationen dient also einem Überblick darüber, inwiefern die Selbsteinschätzung mit der Performanz zusammenhängt, liefert jedoch keine genaue Aufschlüsselung über die Bereiche der Performanz. Der Korrelationskoeffizient liegt dabei im „Wertebereich zwischen −1 und +1, sein Vorzeichen gibt die Richtung und seine betragsmäßige Größe die Stärke des Zusammenhangs an“ (von Ophysen et al., 2021, 171). Ein schwacher Zusammenhang kann nach Cohen (1988) dann angenommen werden, wenn die Werte zwischen |.10| und |.30| liegen. Ein mittler Zusammenhang wird bei Werten zwischen |.30| und |.50| angenommen und ein starker Zusammenhang bei Werten, die größer |.50| sind. Dahingegen sind Werte zwischen .10 und –.10 nicht als Zusammenhang zu deuten (Cohen, 1988).

Es werden, aus dem Grund der Überprüfung von Korrelationen, nur diejenigen Datensätze betrachtet, bei denen die Teilnehmenden sowohl an der Befragung zu Selbsteinschätzung vollständig teilgenommen haben als auch vollständige Datensätze zu den Pre-Post-Tests zur Erhebung der diagnostischen Performanz vorliegen. Außerdem werden auch hier die Angaben der Interviewteilnehmenden nicht einbezogen. Daraus ergeben sich N = 179 verwertbare Datensätze für die Auswertung.

Der Einfachheit halber und angelehnt an die Methodik von Brandt (2022) werden die ordinalen Werte der Likert-Skala als Werte mit gleichem Abstand angenommen, um eine Orientierung bieten und sinnvolle Aussagen treffen zu können (Brandt, 2022; Bortz & Döring, 2006).

Auswertung qualitativ – Forschungsfrage 2

Es ist bereits bekannt, dass Selbsteinschätzungen keine zuverlässigen Aussagen über tatsächliche Kenntnisse und Fähigkeiten liefern können (Hartig & Jude, 2007, s. Abschnitt 1.3.2), somit folglich nur ein Abbild der Wahrnehmung der Teilnehmenden daraus abgeleitet werden kann. Um daraus resultierend mögliche Diskrepanzen zwischen den Selbsteinschätzungen und den gemessenen Werten zur Diagnosefähigkeit in der Performanz zu erklären (Forschungsfrage 2), werden anschließend exemplarische Fallbetrachtungen aus dem *Interview 1* herausgesucht (Genaueres zu den Interviews, s. Abschnitt 5.4), bei denen die Selbsteinschätzung und die quantitative Auswertung auf interessante Weise divergiert oder miteinander interagiert.

Die Antworten zur diagnostischen Performanz aus den Tests werden dabei qualitativ betrachtet und es werden mögliche Begrünungen ausgemacht, die die Diskrepanzen erklären. Es werden zudem Rekonstruktionen aus den Aussagen der Interviews zur Bearbeitung der Tests für Erklärungsansätze für die voneinander abweichenden Ergebnisse genutzt.

Sowohl die Analysen der Testaussagen als auch die der Interviews werden in Anlehnung an das Vorgehen zur qualitativen Inhaltsanalyse nach Mayring (2022) und Kuckartz (2018) vorgenommen. Dabei ist es das Ziel „zu einzelnen fraglichen Textteilen (Begriffen, Sätzen, …) zusätzliches Material heranzutragen, das das Verständnis erweitert, das die Textstelle erläutert, erklärt, ausdeutet" (Mayring, 2022, S. 66). Dazu wurden die videografisch festgehaltenen Interviewaufzeichnungen zum mathematikdidaktischen Inhalt vollständig transkribiert, relevante Passagen ausgewählt und diese exemplarischen Transkriptausschnitte im Anschluss als Grundlage für das Ermitteln von Zusammenhängen zwischen Selbsteinschätzungen und Performanzen über eine explikative qualitative Inhaltsanalyse (Mayring, 2022) genutzt. Nach Mayring (2022) umfasst das Vorgehen des Weiteren das Bilden von Kategorien, was im Falle dieser Arbeit induktiv geschieht. Der Vorteil der induktiven Kategorienbildung bei qualitativen Untersuchungen ist: „Es strebt nach einer möglichst naturalistischen, gegenstandsnahen Abbildung des Materials ohne Verzerrungen durch Vorannahmen des Forschers, eine Erfassung des Gegenstands in der Sprache des Materials." (Mayring, 2022, S. 85)

Im Gegensatz zu dem Vorgehen von Mayring (2022) wird in dieser Arbeit jedoch die Diskrepanz zwischen Performanz und Selbsteinschätzung als dasjenige *fragliche* Element angesehen, welches durch Analyse von Interviewausschnitten und Testantworten näher untersucht werden soll. Dementsprechend findet die Analyse in Anlehnung an den Vorschlag von Mayring statt, wird jedoch in der Nutzung der verschiedenen Daten etwas offener betrachtet. Die Detailliertheit der Analyse der Transkript- und Testausschnitte, bei der versucht wird, nach themenspezifischen Mustern zu suchen, ist eher der qualitativen Inhalts- bzw. Datenanalyse nach Kuckartz (2018) anzulehnen.

Die qualitative Auseinandersetzung mit exemplarischen Testantworten liegt ebenfalls der Zielsetzung zugrunde, mehr über die Prozesse zwischen der eigenen Selbsteinschätzung und der Performanz zu verstehen. Sie erfüllt in erster Linie „eine erklärende Funktion hinsichtlich auffälliger oder unerwarteter Entwicklungen" (Brandt, 2022, S. 164), was in Anlehnung an die explikative qualitative Inhaltsanalyse nach Mayring (2022) geschieht.

Im nachfolgenden Abschnitt 5.4 wird die qualitative Erhebung über Interviews dargestellt und damit das Erhebungsinstrument sowie die Auswertung der Daten vorgestellt.

5.4 Qualitative Erhebungs- und Auswertungsinstrumente

Zusätzlich zur schriftlichen Erfassung von Daten wurden in der Untersuchung zur FALEDIA-Plattform Interviewdaten erhoben. Neben mathematikdidaktischen Fragestellungen wurden in diesen Interviews auch Daten unter informatischer Fragestellung, ausgehend von dem beteiligten Informatik-Forschungsteam der FH Dortmund, erhoben. Dieser Teil des Interviews wird in dieser Arbeit nicht berichtet, insofern wird im Folgenden jeweils ausschließlich der aus der Perspektive der Mathematikdidaktik erhobene und ausgewertete Interviewteil gemeint.

Im Folgenden werden zunächst das Erhebungsinstrumente, – in Form zweier halbstandardisierter Interviewleitfäden –, vorgestellt (5.4.1 und 5.4.2). Daran anschließend wird die Auswertung der Interviewdaten beschrieben (5.4.3).

5.4.1 Erhebungsinstrument: Interview 1

Zur Erfassung von qualitativen Daten, die zu Begründungselementen über Aktivierung und Aktivierungsfähigkeiten, sowie die Diskrepanzen zwischen

Selbsteinschätzung und Performanz (5.3.3) beitragen, liegen Interviewdaten von N = 19 Teilnehmenden vor (Abschnitt 5.2.1). Bei diesem Erhebungsinstrument – *Interview 1* – handelte es sich um ein leitfadengestütztes Interview, wobei der Leitfaden „mehr oder weniger verbindlich die Art und die Inhalte des Gesprächs vorschreibt“ (Bortz & Döring, 2006, S. 239) und dadurch als halbstandardisiert zu bezeichnen ist (Bortz & Döring, 2006). Durch das zwar strukturierte, jedoch zugleich offene Führen des Interviews soll gleichzeitig Vergleichbarkeit zwischen den Interviews gewährleistet werden, aber ebenso eine Gesprächsatmosphäre entstehen, die einem Alltagsgespräch nahekommt (Strübing, 2013). Das Interview wurde strukturell in drei Abschnitte unterteilt:

1. Fragen zur grundsätzlichen Orientierung und zum Einstieg (*Orientierung*)
2. Fragen zur Auseinandersetzung mit dem Pre-Post-Test (*Pre-Post-Test*)
3. Fragen zur FALEDIA-Plattform (*FALEDIA*)

Der erste Teil *Fragen zur grundsätzlichen Orientierung und zum Einstieg* bildet eine Rahmung des Interviews. Dazu wurde einleitend die hypothetische und sehr offene Frage gestellt, wie erst einmal grundsätzlich in einer eigenen Klasse festgestellt würde, ob ein Kind Probleme im Stellenwertverständnis hat. Nach der Intervention mit der FALEDIA-Plattform wurde dann die jeweilige Antwort auf die Frage aufgegriffen und gebeten, Stellung zu dieser zu nehmen. Anschließend wurden die Teilnehmenden gebeten, die möglicherweise auftretenden oder ausbleibenden Veränderungen in der Stellungnahme zu begründen.

Der zweite Teil des Interviews mit *Fragen zur Auseinandersetzung mit dem Pre-Post-Test* verlief zweiteilig. Zunächst wurde der Posttest besprochen, welcher während des Interviews, aber nach der Intervention mit der FALEDIA Plattform, bearbeitet wurde. Entsprechend lag das Ausfüllen zum Zeitpunkt der Fragestellungen erst wenige Minuten zurück.

Zunächst wurden Fragen zu den Aufgaben 1 a/b und c, anschließend zu Aufgabe 2 gestellt. Es wurde zwar nach Aufgaben getrennt vorgegangen, die Fragen waren jedoch dieselben. Dafür wurden die Teilnehmenden in einem ersten Schritt gebeten, die zentralen Aspekte der Überlegungen beim Bearbeiten der Aufgaben zu rekonstruieren. Daran anschließend wurde gebeten, die zentralen Aspekte für ein tragfähiges Stellenwertverständnis (Hintergrundfacetten der FALEDIA Plattform) dahingehend einzuordnen, welche wichtig sind, um Aussagen darüber treffen zu können, ob Lernende ein tragfähiges Stellenwertverständnis aufgebaut haben. Im Folgenden sollte dazu Stellung genommen werden, inwiefern diese Aspekte Einfluss auf die Diagnose der Kinderdokumente aus Aufgabe 1 und 2 hatten.

Anschließend an die Auseinandersetzung mit dem Posttest wurde der Pretest vergleichend hinzugezogen. Auch hier erfolgte die Auseinandersetzung mit Aufgabe 1 und Aufgabe 2 separat voneinander, wobei die Aufträge gleichblieben. Die Studierenden wurden gebeten festzustellen, was an ihren beiden Ausführungen gleichgeblieben ist und was sich unterschied. Dies sollten sie jeweils begründen. Zudem wurde gefragt, inwiefern das Studium der FALEDIA-Plattform zu den potentiell unterschiedlichen Antworten beigetragen hat. Auch in diesem Kontext wurde um eine Begründung der Ausführungen gebeten.

Im dritten Teil des Interviews, mit *Fragen zur FALEDIA-Plattform*, wurden die Teilnehmenden gebeten, die Arbeit mit der FALEDIA-Plattform auf einer Skala von 1 bis 6 danach einzuschätzen, wie gut ihnen die Art der Präsentation der Inhalte gefiel. Anschließend wurde gefragt, ob Aspekte ausgemacht werden konnten, die besonders überzeugt haben. Abschließend wurde darum gebeten die Informationsquellen *FALEDIA bearbeiten*, *ein Fachbuch lesen*, *Vorlesungsfolien nacharbeiten* und *Übungsaufgaben lösen* zu ranken. Auf Platz eins sollte die favorisierte Informationsquelle gesetzt werden, auf Platz vier die am wenigsten favorisierte. Jede Informationsquelle sollte daran anknüpfend im Vergleich zu der FALEDIA-Plattform nach Vor- und Nachteilen diskutiert und es sollte begründet und angegeben werden, ob die FALEDIA-Plattform von den Teilnehmenden aus eigenem Antrieb heraus für andere Inhalte erneut als Informationsquelle herangezogen würde. Zum Abschluss des Interviews wurde Raum geboten, um weitere Standpunkte zur FALEDIA-Plattform anzubringen.

Zur Übersicht über die Inhalte des *Interviews 1*, kann die nachfolgende Tabelle 5.14 eingesehen werden.

Tabelle 5.14 Phasierung Interview 1

Phase	Inhalt
Orientierung	Allgemein Probleme im Stellenwertverständnis diagnostizieren
Pre-Post-Test	Rekonstruktion der Gedankengänge beim Bearbeiten der Aufgaben Vergleich zwischen den Antworten des Pre- und des Posttests
FALEDIA	Überzeugende Aspekte und Diskussion von Vor- und Nachteilen

Die Auswertung der Interviewdaten erfolgt auf qualitativer Ebene und wird im nachfolgenden Abschnitt näher beschrieben.

5.4.2 Erhebungsinstrument: Interview 2

Die Erfassung von qualitativen Daten dazu, wodurch die Studierenden aktiviert wurden und zu ihren präferierten Seitenformaten, wurde ebenfalls ein leitfadengestütztes, halbstandardisiertes Interview (Bortz & Döring, 2006) durchgeführt. Es liegen Interviewdaten von N = 15 Teilnehmenden vor (Abschnitt 5.2.1). Das *Interview 2* wurde strukturell in drei Abschnitte unterteilt:

1. Fragen zum Vergleich der Varianten allgemein (*Vergleich*)
2. Fragen zur Gegenüberstellung von E- und I-Elemente nach Stand des Lernprozesses (*Lernprozess*)
3. Fragen zur Gegenüberstellung von E- und I-Elemente nach Komplexität des Inhalts (*Komplexität*)
4. Frage, welche Variante den Aufbau von Diagnosefähigkeiten unterstützt (*Diagnosefähigkeiten*)

Die *Fragen zum Vergleich der Varianten allgemein* wurde zunächst durch explizite Vergleiche von inhaltlich gleichen Stellen anhand der verschiedenen Umsetzungen – also in einer direkt E- versus I-Gegenüberstellung zu einem bestimmten thematischen Ausschnitt der Plattform –, eingeleitet. Da bei diesen konkret inhaltlichen Gegenüberstellungen teilweise auf den Inhalt des Stellenwertverständnisses und teilweise auf den Inhalt des Operationsverständnisses Bezug genommen wurde, wird dieser Fragenteil weitestgehend aus der Auswertung ausgeschlossen. Vereinzelte Aussagen zum Thema des Stellenwertverständnisses werden an geeigneter Stelle zwar einbezogen, jedoch fokussiert die Auswertung hauptsächlich auf verallgemeinerte Äußerungen der Studierenden. Zu diesen verallgemeinerten Aussagen wurden die Studierenden durch den Interviewleitfaden immer wieder angeregt, indem nach Kategorien gefragt oder zum Abstrahieren, ob die getätigten Aussagen auch auf andere Themen übertragbar wären, angeregt. Genauer stand zu je drei zu vergleichenden Beispielen jeweils die Frage „Für Inhalt [spezifischen Inhalt nennen], aus welcher Aufbereitung hast du inhaltlich mehr gelernt? Warum?“ zur ersten Orientierung voran. Anschließend daran folgte jeweils die Frage „Kannst du dir vorstellen, ob das für andere Inhalte ähnlich wäre? Welche Kriterien müssten die Inhalte dafür erfüllen?“, um genauere Kriterien für die Präferenzen ausmachen zu können.

Bei den *Fragen zur Gegenüberstellung von E- und I-Elemente nach Stand des Lernprozesses* sowie *nach Komplexität des Inhalts* wurden jeweils danach gefragt, wie die Studierende ihre Präferenz des Seitenformats für eine inhaltliche Erstbegegnung oder Wiederholung (*Lernprozess*), beziehungsweise für einen leichteren oder schwierigeren Inhalt (*Komplexität*) beurteilen. Auch dazu wurde um Begründungen gebeten und zusätzlich danach gefragt, ob es Kriterien geben könne, anhand derer die individuelle Einschätzung festgemacht werden kann.

Die *Fragen zum Aufbau von Diagnosefähigkeiten* rahmen das *Interview 2*. Zum Einstieg in das Interview wurde darum gebeten einzuschätzen, inwiefern die Auseinandersetzung mit der FALEDIA-Plattform die eigene Fähigkeit beim Diagnostizieren von Kinderdokumenten beeinflusst hast. Bei dieser einleitenden Frage wird zunächst kein expliziter Vergleich der Versionen angeregt, um globalere Antworten zuzulassen.

Abschließend sieht der Leitfaden erneut einen Rückblick auf die Entwicklung der Diagnosefähigkeiten vor. Mit der Frage „Jetzt noch einmal abschließend und im Rückblick auf dieses Interview: Welche Elemente der beiden angebotenen Versionen der Seite (I oder E) hat dich mehr in der Entwicklung deiner Diagnosekompetenz unterstützt?" wird konkret darum gebeten, die Versionen der Plattform danach zu beurteilen, inwiefern diese zur Steigerung der Diagnosefähigkeiten beitragen.

Zusammenfassend kann auch zu *Interview 2* eine Übersichtstabelle über die angesprochenen Kernpunkte dienen (Tabelle 5.15).

Tabelle 5.15 Phasierung Interview 2

Phase	Inhalt
Vergleich	Konkrete Ausschnitte der FALEDIA-Plattform werden in der E- und I-Variante gegenübergestellt.
Lernprozess	Die FALEDIA-Versionen werden in Bezug zum Stand des Lernprozesses gegenübergestellt.
Komplexität	Die FALEDIA-Versionen werden in Bezug zur Komplexität des Themas gegenübergestellt.
Diagnosefähigkeit	Die FALEDIA-Versionen werden in Bezug auf die Entwicklung von Diagnosefähigkeiten gegenübergestellt.

5.4.3 Auswertung zur Aktivierung

Qualitative Auseinandersetzungen „interpretieren verbales bzw. nichtnumerisches Material und gehen dabei in intersubjektiv nachvollziehbaren Arbeitsschritten vor" (Bortz & Döring, 2006, S. 331). Die Auswertung der qualitativen Daten dieser Arbeit erfolgt dafür unter der Zielsetzung des Aufdeckens von Gedankenstrukturen, die eine Aktivierung der Studierenden, beziehungsweise das Aktivieren von Diagnosefähigkeiten durch die Studierenden betreffen. Mayring (2022) schlägt im Hinblick auf die qualitative Analyse zunächst einen Dreischritt im Umgang mit dem Datenmaterial vor. Dieser besteht aus (1) der Zusammenfassung, (2) der Explikation und (3) der Strukturierung.

In Vorbereitung auf die Analyse der Daten wurden angelehnt an Schritt (1) nach Mayring (2022) zunächst die Interviewaufzeichnungen vollständig transkribiert und in einem zweiten Schritt auf die, den Forschungsfragen entsprechend interessant zu betrachtenden, Szenen gekürzt.

Zur Beantwortung der Forschungsfrage 3.1 zunächst entlang der Fragekategorien zu *Interview 2* gesichtet, welche grundsätzlichen Tendenzen die Studierenden in ihrer Präferenz zeigen. Diese erste Orientierung bietet es an, anschließend nach Begründungen zu suchen, die entweder den Präferenzen vieler Studierenden entsprechen, oder diesen widersprechen. Darüber hinaus werden interessante und zusätzlich häufig genannte Aspekte und Begründungen dazu in die Analyse einbezogen.

Zur Auseinandersetzung mit Forschungsfrage 3.2 werden Aussagen aus *Interview 1* sowie aus *Interview 2* einbezogen. Da der Interviewleitfaden zu *Interview 1* konkret zur retrospektiven Analyse und dem Vergleich der Antworten im Pre-Post-Test durch die Studierenden aufforderte, konnten zur Untersuchung der Forschungsfragen explizit diese Teile des *Interviews 1* herangezogen werden. Anschließend wurden diejenigen Stellen betrachtet, in denen die Studierenden Rekonstruktionen ihrer Gedanken äußerten. *Aus Interview 2* wurden insbesondere Stellen herausgesucht, in denen von den Studierenden Bezug zu konkreten weiteren Designentscheidungen der Plattform genommen wurde und diese zur Begründung der Aktivierung ihrer eigenen Diagnosefähigkeiten genutzt wurden.

Die Reduktion des Datenmaterials ist ein weiterer zentraler Arbeitsschritt (Bortz & Döring, 2006), um die zentralen Analyseaspekte im reduzierten Material fokussieren zu können. Dieser Teil des Umgangs mit den Interviewdaten kann als Vorarbeit und Sortieren bezeichnet werden. Für die Analyse der Daten wurden Schritt (2) und (3) herangezogen.

Zur Auseinandersetzung mit den Forschungsfragen 3.2 wird in Anlehnung an den zweiten Schritt (2) – der Explikation – nach Mayring (2022) vorgegangen. Das zentrale Ziel der Forschungsfragen ist es, tiefere Einsichten in die Aktivierung und die Aktivierungsfähigkeiten der Studierende zu erlangen. Die explizierende Analyse zieht eindeutige, aber auch unklare Szenen heran, um zum Beispiel Verstehensprozesse nachvollziehen und erklären zu können (Mayring, 2022). Dabei werden in dieser Arbeit an exemplarischen Interviewausschnitten die Erklärungen durch die Studierenden selbst zur Begründung ihrer Präferenzen zu den FALEDIA-Versionen, aber auch zur Begründung, welche weiteren

Designelemente sie zum Aufbau von Aktivierungsfähigkeiten förderlicher oder hemmender empfinden. Dies dient dazu Einsichten zu FF3.1 und FF3.2 zu gewinnen und die Gedankenprozesse der Studierenden verständlicher zu machen (Mayring, 2022).

5.5 Zusammenfassung des Designs der Untersuchung

Abschließend werden die Erkenntnisinteressen und die Forschungsfragen aufgegriffen und das Untersuchungsdesign daran anknüpfend in einer tabellarischen Übersicht zusammengefasst.

Es werden Daten über drei verschiedene Instrumente erhoben. Zum einen liefern Testdaten zu zwei Messzeitpunkten quantitative Informationen über die Diagnostische Performanz (FF 1.1–1.3). Diesen Daten liegt das Erkenntnisinteresse E1 zugrunde: *Inwiefern kann die FALEDIA-Plattform zur Steigerung von Diagnosefähigkeit im Bereich Performanz beitragen?* Zum anderen werden Daten aus einem Fragebogen zur retrospektiven Selbsteinschätzung der eigenen Diagnosefähigkeiten vor und nach der Auseinandersetzung mit der FALEDIA-Plattform herangezogen, um vergleichen zu können, inwiefern der Lernerfolg der quantitativen Auswertung deckungsgleich mit der eigenen Einschätzung der Studierenden ist (FF 1.4).

Das Erkenntnisinteresse E2 lautet: Lassen sich Erklärungsansätze für die Diskrepanz zwischen der gemessenen diagnostischen Performanz und der Selbsteinschätzung der Studierenden ausmachen? Um Aufschlüsse dazu generieren zu können, werden erhobene Daten aus allen drei Instrumenten betrachtet (FF 2). Es werden aus den Interviews Fälle herausgesucht, in denen die Selbsteinschätzung und die quantitativen Daten divergieren. Die Aussagen von den Studierenden bezüglich ihrer Veränderungen von Pre- zu Posttest werden neben quantitativen Betrachtungen auch qualitativ analysiert. Die Analysen werden in Bezug auf die Selbsteinschätzung der betrachteten Person vorgenommen.

Das dritte Instrument des leitfadengestützten Interviews dient zur Erhebung von Daten zum Erkenntnisinteresse E3: *Welche FALEIDA-Variante wird von den Studierenden präferiert und wie wird dies begründet?* Und E4: *Gibt es Hinweise auf förderliche oder hemmende Elemente im Bereich der Aktivierungsfähigkeiten?* Dafür werden transkribierte Ausschnitte von *Interview 1* und *Interview 2* qualitativ betrachtet. Insbesondere sollen darüber Begrünungen für Präferenzen der FALEDIA-Versionen und zu förderlichen bzw. hemmenden Designelementen der Plattform ausgemacht werden.

Zusammengefasst kann aus Tabelle 5.16 ein Überblick über das Untersuchungsdesign entnommen werden.

Tabelle 5.16 Zusammenfassung des Untersuchungsdesigns

	Erhebung	Auswertung
quantitativ	Forschungsfrage 1	
	Schriftlicher Pre-Post-Test mit Intervention mit der FALEDIA-Plattform zwischen den Messzeitpunkten und Selbsteinschätzung	Mehrfaktorielle gemischte Varianzanalyse ohne Messwiederholung für die Betrachtung der Performanz zu den jeweiligen Messzeitpunkten Mehrfaktorielle gemischte Varianzanalyse mit Messwiederholung für die Betrachtung der Entwicklung der Performanz zwischen den Messzeitpunkten Korrelationen zwischen Selbsteinschätzung und Performanz
mixed	Forschungsfrage 2	
	Datentriangulation aus Pre-Post-Test, Interviewaussagen und Selbsteinschätzung	Vergleich zwischen Daten und Aussagen zur Selbsteinschätzung mit Punktzahlen und Qualität von erhobenen Testdaten
qualitativ	Forschungsfrage 3 und 4	
	Halbstandardisierte, leitfadengestützte Interviews	Herausarbeiten von Begründungsmomenten für Präferenzen, förderlichen und hemmenden Elementen bezogen auf das Design der FALEDIA-Plattform

In den anschließenden Kapiteln 6 und 7 folgen die Darstellungen der Auswertungsergebnisse entlang der in diesem Kapitel aufgestellten Forschungsschwerpunkte.

Teil III
Empirie

6 Ergebnisse der Untersuchung zur Performanz

In diesem Kapitel werden die Ergebnisse der empirischen Untersuchung der drei zuvor aufgestellten Forschungsfragen zur Performanz (Abschnitt 5.1.2) vorgestellt. Das Kapitel gliedert sich daher entsprechend der übergeordneten Forschungsfragen mit den jeweiligen Fokussierungen in zwei Teilkapitel, wie die nachfolgende Tabelle 6.1 verdeutlicht:

Tabelle 6.1 Kapitelstruktur entlang der Forschungsfragen 1 und 2

Übersicht über die Kapitelstruktur		
Forschungsfrage	Fokus	Abschnitt
FF 1: Welche Diagnosefähigkeiten im Stellenwertverständnis zeigen Studierende in schriftlich erfassten Erhebungen vor der und im Anschluss an die Auseinandersetzung mit der FALEDIA-Lernplattform?	Diagnostische Performanz	6.1
FF 2: Welche Erklärungsansätze für die Diskrepanz zwischen der Selbsteinschätzung und der gemessenen Ergebnisse lassen sich anhand von Fallbetrachtungen entwickeln?	Diskrepanz zwischen Selbsteinschätzung und Performanz	6.2

Die Unterkapitel 6.1 und 6.3 sind jeweils entlang der Teilforschungsfragen gegliedert, welche einleitend zu jedem Teilkapitel als Übersicht dargestellt werden.

M. Maibach, *Diagnostische Performanz und Einschätzungen von Primarstufen-Studierenden*, Dortmunder Beiträge zur Entwicklung und Erforschung des Mathematikunterrichts 62,
https://doi.org/10.1007/978-3-658-50683-4_6

Alle im Folgenden angegebenen Punktzahlen (und entsprechend die daraus abgeleiteten prozentualen Punktzahlen) wurden durch Teams zu je zwei unabhängigen Rater:innen doppeltcodiert. Die Interraterreliabilität lag nach Krippendorf's Alpha (α) dabei in einem zufriedenstellenden Bereich:

- A1a/b (DP1) $\alpha = .79$
- A1c (DP2) $\alpha = .82$
- A2 (DP3) $\alpha = .70$
- Gesamt $\alpha = .80$

6.1 Quantitative Daten zur Performanz

In diesem Teilkapitel werden die quantitativen Ergebnisse der empirischen Untersuchung zur Forschungsfrage 1, zur Performanz der Diagnosefähigkeiten vor (6.1.1) und nach (6.1.2) der Intervention mit der FALEDIA Plattform, sowie im Vergleich (6.1.3) vorgestellt. Zudem werden in Abschnitt 6.1.4 selbsteingeschätzte Veränderungen der Diagnosefähigkeit in den Blick genommen.

Tabelle 6.2 veranschaulicht die Übersicht über dieses Kapitel entlang der Teilziele und Teilforschungsfragen.

Tabelle 6.2 Forschungsfrage 1, Teilforschungsziele und Teilforschungsfragen

FF 1: Welche Diagnosefähigkeiten im Stellenwertverständnis zeigen Studierende und schätzen Studierende vor der und im Anschluss an die Auseinandersetzung mit der FALEDIA-Lernplattform selbst ein?		
Teilforschungsziel	Teilforschungsfrage	Abschnitt
Darlegung der Ausgangslage zur diagnostischen Performanz	FF1.1: Welche diagnostische Performanz im Stellenwertverständnis zeigen Studierende vor der Auseinandersetzung mit der FALEDIA-Lernplattform?	6.1.1
Darlegung der diagnostischen Performanz nach der Intervention mit der FALEDIA Plattform	FF1.2: Welche diagnostische Performanz im Stellenwertverständnis zeigen Studierende im Anschluss an die Auseinandersetzung mit der jeweiligen Variante der FALEDIA-Lernplattform?	6.1.2

(Fortsetzung)

Tabelle 6.2 (Fortsetzung)

FF 1: Welche Diagnosefähigkeiten im Stellenwertverständnis zeigen Studierende und schätzen Studierende vor der und im Anschluss an die Auseinandersetzung mit der FALEDIA-Lernplattform selbst ein?		
Teilforschungsziel	Teilforschungsfrage	Abschnitt
Vergleiche zwischen der Ausgangslage der diagnostischen Performanz und nach der Intervention mit der FALEDIA-Plattform	FF1.3: Welche diagnostische Performanz im Stellenwertverständnis zeigen Studierende vor der und im Anschluss an die Auseinandersetzung mit der jeweiligen Variante der FALEDIA-Lernplattform im Vergleich?	6.1.3
Darlegung der selbsteingeschätzten diagnostische Performanz durch die Studierenden	FF1.4: Wie wird der retrospektive Lernerfolg bezogen auf die diagnostische Performanz von Studierenden selbsteingeschätzt?	6.1.4

6.1.1 Ausgangszustands – Pretest

In diesem Unterkapitel werden die erhobenen Datensätze mit unterschiedlichem Fokus berechnet und die Ergebnisse im Folgenden unter der Forschungsfrage 1.1 dargestellt:

FF1.1: Welche diagnostische Performanz im Stellenwertverständnis zeigen Studierende vor der Auseinandersetzung mit der FALEDIA-Lernplattform?

Die Betrachtung der prozentual erreichten Punktzahlen der Gesamtkohorte (Tabelle 6.3) gibt Aufschluss über die Performanz der betrachteten Gesamtgruppe zum MZ1. Die erreichte Punktzahl wird jeweils in Prozent angegeben, um eine bessere Vergleichbarkeit herzustellen, da über die Teilaufgaben mitunter verschiedene maximale Punktzahlen erreichbar waren. In der nachfolgenden Tabelle 6.3 bezieht sich der angegebene Wert jeweils auf den tatsächlichen Mittelwert und nicht auf den modellbasierten Schätzwert (emmeans), der ansonsten in dieser Arbeit herangezogen wird. Hier wird sich zunächst auf den Mittelwert bezogen, um eine erste Orientierung zur Ausgangslage anhand der tatsächlichen Werte dieser untersuchten Kohorte vorzunehmen.

Tabelle 6.3 Punkte der Gesamtkohorte zu MZ1

Gesamtgruppe MZ1		
Tätigkeit	Punkte	Prozent
DP1	2,66 von 6	44,27
DP2	2,39 von 6	40
DP3	6,11 von 15	40,67
Gesamt	11,16 von 27	41,37

Dabei lässt sich feststellen, dass die Studierenden über den gesamten Pretest hinweg mit 41,37 % der erreichbaren Punkte im Schnitt weniger als die Hälfte der Punkte erreicht haben. Diese schlüsseln sich über die drei zu bearbeitenden Aufgaben (Abschnitt 5.3.1) mit den diagnostischen Tätigkeiten DP1 (Lernstände erheben), DP2 (Ursachen analysieren) und DP3 (Aufgaben beurteilen) wie folgt auf: In der Gesamtkohorte wurden im Mittel zu DP1 44,47 % der Punkte (numerisch 2,668 von 6 Punkten) erzielt. Zu DP2 ergibt sich ein prozentualer Mittelwert von 40 % der erreichbaren Punkte (2,4 von 6 Punkten) und für DP3 ein Mittelwert von 40,67 % (6,1 von 15 Punkten). Daraus lässt sich eine deskriptive Rangfolge der prozentual erreichten Punktzahlen entlang der diagnostischen Tätigkeiten ausmachen: DP1 > DP3 > DP2.

Werden die vier über das Design der Untersuchung eröffneten Gruppen EmÜ, EoÜ, ImÜ und IoÜ (Abschnitt 5.2.1) nebeneinander betrachtet (Abbildung 6.1), so lässt sich diese deskriptive Tendenz der prozentual erreichten Punktzahlen für DP1–3 in den drei Gruppen EmÜ (47,99 % > 42,07 % > 39,66 %), EoÜ (40,48 % > 41,22 % > 38,1 %) und ImÜ (43,27 % > 40,90 % > 39,74 %) ebenfalls beobachten. Lediglich aus der Gruppe IoÜ wird die Reihenfolge DP1 (45,36 %) > DP2 (42,08 %) > DP3 (38,69 %) ersichtlich.

Die insgesamt erreichten prozentualen Punktzahlen variieren dabei um etwa 2,5 Prozentpunkte mit EmÜ (42,85 %) > ImÜ (41,17 %) > IoÜ (40,92 %) > EoÜ (40,36 %).

EmÜ MZ1

Tätigkeit	Punkte	Prozent
DP1	2,88 von 6	47,99
DP2	2,38 von 6	39,66
DP3	6,31 von 15	42,07
Gesamt	11,57 von 27	42,85

EoÜ MZ1

Tätigkeit	Punkte	Prozent
DP1	2,43 von 6	40,48
DP2	2,29 von 6	38,1
DP3	6,18 von 15	41,22
Gesamt	10,9 von 27	40,36

ImÜ MZ1

Tätigkeit	Punkte	Prozent
DP1	2,6 von 6	43,27
DP2	2,38 von 6	39,74
DP3	6,13 von 15	40,9
Gesamt	11,12 von 27	41,17

IoÜ MZ1

Tätigkeit	Punkte	Prozent
DP1	2,72 von 6	45,36
DP2	2,52 von 6	42,08
DP3	5,8 von 15	38,69
Gesamt	11,05 von 27	40,92

Abbildung 6.1 Punkte der Teilkohorten zu MZ1

Die durchschnittlich erreichten prozentualen Punktzahlen können entlang der diagnostischen Tätigkeiten weiter aufgeschlüsselt werden. Die folgenden Säulendiagramme geben Einblicke in die Verteilung der prozentual erreichten Punkte unter Berücksichtigung der Gruppenzugehörigkeit. Dabei ist anzumerken, dass das im Folgenden angewendete Modell zur Berechnung der Daten eine ausreichende Normalverteilung voraussetzt, weswegen entsprechend keine zusätzlichen Tests zur Überprüfung der Notmalverteilung erforderlich waren.

In Abbildung 6.2 ist für DP1 deskriptiv zu entnehmen, dass in den Gruppen EmÜ und IoÜ Teilnehmende die volle Punktzahl erreichen konnten, während dies in den Gruppen EoÜ und ImÜ nicht der Fall war. Lediglich in der Gruppe EmÜ gab es Teilnehmende, die keine Punkte erzielen konnten, was im Vergleich zu den anderen Gruppen eine Ausnahme darstellt. Eine weitere Ausnahme stellt die Gruppe ImÜ dar, denn in dieser Gruppe ist die höchste Säule nicht wie in den anderen drei Gruppen bei 50 % der maximal erreichbaren Punktzahl, sondern bei einem Drittel der möglichen Punkte.

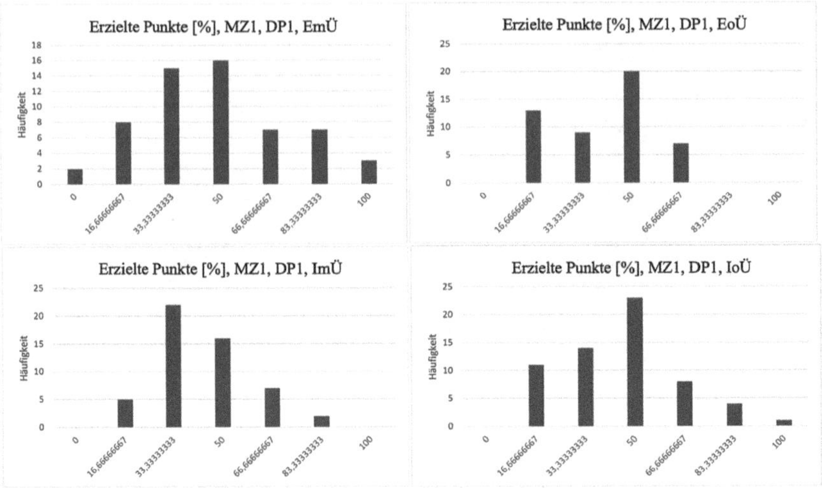

Abbildung 6.2 Säulendiagramme der erzielten prozentualen Punkte der Teilkohorten zu DP1

Die Deskription der Verteilung der prozentual erreichten Punkte zu DP2 (Abbildung 6.3) zeigt für alle vier Gruppen einheitlich die höchste Säule bei einem Drittel der erreichbaren Punkte. Ebenfalls in allen vier Gruppen gab es Teilnehmende, die keine Punkte erreichen konnten. Lediglich in der Gruppe EmÜ gab es eine Person, welche die volle Punktzahl erreichen konnte.

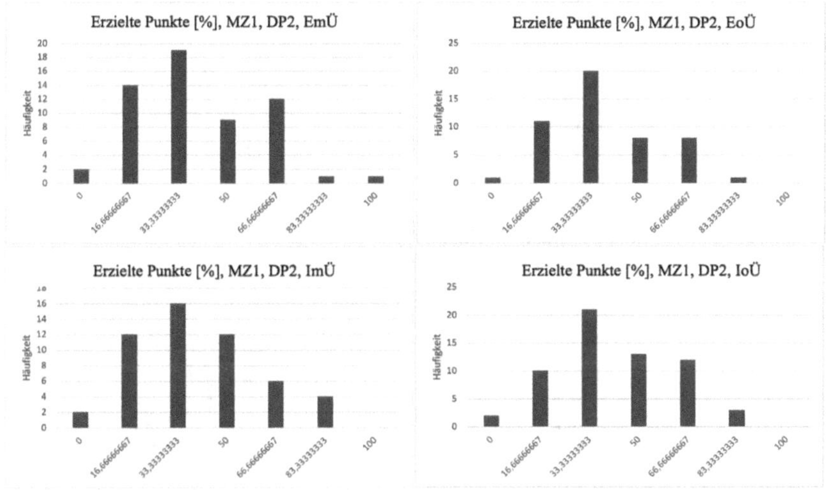

Abbildung 6.3 Säulendiagramme der erzielten prozentualen Punkte der Teilkohorten zu DP2

Eine Betrachtung der Verteilung der prozentual erreichten Punktzahlen für DP3 ist im Vergleich zu DP1 und DP2 weiter aufgeschlüsselt (Abbildung 6.4). Dies begründet sich in der höheren maximalen Gesamtpunktzahl, die zu DP3 erzielt werden konnte. Die Verteilung der prozentual erreichten Punkte zeigt über alle vier Gruppen hinweg, dass die meisten Teilnehmenden zwischen einem Drittel und 60 % der Punkte erzielten. Die höchste prozentual erreicht Punktzahl wurde in der Gruppe IoÜ mit 80 % festgestellt. Keine Punkte erzielten Teilnehmende der Gruppen EmÜ und IoÜ.

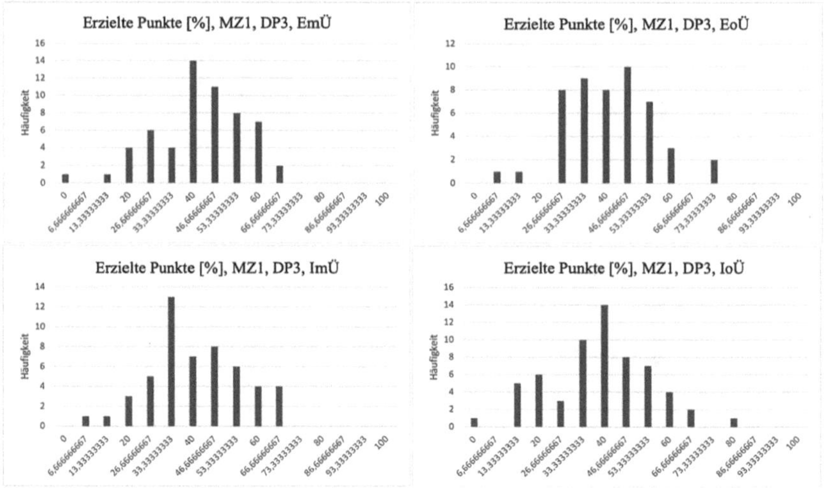

Abbildung 6.4 Säulendiagramme der erzielten prozentualen Punkte der Teilkohorten zu DP3

Aus der Verteilung der erreichten prozentualen Punkte für die verschiedenen diagnostischen Tätigkeiten ergibt sich ein Interesse an der Gegenüberstellung der diagnostischen Tätigkeiten untereinander, also in die Between-Effekte zu MZ1. Im Folgenden werden zuerst DP1 im Vergleich zu DP2, anschließend DP1 im Vergleich zu DP3 und zuletzt DP2 im Vergleich zu DP3 betrachtet.

Tabellen 6.4–6.6 geben Aufschluss über den Vergleich der diagnostischen Tätigkeit (DP1–3) in der Gesamtkohorte. Anhand der Daten lässt sich erkennen, dass sowohl bei DP1 gegenüber DP2 eine signifikant höhere prozentuale Punktzahl ($p = .012$) für DP1 (Tabelle 6.4), also auch bei DP1 gegenüber DP3 ($p = .035$) erreicht wurde (Tabelle 6.5).

Der Vergleich zwischen DP2 und DP3 (Tabelle 6.6) zeigt, dass in der Gesamtkohorte zwar deskriptiv festzustellen ist, dass für DP3 eine höhere prozentual erreichte Punktzahl erreicht wurde, hier jedoch keine signifikante prozentuale Punktedifferenz über den estimate feststellbar ist ($p = .838$).

Tabelle 6.4 Vergleich DP1 und DP2 in der Gesamtkohorte zu MZ1

	em DP1 (SE DP1)	em DP2 (SE DP2)	estimate (SE DP1: DP2)	p-value DP1: DP2
alle	44,3 (1,36)	39,9 (1,39)	4,38 (1,52)	.012*

Tabelle 6.5 Vergleich DP1 und DP3 in der Gesamtkohorte zu MZ1

	em DP1 (SE DP1)	em DP3 (SE DP3)	estimate (SE DP1: DP3)	p-value DP1: DP3
alle	44,3 (1,36)	40,7 (.97)	3,56 (1,42)	.035*

Tabelle 6.6 Vergleich DP2 und DP3 in der Gesamtkohorte zu MZ1

	em DP2 (SE DP2)	em DP3 (SE DP3)	estimate (SE DP2: DP3)	p-value DP2: DP3
alle	39,9 (1,39)	40,7 (.97)	–.83 (1,46)	.838

In der Gesamtkohorte entsteht somit das Bild, dass es Studierenden vor einer Intervention signifikant leichter zu fallen scheint, Lernstände zu erheben, als Aufgaben zu beurteilen und Ursachen für Fehler abzuleiten.

Werden die vier Gruppen im Vergleich untereinander betrachtet, so ergibt sich für die Gegenüberstellung von DP1 zu DP 2 deskriptiv, dass in allen Gruppen zu DP1 höhere prozentuale Punktzahlen erreicht wurden, der estimate ist in jeder Gruppe positiv (s. Tabelle 6.7). Für die Gruppe EmÜ lässt sich eine signifikant bessere prozentuale Punktzahl (p-value = .14) ausmachen. Dabei beträgt der estimate in dieser Gruppe 8,333 %, wobei der Standardfehler (SE) im Vergleich mit 2,94 angegeben ist. In allen anderen Gruppen ist die positive Differenz zwar deskriptiv erkennbar, jedoch nicht signifikant.

Tabelle 6.7 Vergleich DP1 und DP2 in den Teilkohorten zu MZ1

	em DP1 (SE DP1)	em DP2 (SE DP2)	estimate (SE DP1: DP2)	p-value DP1: DP2
EmÜ	48 (2,63)	39,7 (2,7)	8,333 (2,94)	.014*
EoÜ	40,5 (2,87)	38,1 (2,94)	2,381 (3,2)	.74
ImÜ	43,3 (2,78)	39,7 (2,85)	3,526 (3,11)	.494
IoÜ	45,4 (2,57)	42,1 (2,63)	3,279 (2,87)	.489

Aus der Gegenüberstellung von DP1 und DP3 (Tabelle 6.8) ergeben sich deskriptiv unterschiedliche Punkteentwicklungen. In der Gruppe IoÜ ist ein signifikant besserer Wert von DP1 gegenüber DP3 festzustellen. In dieser Gruppe ist ein estimate von 6,667 mit einem SE = 2,69 zu verzeichnen. Hieraus ergibt sich ein signifikanter p-value von p = .037*. Während für die Gruppen EmÜ und ImÜ ebenfalls deskriptiv positive Punkteverhältnisse von DP1 gegenüber DP3 zu verzeichnen sind (EmÜ: estimate = 5,92 und SE = 2,76; ImÜ: estimate = 2,372 und SE = 2,91), ergibt sich für die Gruppe EoÜ ein leicht negatives Punkteverhältnis von DP1 gegenüber DP3 (estimate = −.748 und SE = 3), was bedeutet, in dieser Gruppe wurden zu DP3 leicht mehr Punkte in Prozent erreicht als zu DP2.

Tabelle 6.8 Vergleich DP1 und DP3 in den Teilkohorten zu MZ1

	em DP1 (SE DP1)	em DP3 (SE DP3)	estimate (SE DP1: DP3)	p-value DP1: DP3
EmÜ	48 (2,63)	42,1 (1,89)	5,92 (2,76)	.083
EoÜ	40,5 (2,87)	41,2 (2,05)	−.748 (3)	.967
ImÜ	43,3 (2,78)	40,9 (1,99)	2,372 (2,91)	.695
IoÜ	45,4 (2,57)	38,7 (1,84)	6,667 (2,69)	.037*

Der Vergleich zwischen DP2 und DP3 innerhalb der Gruppen zeigt keine signifikanten Unterschiede (Tabelle 6.9). Deskriptiv kann jedoch festgehalten werden, dass für die drei Gruppen EmÜ, EoÜ und ImÜ jeweils ein negativer estimate berechnet wurde, also die prozentual erreichten Punktzahlen zu DP3 höher waren als zu DP2. Lediglich für die Gruppe IoÜ ergibt sich deskriptiv eine höhere prozentuale Punktzahl von DP2 im Vergleich zu DP3 (estimate = 3,388 mit SE = 2,769).

Tabelle 6.9 Vergleich DP2 und DP3 in den Teilkohorten zu MZ1

	em DP2 (SE DP2)	em DP3 (SE DP3)	estimate (SE DP2: DP3)	p-value DP2: DP3
EmÜ	39,7 (2,7)	42,1 (1,89)	−2,414 (2,83)	.67
EoÜ	38,1 (2,94)	41,2 (2,05)	−3,129 (3,08)	.567
ImÜ	39,7 (2,85)	40,9 (1,99)	−1,154 (2,99)	.921
IoÜ	42,1 (2,63)	38,7 (1,84)	3,388 (2,769)	.438

Die paarweisen Aufgabenvergleiche je Gruppe mit Post-Hoc-Tests, über die durch emmeans bestimmten estimates, zeigen keine signifikanten Unterschiede, wie Tabelle 6.10 entnommen werden kann. Das bedeutet, dass keine der Gruppen (EmÜ, EoÜ, ImÜ, IoÜ) innerhalb der jeweiligen diagnostischen Tätigkeit DP1 (A1.ab), DP2 (A1.c) und DP3 (A2) des Pretests signifikant bessere oder schlechtere Leistungen zeigen konnte als eine andere. Die Nullhypothese H_0: *Die prozentual erreichte Punktzahl zu MZ1 unterscheidet sich zwischen den Gruppen nicht innerhalb der Bearbeitung zu einer diagnostischen Tätigkeit* wird somit beibehalten.

Tabelle 6.10 Paarweisen Aufgabenvergleiche je Gruppe zu MZ1

Kontrast	estimate	SE	p-value
DP1			
ImÜ:EmÜ	−4,72	3,67	.573
EoÜ:EmÜ	−7,51	3,73	.184
EoÜ:ImÜ	−2,79	3,83	.885
IoÜ:EmÜ	−2,63	3,53	.878
IoÜ:ImÜ	2,09	3,63	.94
IoÜ:EoÜ	4,88	3,69	.549
DP2			
ImÜ:EmÜ	.089	3,67	1
EoÜ:EmÜ	−1,56	3,73	.975
EoÜ:ImÜ	−1,65	3,83	.973
IoÜ:EmÜ	2,42	3,53	.902
IoÜ:ImÜ	2,33	3,63	.918
IoÜ:EoÜ	3,98	3,69	.703
DP3			
ImÜ:EmÜ	−1,17	3,67	.989
EoÜ:EmÜ	−.84	3,73	.996
EoÜ:ImÜ	.33	3,83	1
IoÜ:EmÜ	−3,38	3,53	.773
IoÜ:ImÜ	−2,21	3,63	.93
IoÜ:EoÜ	−2,54	3,69	.902

Nachfolgend werden in Abschnitt 6.1.2 die Daten des Posttests ausgewertet und die Ergebnisse aus verschiedenen Perspektiven präsentiert

6.1.2 Abschlusszustands – Posttest

Die Ergebnisse bezogen auf Forschungsfrage 1.2 werden im Folgenden dargestellt.

FF1.2: Welche diagnostische Performanz im Stellenwertverständnis zeigen Studierende im Anschluss an die Auseinandersetzung mit der jeweiligen Variante der FALEDIA-Lernplattform?

Dabei ist die Vorgehensweise ähnlich zu Abschnitt 6.1.1, indem zunächst die erreichten Punktzahlen der Gesamtgruppe und der Teilgruppen betrachtet werden. Daran anschließend wird ein detaillierterer Einblick in die Bearbeitung der Teilaufgaben zu DP1–3 geboten.

Auch in diesem Kapitel sind die angegebenen Werte in den ersten Tabelle 6.11 und Abbildung 6.4, wie in Abschnitt 6.1.1, tatsächliche Mittelwerte und keine modellbasierten Schätzwerte (emmeans), um zunächst eine erste Orientierung über den Abschlusszustand dieser Kohorte dazustellen.

Die erreichte prozentuale Punktzahl der Gesamtkohorte (Tabelle 6.11) beträgt im Mittel 48,27 %, dieser liegt entsprechend knapp unter der Hälfte der erreichbaren Gesamtpunkte. Bezogen auf die drei diagnostischen Tätigkeiten können für DP1 und DP2 Werte knapp über der Hälfte der erreichbaren prozentualen Punkte festgestellt werden. Für DP 1 kann ein Erreichen von 55,3 % der Punkte (numerisch 3,32 von 6 Punkten) als Mittelwert für die Gesamtkohorte ausgemacht werden. Für DP2 ergeben sich 50,76 % der Punkte (numerisch 3,05 von 6 Punkten). Für DP3 liegt der Mittelwert der prozentual erreichten Punkte mit 44,45 % (numerisch 6,67) unter der Hälfte der erreichbaren Punkte. Daraus resultiert die Rangfolge DP1 (55,3 %) > DP2 (50,76 %) > DP3 (44,6 %).

Tabelle 6.11 Punkte der Gesamtkohorte zu MZ2

Gesamtgruppe MZ2		
Tätigkeit	Punkte	Prozent
DP1	3,32 von 6	55,3
DP2	3,05 von 6	50,76
DP3	6,67 von 15	44,45
Gesamt	13,03 von 27	48,27

Die Aufschlüsselung nach Gruppen (Abbildung 6.5) lässt die deskriptive Tendenz DP1 > DP2 > DP3 in allen vier Gruppen erkennen. Zudem wurden in allen vier Gruppen zu DP1 im Mittel jeweils über die Hälfte der zu erreichenden prozentualen Punkte erzielt. In den Gruppen EoÜ und ImÜ wurden auch zu DP2 mehr als die Hälfte der zu erreichenden Punkte im Mittelwert erreicht. In den Gruppen EmÜ und IoÜ liegt der Mittelwert der prozentualen Punkte mit 49,43 % (EmÜ) und 49,73 % (ImÜ) ebenfalls bei knapp unter der Hälfte der Punkte. Lediglich zu DP3 liegen die prozentual erreichten Punkte mit maximal 47,93 % (EmÜ) und minimal 42,84 % (IoÜ) in allen vier Gruppen unter 50 %.

Über alle drei Aufgaben hinweg ergibt sich unter den Gruppen die Reihenfolge EmÜ (50,57 %) > ImÜ (48,71 %) > IoÜ (46,93 %) > EoÜ (46,71 %).

EmÜ MZ2

Tätigkeit	Punkte	Prozent
DP1	3,5 von 6	58,34
DP2	2,97 von 6	49,43
DP3	7,19 von 15	47,93
Gesamt	13,66 von 27	50,57

EoÜ MZ2

Tätigkeit	Punkte	Prozent
DP1	3,16 von 6	52,72
DP2	3,02 von 6	50,34
DP3	6,43 von 15	42,86
Gesamt	12,61 von 27	46,71

ImÜ MZ2

Tätigkeit	Punkte	Prozent
DP1	3,32 von 6	55,45
DP2	3,23 von 6	53,85
DP3	6,6 von 15	43,97
Gesamt	13,15 von 27	48,72

IoÜ MZ2

Tätigkeit	Punkte	Prozent
DP1	3,26 von 6	54,37
DP2	2,98 von 6	49,73
DP3	6,43 von 15	42,84
Gesamt	12,67 von 27	46,93

Abbildung 6.5 Punkte der Teilkohorten zu MZ2

Wie auch im Pre-Test kann eine Gegenüberstellung der diagnostischen Tätigkeiten einen tieferen Einblick in die Between-Effekte zu MZ2 gewähren. DP1 wird zunächst DP2 gegenübergestellt, anschließend folgt die Gegenüberstellung von DP1 und DP3 und letztlich DP2 gegenüber DP3. Dabei wird vorweg die Gesamtkohorte betrachtet und letztlich innerhalb der Gruppen ein Vergleich angestrebt. Zudem kann der Post-Hoc-Test Einblicke über die paarweisen Aufgabenvergleiche je Gruppe bieten.

Für die Gesamtkohorte ergeben sich zu allen Gegenüberstellungen der diagnostischen Tätigkeiten signifikante Werte für den estimate (Tabelle 6.12–6.14). Die prozentual erreichten Punktzahlen zu DP1 sind in der Gesamtkohorte signifikant (.044) gegenüber den prozentual erreichten Punktzahlen zu DP2. Im Vergleich zwischen DP1 und DP3 ist ein hoch signifikanter Wert (< .0001) in den prozentual erreichten Punktzahlen zu Gunsten von DP1 zu verzeichnen, ebenso wie in der Gegenüberstellung von DP2 zu DP3 (.0002) für DP2 .

Tabelle 6.12 Vergleich DP1 und DP2 in der Gesamtkohorte zu MZ2

	em DP1 (SE DP1)	em DP2 (SE DP2)	estimate (SE DP1: DP2)	p-value DP1: DP2
alle	55,2 (1,35)	50,8 (1,64)	4,38 (1,82)	.044*

Tabelle 6.13 Vergleich DP1 und DP3 in der Gesamtkohorte zu MZ2

	em DP1 (SE DP1)	em DP3 (SE DP3)	estimate (SE DP1: DP3)	p-value DP1: DP3
alle	55,2 (1,35)	44,4 (0,97)	10,82 (1,47)	< .0001***

Tabelle 6.14 Vergleich DP2 und DP3 in der Gesamtkohorte zu MZ2

	em DP2 (SE DP2)	em DP3 (SE DP3)	estimate (SE DP2: DP3)	p-value DP2: DP3
alle	50,8 (1,64)	44,4 (0,97)	6,43 (1,58)	.0002***

Für die Gesamtkohorte kann festgehalten werden, dass es den Studierenden nach der Intervention mit der FALEDIA Plattform signifikant besser gelingt Lernstände zu erheben, als Aufgaben zu beurteilen und Ursachen für Fehler abzuleiten. Ebenfalls deuten die Befunde darauf hin, dass ein Ableiten von Ursachen nach der Intervention besser gelingt als Aufgaben zu beurteilen.

Die Aufschlüsselung nach Gruppen ergibt für die Gegenüberstellung von DP1 und DP2 (Tabelle 6.15) jeweils eine prozentual höhere Punktzahl von DP1 gegenüber DP2, wobei diese nur für die Gruppe EmÜ signifikant ist ($p = .033$). Auch deskriptiv liegt diese Gruppe mit einem estimate von 8,91 weit über den estimates der anderen drei Gruppen, die zwischen 1,6 (ImÜ) und 4,64 (IoÜ) liegen. Der Standardfehler der estimates ist dabei relativ ähnlich in allen vier Gruppen und liegt zwischen 3,44 (IoÜ) und 3,84 (EoÜ).

Tabelle 6.15 Vergleich DP1 und DP2 in der Teilkohorten zu MZ2

	em DP1 (SE DP1)	em DP2 (SE DP2)	estimate (SE DP1: DP2)	p-value DP1: DP2
EmÜ	58,3 (2,62)	49,4 (3,18)	8,91 (3,53)	.033*
EoÜ	52,7 (2,85)	50,3 (3,46)	2,38 (3,84)	.809
ImÜ	55,4 (2,76)	53,8 (3,36)	1,6 (3,73)	.903
IoÜ	54.4 (2,55)	49,7 (3,1)	4,64 (3,44)	.369

Aus der Gegenüberstellung von DP1 und DP3 (Tabelle 6.16) können für alle Gruppen signifikante Werte zugunsten der prozentual erreichten Punktzahlen zu DP1 entnommen werden. Dabei kann in den Gruppen EmÜ (p = .001; estimate = 10,4), EoÜ (p = .0048; estimate = 9,86) und ImÜ (p = .003; estimate = 10,32) ein jeweils stark signifikanter Wert festgehalten werden. Für die Gruppen IoÜ mit p = .0001 und einem estimate von 11,53, sowie ImÜ mit p = .0005 und einem estimate von 11,47 liegen hoch signifikante Werte vor. Der Standardfehler liegt mit zwischen 2,78 (IoÜ) und 3,1 (EoÜ) jeweils bei einer Abweichung von grob 3 Prozentpunkten.

Tabelle 6.16 Vergleich DP1 und DP3 in der Teilkohorten zu MZ2

	em DP1 (SE DP1)	em DP3 (SE DP3)	estimate (SE DP1: DP3)	p-value DP1: DP3
EmÜ	58,3 (2,62)	47,9 (1,88)	10,4 (2,85)	.001**
EoÜ	52,7 (2,85)	42,9 (2,04)	9,86 (3,1)	.0048**
ImÜ	55,4 (2,76)	44 (1,98)	11,47 (3,01)	.0005***
IoÜ	54.4 (2,55)	42,8 (1,83)	11,53 (2,78)	.0001***

Bei der Gegenüberstellung von DP2 und DP3 (Tabelle 6.17) ergibt sich zwar in allen Gruppen eine höhere prozentual erreichte Punktzahl von DP2 gegenüber DP3, jedoch fällt diese in der Gruppe EmÜ mit einem estimate von 1,49 (SE = 3,06) und entsprechend einem p-value von .877 relativ gering aus. Dahingegen ergibt sich in der Gruppe ImÜ ein stark signifikanter Unterschied mit p = .007 und einem deutlich höheren estimate von 9,87 (SE = 3,23). Für die beiden Gruppen EoÜ und IoÜ lässt sich deskriptiv mit den estimates von 7,48 (EoÜ) und 6,89 (IoÜ) zwar gegenüber EmÜ ein deutlich höherer Schätzwert für die prozentuale Punktedifferenz ausmachen, es liegen jedoch hier keine signifikanten Werte vor (EoÜ: p = .066; IoÜ: p = .057).

Tabelle 6.17 Vergleich DP2 und DP3 in der Teilkohorten zu MZ2

	em DP2 (SE DP2)	em DP3 (SE DP3)	estimate (SE DP2: DP3)	p-value DP2: DP3
EmÜ	49,4 (3,18)	47,9 (1,88)	1,49 (3,06)	.877
EoÜ	50,3 (3,46)	42,9 (2,04)	7,48 (3,33)	.066
ImÜ	53,8 (3,36)	44 (1,98)	9,87 (3,23)	.007**
IoÜ	49,7 (3,1)	42,8 (1,83)	6,89 (2,99)	.057

Die Post-Hoc-Tests zeigen im Vergleich über die durch emmeans bestimmten estimates auch für den Posttest keine signifikanten Unterschiede (Tabelle 6.18). Die Nullhypothese H_0: *Die prozentual erreichte Punktzahl zu MZ2 unterscheidet sich zwischen den Gruppen nicht innerhalb der Bearbeitung zu einer diagnostischen Tätigkeit* wird auch im Posttest beibehalten. Die lautet Interpretation wie folgt: keine der Gruppen (EmÜ, EoÜ, ImÜ, IoÜ) zeigt im Posttest innerhalb der jeweiligen diagnostischen Tätigkeit DP1 (A1.ab), DP2 (A1.c) und DP3 (A2) signifikant bessere oder schlechtere Leistungen als eine der anderen Gruppen.

Tabelle 6.18 Paarweisen Aufgabenvergleiche je Gruppe zu MZ2

Kontrast	estimate	SE	p-value
DP1			
ImÜ:EmÜ	−2,88	3,67	.861
EoÜ:EmÜ	−5,61	3,73	.436
EoÜ:ImÜ	−2,73	3,83	.892
IoÜ:EmÜ	−3,96	3,53	.676
IoÜ:ImÜ	−1,08	3,63	.991
IoÜ:EoÜ	1,65	3,69	.970
DP2			
ImÜ:EmÜ	4,42	3,67	.625
EoÜ:EmÜ	.91	3,73	.995
EoÜ:ImÜ	−3,50	3,83	.797
IoÜ:EmÜ	.30	3,53	1
IoÜ:ImÜ	−4,12	3,63	.668
IoÜ:EoÜ	−.61	3,69	.998

(Fortsetzung)

Tabelle 6.18 (Fortsetzung)

Kontrast	estimate	SE	p-value
DP3			
ImÜ:EmÜ	−3,96	3,67	.704
EoÜ:EmÜ	−5,07	3,73	.526
EoÜ:ImÜ	−1,11	3,83	.991
IoÜ:EmÜ	−5,09	3,53	.473
IoÜ:ImÜ	−1,13	3,63	.99
IoÜ:EoÜ	−.02	3,69	1

In den Abschnitten 6.1.1 und 6.1.2 wurden zunächst separate Einblicke in die erhobenen Daten aus Pre- und Posttest geboten. Zusammengefasst kann daraus deskriptiv analysiert werden, dass sich die prozentual erreichten Punktzahlen von MZ1 zu MZ2 erhöht haben. Die Betrachtung der diagnostischen Tätigkeiten zeigt zudem eine Veränderung in der Rangfolge, werden die prozentual erreichten Punkte betrachtet. Es lässt sich ausmachen, dass zu MZ1 die Rangfolge der erreichten Punkte noch DP1 > DP3 > DP2 war, wohingegen diese zu MZ2 DP1 > DP2 > DP3 ist. Dabei kann die Rangfolge zu MZ2 innerhalb der Gesamtkohorte im Posttest und in Teilen auch innerhalb der Gruppen durch signifikante Unterschiede bestätigt werden.

In Abschnitt 6.1.3 schließt der Vergleich zwischen den beiden Messzeitpunkten an, was detailliertere Aussagen zur Entwicklung der Diagnosefähigkeiten ermöglicht.

6.1.3 Entwicklung – Pretest und Posttest im Vergleich

Während in Abschnitt 6.1.1 und in Abschnitt 6.1.2 die Daten aus dem Pretest und dem Postet separat voneinander betrachtet wurden, wird im Folgenden die Entwicklung zwischen Pre- und Posttest, entlang der estimates der erreichten prozentualen Punktzahlen zu MZ1 und MZ2, fokussiert. Damit wird der Forschungsfrage FF1.3 nachgegangen:

FF1.3: Welche diagnostische Performanz im Stellenwertverständnis zeigen Studierende vor der und im Anschluss an die Auseinandersetzung mit der jeweiligen Variante der FALEDIA-Lernplattform im Vergleich?

Grundsätzlich lässt sich bei Betrachtung der Gesamtkohorte feststellen, dass die prozentuale Punkteentwicklung nach der Intervention für die DP1 und DP2 in der Gesamtkohorte hoch signifikant höhere prozentual erreichte Punkte zeigt als vor der Intervention, für DP3 lässt sich ein sehr signifikanter Wert ausmachen. Über den gesamten Pre-Post-Test hinweg ergibt sich ebenfalls ein hoch signifikanter Wert für den Vergleich der prozentual erreichten Punktzahlen von MZ1 zu MZ2 zu Gunsten der Punkte zu MZ2 (Tabelle 6.19).

Tabelle 6.19 Vorher-Nachher-Vergleich der Gesamtkohorte

DP	emMZ1 [%]	emMZ2 [%]	estimate [%]	p-value
DP1	44,3	55,2	10,95	<.00001***
DP2	39,9	50,8	10,94	<.00001***
DP3	40,7	44,4	3,68	.0016**
Gesamt	41,3	48,2	6,91	<.0001***

In der nachfolgenden Analyse werden die Daten nach Gruppenzugehörigkeit (EmÜ, EoÜ, ImÜ, IoÜ), diagnostischer Tätigkeit (DP1, DP2, DP3) und prozentualen Punktzahlen zum jeweiligen Messzeitpunkt (MZ1, MZ2) tabellarisch dargestellt. Die Faktoren *Seitenformat* und *Übungsformat* werden gemeinsam betrachtet, um einen Gruppenvergleich durchzuführen. Die Betrachtung bezieht sich primär auf die geschätzten Mittelwerte (emmeans) der prozentualen Punktzahlen im Vorher-Nachher-Vergleich – auf die modellbasierten Punktedifferenzen (estimate). Für ergänzende deskriptive Einsichten werden zudem an geeigneter Stelle Effektstärken (Cohens-*d*) berücksichtigt.

Within-Effekte: Messzeitpunkt und diagnostische Tätigkeit

Im Folgenden werden die Daten unter der Perspektive von Within-Effekten sowohl bezüglich der zwei Messzeitpunkte (MZ1 und MZ2) als auch hinsichtlich der diagnostischen Tätigkeiten (DP1–3) untersucht. Da beide Aspekte über die Differenz der prozentual erreichten Punktzahlen ausgedrückt werden, erfolgt zunächst eine gemeinsame Betrachtung innerhalb der jeweiligen Gruppe (EmÜ, EoÜ, ImÜ, IoÜ). Abschließend werden die Analysen der Daten auf die Null-

und Alternativhypothesen zu den beiden Faktoren *Messzeitpunkt* und *Diagnostische Tätigkeit* separat bezogen und die Hypothesen unter Bezugnahme auf die analysierten Daten bewertet.

Eine vorab durchgeführte ANOVA zeigt signifikante Unterschiede für die Faktoren MZ und DP sowie im Zusammenhang beider Faktoren (Tabelle 6.20):

Tabelle 6.20 ANOVA zu den Faktoren Messzeitpunkt und diagnostische Tätigkeit

Faktor	p-value
Messzeitpunkt	< .0001***
Diagnostische Tätigkeit	< .0001***
Messzeitpunkt: diagnostische Tätigkeit	.0006***

Diese Ergebnisse bilden die Grundlage für vertiefende Einblicke in die Zusammenhänge durch weitere Berechnungen über das Modell. Für die Gruppe EmÜ (Tabelle 6.21) zeigt sich dabei in allen drei diagnostischen Tätigkeiten eine signifikante Vorher-Nachher-Verbesserung der prozentual erreichten Punkte. Für DP1 liegt der estimate bei 10,34 %, woraus sich ein hoch signifikantes p-value von .0005 ergibt. Für DP2 ergibt sich ein sehr signifikanter Wert ($p = .001$), während für DP3 ein signifikanter Wert von $p = .0484$ vorliegt. Die Effektstärken geben für alle drei diagnostischen Tätigkeiten in Gruppe EmÜ einen mittleren Effekt ($d_{DP1} = .65$; $d_{DP2} = .61$; $d_{DP3} = .37$) der Vorher-Nachher-Entwicklung an.

Tabelle 6.21 Within-Effekte der diagnostischen Tätigkeit der Gruppe EmÜ

Gruppe	DP	emMZ1 [%]	emMZ2 [%]	estimate [%]	p-value	Cohens-*d*
EmÜ	DP1	48	58,3	10,34	.0005***	.65
EmÜ	DP2	39,7	49,4	9,77	.001**	.61
EmÜ	DP3	42,1	47,9	5,86	.0484*	.37

Die Auswertung der Daten zeigt für die Gruppe EoÜ (Tabelle 6.22) hoch signifikante Verbesserungen im Vergleich zu MZ2 für die diagnostischen Tätigkeiten DP1 und DP2, mit einem p-value von jeweils $p = .0002$. Für DP3 ergibt sich keine signifikante Veränderung ($p = .613$). Wenngleich deskriptiv eine durchschnittliche Steigerung der prozentualen Punktzahlen erkennbar ist, ist sie mit 1,63 % und einer Effektstärke von .10 als gering einzuordnen.

Tabelle 6.22 Within-Effekte der diagnostischen Tätigkeit der Gruppe EoÜ

Gruppe	DP	emMZ1 [%]	emMZ2 [%]	estimate [%]	p-value	Cohens-*d*
EoÜ	DP1	40,5	52,7	12,24	.0002***	.77
EoÜ	DP2	38,1	50,3	12,24	.0002***	.77
EoÜ	DP3	41,2	42,9	1,63	.613	.10

Die Gruppe ImÜ weist ein ähnliches Muster auf (Tabelle 6.23): Sowohl für DP1 (p = .0001) als auch für DP2 (p < .0001) können hoch signifikante Veränderungen in den prozentualen Punktzahlen zu MZ2 gegenüber MZ1 ausgemacht werden. Auch in dieser Gruppe ergeben sich keine signifikanten Veränderungen für DP3 (p = .326). Es zeigt sich über einen d-Wert von .19 kein Effekt hinsichtlich der Verbesserung der prozentualen Punktzahlen zu MZ2, jedoch nur knapp nicht.

Tabelle 6.23 Within-Effekte der diagnostischen Tätigkeit der Gruppe ImÜ

Gruppe	DP	emMZ1 [%]	emMZ2 [%]	estimate [%]	p-value	Cohens-*d*
ImÜ	DP1	43,3	55,4	12,18	.0001***	.76
ImÜ	DP2	39,7	53,8	14,1	<.0001***	.88
ImÜ	DP3	40,9	44	3,08	.326	.19

Für die Gruppe IoÜ (Tabelle 6.24) können für DP1 (p = .002) und DP2 (p = .0083) sehr signifikante Verbesserungen in den jeweiligen estimates (DP1: 9,02; DP2: 7,65) festgestellt werden. Ebenso wie bei der Gruppe ImÜ ergibt sich zwar keine signifikante Verbesserung in DP3 (p = .1513), jedoch zeigt sich mit d = .26 ein kleiner Effekt.

Tabelle 6.24 Within-Effekte der diagnostischen Tätigkeit der Gruppe IoÜ

Gruppe	DP	emMZ1 [%]	emMZ2 [%]	estimate [%]	p-value	Cohens-*d*
IoÜ	DP1	45,4	54,4	9,02	.002**	.57
IoÜ	DP2	42,1	49,7	7,65	.0083**	.48
IoÜ	DP3	38,7	42,8	4,15	.1513	.26

Werden alle vier Gruppen zusammenfassend gemeinsam betrachtet (Tabelle 6.25), so lassen sich für alle Gruppen zu DP1 und DP2 signifikante Veränderungen in den durchschnittlich erreichten prozentualen Punkten zu MZ2 gegenüber MZ1 ausmachen. Für DP3 ergibt sich ein abweichendes Ergebnis: hier besteht lediglich für die Gruppe EmÜ eine signifikante Verbesserung in den prozentual erreichten Punkten zu MZ2 verglichen mit MZ1. Dabei ist zu betonen, dass in der Gruppe EmÜ mit d = .37 nur ein kleiner Effekt vorliegt. Für die anderen drei Gruppen lassen sich zwar deskriptive Verbesserungen der prozentualen Punktzahlen feststellen, sie sind jedoch nicht signifikant. Der Einbezug der Effektstärken zeigt dabei mit d = .26 einen kleinen Effekt für die Gruppen IoÜ. Für EoÜ (d = .10) und ImÜ (d = .19) können kein nennenswerter Effekt ausgemacht werden.

Tabelle 6.25 Within-Effekte der diagnostischen Tätigkeit im Gruppenvergleich

Gruppe	DP	emMZ1 [%]	emMZ2 [%]	estimate [%]	p-value	Cohens-*d*
EmÜ	DP1	48	58,3	10,34	.0005***	.65
EmÜ	DP2	39,7	49,4	9,77	.001**	.61
EmÜ	DP3	42,1	47,9	5,86	.0484*	.37
EoÜ	DP1	40,5	52,7	12,24	.0002***	.77
EoÜ	DP2	38,1	50,3	12,24	.0002***	.77
EoÜ	DP3	41,2	42,9	1,63	.613	.10
ImÜ	DP1	43,3	55,4	12,18	.0001***	.76
ImÜ	DP2	39,7	53,8	14,1	<.0001***	.88
ImÜ	DP3	40,9	44	3,08	.326	.19
IoÜ	DP1	45,4	54,4	9,02	.002**	.57
IoÜ	DP2	42,1	49,7	7,65	.0083**	.48
IoÜ	DP3	38,7	42,8	4,15	.1513	.26

Zusammenfassend konnte der Messzeitpunkt, welcher über die prozentual erreichten Punktzahlen betrachtet wird, über tabellarische Auseinandersetzung bereits Einsichten in die Ergebnisse liefern und so konnte im Folgenden die Analyse auf die zuvor aufgestellten Hypothesen bezogen werden (Tabelle 6.26). Dabei kann die Nullhypothese in Bezug auf DP1 und DP2 vollständig abgelehnt werden. Hier haben jeweils signifikant Verbesserungen in den prozentualen

Punktzahlen von MZ1 zu MZ2 stattgefunden. Stattdessen wird somit die Alternativhypothese angenommen. Für DP3 kann in der Gruppe EmÜ ebenfalls die Nullhypothese abgelehnt und die Alternativhypothese angenommen werden. In den anderen drei Gruppen (EoÜ, ImÜ und IoÜ) wird die Nullhypothese aufgrund der nicht signifikanten p-values bezüglich der estimate beibehalten.

Tabelle 6.26 Null- und Alternativhypothesen der Within-Effekte zum Messzeitpunkt

Faktor	Effekt	H_0 und H_1
Messzeitpunkt	Within	*H_0: Die prozentual erreichten Punktzahlen zu MZ1 ist kleiner als oder gleich zu MZ2.*
		H_1: Die prozentual erreichten Punktzahlen zu MZ2 ist höher als zu MZ1.

Aus diesen Erkenntnissen resultieren die folgenden Schlussfolgerungen bezogen auf die diagnostischen Tätigkeiten (Tabelle 6.27): Für DP1 und DP2 kann die Nullhypothese über alle Gruppen hinweg abgelehnt und die Alternativhypothese angenommen werden. Während auch bei DP3 die Nullhypothese für die Gruppe EmÜ angelehnt und die Alternativhypothese angenommen wird, wird die Nullhypothese für DP3 in den Gruppen EoÜ, ImÜ und IoÜ beibehalten.

Tabelle 6.27 Null- und Alternativhypothesen der Within-Effekte zur diagnostischen Tätigkeit

Faktor	Effekt	H_0 und H_1
Diagnostische Tätigkeit	Within	*H_0: Die Entwicklung der prozentual erreichten Punktzahlen zu DP1, DP2 und DP3 unterscheiden sich nicht zwischen den Messzeitpunkten MZ1 und MZ2.*
		H_1: Die Entwicklung der prozentual erreichten Punktzahlen zu DP1, DP2 und DP3 unterschieden sich zwischen den Messzeitpunkten MZ1 und MZ2.

Weitere Post-Hoc-Tests geben Einsichten in Between-Effekte entlang von einzelnen paarweise überprüften Nullhypothesen (Abschnitt 5.3.2).

Between-Effekte

Die nachfolgenden Analysen betreffen die Between-Effekte, die durch die vorherige Datenanalyse noch nicht ersichtlich wurden. Dazu wird zunächst die vorab berechnete ANOVA herangezogen. In der nachfolgenden Tabelle 6.28 werden folgende Abkürzungen verwendet: Messzeitpunkt = MZ, Seitenformat = SF, Übungsformat = ÜF, diagnostische Tätigkeit = DP.

Tabelle 6.28 ANOVA zu allen Faktoren

Faktor	p-value
MZ	< .0001***
SF	.952
ÜF	.104
DP	< .0001***
SF:ÜF	.287
SF:MZ	.856
SF:DP	.425
ÜF: MZ	.428
ÜF:DP	.706
MZ: DP	.0006**
SF:ÜF:MZ	.412
SF:ÜF:DP	.411
SF:MZ:DP	.987
ÜF:MZ:DP	.949
SF:ÜF:MZ:DP	.235

Es ist zu entnehmen, dass lediglich im Messzeitpunkt und in der diagnostischen Tätigkeit signifikante Unterschiede bestehen. Die Faktoren *Seitenformat* und *Übungsformat* scheinen keinen signifikanten Einfluss auf die Entwicklung der Diagnosefähigkeiten zu haben. Das Seitenformat in Abhängigkeit zum Messzeitpunkt liefert mit $p = .856$ einen Wert nahe 1. Auch gegenüber den anderen Faktoren ergeben sich keine signifikanten Werte. Damit kann die Nullhypothese (Tabelle 6.29) beibehalten werden.

Tabelle 6.29 Null- und Alternativhypothesen der Between-Effekte zum Seitenformat

Faktor	Effekt	H_0 und H_1
Seitenformat	Between	*H_0: Das Seitenformat hat keinen Einfluss auf die prozentual erreichten Punktzahlen zwischen den Gruppen von MZ1gegenüber MZ2.*
		H_1: Das Seitenformat hat einen Einfluss auf die prozentual erreichten Punktzahlen zwischen den Gruppen von MZ1gegenüber MZ2.

Ebenso liefert das *Übungsformat* keine signifikanten Werte. Die Gegenüberstellung von Übungsformat und Messzeitpunkt ist mit p = .37 zwar deskriptiv etwas kleiner als der p-value des Seitenformats unter Einbezug des Messzeitpunkts, jedoch noch immer weit entfernt von einem signifikanten Wert. Auch hier lassen sich im Vergleich zu anderen Variablen keine signifikanten Werte entnehmen. Somit wird die Nullhypothese auch für das *Übungsformat* beibehalten (Tabelle 6.30).

Tabelle 6.30 Null- und Alternativhypothesen der Between-Effekte zum Übungsformat

Faktor	Effekt	H_0 und H_1
Übungsformat	Between	*H_0: Das Übungsformat hat keinen Einfluss auf die prozentual erreichten Punktzahlen zwischen den Gruppen von MZ1gegenüber MZ2.*
		H_1: Das Übungsformat hat einen Einfluss auf die prozentual erreichten Punktzahlen zwischen den Gruppen von MZ1gegenüber MZ2.

Aufgrund der signifikanten Werte des Faktors *Diagnostische Tätigkeit* ergibt sich hier ein Interesse daran, Between-Effekte zu überprüfen. Um genauere Einblicke zu generieren, werden die Post-Hoc-Tests, die im Anschluss modellbasiert berechnet wurden.

Wie bereits zu den Messzeitpunkten separat geschehen, werden die Between-Effekte der diagnostischen Tätigkeit nun im Vergleich der beiden Messzeitpunkte in den Blick genommen. Hierbei stehen die prozentualen Punktedifferenzen über den estimate im Fokus der Betrachtung.

Dafür werden die Entwicklungen zu den verschiedenen diagnostischen Tätigkeiten innerhalb einer Gruppe verglichen und betrachtet, ob sich eine diagnostische Tätigkeit signifikant stärker entwickelt hat als eine andere. Es wird somit beispielsweise innerhalb der Gruppe EmÜ verglichen, ob der estimate zwischen MZ1 und MZ2 zu DP1 eine signifikant höhere Entwicklung erkennen lässt als zu DP2 oder DP3. Diese paarweisen Vergleiche werden für alle Gruppen (EmÜ, EoÜ, ImÜ, IoÜ) vorgenommen und beziehen sich jeweils auf zwei diagnostische Tätigkeiten (DP1:DP2; DP1:DP3, DP2:DP3). Der nachfolgenden Tabelle 6.31 sind die dabei entstandenen Werte zu entnehmen. Zudem werden die estimates über alle Gruppen hinweg je Vergleich der diagnostischen Tätigkeiten betrachtet.

Tabelle 6.31 Paarweise Vergleiche Entwicklungen bezogen auf die diagnostische Tätigkeit

Kontrast	estimate	SE	p-value
DP1:DP2			
gesamt	.004	2,08	1
EmÜ	.575	4,03	.989
EoÜ	0	4,39	1
ImÜ	−1,923	4,26	.894
IoÜ	1,366	3,93	.936
DP1:DP3			
gesamt	7,265	1,69	.0001***
EmÜ	4,483	3,27	.358
EoÜ	10,612	3,56	.0089**
ImÜ	9,103	3,45	.0244*
IoÜ	4,863	3,19	.281
DP2:DP3			
gesamt	7,261	2,07	.0016**
EmÜ	3,908	4,02	.596
EoÜ	10,612	4,38	.0425*
ImÜ	11,026	4,25	.027*
IoÜ	3,497	3,92	.646

Während bei Betrachtung der Gesamtkohorte der p-value bei der Entwicklung von DP1 gegenüber DP2 bei 1 liegt und somit keine Unterschiede in den entsprechenden Entwicklungen der prozentualen Punktzahlen auszumachen sind, zeigen die jeweiligen Vergleiche zu DP3 signifikante Werte.

In der Gesamtkohorte kann im Vergleich der prozentualen Punkteentwicklungen ein hoch signifikanter Wert für DP1 gegenüber DP3 ausgemacht werden, der p-value für den Vergleich von DP2 und DP3 ist als sehr signifikant.

Die Gruppen separat betrachtend können für die Gruppen EoÜ und ImÜ signifikante Werte für DP1 gegenüber DP3 und DP2 gegenüber DP3 ausgemacht werden. Für EoÜ und IoÜ bestehen keine signifikanten Werte in der Gegenüberstellung. Eine Erklärung für die Unterschiede zwischen der Betrachtung der Gesamtkohorte und den Teilgruppen könnte in der höheren statistischen Power der Gesamtkohorte gegenüber den Teilgruppen liegen. Da die Gesamtkohorte einen statistisch robusteren Überblick liefert, wird die Zusammenfassung anhand der Hypothesen im Folgenden bezogen auf die Gesamtkohorte vorgenommen.

Zusammengefasst bedeutet das für die Gesamtkohorte, dass die Nullhypothese „Die diagnostische Tätigkeit hat keinen Einfluss auf die prozentual erreichten Punktzahlen zwischen den Gruppen von MZ1gegenüber MZ2" abgelehnt werden und stattdessen die Alternativhypothese „Die diagnostische Tätigkeit hat einen Einfluss auf die prozentual erreichten Punktzahlen zwischen den Gruppen von MZ1gegenüber MZ2" angenommen (Tabelle 6.32). Genauer bedeutet das, dass die prozentuale Punkteentwicklung von DP1 und DP2 im Vergleich zu DP3 signifikant besser waren. Lernstände erheben und Ursachen analysieren konnte also, die Gesamtkohorte betrachtend, stärker entwickelt werden als Diagnoseaufgaben beurteilen.

Tabelle 6.32 Null- und Alternativhypothesen der Between-Effekte zur diagnostischen Tätigkeit

Faktor	Effekt	H_0 und H_1
Diagnostische Tätigkeit	Between	*H_0: Die diagnostische Tätigkeit hat keinen Einfluss auf die prozentual erreichten Punktzahlen zwischen den Gruppen von MZ1gegenüber MZ2.*
		H_1: Die diagnostische Tätigkeit hat einen Einfluss auf die prozentual erreichten Punktzahlen zwischen den Gruppen von MZ1gegenüber MZ2.

Den Einblicken in die quantitativen Daten zur Performanz im Pre-/Postvergleich folgt im nachfolgenden Unterkapitel eine Auseinandersetzung mit einem von den Studierenden selbsteingeschätzten Lernzuwachs und dessen Vergleich mit den gemessenen Werten aus dem Pre-Post-Test.

6.1.4 Selbsteingeschätzter Lernzuwachs

Neben den Ergebnissen aus den Pre- und Posttests, welche kategoriell ausgewertet wurden, wurden zusätzlich Daten erhoben, die die Entwicklung der Diagnosefähigkeiten aus Perspektive der Studierenden einholen sollten (Abschnitt 5.3.3). Dazu wurde ein retrospektiver Fragebogen über eine sechsstufige Likert-Skala, mit 1 als bestem Wert und 6 als schlechtestem, zu verschiedenen Items von den Studierenden ausgefüllt, dessen Ergebnisse im Folgenden dargestellt werden. Dies geschieht anhand der Forschungsfrage FF1.4:

FF1.4: Wie wird der retrospektive Lernerfolg bezogen auf die Entwicklung von Diagnosefähigkeit von Studierenden selbsteingeschätzt?

Die Inhalte der Items können der nachfolgenden Tabelle 6.33 entnommen werden, für eine detaillierte Beschreibung sei auf Abschnitt 5.3.3 verwiesen. Dabei bedeutet *E* jeweils die **E**ingangseinschätzung und *A* die **A**bschlusseinschätzung.

In Tabelle 6.34 wird die Selbsteinschätzung für die Gesamtkohorte betrachtet. Dabei wird deutlich, dass die Studierenden alle abgefragten Items nach der Intervention hoch signifikant ($p < .0001$ für alle Items) besser einschätzen als vorher. Auch die Standardfehler, die alle unter $SE = .10$ liegen, deuten darauf hin, dass die Einschätzungen relativ stabil sind.

Deskriptiv ergeben sich für die Einschätzung vor der Intervention leichte Tendenzen dahin, dass das eigene Wissen und Können bezogen auf Item 1 (dem Hintergrundwissen zu den einzelnen Bereichen) besonders positiv wahrgenommen wurde (vorher durchschnittlich 2,78 Punkte, nachher durchschnittlich 1,78 Punkte). Die deskriptiv schlechteste Selbstwahrnehmung, ist mit leichtem Abstand bei *Diagnoseaufgaben beurteilen können* (Item 3) zu verzeichnen (vorher durchschnittlich 3,49 Punkte, nachher durchschnittlich 2,18 Punkte).

Es zeigen sich ebenfalls leichte Tendenzen dahingehend, dass die Items, die sich auf das Bündeln und Entbündeln beziehen (Items x.1) besonders gut eingeschätzt wurden (vorher durchschnittlich 3,2 Punkte, nachher durchschnittlich 1,89 Punkte). Die tendenziell schlechtesten Werte sind bei den Items x.2 abzulesen, welche sich auf das Prinzip des Stellenwerts und des Zahlenwerts beziehen (vorher durchschnittlich 3,31 Punkte, nachher durchschnittlich 2,06 Punkte).

Die stärkste Entwicklung in Bezug auf den estimate, mit einer durchschnittlichen Punktedifferenz von 1,36 Punkten, zeigt sich bei Item 2 (typische Lernwege und Hürden kennen). Dabei wurde bei Item 2.1 mit einem estimate von 1,45

Tabelle 6.33 Items der retrospektiven Selbsteinschätzung

	Ich kenne das Hintergrundwissen zum Thema…		Ich kenne die typischen Lernwege und Schwierigkeiten von Lernenden zum Thema …		Ich kann geeignete Aufgaben auswählen, um zu überprüfen, inwiefern ein Kind über Verständnis zum Thema … verfügt.		Ich kann zu Kinderlösungen angeben, inwiefern das Kind über Kompetenzen zum Thema … verfügt.	
	E	A	E	A	E	A	E	A
HF1: Bündeln und Entbündeln	1.1E	1.1A	2.1E	2.1A	3.1E	3.1A	4.1E	4.1A
HF2: Stellenwert und Zahlenwert	1.2E	1.2A	2.2E	2.2A	3.2E	3.2A	4.2E	4.2A
HF3: Darstellungswechsel.	1.3E	1.3A	2.3E	2.3A	3.3E	3.3A	4.3E	4.3A
Stellenwertverständnis allgemein	1.4E	1.4A	2.4E	2.4A	3.4E	3.4A	4.4E	4.4A

Punkten die durchschnittlich stärkste Entwicklung im Bereich *typische Lernwege und Hürden bei Lernenden* zum Thema *Bündeln und Entbündeln kennen* angegeben.

Tabelle 6.34 Selbsteinschätzung Gesamtkohorte

Item	em E	SE E	em A	SE A	estimate	SE Vergleich	p-value
1.1	2,81	.07	1,71	.05	1,11	.06	<.0001***
1.2	2,93	.08	1,91	.06	1,02	.06	<.0001***
1.3	2,70	.08	1,72	.05	.98	.06	<.0001***
1.4	2,68	.07	1,77	.05	.90	.06	<.0001***
2.1	3,29	.07	1,84	.05	1,45	.07	<.0001***
2.2	3,35	.07	2,02	.05	1,33	.07	<.0001***
2.3	3,26	.08	1,95	.05	1,31	.07	<.0001***
2.4	3,24	.07	1,91	.05	1,33	.07	<.0001***
3.1	3,48	.08	2,10	.05	1,38	.07	<.0001***
3.2	3,59	.08	2,28	.06	1,32	.07	<.0001***
3.3	3,45	.08	2,13	.05	1,32	.06	<.0001***
3.4	3,45	.07	2,19	.05	1,26	.07	<.0001***
4.1	3,20	.08	1,92	.05	1,28	.07	<.0001***
4.2	3,35	.08	2,03	.06	1,32	.07	<.0001***
4.3	3,23	.08	1,96	.05	1,27	.07	<.0001***
4.4	3,26	.08	2,02	.05	1,24	.07	<.0001***

Die Aufschlüsselung nach Gruppen zeigt ebenfalls ein sehr einheitliches Bild, mit lediglich minimalen Unterschieden in den einzelnen Items. Aus diesem Grund wird im Folgenden auf eine detaillierte deskriptive Analyse nach Gruppenzugehörigkeit verzichtet. Es ist jedoch anzumerken, dass in allen vier Gruppen bei jedem Item eine hoch signifikante Veränderung der eigenen Einschätzung der Wissens- und Könnensfacetten festgestellt wurde ($p < .0001$ für alle Items).

Diese deutliche, hoch signifikante, Verbesserung in der Selbsteinschätzung der Studierenden spiegelt sich in der quantitativen Datenanalyse zum Vergleich von Pre- und Posttests bezüglich der Entwicklung der diagnostischen Performanz nicht wider (Abschnitt 6.1.3). Eine Überprüfung von Korrelationen aus erreichten Gesamtpunktzahlen im Pre-Post-Test und der Selbsteinschätzung kann diesen Eindruck insofern bestätigen, als dass keinerlei aussagekräftige positive Korrelationen nachgewiesen werden konnten (Tabelle 6.35). Im Gegenteil: deskriptiv betrachtet, sind die meisten Korrelationswerte im leicht negativen Bereich. Dies lässt vermuten, dass eher ein Zusammenhang dahingehend bestehen könnte, dass die Studierenden dazu neigen, sich zu überschätzen. Zudem beziehen sich die einzigen beiden signifikanten Werte (cor.test) ebenfalls auf negative Korrelationen. Zu beachten gilt bei der Interpretation der Korrelationen, dass die berechneten Werte hauptsächlich sehr schwach und somit mit Vorsicht zu interpretieren sind.

Tabelle 6.35 Korrelationen zur Selbsteinschätzung

Vergleich vorher	cor	cor.test	Vergleich nachher	cor	cor.test
1.1E:gesamt E	−.131	.080	1.1A:gesamt A	−.021	.779
1.2E:gesamt E	.001	.989	1.2A:gesamt A	−.013	.858
1.3E:gesamt E	−.155	.038*	1.3A:gesamt A	−.130	.083
1.4E:gesamt E	−.050	.504	1.4A:gesamt A	−.019	.799
2.1E:gesamt E	−.090	.231	2.1A:gesamt A	−.069	.360
2.2E:gesamt E	−.042	.574	2.2A:gesamt A	.0297	.693
2.3E:gesamt E	−.079	.291	2.3A:gesamt A	.067	.374
2.4E:gesamt E	−.057	.446	2.4A:gesamt A	−.021	.783
3.1E:gesamt E	−.069	.360	3.1A:gesamt A	−.131	.081
3.2E:gesamt E	−.058	.441	3.2A:gesamt A	−.022	.7697
3.3E:gesamt E	−.099	.187	3.3A:gesamt A	−.032	.674
3.4E:gesamt E	−.103	.168	3.4A:gesamt A	−.048	.527
4.1E:gesamt E	−.084	.266	4.1A:gesamt A	−.077	.309
4.2E:gesamt E	−.089	.234	4.2A:gesamt A	.0398	.597
4.3E:gesamt E	−.151	.044*	4.3A:gesamt A	−.022	.7696
4.4E:gesamt E	−.116	.122	4.4A:gesamt A	−.043	.564

Die aufgezeigte Diskrepanz zwischen Selbsteinschätzung und Performanz legt nahe, dass eine qualitative Betrachtung der Interviews und die Aktivierung der Fähigkeiten (Kapitel 7) lohnenswert sein könnte, um diese besser zu verstehen und Erklärungsmomente aufzudecken. Dem Vorhaben, Erklärungsansätze für die Diskrepanz zu ermitteln, wird in Abschnitt 6.2 nachgegangen.

6.2 Diskrepanz von Selbsteinschätzung und Performanz

Entgegen der Strukturen der anderen beiden Auswertungsteilkapitel, wird das Abschnitt 6.2 entlang von Falldarstellungen gegliedert. Dabei werden Fälle zunächst über Interviewaussagen aus *Interview 1* zum retrospektiven Vergleich des Pre-Post-Tests dargestellt. Bezogen auf die Aussagen der Studierenden wird die jeweilige Teststelle vorgestellt, auf die Bezug genommen wird und die quantitative Bewertung nach den Kategorien eingeordnet. Als dritte Säule der Auswertung werden die Angaben aus den Tests qualitativ unter Einbezug der Interviewaussagen betrachtet und abschließend ein Ableitungsversuch unternommen, wie die Diskrepanz der Selbstwahrnehmung und der Performanz zu erklären ist.

Forschungsfrage 2 ist dabei leitend (Tabelle 6.36):

Tabelle 6.36 Teilforschungsziele und -fragen zu FF2

FF 2: Welche Erklärungsansätze für die Diskrepanz zwischen der Selbsteinschätzung und der gemessenen Ergebnisse lassen sich anhand von Fallbetrachtungen entwickeln?		
Teilforschungsziel	Teilforschungsfrage	Abschnitt
Rekonstruktion von Erklärungsansätzen für die Diskrepanz im Fallbeispiel Ilse	FF2.1: Welche Erklärungsansätze für die Diskrepanz zwischen der Selbsteinschätzung und der gemessenen Ergebnisse lassen sich anhand der Fallbetrachtungen Ilse entwickeln?	6.2.1
Rekonstruktion von Erklärungsansätzen für die Diskrepanz im Fallbeispiel Hans	FF2.2: Welche Erklärungsansätze für die Diskrepanz zwischen der Selbsteinschätzung und der gemessenen Ergebnisse lassen sich anhand der Fallbetrachtungen Hans entwickeln?	6.2.2
Rekonstruktion von Erklärungsansätzen für die Diskrepanz im Fallbeispiel Martin	FF2.3: Welche Erklärungsansätze für die Diskrepanz zwischen der Selbsteinschätzung und der gemessenen Ergebnisse lassen sich anhand der Fallbetrachtungen Martin entwickeln?	6.2.3
Rekonstruktion von Erklärungsansätzen für die Diskrepanz im Fallbeispiel Margot	FF2.4: Welche Erklärungsansätze für die Diskrepanz zwischen der Selbsteinschätzung und der gemessenen Ergebnisse lassen sich anhand der Fallbetrachtungen Margot entwickeln?	6.2.4

Tabelle 6.37 Zuordnung der Items der Selbsteinschätzung und Bezeichnung

	Bündeln & Entbündeln		Stellenwert & Zahlenwert		Darstellungswechsel		Stellenwertverständnis allgemein	
	E	A	E	A	E	A	E	A
Ich kenne das Hintergrundwissen zum Thema…	1.1E	1.1A	1.2E	1.2A	1.3E	1.3A	1.4E	1.4A
Ich kenne die typischen Lernwege und Schwierigkeiten von Lernenden zum Thema …	2.1E	2.1A	2.2E	2.2A	2.3E	2.3A	2.4E	2.4A
Ich kann geeignete Aufgaben auswählen, um zu überprüfen inwiefern ein Kind über Verständnis zum Thema … verfügt.	3.1E	3.1A	3.2E	3.2A	3.3E	3.3A	3.4E	3.4A
Ich kann zu Kinderlösungen angeben, inwiefern das Kind über Kompetenzen zum Thema … verfügt.	4.1E	4.1A	4.2E	4.2A	4.3E	4.3A	4.4E	4.4A

Die Falldarstellungen werden jeweils mit anonymisierten Namen durchgeführt. Für die Zuordnung der verschiedenen Daten wird ein Anonymisierungscode verwendet, welcher jeweils zusätzlich angegeben wird. Die vier dargestellten Fälle sind jeweils einer der vier Gruppen EmÜ, EoÜ, ImÜ und IoÜ zugehörig. Zu betonen ist zudem, dass die Selbsteinschätzung im Interview zeitlich vor dem Vergleich zwischen Pre- und Posttest liegt, somit nicht von der eigenen Analyse der Antworten beeinflusst wurde. Einschränkend sei zudem darauf hingewiesen, dass aufgrund der Selbsteinschätzung während des Interviews Angaben aufgrund von sozialer Erwünschtheit nicht auszuschließen sind.

Zur Übersicht werden die Items und deren Bezeichnung in der nachfolgenden Tabelle 6.37 dargestellt, für die genauere Vorstellung der Items sei auf Abschnitt 5.3.3 verwiesen.

6.2.1 Fallbeispiel Ilse (EmÜ)

FF 2.1: Welche Erklärungsansätze für die Diskrepanz zwischen der Selbsteinschätzung und der gemessenen Ergebnisse lassen sich anhand der Fallbetrachtungen Ilse entwickeln?

Im Fallbeispiel Ilse (Anonymisierungscode: 284) ist insbesondere eine selbsteingeschätzte Entwicklung im Bereich des Auswählens von Diagnoseaufgaben erkennbar (Tabelle 6.38; angegebene Verbesserungen hervorgehoben). Dabei schätzt Ilse sich retrospektiv vor der Intervention mit der FALEDIA-Plattform zu allen drei Hintergrundfacetten (HF1: Bündeln und Entbündeln, HF2: Stellenwert und Zahlenwert, HF3: Darstellungswechsel) auf der sechsstufigen Likert-Skala bei 3 ein. Die Einschätzung des eigenen Könnens nach der Intervention wird dabei jeweils mit 1 eingestuft. Für das Stellenwertverständnis allgemein (SWV) wurde der Vorher-Wert bei 2 eingeordnet und der Nachher-Wert bei 1.

Zudem werden Verbesserungen im Hintergrundwissen zum Darstellungswechsel (von 2 auf 1) und bei der eigenen Kenntnis von typischen Lernwegen und Schwierigkeiten beim Bündeln und Entbündeln (3 auf 1) sowie im Stellenwertverständnis allgemein (2 auf 1) angegeben.

Alle anderen Items sind gleichbleibend eingeschätzt, wobei sie jeweils vorher und nachher mit 1 angegeben werden, mit Ausnahme des Items 2.3. Hier werden sowohl Vorher- als auch Nachherwert mit 3 angegeben.

Tabelle 6.38 Selbsteinschätzung von Fallbeispiel Ilse (EmÜ)

284, EmÜ	Hintergrundwissen kennen		Typische Lernwege und Schwierigkeiten kennen		Diagnoseaufgaben auswählen		Kompetenzen einschätzen	
	E	A	E	A	E	A	E	A
Bündeln und Entbündeln	1	1	**3**	**1**	**3**	**1**	1	1
Stellenwert und Zahlenwert	1	1	1	1	**3**	**1**	1	1
Darstellungswechsel	**2**	**1**	3	3	**3**	**1**	1	1
SWV allgemein	1	1	**2**	**1**	**2**	**1**	1	1

Die erreichten Punktzahlen aus dem Pre-Post-Test zeigen dazu ein konträres Bild (Tabelle 6.39). Während Ilse sich in DP1 (von 3 auf 4 Punkte) und DP2 (von 2 auf 3 Punkte) verbesserte, hat sie sich in DP3 im Vergleich von MZ1 zu MZ2 verschlechtert (von 9 auf 6 Punkte). Sowohl beim Lernstände erheben als auch beim Ursachen ableiten, was in der Selbsteinschätzung in Item 4 mit *„Ich kann zu Kinderlösungen angeben, inwiefern das Kind über Kompetenzen zum Thema … verfügt“* zusammengefasst ist, fanden, auch wenn diese nicht deutlichen ausgeprägt waren, Verbesserungen statt, wohingegen Ilse das eigene Können gleichbleibend einschätzte. Zudem findet die Selbsteinschätzung vorher wie nachher mit der höchsten Punktzahl (1) statt, die Auswertung des Pre-Post-Tests zeigt jedoch weder zu MZ1 noch zu MZ2 die volle Punktzahl.

Besonders interessant erscheint im Fallbeispiel Ilse, dass sie im Item 3 (*„Ich kann geeignete Aufgaben auswählen, um zu überprüfen, inwiefern ein Kind über Verständnis zum Thema … verfügt.“*) konsequent die eigene Entwicklung am höchsten eingeschätzt hat, während im Pre-Post-Test bei DP3 (Aufgaben beurteilen) zu MZ2 weniger Punkte erreicht wurden als zu MZ1.

Tabelle 6.39 Punktzahlen zu beiden Messzeitpunkten von Fallbeispiel Ilse

284, EmÜ			
	MZ1	MZ2	erreichbar
DP1	3	4	6
DP2	2	3	6
DP3	9	6	15
Gesamt	14	13	27

Um mögliche Erklärung für diese Diskrepanzen zu geben, werden im Folgenden Ausschnitte aus dem Interview mit Ilse herangezogen, sowie Einblicke in die entsprechenden Stellen der Tests geboten. Da im Fall Ilse besonders die Diskrepanz im Bereich DP3 interessant scheint, wird auf diesen Bereich fokussiert.

Tabelle 6.39 können die Aufgabenstellungen entnommen werden, auf die in der nachfolgenden Tabelle 6.40 in den Antworten Bezug genommen wird.

Tabelle 6.40 Aufgabenstellung zu DP3

Die Zweitklässlerin Emily stellt die in der bildlichen Darstellung vorgegebene Zahl (links) wie folgt in der Stellentafel (mittig) und als Zahlsymbol (rechts) dar.

<table>
<tr><th>Bild</th><th>Stellentafel</th><th>Zahl</th></tr>
<tr><td></td><td><table><tr><th>T</th><th>H</th><th>Z</th><th>E</th></tr><tr><td></td><td>2</td><td>3</td><td>22</td></tr></table></td><td>2322</td></tr>
</table>

<table>
<tr><th colspan="2">Aufgabenstellung</th></tr>
<tr><td>1
Du hast 8 Zehner und 7 Einer.
Wie heißt die Zahl?

Du bekommst weitere 5 Einer.
Wie heißt die Zahl jetzt?
Notiere die Zahl.</td><td>2
Stellentafel<table><tr><th>T</th><th>H</th><th>Z</th><th>E</th></tr><tr><td></td><td>1</td><td>8</td><td></td></tr></table>Schreibe das passende
Zahlsymbol auf.</td></tr>
<tr><td>3
Stellentafel<table><tr><th>T</th><th>H</th><th>Z</th><th>E</th></tr><tr><td></td><td>1</td><td>14</td><td>3</td></tr></table>Schreibe das passende
Zahlsymbol auf.</td><td>4
Lege die Zahl 283 mit Dienes-
Material.</td></tr>
</table>

In Tabelle 6.41 sind die Antworten und Bepunktungen DP3, Aufgabe 3 betreffend gegenübergestellt.

Tabelle 6.41 Antworten zu Aufgabenteil 3 in DP3 von Fallbeispiel Ilse (EmÜ)

Aufgabe	MZ1		MZ2	
	Antwort	Punkte	Antwort	Punkte
3	Diese Aufgabe eignet sich eher für die tiefere Ermittlung Emilys Fähigkeiten. Da sie 22 Einer nicht gebündelt, sondern lediglich gezählt und übertragen hat, kann man sich nun fragen, ob dies auch ohne Vorliegen anschaulicher Darstellungsmittel der Fall wäre oder ob Emily ein Verständnis für den Umgang mit der Stellenwerttafel und der Bündelung aufweist.	HF1: 1 HF2: 0 HF3: 1 Summe: 2	> ist derselbe Aufgabentypus wie der, bei dem Emilys Fehler lag > Hier kommt allerdings keine neue Seite hinzu > fragt ab, ob Emilys Fehler von oben systematisch ist	HF1: 0 HF2: 0 HF3: 0 Summe: 0
	Punkte Bezug zum Fehler		Punkte Bezug zum Fehler	
	HF1: 1 HF2: 1 HF3: 1 Summe: 3		HF1: 0 HF2: 0 HF3: 1 Summe: 1	

Auffällig ist, dass zu MZ2 weniger Bezug zum Fehler zu der vorherigen Falldarstellung genommen wurde. Während zu MZ1 alle drei erreichbaren Punkte (einer pro HF) erzielt wurden, wurde zu MZ2 lediglich der Punkt zu HF3 (Darstellungswechsel) konkret in den Antworten angesprochen. Einen Erklärungsansatz kann dabei der nachfolgende Transkriptausschnitt aus dem Interview liefern.

284 zum Vergleich zwischen MZ1 und MZ2 zu DP3, Aufgabe 3		
2:04:25–2:05:08	284	Ich glaub hier wird wieder deutlich, ich hab, was ich vorher gedacht habe, der Fehler liegt bei dem Bild und jetzt denke liegt der Fehler bei der Stellenwerttafel, weil genau das geht aus dieser Aufgabe hervor, da sage ich rechts [MZ2], ähm, dass der Fehler ja beim Bild war und jetzt wird geschaut, ob das auch von der Stellenwerttafel aus ist und links [MZ1] sage ich schon direkt, ja okay der Fehler lag in der Stellenwerttafel und diese Aufgabe ist genau gleich. Ähm, und das ist der Grund halt, warum ich das nach, eh, für eingeordnet habe, eh für gut geeignet eingeordnet habe und komplett anderer (…) und so hab ich links [MZ2] halt gesagt, ähm, ob das ein systematischer Fehler ist oder nicht, wird damit ermittelt. Das fehlt rechts [MZ1] halt auch. Das liegt ja daran, dass ich halt diesen Zwischenschritt, ähm, da gesehen habe, der nicht notwendig ist.

Ilse gibt an, bei MZ1 noch einen – vermutlich gedanklichen – „Zwischenschritt“ gemacht zu haben, der nach der Betrachtung des Schülerinnendokuments im Anschluss an die Intervention mit der FALEDIA-Plattform „nicht notwendig“ zu sein scheint. Die Ursache von Emilys Fehler sieht Ilse nach der Intervention im Darstellungswechsel in Bezug auf die Stellenwerttafel. Dies scheint ein Grund dafür zu sein, weswegen zu MZ2 nur noch Bezug zu der Hintergrundfacette HF3 genommen wird. Es scheint eine größere Überzeugung in Bezug auf die eigene Analyse des Kinderdokuments nach der Intervention zu bestehen.

Zudem gibt Ilse an, dass die Antworten zu MZ2 knapper sind als zu MZ1. Dies wird im nachfolgen Transkriptausschnitt damit begründet, dass nach der Intervention mehr Fachbegriffe zur Verfügung stehen.

284 zur Frage, inwiefern FALEDIA Einfluss auf die verschiedenen Antworten hatte		
02:07:38–02:08:03	284	Ähm, erst durch FALEDIA ist mir das präsent geworden, ähm, es hat dazu beigetragen, dass ich das viel griffiger beschreiben kann. Also ich hab mir halt rechts [MZ1] ein halben Roman geschrieben und links [MZ2] sind nur drei Wörter, das ist halt, ähm, dass man, dass halt, dieses, dass, die mathematische Struktur auf so einfache Kernbegriffe, die aber viel aussagen, reduzieren kann. Hat mir das nochmal vor Augen gerufen, das sieht man glaub ich hier sehr eindeutig.

Ilse gibt an, dass die Antworten zu MZ2 zwar kürzer, jedoch präziser seien. Dies wird dadurch begründet, „dass man […] die mathematische Struktur auf so einfache Kernbegriffe, die aber viel aussagen, reduzieren kann". Exemplarisch können dazu die Antworten zu DP3, Aufgabenteil 3 herangezogen werden (Tabelle 6.39). Auch wenn Ilse in Ihrer Antwort zu MZ2 angibt ihre Antwort auf die wesentlichen Kernbegriffe reduziert zu haben, enthält ihre Antwort zu MZ2 lediglich oberflächliche Fachbegriffe wie „Aufgabentypus" und „systematischer Fehler". Durch diese werden dabei jedoch keine Konzepte deutlich. Dies spiegelt sich in den erreichten Punkten wider. Während zu MZ1 noch der Punkt für das Ansprechen von HF1 und HF3 erreicht wurden, konnte zu MZ2 kein Punkt vergeben werden.

Ein weiteres Begründungsmoment für die divergierende Selbsteinschätzung im Vergleich zu den erreichten Punktzahlen liefert Ilse in dem nachfolgenden Transkriptausschnitt:

284 zur Frage, inwiefern FALEDIA Einfluss auf die verschiedenen Antworten hatte		
02:08:15–02:08:44	284	Es hat mir auf jeden Fall auch gezeigt, dass, eh, dass das, nicht, trotzdem nicht so eindeutig ist, also ich hätte jetzt erwartet, dass ich, dass ich dann sehr viele Sachen einfach nur kritisiere von der alten [Pretest] die dann quasi, ja, die ich jetzt sogar als falsch einschätzen würde oder sowas, aber die haben ja auch Punkte für sich, deswegen #
	I	Mmh.

(Fortsetzung)

(Fortsetzung)

284 zur Frage, inwiefern FALEDIA Einfluss auf die verschiedenen Antworten hatte		
	284	Hat mir das vielleicht, also durchs drüber nachdenken nochmal gezeigt, ähm, man kann da sehr viel diagnostizieren, aber es ist ja genauso schwierig da wirklich eindeutig was zu sagen.

Hier wird in der Auseinandersetzung mit den beiden Bearbeitungen zu MZ1 und MZ2 aus der Retrospektive deutlich, dass die multiplen Perspektiven, die bei einer Diagnose eingenommen werden können, einen subjektiven Wert innehaben können. Die Erkenntnis, dass eine Eindeutigkeit von Diagnosen schwierig ist und plausible Theorien abgewogen werden müssen, führt Ilse zu der Metaebene, die eigene Erwartungshaltung zu reflektieren.

Die Erwartungshaltung, nach der Intervention sicherer, fehlerfreier oder besser diagnostizieren zu können, erweist sich für Ilse in der Gegenüberstellung der eigenen Bearbeitungen nicht durchgängig als richtig. Dies scheint einen weiteren Anhaltspunkt in das Zustandekommen der Diskrepanzen zwischen der Selbsteinschätzung und der Performanz liefern zu können.

Drei Thesen zu möglichen Anhaltspunkten können der Zusammenführung der Daten zu Ilse zusammenfassend formuliert werden:

1. Die entstandene Überzeugung, bzw. Sicherheit der eigenen Diagnose bezogen auf eine Hintergrundfacette, verkürzt möglicherweise den Blick auf weitere tiefenscharfe Überlegungen zu anderen Hintergrundfacetten, lässt allerdings den Eindruck eines gesicherten Diagnoseprodukts innerhalb der diagnostizierenden Person zurück.
2. Das subjektive Empfinden über die Verfügbarkeit eines höheren Maßes an Fachsprache könnte die Ausführung von Konzepten verkürzen, suggeriert der diagnostizierenden Person jedoch einen weitreichenderen Rückgriff auf theoretische Modelle, die sie im Fachbegriff gedanklich impliziert.
3. Das Empfinden von Lernerfolg führt möglicherweise zu der Erwartungshaltung, dass der vorherige Wissensstand oder die vorherige Leistung wesentlich schlechter gewesen sein müsse.

Diese drei Thesen sind mit Bedacht zu interpretieren und sollten als Ableitungen aus einer spezifischen Einzelbetrachtung verstanden werden.

6.2.2 Fallbeispiel Hans (EoÜ)

FF 2.2: Welche Erklärungsansätze für die Diskrepanz zwischen der Selbsteinschätzung und der gemessenen Ergebnisse lassen sich anhand der Fallbetrachtungen Hans entwickeln?

Für das Fallbeispiel Hans (168) gibt Tabelle 6.42 Einsichten in die Selbsteinschätzung. Dabei kann festgestellt werden, dass es kein Item gibt, in welchem er sich im Nachhinein schlechter eingeschätzt hat als vor der Intervention. Zudem unterscheiden sich die Einschätzungen, in denen er sich nach der Intervention besser bewertete als vorher, jeweils um genau einen Punkt. Eine weitere Auffälligkeit ist die tendenziell schlechte und oftmals gleichbleibende Einschätzung von Hans. Bei insgesamt acht der 16 Items schätzt er sich sowohl vorher als auch nachher mit 4 auf der Skala von 1 bis 6 ein. Bei weiteren drei Items bleibt die Einschätzung ebenfalls im retrospektiven Vergleich von vor zu nach der Intervention gleich.

Bei sechs der 16 Items sind somit Verbesserungen angegeben. Dabei ist auffällig, dass zu allen vier Items zu HF1 (Bündeln und Entbündeln) Verbesserungen eingeschätzt wurden. Die anderen beiden angegebenen selbsteingeschätzten Verbesserungen sind bei der Kennensfacette zum Hintergrundwissen zu verzeichnen.

Tabelle 6.42 Selbsteinschätzung von Fallbeispiel Hans (EoÜ)

168, EoÜ	Hintergrundwissen kennen		Typische Lernwege und Schwierigkeiten kennen		Diagnoseaufgaben auswählen		Kompetenzen einschätzen	
	E	A	E	A	E	A	E	A
Bündeln und Entbündeln	**2**	**1**	**5**	**4**	**3**	**2**	**3**	**2**
Stellenwert und Zahlenwert	**3**	**2**	4	4	4	4	4	4
Darstellungswechsel	**3**	**2**	4	4	4	4	4	4
SWV allgemein	2	2	3	3	4	4	4	4

Bezogen auf die erreichten Punktzahlen im Pre-Post-Test (Tabelle 6.43) scheint ein Blick in die Kompetenzeinschätzung zu Lernendendokumenten im Bereich des Ursachen Ableitens (DP2) interessant.

Tabelle 6.43 Punktzahlen zu beiden Messzeitpunkten von Fallbeispiel Hans (EoÜ)

168, EmÜ			
	MZ1	MZ2	erreichbar
DP1	3	3	6
DP2	4	1	6
DP3	5	7	15
Gesamt	14	13	27

Hans hat mit je 3 Punkten zu DP1 einen gleichbleibenden Vorher-Nachherwert im Pre-Post-Test und mit 4 Punkten im Pretest und 1 Punkt im Postest eine negative Punktedifferenz zu DP2 erzielt. Tabelle 6.44 gibt nähere Aufschlüsse über die Angaben und Bepunktungen im Pre- und Posttest zu A1c (Ursachen analysieren).

Tabelle 6.44 Antworten zu DP2 von Fallbeispiel Hans (EoÜ)

Aufgabe	MZ1		MZ2	
	Antwort	Punkte	Antwort	Punkte
A1c	Es könnte sein, dass Lena die Konventionen des DIENES-Materials nicht kennt: Tausender = Würfel, Hunderter = Platten, Zehner = Stangen, Einer = Würfel. Es könnte aber auch sein, dass Lena kein ausgereiftes Stellenwertverständnis besitzt. Ihr wäre dann nicht klar, dass man zehn Zehnerstangen zu einem Hunderter bündelt.	HF1: 2 HF2: 1 HF3: 1 Summe: 4	Lena verfügt vermutlich nicht über die Fähigkeit des Bündelns.	HF1: 1 HF2: 0 HF3: 0 Summe: 1

Hans hat angegeben, dass er sich gleichbleibend bei 4 für HF2 und HF3 einstuft. Für HF1 gibt er eine Verbesserung von 3 auf 2 an. In der Bearbeitung des Pretests ist zu erkennen, dass er in allen drei Hintergrundfacetten Punkte erreichen konnte. Zu HF1 erhielt er beide möglichen Punkte (vollständig angemessen angesprochen) und zu HF2 und HF3 je einen Punkt (teilweise angemessen angesprochen).

Im Posttest erhielt er lediglich noch zu HF1 einen der beiden erreichbaren Punkte, jedoch keinen zu den beiden anderen Hintergrundfacetten HF2 und HF3.

Im Transkriptausschnitt vergleicht Hans seine Angaben zu DP2 im Pre- und Posttest. Er stellt fest, dass seine Bearbeitung im Pretest länger ist als im Posttest und greift die Vermutung auf, die er im Posttest aufgestellt hat. Diese verwirft er und fokussiert auf HF1.

168 zum Vergleich zwischen MZ1 und MZ2 zu DP2		
01:57:58–01:58:25	168	Mhm, [Pretest] habe ich ja viel mehr geschrieben. Hier [Pretest] habe ich vermutet, dass sie die Konventionen nicht kennt. Ähm, das glaube ich ehrlich gesagt nicht. Ich denke schon, dass sie das kennt. Ähm und das hier unten [Pretest], (..) ja, dass das Bündeln halt nicht so gut geklappt hat, aber das habe ich ja auch hier [Posttest] stehen.

Auch auf die Frage, welche Hintergrundfacetten er im Bereich des Stellenwertverständnisses auf der FALEDIA-Plattform als zentral ausmachen konnte, gibt er an, das Bündeln und Entbündeln (HF1) sehr präsent zu haben, jedoch die anderen Facetten nicht.

168 zum Vergleich zwischen MZ1 und MZ2 zu DP2		
01:47:32–01:48:06	S	Die Fähigkeit des Bündelns
	M	Mmh.
	S	Ähm, (…, lacht) ähm, ja, (…) ja, dass man halt die einzelnen Stellenwerte kennt, ich kenne jetzt den Fachbegriff nicht, aber (…)
	M	Stellenwerte ist ein Fachbegriff. Das ist gut.
	S	Okay, ähm (..) ehrlich gesagt ist da jetzt gar nicht so viel im Kopf geblieben.

Dies ist interessant, wird die Selbsteinschätzung hinzugezogen, in der Hans angibt, sich in allen Hintergrundfacetten zum Hintergrundwissen verbessert zu haben (für Item 1.1 von 2 auf 1, für Item 1.2 und 1.3 von 3 auf 2). Im Transkript wird deutlich, dass die Begriffe zu HF2 und nicht parat sind.

Für DP3 kann im Pre-Post-Test eine Verbesserung von MZ1 zu MZ2 (von 5 auf 7 Punkte) ausgemacht werden (Tabelle 6.45). Hans gibt in diesem zu HF1 an, sich selbst besser einzuschätzen. Eine Betrachtung der Punkteaufschlüsselung kann an dieser Stelle die Selbsteinschätzung bestätigen.

Tabelle 6.45 Antworten zu Aufgabenteil 2 und 4 in DP3 von Fallbeispiel Hans (EoÜ)

Aufgabe	MZ1		MZ2	
	Antwort	Punkte	Antwort	Punkte
2	Mit dieser Aufgabe kann man überprüfen, wie ausgereift ihr Stellenwertverständnis ist. Schreibt sie hier das Zahlsymbol „18" auf? Versteht sie, dass die Einerspalte nicht zwingend gefüllt sein muss?	HF1: 0 HF2: 1 HF3: 0 Summe: 1	Diese Aufgabe spricht zwar das Stellenwertverständnis an, allerdings wird hier das Problem mit der Null angesprochen und nicht die Kompetenz des Bündelns.	HF1: 1 HF2: 1 HF3: 0 Summe: 2
4	Mit dieser Aufgabe kann man überprüfen, ob Emily vom Zahlsymbol zur bildlichen Darstellung wechseln kann.	HF1: 0 HF2: 0 HF3: 1 Summe: 1	Hier wird die Fähigkeit des Darstellungswechsels erprobt. Lena erhält eine Zahl und soll diese mit dem Material legen. In dieser Aufgabe muss allerdings nicht gebündelt werden und eignet sich deshalb nicht für die Überprüfung.	HF1: 1 HF2: 0 HF3: 1 Summe: 2

In den Antworten von Hans zu DP3 Aufgabenteil 2 und 4 kann entnommen werden, dass auch hier konsequent auf HF1 eingegangen wurde. Während im Pretest in beiden Aufgaben HF1 nicht erwähnt wird – die beiden zu betrachtenden Aufgaben sprechen HF1 nicht an –, fokussiert Hans dies im Posttest dennoch. Er gibt an, dass die Aufgaben in seinen Augen daher nicht oder weniger geeignet sind, da sie das Bündeln (HF1) nicht überprüfen, welches er als zentrales Problem im Fallbeispiel Emily ausmacht.

168 zur Frage, was genau sich in den Aussagen verändert hat		
02:03:40–02:03:56	168	Ich habe finde ich jetzt öfter gesagt, dass man genau diese Fähigkeit erproben möchte, also quasi wie in, in der Klausur wo man das dann genauer beschreiben muss.

Durch das Transkript wird deutlich, dass die Fokussierung von HF1 auch nachträglich im Interview als genaue Beschreibung angesehen wird, „da man genau diese Fähigkeit erproben möchte". Es scheint entsprechend eine Ursachendeutung ausgemacht worden zu sein, die sich insbesondere auf HF1 bezieht, was nun konsequent über den gesamten Posttest hinweg einbezogen wird.

Zusammenfassend lässt sich entsprechend eine teilweise ähnliche Begründungsstruktur wie bei Ilse rekonstruieren. Auch Ilse gibt – wie Hans – an, eine deutlichere These zu Fehlerursachen ausgemacht zu haben. Beide beziehen sich in den folgenden Angaben primär darauf, wodurch stellenweise weniger Bezug auf die anderen Hintergrundfacetten genommen wird.

Auch zum Fallbeispiel Hans lassen sich drei Thesen zur Diskrepanz der Selbsteinschätzung mit der Performanz formulieren:

1. Die wahrgenommene tiefe Verbesserung in einer Hintergrundfacette (HF1) scheint die Diagnose insofern beeinflusst zu haben, als dass mitunter mit monoperspektivischem Fokus auf eben diese Hintergrundfacette vorgegangen wurde.
2. Die Fachbegriffe zu HF2 und HF3 konnten scheinbar nicht eingeordnet werden und daher wurde nicht gewusst, ob eine Veränderung stattgefunden hat, jedoch:
3. Möglicherweise hat das Empfinden ein Konzept (HF1) tiefer durchdrungen zu haben, dazu beigetragen, dass eine größere Sicherheit im Hintergrundwissen empfunden und somit auch in den anderen Bereichen (HF2 und HF3) eine Verbesserung angegeben wurde.

Auch hier ist zu betonen, dass die drei Thesen Ableitungen aus einer spezifischen Einzelbetrachtung und somit vorsichtig zu interpretieren sind. Eine weitere Einzelfallbetrachtung folgt in Abschnitt 6.2.3.

6.2.3 Fallbeispiel Martin (ImÜ)

FF 2.3: Welche Erklärungsansätze für die Diskrepanz zwischen der Selbsteinschätzung und der gemessenen Ergebnisse lassen sich anhand der Fallbetrachtungen Martin entwickeln?

In der Selbsteinschätzung zum Fallbeispiel Martin (226) ist erkennbar (Tabelle 6.46), dass er sich in fast allen Items (14 von 16) nach der Intervention mit der FALEDIA-Plattform besser einschätzt als vor der Intervention.

Tabelle 6.46 Selbsteinschätzung von Fallbeispiel Martin (ImÜ)

226, ImÜ								
	Hintergrundwissen kennen		Typische Lernwege und Schwierigkeiten kennen		Diagnoseaufgaben auswählen		Kompetenzen einschätzen	
	E	A	E	A	E	A	E	A
Bündeln und Entbündeln	**3**	**2**	**5**	**2**	**5**	**3**	**4**	**3**
Stellenwert und Zahlenwert	**4**	**2**	**4**	**3**	**3**	**2**	**4**	**3**
Darstellungswechsel	2	2	**4**	**2**	**3**	**2**	**3**	**2**
SWV allgemein	**4**	**2**	**4**	**3**	3	3	**4**	**2**

Lediglich in Item 1.3 und 3.4 schätzt er sich gleichbleibend ein. Eine besonders hohe Entwicklung gibt er bei Item 2.1 an, dem Kennen typischer Lernwege und Schwierigkeiten von Kindern zum Bereich Bündeln und Entbündeln. In dieser Hintergrundfacette (HF1) werden über alle Kennens- und Könnensfacetten Selbsteinschätzungen deutlich, die eine Vorher-Nachher-Verbesserung implizieren, ebenso wie zu HF2.

Um zu begründen, warum das Fallbeispiel Martin ausgewählt wurde, bietet es sich an, die gesamte Punkteentwicklung in seinem Pre- und Posttest zu betrachten (Tabelle 6.47).

Tabelle 6.47 Punkteentwicklung von Fallbeispiel Martin (ImÜ)

	HF1	HF2	HF3	Summe	erreichbar
DP1 MZ1	1	1	2	4	6
DP1 MZ2	1	1	2	4	
DP2 MZ1	0	2	2	4	6
DP2 MZ2	0	1	1	2	
DP3.F MZ1	0	1	0	1	15
DP3.F MZ2	0	1	0	1	
DP3.1 MZ1	0	1	0	1	
DP3.1 MZ2	0	1	0	1	
DP3.2 MZ1	0	1	0	1	
DP3.2 MZ2	0	1	0	1	
DP3.3 MZ1	0	0	1	1	
DP3.3 MZ2	0	1	0	1	
DP3.4 MZ1	0	1	1	2	
DP3.4 MZ2	0	0	1	1	
Gesamt	MZ1: 14; MZ2 11				27

Während Martin in seiner Selbsteinschätzung zum Bündeln und Entbündeln konsequent eine Verbesserung angegeben hat, in Item 2.1 sogar die größte Veränderung um 3 Punkte, kann er außer zu DP1 weder im Pre- noch im Posttest bei HF1 Punkte erreichen.

Im Interview gibt es Hinweise darauf, dass Martin das Konzept zu HF1 verstanden zu haben scheint. Es bestehen jedoch auf sprachlicher Ebene Probleme, diese adäquat auszudrücken. Er benennt Probleme vom zugrundeliegenden Fallbeispiel Emily „in den einzelnen Übergängen vom Bild zur Stellentafel und dann zur Zahl“. Hiermit bezieht er sich vermutlich auf HF3, den Darstellungswechsel und bezeichnet diese als *Übergänge*. Als Hypothese zur Ursache benennt er „wo man dann erkennt, da sind ja 22 Einer und der Übergang wurde halt nicht sozusagen behandelt“. In diesem Ausschnitt belegt er das Wort *Übergänge* vermutlich mit einer anderen Bedeutung und meint damit wohl das Bündeln der 20 Einer zu 2 Zehnern, was Emily nicht gelingt.

226 zur Rekonstruktion der Gedankengänge Posttest		
02:12:19–02:13:11	226	Jap, und zwar habe ich dann erstmal geguckt was bei Emily das Grundmaterial war, ähm, da hatte ich mir dann halt angeguckt, wo dann halt was gegeben war, wo dann was umgesetzt hat in den einzelnen Übergängen vom Bild zur Stellentafel und dann zur Zahl. Und dann hab ich versucht die Hypothese aufzustellen, wo sie halt, ähm, die größten Schwierigkeiten hatte. Und das war dann halt wieder hier: wo man dann erkennt, da sind ja 22 Einer und der Übergang wurde halt nicht sozusagen behandelt. Und man muss jetzt halt schauen, wie kann man Emily helfen, um dieses Verständnis aufzubauen und dann bin ich halt wie die Aufgaben halt sind, mit einem Kriterium rangegangen und habe erstmal alle Aufgaben durchgelesen. Alle, ähm, vier und habe geschaut, wie sind die aufgebaut, was sprechen die an.

Es wird deutlich, dass Martin ein strukturiertes Vorgehen anstrebt, indem er seine Fehleranalyse und Ursachenhypothese auf die zu beurteilenden Aufgaben anwendet. Möglicherweise aufgrund der fehlenden Verfügbarkeit von Fachbegriffen, gelingt es ihm nicht, seine Gedanken im Pre- und Posttest so zu formulieren, dass er Punkte im Bereich HF1 erlangen kann. Dies wird in Angaben aus dem Posttest interpretierbar (Abbildung 6.6).

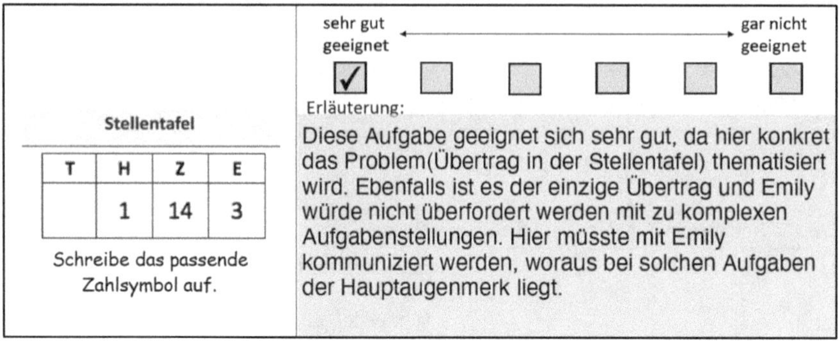

Stellentafel

T	H	Z	E
	1	14	3

Schreibe das passende Zahlsymbol auf.

sehr gut geeignet ⟷ gar nicht geeignet

☑ ☐ ☐ ☐ ☐ ☐

Erläuterung:

Diese Aufgabe geeignet sich sehr gut, da hier konkret das Problem(Übertrag in der Stellentafel) thematisiert wird. Ebenfalls ist es der einzige Übertrag und Emily würde nicht überfordert werden mit zu komplexen Aufgabenstellungen. Hier müsste mit Emily kommuniziert werden, woraus bei solchen Aufgaben der Hauptaugenmerk liegt.

Abbildung 6.6 Aufgabenteil 3 in DP3 zu MZ1 von Fallbeispiel Martin (ImÜ)

In Abbildung 6.6 wird erneut die doppelte Verwendung eines Begriffs für vermutlich zwei Konzepte deutlich. In diesem Fall ist es der *Übertrag*, der möglicherweise für den Darstellungswechsel zwischen Stellentafel und Zahlsymbol steht, gleichzeitig möglicherweise aber auch für die Bündelung von 10 Zehnern zu einem Hunderter.

Diese Interpretation kann jedoch erst rückblickend mit Hilfe des Interviews vorgenommen werden. Unter Einbezug des folgenden Transkriptausschnitts, in welchem Martin angibt, hier das vorher analysierte Hauptproblem zu erkennen, kann vermutet werden, dass die doppelte Besetzung des Begriffs *Übertrag* auch für das Bündeln gelten soll.

226 zum Vergleich zwischen Pre- und Posttest, DP3		
02:31:50–02:32:04	226	Und, ähm, aber bei beiden bin ich davon ausgegangen, dass halt hier primär darum geht, dass der Übertrag thematisiert wird. Dass das hier der Fehler ist, der besprochen werden soll (…).

Eine weitere interessante Transkriptstelle stellt der nachfolgende Ausschnitt dar. Trotz gleicher Bepunktung rekonstruiert Martin zu DP1 auf qualitativer Ebene unterschiedliche Gedankengänge zu den Bearbeitungen.

226 zum Vergleich Pre- und Posttest zu DP1		
02:23:06–02:23:39	226	Rechts [Pretest] habe ich schon gesagt, sie hat das, du das so gemacht und habe gar nicht gedacht „oh das geht auch anders". Links [Posttest] war ich eher so: sie könnte es so gemacht haben und, ähm, habe auch hier geschrieben „*eventuell* Quadrat als Hunderter oder Tausender interpretiert". Also hab ich mich (zeigt mit der Maus auf den Postest) schon vorher festgefahren auf die eigentliche Lösung, wie ich das dachte, wie Lena das gemacht hat und quasi gar nicht akzeptiert hatte, dass sie das auch komplett anders hatte gemeint haben können.

Aus dem Ausschnitt wird deutlich, dass er im Pretest eine festere Vorstellung betreffend der richtigen Lösung hatte, im Posttest hingegen vorsichtiger interpretiert habe (Tabelle 6.48). Inhaltlich spricht er die gleichen Facetten an.

Tabelle 6.48 Antworten in DP1 von Fallbeispiel Martin (ImÜ)

Aufgabe	MZ1	MZ2
	Antwort	Antwort
A1b	Lena vertauscht die Wertigkeit der Figuren im Bild. Ein Strich steht für 10. Ein Quadrat für 100. Ein Punkt für 1. Sie erkennt das Quadrat als 1000. Die zehn Zehner Striche zusammengezählt als 100, das korrekt ist, aber die zwei extra Striche versteht sie als Einer. Die korrekte Zahle wäre 220.	Lena hat die bildliche Darstellung zu direkt in eine Zahl umgewandelt wie es eigentlich für die Stellentafel üblich ist. Die zwei äußeren Streifen versteht sie als Einer. Eventuell Quadrat unsicher als Tausender oder Hunderter interpretiert. Der Übertrag von den Zehnern auf die Hunderter wurde nicht korrekt vollzogen.

Bei der Rekonstruktion von Unterschieden zu DP2 gibt Martin jedoch das gleiche Rekonstruktionsargument an:

226 zum Vergleich Pre- und Posttest zu DP2		
02:24:03–02:24:28	226	Da [Pretest] habe ich, was mir hier gerade auffällt, dass ich geschrieben hatte, dass Lena vielleicht einen Zahlendreher, ähm, gehabt haben hätte können. Anstatt bei 002, ähm, das hatte ich jetzt [Posttest] gerade gar nicht mehr bedacht, weil ich mich zu sehr auf diesen Wechsel zwischen der Stellenwerttafel und der Zahl zu schreiben orientiert hatte.

Er beschreibt, sich an seiner These zur hauptsächlichen Fehlerursache fokussiert zu haben: „[...], weil ich mich zu sehr auf diesen Wechsel zwischen der Stellenwerttafel und der Zahl zu schreiben orientiert hatte“. Dabei habe er andere Aspekte außenvorgelassen.

Die Könnensfacette *Kompetenzen einschätzen* wird nach der Intervention ebenfalls konsequent besser angeben für nach der Intervention als im Vorhinein, wohingegen die Performanz zu DP2 eine negative Punkteentwicklung aufzeigt (4 zu 2 Punkte). Die Aufschlüsselung der Punkte zeigt (Tabelle 6.49), dass Martin im Pretest zu HF2 und HF3 laut Kategorisierung jeweils vollständig angemessene Antworten lieferte, wohingegen seine Antwort zu MZ2 zu diesen beiden Hintergrundfacetten nur noch als teilweise angemessen eingestuft wurde.

Tabelle 6.49 Antworten in DP2 von Fallbeispiel Martin (ImÜ)

Aufgabe	MZ1		MZ2	
	Antwort	Punkte	Antwort	Punkte
A1c	Lenas Verständnis über die Stellenwerttafel ist noch nicht ganz ausgeprägt. Die erkennt nicht die Unterschiedlichkeit der Symbole und dessen Wert. Das Quadrat und die zehn Zehner Striche werden nicht als gleiche Wertigkeit verstanden. Durch die unterschiedliche Darstellung denkt Lena, dass es sich bei dem Quadrat um die nächste Stelle in der Stellenwerttafel handeln muss. Die 12 Zehner Striche kann Lena auch richtig erkannt haben und lediglich die Zahlen in der falschen Reihenfolge ausgeschrieben haben, 02 statt 20. Lena sieht die Figuren im Bild in der Struktur der Stellenwerttafel und versteht nicht, dass die Leerräume zwischen den Figuren nicht für die Trennstriche im der Stellenwerttafel stehen. Die gleiche Fläche der 10 Zehner Strichen und des Quadrats erkennt Lena als unterschiedlich und kann diese nicht als gleichwertig verstehen. Lena hat eine systematische Vorgehensweise indem sie von rechts nach links versucht die Figuren in Zahlen zu übersetzen, dabei hat sie Schwierigkeiten mit den wechselnden Darstellungsweisen der Zahlen.	HF1: 0 HF2: 2 HF3: 2 Summe: 4	Lenas Vorgehensweise erinnert stark an das Übertragen der bildlichen Darstellung in die Stellentafel, wobei sie eigentlich die korrekte Zahl darstellen soll. Es wird wie die Stellentafeldarstellung nur ohne die Tafel. Dadurch kommt es bei Lena zu Unsicherheiten bei den Überträgen und Stellenwerten, welches letztlich zu einer anderen Zahl führt, die bildlich nicht dargestellt wurde.	HF1: 0 HF2: 1 HF3: 1 Summe: 2

Martin schlussfolgert aus dem Vergleich, dass eine mehrfache Betrachtung scheinbar sinnvoll ist, um mehrere Perspektiven einzubeziehen, wie aus dem Transkriptausschnitt deutlich wird.

226 zum Vergleich Pre- und Posttest zu DP2		
02:24:43–02:24:55	226	Das ist halt manchmal, man guckt sich die Sachen zweimal an, aber man erkennt einfach auch unterschiedliche Sachen. Deswegen ist das für mich auch sinnvoll sich mehrmals anzugucken und nicht nur einmal zu gucken und dann wars das.

Dazu resümiert er in Bezug auf die Auseinandersetzung mit der FALEDIA Plattform, dass ein stärkeres Bewusstsein für das Denken der Kinder entstanden ist. Er adressiert die Perspektivübernahme bezogen auf die Lösungsstrategien von Kindern beim Diagnostizieren als Erklärungsfacette der Änderungen in seinen Äußerungen.

226 zur Frage, inwiefern FALEDIA Einfluss auf die verschiedenen Antworten hatte		
02:26:58–02:27:42	226	Hmm … ich habe glaub ich vorher viel mehr darauf geachtet was wirklich vor mir liegt und bei FALEDIA habe ich mehr daran gedacht, wie das Kind wirklich gedacht hätte können. Ähm, sodass ich halt vorher einfach mit dem gearbeitet hab, was mir konkret vorlag und dann jetzt hier (zeigt mit der Maus auf den Posttest) sozusagen mich darauf fokussiert hab, was das Kind, ähm, wie das Kind halt gedacht hat, (…) Denkprozesse in dem Sinne.
	I	Hm [zustimmend].
	226	Dass das halt durch FALEDIA nochmal bewusst geworden ist, dass das Kinder anders angehen als ich zum Beispiel. Dass das anders produziert wird, wie man halt dann aufschreibt und so.

Im Fallbeispiel Martin scheint somit eine umgekehrte Begründungsstruktur vorzuliegen als bei den beiden zuvor betrachteten Fällen. Er gibt an, mehr Perspektiven zur Verfügung gehabt zu haben, was möglicherweise eine Erklärung für die Diskrepanzen aufzeigen könnte. Eine weitere Erklärung liefert die Analyse von Martins Aussagen bezüglich HF1. Während er scheinbar im Interview umschreibend erklären kann, was er als Hauptursache im Fallbeispiel zu DP3 ausmachen konnte, gelingt es ihm nicht, dies im Pre- und Posttest so zu formulieren, dass sie bepunktet wurden. Daraus ergeben sich die beiden Thesen:

1. Möglicherweise hat die vertiefende Auseinandersetzung in eine überfordernde Anzahl an Perspektiven resultiert, die die Performanz insofern beeinflusst haben, als dass die Prägnanz der einzelnen Aussagen abgenommen hat.
2. Möglicherweise sind Konzepte zwar verstanden worden, jedoch noch nicht fachsprachlich einordbar. Daher konnte in der Performanz das Konzept zwar gedanklich aktiviert, jedoch nicht hinreichend sprachlich ausdifferenziert werden.

In Abschnitt 6.2.4 folgt eine vierte und letzte Falldarstellung zur Diskrepanz zwischen der Selbsteinschätzung und der Performanz.

6.2.4 Fallbeispiel Margot (IoÜ)

> *FF 2.4: Welche Erklärungsansätze für die Diskrepanz zwischen der Selbsteinschätzung und der gemessenen Ergebnisse lassen sich anhand der Fallbetrachtungen Margot entwickeln?*

Die Selbsteinschätzung von Margot (119) ist größtenteils gleichbleibend von vor zu nach der Intervention (Tabelle 6.50). In 12 der 16 Items gibt sie auf der Likert-Skala keine Veränderungen an. Bei den vier Items, zu denen Veränderungen angegeben werden, sind es Verbesserungen im Vorher-Nachher-Vergleich. Drei der vier angegebenen Verbesserungen beziehen sich auf HF1 (Bündeln und Entbündeln). Zu dieser Hintergrundfacette wird lediglich in der Könnensfacette 3, Diagnoseaufgaben auswählen, keine Verbesserung angegeben.

In der Könnensfacette 4, dem Einschätzen von Kinderlösungen, wird neben HF1 auch bei HF2 eine Verbesserung selbsteingeschätzt. Alle vier eingeschätzten Verbesserungen drücken sich auf der Likert-Skala mit einer Punktedifferenz von 1 aus.

Neben den Veränderungen oder dem Gleichbleiben in der Selbsteinschätzung ist bei Margot interessant zu erwähnen, dass die Einschätzungen jeweils im Punktebereich von 2 bis 4 liegen, also eher im positiveren bis leicht ins Negative von der Mitte abweichenden Bereich.

Tabelle 6.50 Selbsteinschätzung von Fallbeispiel Margot (IoÜ)

119, IoÜ	Hintergrundwissen kennen		Typische Lernwege und Schwierigkeiten kennen		Diagnoseaufgaben auswählen		Kompetenzen einschätzen	
	E	A	E	A	E	A	E	A
Bündeln und Entbündeln	**3**	**2**	**3**	**2**	4	4	**3**	**2**
Stellenwert und Zahlenwert	4	4	4	4	3	3	**4**	**3**
Darstellungswechsel.	2	2	2	2	3	3	2	2
SWV allgemein	3	3	3	3	4	4	3	3

Die erzielten Punkte im Pre-Post-Test (Tabelle 6.51) bleiben insgesamt gleich bei 15 Punkten. Hier lässt sich eine eher realistische Selbsteinschätzung im Vergleich zu den vorherigen drei Betrachtungen erkennen, da mit 15 Punkten etwas mehr als die Hälfte der erreichbaren Punkte erzielt wurden. Jedoch schätzt Margot sich mit neun Items bei 4 auf der Likert-Skala tendenziell zu schlecht ein.

Tabelle 6.51 Punktzahlen zu beiden Messzeitpunkten von Fallbeispiel Margot (IoÜ)

119, EmÜ			
	MZ1	MZ2	erreichbar
DP1	2	4	6
DP2	4	3	6
DP3	9	8	15
Gesamt	15	15	27

Die Diskrepanzen zwischen Selbsteinschätzungen und tatsächlich erreichten Punkten liegen im Fall Margot somit eher in Nuancen und eher in einer zu schlechten Selbsteinschätzung. Daher wurde dieses Fallbeispiel ausgewählt, um eine übereinstimmendere bzw. leicht unterschätzte Einschätzung betrachten zu können. Dafür wird zunächst der Ausschnitt, in welchem Margot die meisten Veränderungen angegeben hat, der HF1, tabellarisch (Tabelle 6.52) aufgeschlüsselt. In der Tabelle steht DP3.F für den Bezug zum Fehler im Bereich Bündeln und Entbündeln, wofür über alle vier Teilaufgaben im Pre-Post-Test ein Punkt erreicht werden konnte. DP3.A steht für den Bezug zur Aufgabe, bei welchem zu jeder der vier Aufgaben ein Punkt, also in Summe 4 Punkte, erreicht werden konnte. Mit den insgesamt 4 Punkten, die in DP1 und 2 zu erreichen waren (jeweils teilweise angemessen angesprochen: 1 Punkt, vollständig angemessen: angesprochen 2 Punkte), ergibt sich eine Gesamtpunktzahl von 9 Punkten, die zu HF1 über den gesamten Pre- bzw. Posttest vergeben werden konnten.

Tabelle 6.52 Punktzahlen von Fallbeispiel Margot (IoÜ) aufgeschlüsselt nach HF1

119, EmÜ			
HF1 bei	MZ1	MZ2	erreichbar
DP1	0	2	2
DP2	2	1	2
DP3.F	1	1	1
DP3.A	4	4	4
Gesamt	7	8	9

An den erreichten Punkten zu HF1 lässt sich erkennen, dass eine leichte positive Entwicklung in den Punkten von MZ1 zu MZ2 zu verzeichnen ist, was wieder zu der Tendenz der Selbsteinschätzung passt. Jedoch lässt sich aus der Höhe der erreichten Punktzahlen ableiten, dass Margot ihre Fähigkeiten auch im Bereich HF1 eher zu niedrig selbsteingeschätzt hat. Dabei ist nicht auszuschließen, dass diese ‚bescheidene' Einschätzung möglicherweise mit der Beobachtungssituation des Interviews zusammenhängt.

Einblicke in die Interviewaussagen zeigen, dass Margot im Vergleich des Pre- und Posttests selber feststellen kann, dass ihre Aussagen sich ähneln.

119 zum Vergleich Pre- und Posttest zu DP1		
02:19:31–02:19:48	119	Ja. Ja, also bei dem ersten habe ich auf jeden Fall ungefähr das gleiche geschrieben, nur dass ich halt Dienes-Material geschrieben habe, und nicht Material

Im vorangegangenen Transkriptausschnitt wird die inhaltliche Gleichheit der Angaben zu Teilaufgabe a zu DP1 (Kompetenzen beschreiben) festgestellt. Lediglich in der Benennung des Materials besteht im Posttest eine etwas präzisere Beschreibung (Tabelle 6.53).

Tabelle 6.53 Antworten zu DP1 von Fallbeispiel Margot (IoÜ)

Aufgabe	MZ1		MZ2	
	Antwort	Punkte	Antwort	Punkte
A1a/b	a) Lena hat die einzelnen Teile des Materials richtig abgezählt. b) Lena hat das Material falsch gedeutet. Sie hat die Hunderter als Tausender interpretiert und die 2 Zehnerstangen als Einer. Oder Lena hat die Zahl falsch notiert, da sie die Zehner getrennt voneinander notiert hat und nicht die 2 Zehner zu den 10 Zehnern addiert hat.	HF1: 0 HF2: 1 HF3: 1 Summe: 2	a) Lena zählt das Dienes-Material richtig ab. b) Lena bündelt die 10 Zehnerstangen nicht zu einem Hunderter. Dadurch verschieben sich auch die Stellenwerte in ihrer Zahl. Außerdem zählt sie die 12 Zehnerstangen nicht zusammen, sondern schreibt diese einzeln auf.	HF1: 2 HF2: 1 HF3: 1 Summe: 4

Während Margot zunächst angibt, auch in Aufgabenteil b zu DP1 (Fehler beschreiben), die Aufgaben ähnlich bearbeitet zu haben, fallen ihr bei näherer Betrachtung jedoch Unterschiede in ihren Antworten auf.

119 zum Vergleich Pre- und Posttest zu DP1		
02:20:26–02:20:53	119	Also bei b ist es auch ungefähr ähnlich, nur dass ich halt jetzt heute [Posttest] geschrieben habe, dass es sich wahrscheinlich einfach bei der Zahlendarstellung nur verschoben hat, und hier [Pretest] habe ich halt geschrieben, dass sie das Material vielleicht falsch interpretiert hat. Also dann halt, dass hier, den Tausender, also die Hundertertafel noch als Tausender.

Die Bepunktung zeigt dabei einen deutlichen Unterschied. Zu MZ1 hat Margots Lösung HF2 und HF3 jeweils teilweise angemessen angesprochen, HF1 gar nicht. Zu MZ2 zeigt die Antwort ein vollständig angemessenes HF1, während HF2 und HF3 weiterhin teilweise angemessen angesprochen werden. Insbesondere das Angeben einer alternativen Deutung kann Margot retrospektiv einordnen und liefert eine Begründung dafür.

119 zum Vergleich Pre- und Posttest zu DP1		
02:21:10–02:21:27	119	Ja, genau. (…) Also, dass ich mir halt hier vielleicht unsicherer war, und dass ich halt von mehreren Variationen ausgegangen bin, die hätten sein können und die hier halt einfach geschrieben habe, wie es ist.

Als Begründungsansatz wird entsprechend eine größere Sicherheit beim Diagnostizieren deutlich. Während zu MZ1 noch zwei Möglichkeiten als zwei separate Deutungshypothesen angeboten wurden, wird zu MZ2 lediglich eine, dafür aber umfassendere Deutung bestimmt.

Mit der Fragestellung, inwiefern das Studium auf der FALDIA Plattform zu den Unterschieden in den Antworten beigetragen hat, vertieft sich Margots Aussage zur diagnostischen Sicherheit.

119 zur Frage, inwiefern FALEDIA Einfluss auf die verschiedenen Antworten hatte		
02:23:58–02:24:21	119	Mhm, also ich glaube man hatte dann eher schon ne Richtung, wo es halt hingeht, bei diesen Aufgaben und hat halt dadurch nicht wieder so viel interpretieren müssen, sondern konnte halt dann irgendwie gezielter das, den Fehler beschreiben.

Wenngleich Margot zu HF1 im Bereich typische Lernwege und Fehler kennen ihren Kenntnisstand selbst nach der Intervention besser einschätzt, wird der von ihr angegebene Begründungsansatz der höheren diagnostischen Sicherheit in den Selbsteinschätzungen weder zu HF2 und HF3 noch zum Stellenwertverständnis allgemein deutlich. Dies scheint sie erst im retrospektiven Vergleich ihrer Antworten so wahrzunehmen.

Zudem zeigt sich bei der Gegenüberstellung der ersten Teilaufgabe zu DP3 eine größere Zufriedenheit mit der Aussage aus dem Pretest. Tatsächlich spiegelt sich Margots Einschätzung ihrer Antworten auch in der Bepunktung zu dieser Teilaufgabe wider. Zu MZ1 erreichte sie einen Punkt mehr (2 von 3) als zu MZ1 (1 von 3).

119 zur Frage, inwiefern FALEDIA Einfluss auf die verschiedenen Antworten hatte		
02:25:00–02:25:38	119	(35 Sec. Pause, liest und überlegt) Also ich muss sagen, bei der ersten Aufgabe finde ich meine Antwort von vor zwei Wochen schöner.

Zu Teilaufgabe 2 zu DP3 (Tabelle 6.54) stellt Margot wieder Ähnlichkeiten fest und gibt sich überrascht über ihre, ihrer Einschätzung nach, bereits guten Antwort(en) im Pretest.

Tabelle 6.54 Antworten in Aufgabenteil 2 in DP3 von Fallbeispiel Margot (IoÜ)

Aufgabe	MZ1		MZ2	
	Antwort	Punkte	Antwort	Punkte
A2.2	Emilys Schwierigkeit besteht darin zu bündeln. Bei dieser Aufgabe wird diese Kompetenz nicht gefordert. Somit ist die Aufgabe eher ungeeignet.	HF1: 1 HF2: 0 HF3: 0 Summe: 1	Emilys Fehler ist das Bündeln und nicht das Problem mit der Null. Deshalb ist diese Aufgabe eher ungeeignet.	HF1: 1 HF2: 1 HF3: 0 Summe: 2

119 zum Vergleich Pre- und Posttest zu DP3		
02:27:08–02:27:53	119	Ja. (18 Sec. Pause, liest und überlegt) Auch, eigentlich steht da ja ziemlich das gleiche, nur, dass ich hier [Posttest] halt dann nochmal geschrieben habe, was mit dieser Aufgabe angesprochen wird und hier [Pretest] habe ich halt einfach nur geschrieben, dass es nicht, dass nicht das angesprochen wird, was Emilys Fehler war.
	I	Mmh.
	119	Joa. Also ich finde es überraschend, dass ich das bisher gleich hatte.

Auch in diesem Transkriptausschnitt wird zudem wieder deutlich, dass ihr das veränderte Element, welches auch zu einer höheren Bepunktung geführt hat, selbst auffällt.

Abschließend fasst Margot nochmal zusammen, welchen Einfluss FALEDIA auf die unterschiedlichen Antworten gehabt hat. Interessant dabei ist, dass sie sowohl auf die Kennensfacetten zum Hintergrundwissen („sondern halt auch Fachbegriffe verwendet hab“) als auch zu den typischen Lernwegen und Fehlern („Die Fehler der Kinder konkreter benennen konnte und halt generell auch mehr also das besser erläutern konnte“) eingeht. Diese benannten Verbesserungen wurden in der Selbsteinschätzung nicht deutlich.

119 zur Frage, inwiefern FALEDIA Einfluss auf die verschiedenen Antworten hatte		
02:31:24–02:32:10	119	Hm, ja vermutlich, dass ich halt das Problem oder die Probleme der Kinder oder die nicht Problem, also Probleme klingt immer so blöd. Die Fehler der Kinder konkreter benennen konnte und halt generell auch mehr also das besser erläutern konnte und dabei halt vielleicht auch eher nicht irgendwie drum herumgesprochen hab‘ oder geschrieben, sondern halt auch Fachbegriffe verwendet hab‘, die ich halt teilweise dann auch auf der Seite gelesen hab‘.

Bei Margot beziehen sich die im Folgenden aus der Analyse abgeleiteten Thesen nicht auf eine Diskrepanz von zu guten Selbsteinschätzungen zur Veränderung von MZ1 zu MZ2. Sie beziehen sich vielmehr auf die größere Akkuratheit und eher zu niedrige Selbsteinschätzung. Dabei ist auffällig, dass sie Veränderungen und gleichbleibende Elemente während der vergleichenden Auseinandersetzung mit ihrem Pre- und Posttest relativ genau selber benennen kann. Außerdem führt sie im Interview benannte Veränderungen auf eine Entwicklung im Hintergrundwissen und den diagnosespezifischen fachdidaktischen Wissenselementen zurück, gibt in der retrospektiven Selbsteinschätzung über die Likert-Skala jedoch dabei keine oder nur sehr wenig Veränderung an (lediglich in einem von 8 Items dazu).

Daraus ergeben sich folgende Thesen:

1. Möglicherweise hat erst das Empfinden von Selbstbewusstsein durch die Auseinandersetzung mit den bereits guten Lösungen aus dem Pretest, bestärkt, eine kompetenzorientierte Sichtweise der eigenen Leistungen im Posttest einzunehmen.
2. Eine fachdidaktisch recht treffsichere Beschreibung der eigenen Angaben, könnte im Zusammenhang mit einer eher schlechteren Selbsteinschätzung zu den eigenen Fähigkeiten stehen.

Im folgenden Teilkapitel wird die Zusammenfassung der zuvor erarbeiteten und analysierten Befunde vorgenommen.

6.3 Zusammenfassung der Ergebnisse

Kapitel 6 hatte die Auswertung zu den Forschungsfragen FF 1 „Welche Diagnosefähigkeiten im Stellenwertverständnis zeigen Studierende und schätzen Studierende vor der und im Anschluss an die Auseinandersetzung mit der FALEDIA-Lernplattform selbst ein?“ und FF 2 „Welche Erklärungsansätze für die Diskrepanz zwischen der Selbsteinschätzung und der gemessenen Ergebnisse lassen sich anhand von Fallbetrachtungen entwickeln?“ zum Ziel.

In Abschnitt 6.1.1 wurde dazu die Ausgangslage zur diagnostischen Performanz über den Pretest quantitativ ausgewertet. Dabei konnten keine signifikanten Unterschiede in den prozentual erreichten Punktzahlen zwischen den vier Gruppen EmÜ, EoÜ, ImÜ und IoÜ festgestellt werden. Im Durchschnitt wurden mit im Pretest 41,33 % der Punkte weniger als die Hälfte der erreichbaren Punkte erzielt. Aufgeschlüsselt nach diagnostischen Tätigkeiten waren die prozentual erreichten Punktzahlen zu DP1 (Lernstände erheben) in der Gesamtkohorte signifikant höher gegenüber DP2 (Ursachen analysieren) und DP3 (Aufgaben beurteilen). Insgesamt ergab sich eine Reihenfolge beginnend mit DP1 mit den in allen Gruppen höchsten prozentual erreichten Punkten, gefolgt von DP3 mit den zweithöchsten prozentual erreichten Punkten und zuletzt DP2. Lediglich in der Gruppe IoÜ wurden zu DP2 mehr Punkte erreicht als zu DP3, jedoch nicht in einem signifikanten Bereich.

Die Betrachtung der erreichten Punktzahlen nach der Intervention mit der FALEDIA-Plattform in Abschnitt 6.1.2 zeigt sowohl eine durchschnittlich höhere prozentual erreichte Punktzahl der Gesamtkohorte, die mit 48,34 % bei etwas unterhalb der Hälfte der erreichbaren prozentualen Punktzahl liegt. Die Gruppenvergleiche zeigen dabei folgende Reihenfolge: EmÜ (50,59 %) > ImÜ (49,37 %) > EoÜ (46,7 %) = IoÜ (46,7 %), wobei Post-Hoc-Tests ebenfalls keine signifikanten Unterschiede zwischen den Gruppen in den prozentual erreichten Punktzahlen zeigen.

Bezogen auf die Gesamtkohorte lässt sich jedoch erkennen, dass bei DP1 sowohl gegenüber DP2 als auch gegenüber DP3 eine signifikant höhere prozentual erreichte Punktzahl auszumachen ist, als auch von DP2 gegenüber DP3. Dies bedeutet gleichzeitig, dass sich die Reihenfolge der diagnostischen Tätigkeiten im Posttest im Vergleich zum Pretest insofern verändert hat, als dass für DP2 nun die zweithöchsten prozentual erreichten Punktzahlen zu verzeichnen sind und DP3 nunmehr hinter DP1 und DP2 in den prozentual erreichten Punkten liegt. Dies gilt für alle vier Gruppen gleichermaßen.

In Abschnitt 6.1.3 wird die Veränderung der prozentualen Punktzahlen zu MZ1 und MZ2 betrachtet. Dabei können als zentrale Befunde zusammenfassend folgende Aspekte herausgegriffen werden:

Für die Faktoren Messzeitpunkt, diagnostische Tätigkeit sowie deren Interaktion können jeweils signifikante p-values über eine ANOVA festgestellt werden. Dies deutet auf eine Bedeutsamkeit für die beobachteten Effekte hin, die über das Modell betrachtet werden. In der Betrachtung der Gesamtkohorte ergeben sich hierzu durchweg signifikant bessere Werte nach der Intervention im Vergleich zwischen den Messzeitpunkten.

Weitere Analysen zu den Within-Effekten zeigen signifikante Veränderungen für alle Gruppen in DP1 und DP2 zwischen MZ1 und MZ2. Bei DP3 ergeben sich jedoch unterschiedliche Befunde, werden die Gruppen betrachtet. So kann lediglich für die Gruppe EmÜ eine signifikante Verbesserung festgestellt werden. Die anderen drei Gruppen zeigen keine signifikanten Verbesserungen, wobei für die Gruppen ImÜ und IoÜ zumindest kleine Effekte zu verzeichnen sind. Für die Gruppe EmÜ können keine Effekte nachgewiesen werden.

Bezüglich der Between-Effekte zeigt die vorab berechnete ANOVA, dass die Faktoren Seitenformat und Übungsformat keinen signifikanten Einfluss auf die Entwicklung der Diagnosefähigkeiten haben, weswegen diese nicht weiter betrachtet werden.

Die modellbasierten Berechnungen der diagnostischen Tätigkeiten zeigen für die Gesamtkohorte einen hoch signifikanten Unterschied zwischen der prozentualen Punkteentwicklung von MZ1 zu MZ2 von DP1 gegenüber DP3. Auch für die Entwicklung von DP2 und DP3 lässt sich ein sehr signifikanter Wert entnehmen. Keine Unterschiede lassen sich bei DP1 gegenüber DP2 ausmachen. Innerhalb der Gruppen lässt sich dies nur für die Gruppe EmÜ nachweisen.

Die Betrachtung der Selbsteinschätzung der Studierenden in Abschnitt 6.1.4 zeigt zusammenfassend, dass die Studierenden sich zu jedem Item retrospektiv für den Zeitpunkt nach der Intervention mit der FALEDIA-Plattform hoch signifikant besser einschätzen als davor. Zwar zeigt die quantitative Auswertung, dass eine positive Entwicklung der prozentual erreichten Punktzahlen zugunsten MZ2 zu beobachten ist, jedoch nicht in der Intensität, die sich aus der Selbsteinschätzung vermuten lassen würde. Korrelationsberechnungen zeigen zudem an vielen Stellen negative Werte und keinerlei Ausprägungen, die auf eine Korrelation zwischen Selbsteinschätzung und getesteter Performanz schließen lassen könnten.

Kapitel 8 wird mit einer Zusammenführung aller Daten aus Kapitel 6 und 7 eine Einordnung bezogen auf Theorie und Empirie enthalten. Somit soll an dieser Stelle vorerst die Zusammenfassung der quantitativen Daten stehen und für Ableitungen und weitere Interpretationen auf Kapitel 8 verwiesen sein.

Die Befunde aus Abschnitt 6.1.4 leiteten dazu über, einen Versuch zu unternehmen, Aspekte herauszuarbeiten, die zur Erklärung der aufgedeckten Diskrepanz beitragen können. In Abschnitt 6.2 wurde daher Forschungsfrage 2 durch eine qualitative Betrachtung ausgewählter Fallbeispiele nachgegangen. Um ein möglichst breites Bild abzudecken, wurde dabei aus jeder Gruppe jeweils ein Fall ausgewählt, die interessanten Auffälligkeiten zwischen Selbsteinschätzung und Ergebnissen aus dem Pre-Post-Test herausgearbeitet und nach Begründungsansätzen in den dazugehörigen Interviews gesucht sowie Antworten aus dem Pre-Post-Test qualitativ einbezogen. In Betrachtung aller dieser Aspekte, wurden schlussendlich für jedes Fallbeispiel Thesen aufgestellt, wie sich diese Auffälligkeiten erklären lassen könnten. Aus Tabelle 6.55 kann eine entsprechende Übersicht entnommen werden.

Tabelle 6.55 Übersicht der abgeleiteten Thesen für jedes Fallbeispiel

Fallbeispiel	Auffälligkeit	Abgeleitete Thesen
Ilse	Selbsteingeschätzte Verbesserung, tendenziell gleiche Performanz	Die entstandene Überzeugung, bzw. Sicherheit der eigenen Diagnose bezogen auf eine Hintergrundfacette, verkürzt möglicherweise den Blick auf weitere tiefenscharfe Überlegungen zu anderen Hintergrundfacetten, lässt allerdings den Eindruck eines gesicherten Diagnoseprodukts innerhalb der diagnostizierenden Person zurück.
		Das subjektive Empfinden über die Verfügbarkeit eines höheren Maßes an Fachsprache könnte die Ausführung von Konzepten verkürzen, suggeriert der diagnostizierenden Person jedoch einen weitreichendere Rückgriff auf theoretische Modelle, die sie im Fachbegriff gedanklich impliziert.
		Das Empfinden von Lernerfolg führt möglicherweise zu der Erwartungshaltung, dass der vorherige Wissensstand oder die vorherige Leistung wesentlich schlechter gewesen sein müsse.
Hans	Einseitige selbsteingeschätzte Verbesserung, einseitige Perspektive auf die Performanz	Die wahrgenommene tiefe Verbesserung in einer Hintergrundfacette (HF1) scheint die Diagnose insofern beeinflusst zu haben, als dass mitunter mit monoperspektivischem Fokus auf eben diese Hintergrundfacette vorgegangen wurde.
		Die Fachbegriffe zu HF2 und HF3 konnten scheinbar nicht eingeordnet werden und daher wurde nicht gewusst, ob eine Veränderung stattgefunden hat, jedoch:
		Möglicherweise hat das Empfinden ein Konzept (HF1) tiefer durchdrungen zu haben, dazu beigetragen, dass eine größere Sicherheit im Hintergrundwissen empfunden und somit auch in den anderen Bereichen (HF2 und HF3) eine Verbesserung angegeben wurde.

(Fortsetzung)

Tabelle 6.55 (Fortsetzung)

Fallbeispiel	Auffälligkeit	Abgeleitete Thesen
Martin	Selbsteingeschätzte Verbesserung in fast allen Bereichen, Verschlechterung in der Performanz	Möglicherweise hat die vertiefende Auseinandersetzung in eine überfordernde Anzahl an Perspektiven resultiert, die die Performanz insofern beeinflusst haben, als dass die Prägnanz der einzelnen Aussagen abgenommen hat.
		Möglicherweise sind Konzepte zwar verstanden worden, jedoch noch nicht fachsprachlich einordbar. Daher konnte in der Performanz das Konzept zwar gedanklich aktiviert, jedoch nicht hinreichend sprachlich ausdifferenziert werden.
Margot	Tendenzielle Unterschätzung, gleichbleibende Performanz	Möglicherweise hat erst das Empfinden von Selbstbewusstsein durch die Auseinandersetzung mit den bereits guten Lösungen aus dem Pretest, bestärkt, eine kompetenzorientierte Sichtweise der eigenen Leistungen im Posttest einzunehmen.
		Eine fachdidaktisch recht treffsichere Beschreibung der eigenen Angaben, könnte im Zusammenhang mit einer eher schlechteren Selbsteinschätzung zu den eigenen Fähigkeiten stehen.

In Kapitel 8 werden die Thesen erneut aufgegriffen und vor dem Hintergrund von Theorie und Empirie eingeordnet. Zu bedenken gilt dabei stets, dass es sich um Ableitungen aus individuellen Einzelfällen handelt, deren Übertragbarkeit daher begrenzt ist.

Im nachfolgenden Kapitel 7 folgt die qualitative Betrachtung von Interviewdaten, die Aufschlüsse über die Aktivierung im Kontext von Diagnosefähigkeiten geben. Einerseits wird dafür die Perspektive beleuchtet, welche Elemente der FALEDIA-Plattform die Studierenden mehr oder weniger beim Aufbau ihrer Diagnosefähigkeiten aktiviert hat (7.1). Dafür werden Präferenzen im Vergleich der beiden FALEDIA-Versionen betrachtet und insbesondere auf Begrünungen für die Präferenzen eingegangen. Andererseits werden Elemente der FALEDIA-Plattform herausgearbeitet, welche als eher förderlich oder hemmend für den Aufbau aktivierbarer Diagnosefähigkeiten wahrgenommen wurden (7.2).

7 Ergebnisse der Untersuchung zur Aktivierung

Da die quantitative Datenauswertung (Kapitel 6) keine eindeutige Aussage darüber zulässt, welcher konzeptionelle Zugang (E oder I) grundsätzlich für den Aufbau von Diagnosefähigkeiten zu bevorzugen ist, wird in diesem Kapitel qualitativ untersucht, welche der beiden Varianten von den Studierenden zu welchem Zweck bevorzugt wird. In Forschungsfrage 3 wird analysiert, wodurch die Studierenden beim Aufbau ihrer Diagnosefähigkeiten im Vergleich der beiden Versionen der Plattform aktiviert werden.

Zudem wird mit Forschungsfrage 5 ein Fokus auf die Ausbildung von Aktivierungsfähigkeiten gelegt. Dabei steht im Zentrum der qualitativen Betrachtung, welche Designelemente und Merkmale der FALEDIA-Plattform eher als förderlich oder aber hemmend, bezogen auf im diagnostischen Sinne anwendbares Wissen, wahrgenommen werden und wie dies zu begründet ist.

Zur Annäherung an Antworten auf die Forschungsfragen werden Aussagen aus *Interview 1* und *Interview 2* ausgewertet und Begründungen für Präferenzen sowie Angaben zur Förderlichkeit und hemmende Elemente dargelegt. Die Namen der Teilnehmenden wurden durch Verwendung anderer Namen anonymisiert.

Das Kapitel gliedert sich daher entsprechend der übergeordneten Forschungsfragen mit den jeweiligen Fokussierungen in zwei Teilkapitel, wie die nachfolgende Tabelle 7.1 verdeutlicht:

M. Maibach, *Diagnostische Performanz und Einschätzungen von Primarstufen-Studierenden*, Dortmunder Beiträge zur Entwicklung und Erforschung des Mathematikunterrichts 62,
https://doi.org/10.1007/978-3-658-50683-4_7

Tabelle 7.1 Kapitelstruktur von Kapitel 7

Übersicht über die Kapitelstruktur		
Forschungsfrage	Fokus	Abschnitt
FF 3: Wie werden Präferenzen von konzeptionellen Merkmalen, bezogen auf die Versionen der FALEDIA-Plattform begründet?	Präferenzen E vs. I	7.1
FF 4: Welche konzeptionellen Merkmale und Designelemente der FALEDIA-Plattform werden zur Anregung von Aktivierungsfähigkeiten benannt? Und wie wird dies begründet?	Anregung und Hemmung von Aktivierungsfähigkeiten	7.2

7.1 Präferenzen zu den FALEDIA-Versionen

Über diese Arbeit hinaus bestand ein Projektziel darin, eine verschmolzene Variante mit sowohl E- als auch I-Elementen anzubieten. Für diesen Zweck wurden die aus *Interview 2* erhobenen Daten bereits im Projektteam betrachtet und in Teilen analysiert. Die Ergebnisse wurden in Böttcher et al. (2022) vorgestellt (vgl. auch Huethorst et al., 2022). Diese Befunde werden im Folgenden skizziert und bilden somit die Grundlage für die vertiefende Auseinandersetzung mit den Begründungen der Studierenden für ihre Präferenzen.

Unter der Forschungsfrage „Which conceptional features and design elements prove to be conductive to learning and in how far are they applicable to other concepts and/or platforms?“ (Böttcher et al., 2022, S. 2689) konnten Kategorien ausgemacht werden, zu welchem Zweck welche Umsetzungsvariante (E oder I) von den Studierenden mehrheitlich, jedoch unter subjektiver Wahrnehmung, bevorzugt wurde. Die folgende Tabelle 7.2 (in Anlehnung an Böttcher et al., 2022) gibt einen Einblick in die Erkenntnisse:

Tabelle 7.2 Aussagen zur bevorzugten Umsetzungsvariante der FALEDIA-Plattform. (In Anlehnung an Böttcher et al., 2022)

E-Variante wird bevorzugt, wenn	I-Variante wird bevorzugt, wenn
… bereits erworbenes Wissen überprüft oder vertieft werden soll.	… die mathematischen Inhalte als eher schwierig oder neu angesehen werden.
… praktische diagnostische Fähigkeiten gefördert werden.	… Wissen aufgefrischt oder im Überblick dargestellt werden soll.

Das Forschungsteam schlussfolgert aus den Äußerungen der Studierenden, dass Hinweise darauf abgeleitet werden können, dass diese keine grundsätzlich klare Präferenz gegenüber einer Version haben. Vielmehr werden, je nach Anforderung den Lerngegenstand betreffend, beide Varianten als hilfreich wahrgenommen (Böttcher et al., 2022). Aus diesem Grund wird in dieser Arbeit eine stärker aufgegliederte Betrachtung dargeboten und es werden Begründungen für die Präferenzen ermittelt.

Dies geschieht im Folgenden durch das Aufwerfen von fünf Teilforschungsfragen, die jeweils bezogen auf ein vergleichendes Teilforschungsziel Präferenzen hinsichtlich der Aspekte ‚Erwerb von Hintergrundwissen', ‚Lernprozessstand', ‚Komplexität', ‚Diagnostizieren' und ‚Vernetzen' aufzeigen und begründen (Tabelle 7.3). Dies geschieht analog zu den Teilforschungsfragen zu FF 3.

Tabelle 7.3 Teilforschungsziele und -fragen zu FF3

FF 3: Wie werden Präferenzen von konzeptionellen Merkmalen, bezogen auf die Versionen der FALEDIA-Plattform begründet?		
Teil-Forschungsziel	Teil-Forschungsfrage	Abschnitt
E versus I in Bezug auf das Erwerben von Hintergrundwissen	FF 3.1: Welche konzeptionellen Merkmale bezogen auf die Versionen der FALEDIA-Plattform werden zur Facette *Hintergrundwissen erwerben* präferiert? Und wie wird dies begründet?	7.1.1
E versus I in Bezug auf den Stand im Lernprozess	FF 3.2: Welche konzeptionellen Merkmale bezogen auf die Versionen der FALEDIA-Plattform werden zur Facette *Stand im Lernprozess* präferiert? Und wie wird dies begründet?	7.1.2
E versus I in Bezug auf die Komplexität des Themas	FF 3.3: Welche konzeptionellen Merkmale bezogen auf die Versionen der FALEDIA-Plattform werden zur Facette *Komplexität des Themas* präferiert? Und wie wird dies begründet?	7.1.3
E versus I in Bezug auf Diagnostizieren	FF 3.4: Welche konzeptionellen Merkmale bezogen auf die Versionen der FALEDIA-Plattform werden zur Facette *Diagnostizieren* präferiert? Und wie wird dies begründet?	7.1.4
E versus I in Bezug auf das Vernetzen von Wissen	FF 3.5: Welche konzeptionellen Merkmale bezogen auf die Versionen der FALEDIA-Plattform werden zur Facette *Wissen vernetzen* präferiert? Und wie wird dies begründet?	7.1.5

7.1.1 Präferenzen beim Erwerb von Hintergrundwissen

Mit diesem Unterkapitel wird untersucht, welche Elemente der beiden verschiedenen Varianten der FALEDIA-Plattform in Bezug auf das Erwerben von Hintergrundwissen präferiert werden und insbesondere darauf geschaut, wie dies begründet wird. Die folgende Forschungsfrage 3.1 steht leitend über der Analyse:

FF 3.1: Welche konzeptionellen Merkmale bezogen auf die Versionen der FALEDIA-Plattform werden zur Facette ‚Hintergrundwissen erwerben' präferiert? Und wie wird dies begründet?

Im *Interview 2* gab es keine explizite Frage zur Präferenz beim Aufbau von Hintergrundwissen, dennoch verdeutlichen Aussagen von Studierenden zum Vergleich der zwei Varianten: Es kann keine einheitliche keine einheitliche Präferenz der Studierenden zu einer der beiden Versionen abgeleitet. Ein Einblick in verschiedene Positionierungen kann jedoch dennoch kategorielle Unterschiede vermuten lassen.

Bei Teilnehmenden, die angeben, die E-Variante beim Aufbau von Hintergrundwissen zu präferieren, werden Aspekte deutlich, die den Wunsch nach Tiefenverständnis erkennen lassen. Johnny gibt dabei beispielsweise in Gegenüberstellung von E- und I-Variante an, dass die I-Variante möglicherweise begünstigt, dass angenommen wird, man hätte etwas verstanden. Dagegen wird in der Anwendung erst deutlich, dass dem möglicherweise so nicht ist, weswegen E bevorzugt wird:

Johnny zur Frage, aus welcher Variante mehr gelernt wurde		
11:25–11:42	167	Ich muss nicht selber mitdenken tatsächlich. Also es reicht, wenn das so einigermaßen logisch klingt, dann denke ich so, ja, ja, habe ich schon verstanden. Aber bei dem anderen kriege ich halt wirklich mit so, oh, jo, hier komme ich jetzt gerade nicht weiter. Deshalb muss ich mir das nochmal genau angucken.

Awien, Stella und Philip argumentieren über den Wunsch eines konzeptuellen Tiefenverständnisses. Dabei betont Awien eine Zweckgebundenheit der Nutzung beider Varianten. Zunächst gibt sie an, das I-Element *Video* zur inhaltlichen Orientierung zu nutzen, anschließend jedoch zur Vertiefung und Übertragung des Wissens anhand eines E-Elements üben zu wollen.

Awien zur Gegenüberstellung E und I Elemente Komplexität des Inhalts		
13:42–14:19	202	Also in dem Video könnte mir ganz klar helfen, dass ich das halt erst mal nochmal so gezeigt bekomme, wie man vielleicht auch damit rechnet. [...] Und bei der eigenen Aktivität hilft das Vertiefen quasi nochmal, so dass man weiß, okay, ich habe das nicht nur mit den Zahlen verstanden, sondern ich verstehe das auch mit anderen Zahlen, die ich dann auch selber anwenden kann.

Stella geht insbesondere auf den Aspekt ein, anhand der E-Variante angeregt zu werden, einen Inhalt tiefer zu durchdenken. Dies stellt sie im direkten Vergleich für die I-Variante als geringer dar und beschreibt ihre Nutzung des I-Elements als eher rezeptiv.

Stella Gegenüberstellung E und I Elemente allgemein		
24:51–25:24	148	Da ist es halt so, keine Ahnung, das ist halt wieder irgendwie, man, man liest es dann nur, also das ist vielleicht dann irgendwie hilfreich, um das auch nochmal so nachzulesen, aber es ist halt nicht das, was ich so, [...] was, dann, ja, nimmt man halt das halt nicht so ganz, ja, nimmt man das halt einfach so auf, aber durchdenkt das halt nicht so irgendwie.

Philip betont, dass es Themen gäbe, die nur durch eigene und handelnde Auseinandersetzungen verständig erlernt werden können. Er gibt dabei an, dass die E-Variante dazu beitrage, sich Handlungen mental vorstellen zu können, was er als unerlässlich für zum Beispiel Hintergrundwissen zum Bündeln und Entbündeln im Stellenwertverständnis ansieht.

Philip Gegenüberstellung E und I Elemente allgemein		
10:04–11:16	215	[...] und Stellenwerte finde ich immer erst das, was man anfassen muss, was man vom Inhalt ja wirklich probieren muss. Und dann sieht man das ja in den Stellenwerttafeln ja auch, durch dieses aktive Verschieben kommt ja eigentlich dieses Verständnis, ab wann ich bündeln muss und ab wann ich entbündeln muss. Also ich finde, das Thema an sich bietet sich einfach unfassbar gut dafür an, um wirklich dahinter zu steigen, wie das eigentlich funktioniert. Das 10er-System nehmen wir immer als gegeben hin, an den anderen merkt man es dann eigentlich erst. [...]Das versteht man zwar, das kann man nachvollziehen, aber wirklich, um das zu tief zu durchdringen, muss man das anfassen. Davon bin ich überzeugt.

Während Tiefenverständnis des Hintergrundwissens von einigen Studierenden mit der E-Variante verbunden wird, wird auf der anderen Seite das Detailwissen betont, welches über die I-Variante erlangt werden kann. Jessi verweist dabei auf die zusätzlichen Erklärungen der I-Variante, die sie als Begründung für ihre Präferenz der I-Variante beim Aufbau von Hintergrundwissen angibt. Sie gibt zwar an, dass ihr die E-Variante „besser gefällt“ (Jessi), aber dennoch die von ihr als höher wahrgenommene Informationsdichte des I-Elements präferiert.

Jessi Gegenüberstellung E und I Elemente allgemein		
10:04–10:25	162	Weil sie nebenbei noch etwas erklärt. Durch die mündliche Erklärung nebenbei. Also, obwohl mir das Rechte [E] besser gefällt, weil man es selber verinnerlicht, ist mehr Input bei dem Video.

Martin gibt im Zuge dessen an, dass er vermute, ihm wären Erkenntnisse verborgen geblieben, hätte er nur die E-Variante bearbeitet, jedoch nicht die Erklärungen aus der I-Variante genutzt.

Martin Gegenüberstellung E und I Elemente allgemein		
10:07–10:54	226	Ich glaube, zu dem Zeitpunkt war mir noch nicht so ganz klar, wirklich das Parallele mit, im Dezimalsystem ist es ja dann halt immer 10 hoch die Potenz und ich hatte noch nicht ganz verinnerlicht, dass halt zum Beispiel jetzt 5 hoch 3 die 125 wäre, äquivalenter zu der 1000 im Dezimalsystem. Und das wäre dann glaube ich ein Punkt, der halt dann bei mir verloren gegangen wäre, wo ich dann einfach nur gesehen hätte, wie sich das halt da dann verändert, aber das nicht ganz genau darauf beachtet, das hätte.

Diesen Aspekt vertiefend wird zudem mehrfach von verschiedenen Studierenden die Präferenz der I-Variante beim Aufbau von Hintergrundwissen benannt, wenn sie wenig Vertrauen in die eigenen Erarbeitungen und Schlussfolgerungen haben.

In einer Aussage von Awien wird dies besonders deutlich. Dabei scheint die I-Variante eine Sicherheit dadurch zu erzeugen, dass sich nicht auf die eigenen Gedankengänge verlassen werden muss: „Und die Videos haben mir vor allem sehr geholfen, weil ich dann nicht nur meinen eigenen Gedanken dazu hatte.“ (Awien).

Awien Gegenüberstellung E und I Elemente allgemein		
18:52–19:33	202	Das kann ich mir auf jeden Fall vorstellen bei ähnlichen Inhalten. Weil mir hilft es halt immer, wenn das dann wirklich aufgeschrieben ist und ich mir sicher bin, ich kann das jetzt so abschreiben und habe da nicht irgendwie einen Fehler drin oder so. Ähm, deswegen hilft mir das halt immer, wenn ich dann so etwas Aufgeschriebenes habe oder ein Video habe oder so. Und die Videos haben mir vor allem sehr geholfen, weil ich dann nicht nur meinen eigenen Gedanken dazu hatte, sondern das auch noch von jemand anderem gehört habe. Und das vor allem bei der Diagnose ist man dann auch auf die Fachbegriffe gekommen. Da dachte ich so, ach, den Fachbegriff wusstest du, hast du jetzt aber zum Beispiel bei der Aufgabe nicht verwendet oder so. Das hat mir da sehr geholfen.

Zudem wird zusätzlich deutlich, dass insbesondere im Hinblick darauf, dass das erworbene Wissen hinterher in diagnostischen (Fall-)Situationen angewendet werden soll, die I-Variante für den Aufbau von Hintergrundwissen als Vorbereitung für eine sichere(re) Diagnose auf sprachlicher Ebene fungiert. Präferenzen der I-Variante bei Unsicherheiten auf sprachlicher Ebene bestehen nicht nur bei Awien. Anna benennt im Kontext dessen die eigene fehlende Begründungsfähigkeit:

Anna Gegenüberstellung E und I Elemente allgemein		
24:05–24:41	122	Okay, also hierbei glaube ich, hätte ich tatsächlich mehr im Video mitgenommen, weil man da quasi noch die einzelnen Begründungen bei hat. Ich weiß noch, als ich das gemacht habe, also bei der Aufgabe, da war es relativ eindeutig, welches jetzt die richtigen und welches die falschen sind. Ich hätte da jetzt allerdings dann nicht ad hoc sagen können, warum jetzt, also ich hätte das jetzt nicht mathematisch korrekt unbedingt immer begründen können.

Andere Studierende wie Stella und Jessi verweisen bei ihrer Begründung, warum sie die I-Variante zum Aufbau von Hintergrundwissen bevorzugen, auf den Aufbau einer fachsprachlichen Kompetenz, der besser durch erklärende Elemente anzueignen sei.

Stella Gegenüberstellung E und I Elemente allgemein		
07:44–07:52	148	[…], dass mir manchmal so quasi der sprachliche richtige Ausdruck oder Input fehlt. Und dann fand ich halt das Video voll gut.

Jessi Gegenüberstellung E und I Elemente allgemein		
19:00–19:12	162	Also es fehlte nicht, als ich das [E] gemacht habe, fand ich das gut. Aber jetzt, wo ich das Video noch dazu habe, denke ich mir so: ja okay, das ist eigentlich gut zu wissen, wie ich das nenne. Oder was genau da jetzt passiert.

Ebenfalls werden Argumente einer Aufwand-Nutzen-Abwägung beim Aufbau von Fachwissen als ausschlaggebend dafür benannt, die I-Variante hier nutzen zu wollen. Katrin begründet dies beispielsweise über die Strukturiertheit der I-Elemente, die insbesondere in der Erarbeitung von Hintergrundwissen deutlich zugänglicher scheint. Sie betont explizit, dass eine Selbsterarbeitung ihr „zu aufwändig gewesen wäre" (Katrin) und sie sich Beispiele eher durch zusätzliche Recherche gesucht hätte, als das E-Element zu bearbeiten.

Katrin Gegenüberstellung E und I Elemente allgemein		
18:51–19:06	300	Weil die Informationen für mich strukturierter waren, einfacher zugänglich und ich ganz ehrlich bin, ich würde mir eher, bei dem rechten [E] hätte ich glaube ich eher Beispiele gegoogelt oder so, weil mir das einfach zu aufwendig gewesen wäre.

Zusammenfassend werden also Begründungstendenzen deutlich, die vermuten lassen, dass einerseits eine präferierte Nutzung der E-Variante besteht, wenn die Studierenden insbesondere auf das Verständnis von konzeptuellen Tiefenstrukturen in ihrer Argumentation zurückgreifen. Die Begründungen für die I-Variante beim Aufbau von Hintergrundwissen lässt hingegen erahnen, dass die I-Variante eine stärkere Sicherheit suggeriert, alle notwendigen Informationen zu erhalten, die es zum Verständnis des Hintergrundwissens braucht.

Aus der Betrachtung von Aussagen und Begrünungen zum Aufbau von Hintergrundwissen, die uneinheitliche individuelle Präferenzen erkennen lässt, ergibt sich die Notwendigkeit, tiefer in die Präferenzen zum ‚Stand im Lernprozess' und der ‚Komplexität des angebotenen Themas' zu blicken. Dies wird im Folgenden anhand weiterer Aussagen von interviewten Studierenden vorgenommen.

7.1.2 Präferenzen nach Stand im Lernprozess

Mit dem Stand im Lernprozess sind Nutzungsweisen gemeint, die entweder die Erarbeitung eines neuen Inhalts oder die Wiederholung eines bereits bekannten Themas betreffen. Diesem Fokus wird mit Forschungsfrage 3.2 im Folgenden nachgegangen.

FF 3.2: Welche konzeptionellen Merkmale bezogen auf die Versionen der FALEDIA-Plattform werden zur Facette ‚Stand im Lernprozess' präferiert? Und wie wird dies begründet?

Aus der Tabelle 7.2 kann entnommen werden, dass das FALEDIA-Forschungsteam eine Mehrzahl an Aussagen für eine Nutzung der I-Variante bei der Erarbeitung neuer Inhalte ausmachen konnte, wohingegen zur Wiederholung häufiger die E-Variante explizit benannt wird (Böttcher et al., 2022). Im Folgenden werden Begründungen für diese Einordnung analysiert. Zudem werden einzelne Aussagen betrachtet, welche eine andere Zuordnung deutlich werden lassen.

Für die I-Variante bei der Erarbeitung neuer Inhalte spricht laut Anna, dass „man vielleicht noch gar nicht die Chance hat, wirklich zu wissen, was man da tut" (Anna), wenn die Einarbeitung in ein neues Thema über die E-Variante geschieht.

Anna zur Frage, welche Variante nach Stand des Lernprozesses		
49:00–49:11	122	Zum Einstieg finde ich die Aufgaben, wo man halt selbst was macht, jetzt halt nicht so sinnvoll, weil man vielleicht noch gar nicht die Chance hat, wirklich zu wissen, was man da tut.

Dies impliziert die Ansicht, eine E-Erarbeitung kann nur ihre Wirkung entfalten, wenn ein gewisses Grundlagenwissen bereits vorhanden ist, auf welches bei der Bearbeitung zurückgegriffen werden kann. Ansonsten fürchtet Anna scheinbar, dass die Inhalte, die erarbeitet werden sollen, nicht verständig erlernt werden können.

Diese Argumentation wird auch ähnlich in Aussagen von Stella deutlich. Erst soll ein grundsätzliches Konzept zu einem neuen Thema über die I-Variante erarbeitet werden, denn ansonsten würde bei der E-Variante lediglich ausprobiert und weniger mit Verständnis gearbeitet.

Stella zur Frage, welche Variante nach Stand des Lernprozesses		
46:10–36:27	148	[...], da hilft das auf jeden Fall erstmal, äh sowas zu lesen und überhaupt dann quasi ein Bild davon zu sein, was das ist. Und dann im Anschluss kann man dann so Zuordnungsaufgaben machen, würde ich sagen. Weil die bringen einem nichts, wenn man davon noch nie was gehört hat und das dann direkt machen soll, würde ich sagen.

Auch Philip begründet seine Entscheidung, die I-Variante für eine Ersterarbeitung zu bevorzugen damit, dass das Nutzen der E-Variante bei fehlendem inhaltlichem Wissen zu einem reinen Ausprobieren verleiten könnte. Er fügt dieser Überlegung zusätzlich hinzu, dass bei einem Angebot beider Varianten die Entscheidung für die I-Variante Selbststeuerung verlangt: „ich muss jetzt wirklich für mich erst entscheiden, mich erst noch mal, auch wenn es vielleicht nicht so spannend ist oder so interaktiv ist, mich erst noch mal dem Video oder dem Text zu widmen" (Philip). Hier wird entsprechend deutlich, dass das E-Element aus einem hedonischen Faktor heraus möglicherweise gegenüber dem I-Element bevorzugt werden könnte, dies inhaltlich jedoch individuell nicht immer Sinn ergibt.

215 zur Frage, welche Variante nach Lernprozess		
31:16–31:55	215	Und ich glaube, was dann einfach wichtig ist, wenn man vielleicht noch nicht so im Thema ist, dass man sich nicht von den Animationen hinreißen lässt, da irgendwas fröhlich-freudig anzuklicken, eben weil die Animation einem ja anzeigt, was falsch und was richtig ist, dann ist man dazu vielleicht verleitet, einfach mal ein paar Sachen anzuklicken, ohne sich da groß Gedanken drüber zu machen. Ich glaube, da muss man sich selbst einfach so ein bisschen steuern und ein bisschen selber kennen und dann wirklich für sich sagen, okay, das Thema ist mir vertraut, ich kann das mal versuchen. Oder das Thema ist mir noch nicht so vertraut, ich muss jetzt wirklich für mich erst entscheiden, mich erst noch mal, auch wenn es vielleicht nicht so spannend ist oder so interaktiv ist, mich erst noch mal dem Video oder dem Text zu widmen.

Ähnliche Überlegungen äußert auch Jan, der eine Erarbeitung mit der I-Variante als Grundlage für eine Vorstellung darüber ansieht, was in einer zur Exploration anregenden Auseinandersetzung mit der E-Variante gefordert ist.

287 zur Frage, welche Variante nach Stand des Lernprozesses		
44:52–45:31	287	Für die Erstbegegnung mit einem Inhalt fände ich ein Format wie rechts [I] besser, weil man es dann einfach mal gehört hat. Einfach nur, um eine Idee zu bekommen, worauf diese Aufgabenstellung hinauswill. Für die Wiederholung auf jeden Fall linksseitig [E], sobald das Aufgabenformat bekannt ist, sozusagen das Lösungsmuster bekannt ist, nützt es, finde ich, für den weiteren Lernweg nichts, nur weiter mit Musterlösungen zu arbeiten.

Er betont dabei jedoch gleichzeitig, dass zu Wiederholungszwecken die E-Variante zu bevorzugen sei und beschreibt eine Auseinandersetzung mit der I-Variante zur Wiederholung als „nur weiter mit Musterlösungen zu arbeiten“ (Jan). Aus dieser Zuschreibung wird deutlich, dass die E-Variante für ihn deutlich aktivierender erscheint als die I-Variante.

Die Begründung von Johnny dazu, bei bereits bekannten Themen die E-Variante zu nutzen, lässt darauf schließen, dass die I-Variante als passiverer Zugang wahrgenommen wird.

Johnny zur Frage, aus welcher Variante mehr gelernt wurde		
19:33–19:47	167	Weil es mich dann langweilen würde, weil man dann quasi sehr viele Informationen hört, die man schon gehört hat. Und dann schaltet man nachher dann schon ab und verpasst irgendwie so das Wichtige, was einem eigentlich fehlt.

Eine Befürchtung, dass das Nutzen der I-Variante bei Themen, die bereits bekannt sind, dazu führen könnte, dass die Aufmerksamkeit abnimmt, wird aus der Aussage von Johnny deutlich.

Eine weitere Begründung dafür, die E-Variante bei Wiederholungen zu nutzen, liefert Anna. Sie nimmt Bezug zu der Auswertung und dem Feedback bei den E-Elementen und sieht eine korrekte Bearbeitung eines E-Elements als Art Beweis für das eigene Verständnis.

Anna zur Frage, welche Variante für eine thematische Wiederholung		
57:08–57:21	122	Und das finde ich löst die Frage anderseits schon noch nicht ganz gut, dass man sich da in manchen Sachen einfach weiß, okay, das Thema habe ich jetzt verstanden. Hier habe ich quasi auch den, ich sag mal, Beweis dafür, kann mich auf die anderen konzentrieren.

Zusammenfassend wird deutlich, dass als Begründung für die I-Variante bei Erarbeitung eines neuen Themas eine erste notwendige Auseinandersetzung mit und Aufnahme von Hintergrundwissen erleichtert wird. Dazu herrscht im Vergleich bei der E-Variante die Befürchtung vor, dass die Aufgaben eher zum unverständigen Ausprobieren verleiten und ein verständiges Erarbeiten des Inhalts dadurch nicht gewährleistet ist.

Bei Wiederholung eines Themas hingegen wird deutlich, dass die E-Variante bevorzugt wird, da Äußerungen vermuten lassen, die I-Variante bei bekannten Themen könnte zur passiven Rezeption und darüber zu Langeweile und geistig geringerer Aktivität führen, was wiederum einen Lerneffekt einschränkt. Die wahrgenommen aktivere Auseinandersetzung mit einem E-Element scheint zu Wiederholungszwecken ansprechender und mitunter bei richtiger Bearbeitung zudem bestätigend zu wirken.

Eine andere Präferenz als die zuvor abgebildeten Präferenzen, wird in der Argumentation von Ilse deutlich. Sie gibt an, zumeist mit einer E-Variante neue Themen erarbeiten zu wollen, um im Anschluss daran über das I-Element *Video* quasi induktiv vom Besonderen zum Allgemeinen „zu systematisieren".

Ilse zur Frage, welche Variante nach Stand des Lernprozesses		
20:05–20:42	284	Allgemein ähm, wenn ich mich entscheiden muss, ist das, in den meisten Fällen will ich, glaube ich, mit der interaktiven Variante anfangen. Das reicht aber, finde ich, noch nicht hinreichend, um sich vollständig mit dem Thema auseinanderzusetzen, zumindest meistens nicht. In den meisten Fällen würde ich halt damit anfangen, mir dann ein Video anschauen, um das zu systematisieren.

Nur mit der E-Variante alleine ist eine Auseinandersetzung mit einem Inhalt für sie nicht ausreichend. Sie sieht Vorteile in einer Verknüpfung der beiden Varianten mit der Reihenfolge erst E zur Erarbeitung und dann I zur Vertiefung. Als Einschränkung gibt Ilse allerdings zusätzlich an:

Ilse zur Frage, welche Variante nach Stand des Lernprozesses		
21:09–21:55	284	[…], wenn ich das Thema gar nicht kenne und das nicht in meinem Alltag vorkommt, wie die Stellenwertsysteme, dann muss ich sagen, würde ich mir das Video anschauen und keine Aufgaben machen, weil das bringt ja nichts. Wenn das Themen sind, die einen fernen Bezug zu mir haben, die ich schon mal irgendwie nicht so systematisch, aber generell kennengelernt habe und wo ich mir dann einfach nur weiterführende Gedanken machen soll, dann würde ich diese Variante benutzen, dass ich mir erst das Interaktive anschaue und danach das Video anschaue. Und wenn ich dieses Thema mehr oder weniger mir selbst erarbeiten kann und vollständig, ohne dass ich noch weitere Informationen durch ein Video bekomme, erarbeiten kann, dann würde ich nur die Aufgaben benutzen, also nur das Selbsttätige verschieben.

Ilse würde also dann nicht die E-Variante bevorzugen, wenn das Thema für sie völlig unbekannt, alltagsfern und abstrakt wäre. Sie hält es für schwierig, sich ein neues Thema über die Variante E anzueignen, wenn die Inhalte zugleich neu und komplex sind. In dem Fall würde sie zuerst mit einem I-Element arbeiten, „weil das bringt ja nichts" (Ilse). Bei Themen, die selbst erarbeitet werden können oder bei weiterführenden Gedanken zu Themen, welche „einen fernen Bezug zu mir haben" (Ilse), würde sie bei ihrer ursprünglichen Reihenfolge von erst E dann I bleiben.

Das Beispiel Ilse zeigt, dass die Komplexität eines zu bearbeitenden Themas ebenfalls Einfluss darauf haben kann, welche Variante bevorzugt wird. Daher wird dies im Folgenden betrachtet.

7.1.3 Präferenzen nach Komplexität des Themas

Die Komplexität eines Inhalts meint eine subjektiv wahrgenommene Schwierigkeit mit diesem. Dabei wird im Interview nicht vorbestimmt, welche Inhalte zu den schwierigeren und zu den leichteren gehören. Forschungsfrage 3.3 widmet sich dieser Facette:

FF 3.3: Welche konzeptionellen Merkmale bezogen auf die Versionen der FALEDIA-Plattform werden zur Facette ‚Komplexität des Themas' präferiert? Und wie wird dies begründet?

Tabelle 7.2 zeigt auch für die Präferenzen bei komplexeren oder leichteren Themen eine recht eindeutige Tendenz: Bei komplexeren Themen wird die I-Variante bevorzugt, bei einfacheren Themen die E-Variante präferiert (Böttcher et al., 2022). Auch in diesem Abschnitt werden Begründungen der Studierenden vorgestellt und zudem abweichende Präferenzen wahrgenommen.

Wie schon Philip im vorherigen Abschnitt befürchtete, dass Unwissenheit zu ungerichtetem Probieren bei der Erarbeitung mit einem E-Element führen könnte, so begründet auch Martin seine Zurückhaltung zur Erarbeitung eines komplexen Inhalts über einen E-Zugang ganz ähnlich. Er befürchtet, dass der E-Zugang bei komplexen Themen ihn dazu anregen könnte, so lange auszuprobieren, bis er eine richtige Lösung angezeigt bekommt. Dabei würde keine oder kaum kognitive Aktivierung stattfinden.

Martin Gegenüberstellung E und I Elemente allgemein		
20:12–20:40	226	Bei dem anderen [E] war halt dann sozusagen, dass ähm mir das fast zu einfach gemacht wurde, das einfach mal nur auszuprobieren. Und in dem Sinne gibt es auch auf der Seite keinen ähm, dass du so viele Versuche, wie man möchte, dass man auch einfach mal schnell sagen kann, okay, ich will jetzt mich hier durcharbeiten und mache einfach mal drei, vier Fehler und habe es dann in der richtigen Reihenfolge und habe am Ende sozusagen prima, du hast die Zahlen richtig eingeordnet,

Insbesondere, wenn die Inhalte so komplex sind, dass er es als zu anstrengend empfinden würde, sich intensiv mit dem E-Element auseinanderzusetzen, würde er daher umso mehr die I-Variante bevorzugen.

Es sei in diesem Kontext zudem erneut auf Martins Aussage verwiesen, in welcher er angibt, dass die Erklärung des I-Elements für das inhaltliche Tiefenverständnis zu einem komplexen Thema wichtig sei. Es wäre möglich, dass bei der Nutzung des E-Elements wichtige Einsichten verborgen geblieben wären.

Martin Gegenüberstellung E und I Elemente allgemein		
10:07–10:54	226	Ich glaube, zu dem Zeitpunkt ähm war mir noch nicht so ganz klar ähm, wirklich das Parallele mit, im Dezimalsystem ist es ja dann halt immer 10 hoch die Potenz und ich hatte noch nicht ganz verinnerlicht, dass halt zum Beispiel jetzt 5 hoch 3 die 125 wäre, äquivalenter zu der 1000 im Dezimalsystem. Und das wäre dann glaube ich ein Punkt, der halt dann bei mir verloren gegangen wäre, wo ich dann einfach nur gesehen hätte, wie sich das halt da dann verändert, aber das nicht ganz genau darauf beachtet, das hätte.

Aus Martins Begründung lässt sich sein Zweifeln an der Verlässlichkeit der eigenen Wissensrekonstruktion erkennen. Das I-Element scheint im Gegensatz zur Selbsterarbeitung mit dem E-Element Sicherheit bei der Auseinandersetzung mit einem komplexen Thema zu bieten.

Ebenso kann aus Margots Begründung, weswegen sie für komplexe Themen die I-Variante bevorzugt, entnommen werden, dass insbesondere Wert darauf gelegt wird, bei nicht verstandenen und als schwierig empfundenen Themen eine Erklärung „vorgeführt" (Margot) zu bekommen.

Margot Gegenüberstellung E und I Elemente nach Komplexität des Inhalts		
26:27–26:52	119	Also ich glaub, ich würd halt das Video bevorzugen, wenn ich Sachen nicht ganz verstanden hab, also für Inhalte, die halt ähm eher schwieriger sind, ähm die man vielleicht auch nicht so als grundlegendes Wissen oder so hat, weil man da halt dann nochmal die Erklärung bekommt und halt vorgeführt bekommt, wie man's machen muss. Bei Aufgaben, die man halt so lösen kann oder die halt einfacher sind, ähm find ich halt eigene Aktivitäten besser.

Dieses Vorführende des I-Elements wird in Kontrast zur aktiven Auseinandersetzung mit einem E-Element gesetzt, welches bei einfacheren Inhalten bevorzugt wird.

Eine sehr plakative Begründung dafür, die E-Variante nicht bei zu komplexen Themen zu nutzen, wird von Awien geliefert. Sie erinnert sich, dass sie die E-Variante zu einem für sie komplexen Thema nicht bearbeitet hat.

Awien Gegenüberstellung E und I Elemente Komplexität des Inhalts		
10:10–11:23	202	Das habe ich nicht gemacht.
	I	Das hast du nicht gemacht. Wenn du möchtest, kannst du das auch…
	202	Das sieht doch immer zu kompliziert aus. Also ich bin da leider so ein Mensch, wenn das anfängt kompliziert auszusehen und ich das nicht von Anfang an verstehe, dann…
	I	Ja.
	202	…dann beschäftige ich mich nicht damit, wenn ich noch die Wahl habe, was anderes auszuwählen.
	I	Hast du denn das Video dazu angeschaut?
	202	Mit Sicherheit. … (Video wird angespielt)
	202	Ich glaube, ich habe es mir doch nicht angeschaut, weil es für mich zu abstrakt war.

Die Komplexität des Inhalts hat Awien davon abgehalten, die E-Variante überhaupt zu starten (obwohl dies der ursprüngliche und somit vorerst einzige Zugang war). Dabei wird deutlich, dass Awien zunächst davon ausgeht, sie hätte sicherlich die I-Variante stattdessen genutzt, da ihr scheinbar die I-Variante für komplexe Themen naheliegender und zugänglicher erscheint. Im Verlauf des Interviews wird letztendlich jedoch deutlich, dass die Abstraktheit des Themas dazu geführt hat, dass Awien sich gar nicht mit dem Thema auseinandergesetzt hat – weder über die E-Variante noch über die I-Variante. Dennoch ist dem Ausschnitt zu entnehmen, dass Awiens erster Impuls zu sein schien, dass die I-Variante die präferierte Variante bei der Erarbeitung eines komplexen Hintergrundthemas darstellt.

Martin stellt eine Konditionalstruktur zwischen dem Grad der Komplexität eines Inhalts und der dazu präferierten Variante her. Daraus wird deutlich, dass die Abstraktheit eines Themas für Martin direkt mit dem Wunsch nach einem I-Zugang verknüpft ist, wohingegen der Wunsch nach einem E-Zugang bei für ihn „greifbaren“ (Martin) Inhalten stärker ist.

Martin Gegenüberstellung E und I Elemente Komplexität des Inhalts		
59:01–59:23	226	Ja, ich kann mir vorstellen, dass, also ich glaube, umso abstrakter die Thematik ist, umso eher würde ich mir eine Einführung mit Videos wünschen oder mit Text und umso greifbarer die Thematik ist, würde ich mir vielleicht eine spielerische oder eine aufgabenorientierte Umsetzung ähm wünschen.

Diese Konditionalität zwischen Komplexität und Zugangsweise scheint sich zusammenfassend in vielen Aussagen der Studierenden mindestens implizit wiederzufinden. Zudem wird deutlich, dass zwar der E-Variante häufiger spielerische, hedonische und aktivierende Zuschreibungen entgegengebracht werden, jedoch diese positiven Einordnungen dennoch für viele der befragten Studierenden der Zielgerichtetheit und Zweckmäßigkeit der Präferenz für einen Zugang zu unterliegen scheinen.

Zuletzt wird im Folgenden eine alternative Präferenz von Mia vorgestellt, welche sich durch eine Aufwand-Nutzen-Abwägung begründet:

Mia Gegenüberstellung E und I Elemente nach Komplexität des Inhalts		
22:01–22:43	145	Genau. Das wäre für mich sonst eine Alternative, nur hier finde ich, weil das quasi das Einzige ist, dass diese Tabelle quasi erarbeitet ist, also das ist ja quasi der Ersatz für die Tabelle rechts, da finde ich dauert das sehr lange und ist dann weniger übersichtlich für mich. Und wie gesagt, ich fand bei der Aufgabe halt die Beispiele relativ eindeutig zuzuordnen und deswegen auch den Nutzen nicht so hoch. Also zum Beispiel bei anderen Aufgaben, wo es nicht so eindeutig ist oder wo es schwieriger ist, bei anderen Diagnoseaufgaben zum Beispiel irgendwie, da ist der Nutzen wieder größer für mich.

Da Mia die Bearbeitung des E-Elements als aufwändiger wahrnimmt, muss es sich ihrer Aussage nach *lohnen*, die Zeit und die Konzentration zu investieren. Lohnenswert erscheint es Mia insbesondere bei komplexen und weniger eindeutigen Inhalten. Hierbei benennt sie unter anderem konkret diagnostische Tätigkeiten, die sie als komplexe Tätigkeit wahrnimmt.

Sie begreift die Konditionalstruktur genau im umgekehrten Sinne zu Martin:

Mia Gegenüberstellung E und I Elemente nach Komplexität des Inhalts		
23:44–23:47	145	Wie sagt man das? Ja, je schwieriger es irgendwie ist und man sich mehr erproben muss, ob man das auch verstanden hat. Und also da lohnt sich dann immer das Praktische mehr.

Hieraus wird die eingangs zu diesem Abschnitt betonte Subjektivität von Komplexität deutlich. Mia begreift ganz explizit das Diagnostizieren als komplexe Aufgabe, wobei die meisten anderen Studierenden sich auf in ihren Augen komplexe inhaltlich-mathematische Strukturen bezogen haben.

Im nachfolgenden Absatz wird die Präferenz der Varianten beim Diagnostizieren detaillierter beleuchtet.

7.1.4 Präferenzen beim Diagnostizieren

Insbesondere bei der Frage, welche Variante dazu beigetragen hat, Diagnosefähigkeiten aufzubauen, wird eine überaus deutliche Übereinstimmung der Ansichten der befragten Studierenden deutlich. Bis auf zwei Ausnahmen, – diese Personen geben an, beider Varianten zu benötigen –, geben alle Studierende an, die E-Variante bei der Steigerung von Diagnosefähigkeiten zu präferieren. Die dafür angegebenen Begründungen werden im Folgenden mit Forschungsfrage 3.4 betrachtet.

> *FF 3.4: Welche konzeptionellen Merkmale bezogen auf die Versionen der FALEDIA-Plattform werden zur Facette Diagnostizieren präferiert? Und wie wird dies begründet?*

Eine der zentralen Begründungen scheint dabei die Vorbereitung auf die spätere Praxis zu sein. Dabei wird mehrfach, zum Beispiel hier von Johnny, die Realitätsnähe der fallbasierten Elemente in Zusammenhang mit einer E-Umsetzung betont.

Johnny zur Frage, inwiefern FALEDIA Einfluss auf Diagnose hatte		
02:42–02:51	167	Also, wenn man sich nochmal anders damit auseinandergesetzt hat, was man vorher nicht hatte, ein bisschen praxisbezogener auch […]

Jan gibt an, sich immer dann, wenn es um praxisrelevante Tätigkeiten handelt, die E-Variante zu bevorzugen: „Von daher würde ich sagen, dass alles, was auch später wichtig für den Lehreralltag ist, sollte auch vielleicht wirklich wie links [E] aufbereitet werden" (Jan). Die Erklärung, dass im späteren Berufsalltag ebenfalls selbstständig gehandelt werden muss, untermauert er damit, dass man durch die E-Variante „mit einer sehr realen Situation konfrontiert" (Jan) wird. Zusätzlich gibt er jedoch zu bedenken, dass die I-Variante durchaus einen Wert im Kontext der Diagnosefähigkeiten innehat, denn sie kann „Denkanstöße" (Jan) liefern.

Jan zur Frage, aus welcher Variante mehr gelernt wurde		
28:42–29:47	287	Ich sollte vielleicht noch ergänzen, dass links [E] natürlich den Vorteil bietet, dass es sehr realitätsnah ist. Man bekommt ja später im Lehrerberuf auch keine vollgefertigte Tabelle von den Kindern, wie hab ich jetzt gedacht. Von daher wird man ja linkseitig [E] doch schon mit einer sehr realen Situation konfrontiert. Von daher würde ich sagen, dass alles, was auch später wichtig für den Lehreralltag ist, sollte auch vielleicht wirklich wie links [E] aufbereitet werden. Und vielleicht als Stütze erstmal oder so ein Beispiel wie rechts [I] halt einfach nur zum Denkanstoß geben, aber alles in allem auf jeden Fall mehr linkseitig [E] Arbeit macht das Sinn.

Dazu legt auch Awiens Aussage den Schluss nahe, dass sie E-Bausteine in denjenigen Lernsituationen präferiert, die sich durch Praxisnähe als sinnvoll für die spätere Tätigkeit als Lehrkraft zeigen.

Awien Gegenüberstellung E und I Elemente allgemein		
22:00–22:02	202	[…] weil es für mich einfach mehr Sinn gemacht hat für meine Zukunft.

Auch zu einem späteren Zeitpunkt im Interview greift Awien diesen Gedankengang erneut auf und fügt dabei ihrer Begründung hinzu, dass die Aktivierung des Wissens zum Diagnostizieren in der späteren Schulpraxis ebenfalls ohne einen direkten Zugang zu informierenden Elementen geschehen muss. Sie scheint die E-Variante somit aus Antesten einer Praxissituation wahrzunehmen.

Awien zur Frage, welche Variante für den Aufbau von Diagnosefähigkeiten unterstützt		
50:30–50:42	202	Und später muss man es ja auch selber machen, ohne sich irgendein Video vorher angucken zu können.

Katrin gibt ebenfalls an, dass die E-Variante dazu beigetragen habe, Praxisnähe zu empfinden und beschreibt diese Praxisnähe als Sicherheit.

Katrin zur Frage, inwiefern FALEDIA Einfluss auf Diagnose hatte		
01:18–01:26	300	Und dadurch [E] hatte man ein bisschen das Gefühl, dass es praxisnah ist, also sicherer auf eine Art und Weise.

Das Gefühl von Sicherheit beim Diagnostizieren durch die E-Variante taucht ebenso bei Mia auf. Dabei nimmt sie Bezug zum *Lernstände erheben* und *Ursachen analysieren*, wobei sie die E-Variante nutzen möchte, um ihr eigenes Können in diesen Bereichen zu testen. Sie bezeichnet die E-Lernbausteine als *Übungen*, wodurch die FALEDIA-Plattform zur Interaktionspartnerin zur Überprüfung von Handlungsfähigkeiten wird.

Mia zur Frage, inwiefern FALEDIA Einfluss auf Diagnose hatte		
03:07–03:28	145	[…] aber ich finde es halt total hilfreich, wenn man halt nochmal, wie es auf der Seite auch möglich war, so Übungsaufgaben eben hat, wo man sich selbst nochmal testen kann ähm und ja einfach das nochmal wirklich üben kann und schauen kann, kann ich das identifizieren, welches Problem das Kind vielleicht haben könnte und worauf das zurückzuführen ist. Und ich habe mich danach auf jeden Fall sicherer gefühlt.

Der Vorteil einer Überprüfung eigener Diagnosehandlungen durch die FALEDIA E-Variante wird zudem bei Philip deutlich. Er bezeichnet das Feedback zu eigenen Gedanken als sehr hilfreich, aber auch, um weitere Anregungen und Denkanstöße zu erhalten.

Philip zur Frage, inwiefern FALEDIA Einfluss auf Diagnose hatte		
02:20–03:08	215	[...] was wir haben und dann wirklich herauszufinden durch diese interaktiven Übungen, okay, was ist jetzt eigentlich diese Ansicht und direkt dann auch ein Feedback dazu bekommen, ein konkretes oder auch Ideen dazu bekommen, wenn eine Lösung nicht korrekt ist, in welche Richtung man dann denken könnte oder auf was man vielleicht achten sollte und das fand ich wirklich total hilfreich [...]

Eine Argumentation von Martin bezieht sich auf die Vielschichtigkeit eines Diagnoseprozesses. Die untere Aussage bezieht sich auf den E-Baustein *Auswählen*, bei welchem zu einem Fallbeispiel zunächst Kompetenzen wahrgenommen, Fehler rekonstruiert und letztlich Ursachen abgeleitet werden sollen. Martin beschreibt als Vorteil, dass sich durch diese Durchgängigkeit des gedanklichen Prozesses, während der Auseinandersetzung mit dem E-Element, die „Vielschichtigkeit" (Martin) einer Diagnosesituation entfaltet.

Martin Gegenüberstellung E und I Elemente allgemein		
44:38–45:23	226	[...] dann die Fragstellung und die Auswahlmöglichkeiten und da glaube ich, dass durch die Auswahlmöglichkeiten eine andere Beschäftigung kommt, [...] und glaube ich auch die Vielschichtigkeit in dem Sinne, dass es halt nicht nur eine Abfrage ist, sondern dass die Abfragen halt aufeinander aufbauen, also dass hier oben eine Idee angesprochen wurde, die hier unten dann benannt wird und dann hier auch noch weiter thematisiert wird.

Die von Martin angesprochene Vielschichtigkeit begreift Johnny als Komplexität eines diagnostischen Prozesses. Das Individuelle einer solchen Situation wird dabei als Begründung dafür angegeben, dass eine Auseinandersetzung mit einem I-Element nicht ausreicht: „„weil man kann ja nicht immer so eine Schablone einfach, sag ich mal, auf so ein Kind generell legen" (Johnny).

Johnny zur Frage, welche Variante für den Aufbau von Diagnosefähigkeiten unterstützt		
57:18–57:21	167	Also speziell jetzt Diagnosekompetenz, glaube ich, Aktivitäten.
	I	So dann noch so einen kleinen abschließenden Hint für mich, warum?
	167	Aktivitäten auf jeden Fall, weil also man kann ja nicht immer so eine Schablone einfach, sag ich mal, auf so ein Kind oder generell legen und ich habe das Gefühl, wenn ich nur so irgendwie so Kernmerkmale habe, die ich irgendwie dann draufpacken muss, dann ist das deutlich schwieriger, als wenn ich wirklich gesagt kriege, ja Jana kann das und das und Steffen kann das und das und der hat die Aufgabe so gelöst, wie interpretierst du das? Dann denke ich nochmal ganz anders, als wenn ich jetzt quasi nur die Merkmale auswendig kenne und ich glaube halt für die Diagnose ist halt das Anwenden viel wichtiger, als alles auswendig zu können, deshalb würde ich Aktivität sagen.

Die E-Variante fordere ein, dass Wissen angewendet werden muss, was laut Johnny neue und tiefere Perspektiven beim Diagnostizieren eröffnet: „Dann denke ich nochmal ganz anders, als wenn ich jetzt quasi nur die Merkmale auswendig kenne und ich glaube halt, für die Diagnose ist halt das Anwenden viel wichtiger, als alles auswendig zu können“ (Johnny).

Zusammengefasst lassen sich viele Aussagen der Studierenden darauf zurückführen, dass der Vorteil der E-Variante gegenüber der I-Variante insbesondere in der empfundenen Praxisnähe zu liegen scheint. Dies wird an verschiedenen Stellen deutlich und durchaus facettenweise unterschiedlich hervorgehoben. Während einige Studierende insbesondere die Selbstständigkeit des eigenen Denkens und Handelns durch eine aktivere Auseinandersetzung betonen, verweisen andere auf eine Wahrnehmung von Sicherheit durch Kompetenzerleben und entsprechendes Feedback, welches wiederum zur Reflexion anregen kann.

Die Vielschichtigkeit und Komplexität diagnostischer Tätigkeiten wird von einigen Studierenden unterstrichen und die Präferenz der E-Variante entsprechend begründet, dass hier Wissen angewendet werden muss, was mitunter als anregend für einen Perspektivwechsel bezogen auf das Denken von Lernenden bezeichnet wird.

Stella und Jan sind die beiden eingangs erwähnten Studierenden, die sich nicht klar für die E-Variante positionieren. Die Begründung von Jan gibt dabei Aufschluss darüber, dass er grundsätzlich die E-Variante für ein Hineinversetzen in die Denkweisen der Kinder als geeignet empfindet. Er verweist jedoch ebenfalls auf die Komplexität des Diagnoseprozesses und gibt an, dass ein erster Zugang zu Diagnosesituationen über die E-Variante möglicherweise überfordernd für unerfahrene Diagnostizierende wirken könnte.

Jan zur Frage, aus welcher Variante mehr gelernt wurde		
26:47–27:56	287	Also ich denke mal, da kommt es auch immer so ein bisschen darauf an, wie gut man sich vielleicht schon in die Köpfe der Kinder hineinversetzen kann, [...], wenn ich jetzt im ersten Semester wäre und da praktisch noch gar nichts von gehört hätte oder wenig davon gehört hätte und halt auch noch nicht so viel mit Fallbeispielen gearbeitet hätte, dann würde ich sagen, wäre ich vielleicht schon fast ein Ticken überfordert. Es wäre auf jeden Fall wesentlich komplexer, die Anforderung wäre wesentlich komplexer, würde ich sagen, weil einfach noch nicht dieses Grundverständnis da ist von ‚Wie können Kinder rechnen?‘

Stella betont die Relevanz der Vernetzung zwischen Hintergrundwissen und fachdidaktischem Diagnosewissen, sowie deren Anwendungen als ein Zusammenspiel, welches in seiner Gesamtheit dazu beiträgt, Diagnosefähigkeiten aufzubauen. Daher benötige sie beide Varianten der Plattform.

Stella zur Frage, welche Variante für den Aufbau von Diagnosefähigkeiten unterstützt		
57:45–58:27	148	Also das Ganze, glaube ich, also jetzt nicht nur über die Diagnose, sondern auch das Grundwissen von der Seite. Also, dass ich da einfach nochmal jetzt irgendwie einen besseren Überblick habe, worauf zu achten ist, was es gibt, wo quasi die Stellen sind, wo häufig irgendwie Fehler auftreten und wie man das dann auch irgendwie richtig verknüpfen kann, alles miteinander. Genau, deswegen glaube ich schon, das Gesamte hat mir schon geholfen für die Diagnosekompetenz.

Die Vernetzung von Wissen und Handlungen, um fachdidaktisch tief diagnostizieren zu können, wird in Kapitel 2 dieser Arbeit ebenfalls stark betont. Daher wird im abschließenden Abschnitt dieses Teilkapitels der Fokus auf die Präferenzen zur Wissensvernetzung gelegt.

7.1.5 Präferenzen bei der Vernetzung von Wissen

Die Präferenzen der Varianten der FALEDIA-Plattform bei der Vernetzung von Wissen zur Steigerung von Diagnosefähigkeiten werden in *Interview 2* nicht direkt abgefragt. Es werden jedoch in mehreren Aussagen der Studierenden zu anderen Fragestellungen Begründungselemente für Präferenzen deutlich. Dabei wird keine einheitliche Bevorzugung einer Variante gegenüber der anderen erkennbar. Vielmehr zeigen die Aussagen der Studierenden, dass beide Varianten in unterschiedlichen Phasen des Lernprozesses einen Wert haben. Genauer wird dies über Forschungsfrage 3.5 analysiert.

FF 3.5: Welche konzeptionellen Merkmale bezogen auf die Versionen der FALEDIA-Plattform werden zur Facette ‚Wissen vernetzen' präferiert? Und wie wird dies begründet?

Dabei kann erneut auf den Transkriptausschnitt von Stella Bezug genommen werden. Sie gibt an, dass für sie Diagnosefähigkeiten im Zusammenwirken zwischen theoretischem Hintergrundwissen und praktischen Anwendungsübungen entstehen. Dabei betont sie ebenfalls, dass beide Varianten der Plattform dafür notwendig sind.

Stella zur Frage, welche Variante für den Aufbau von Diagnosefähigkeiten unterstützt		
57:45–58:27	148	Also das Ganze, glaube ich, also jetzt nicht nur über die Diagnose, sondern auch das Grundwissen von der Seite. Also, dass ich da einfach nochmal jetzt irgendwie einen besseren Überblick habe, worauf zu achten ist, was es gibt, wo quasi die Stellen sind, wo häufig irgendwie Fehler auftreten und wie man das dann auch irgendwie richtig verknüpfen kann, alles miteinander. Genau, deswegen glaube ich schon, das Gesamte hat mir schon geholfen für die Diagnosekompetenz.

Katrin argumentiert ähnlich, indem sie Diagnosen einen „Zweitkontakt" nennt, in welchem die zuvor theoretisch erarbeiteten Inhalte zusammenlaufen. Die Theorie-Praxis-Verknüpfung würde durch die Nutzung der E-Elemente in der Fallarbeit unterstützt.

Katrin zur Frage, welche Variante nach Stand des Lernprozesses		
32:06–32:18	300	Für die Diagnose würde ich dann so etwas Interaktives bevorzugen, weil das für mich nicht so ein Erstkontakt ist, sondern es ist ja dann quasi ein Zweitkontakt, wo von den ganzen vorher bearbeiteten Informationen alles zusammenläuft.

Sie konkretisiert ihre Argumentation: „aber ich habe halt dann im Hinterkopf, dass ich natürlich nicht diagnostizieren kann, wenn ich das Hintergrundwissen nicht habe, wo mir das andere mehr geholfen hat“ (Katrin). Das Zusammenspiel der beiden Varianten sei demnach essenziell für Vernetzen von Wissen. Die I-Variante wird zum Aufbau von fachlichem und fachdidaktischem Hintergrundwissen präferiert und die E-Variante beim Anwenden des zuvor erarbeiteten Hintergrundwissens in praxisnahen Diagnosesituationen, welche dann auf einem soliden Hintergrundwissen fußen.

Katrin zur Frage, welche Variante nach Stand des Lernprozesses		
48:49–49:00	300	Ja, also mit Schülerbeispielen war halt das Interaktive besser, aber ich habe halt dann im Hinterkopf, dass ich natürlich nicht diagnostizieren kann, wenn ich das Hintergrundwissen nicht habe, wo mir das andere mehr geholfen hat.

Auch Philip verweist auf das Zusammenlaufen und Vernetzen vorher erarbeiteten Hintergrundwissens in der Diagnose und hebt die Überprüfung des eigenen Verständnisses in diagnostischen Anwendungssetting über die E-Variante hervor.

Philip zur Frage, welche Variante für den Aufbau von Diagnosefähigkeiten unterstützt		
49:14–49:42	215	Also in der Entwicklung der Diagnosekompetenz war es dann doch immer der Bereich, der durch Animationen einfach gestützt war. Eben weil man da dann konkret dieses Feedback hat. Man hat sich vorher überlegt, okay, man hat vorher das Hintergrundwissen erarbeitet, wollte das dann überprüfen und dieser Überprüfungsprozess kann eigentlich nur stattfinden, wenn ich irgendwas aktiv mache. Und wenn ich es nur theoretisch lese, kann ich das nicht unbedingt überprüfen, was ich da habe oder was ich da mir erarbeitet habe.

Vernetzung von Wissen verortet er in der Verknüpfung von Theorie und Praxis im Diagnoseteil, durch die E-Variante.

Mia plädiert ebenfalls für beide Varianten, um Wissen zu vernetzen, beziehungsweise eine Theorie-Praxis-Verknüpfung herzustellen. Dabei präferiert sie eine klare Reihenfolge aus zunächst Aneignung von Grundwissen mit der I-Variante und anschließender Wissensanwendung über die E-Variante.

Mia zur Frage, welche Variante für den Aufbau von Diagnosefähigkeiten unterstützt		
30:00–30:42	145	[...], wenn ich jetzt noch gar nicht auf das Thema, wenn ich damit gar nicht vertraut bin, noch keine Vorlesung dazu gehört habe oder gar nichts darüber weiß, dann finde ich es immer erst mal für mich hilfreicher, wenn ich mir erst mal ein Grundwissen aneigne, also erst mal diesen Input quasi habe nur, aber dann wirklich um ein vertieftes Wissen und das zu erreichen und dass es mir wirklich mehr auch im Gedächtnis bleibt, finde ich das Interaktive immer für mich reicher.

Jan wiederum kontrastiert den Zweck des Wissenserwerbs bei der Präferenz der Version. Er bevorzugt die I-Variante, „wenn man jetzt nur auf die Information aus ist" (Jan), also isoliertes Faktenwissen benötigt. Die E-Variante hält er dafür für geeignet, wenn ein Gesamtkonzept verstanden werden möchte. Aus diesen Aussagen lässt sich vermuten, dass Jan insbesondere zum Vernetzen von Wissen die E-Variante gegenüber der I-Variante präferiert.

Jan zur Frage, aus welcher Variante mehr gelernt wurde		
25:28–26:34	287	[...] von daher würde ich sagen, wenn man das Gesamtkonzept nimmt, links [E], wenn man jetzt nur auf die Information aus ist, rechts [I]. Macht das Sinn?

Auch Stella eröffnet eine Unterscheidung zwischen Wissensarten. Dabei bezieht sie sich auf Fach(didaktisches)wissen und Praxis- oder Diagnosewissen. Sie gibt an, dass für eine Vernetzung von Fachwissen mit Fachkonzepten die I-Variante hilfreich sein kann. Bei Anwendungswissen jedoch präferiert sie die E-Variante.

Stella Gegenüberstellung E und I Elemente allgemein		
32:54–33:16	148	[...], dass es dann vielleicht etwas, wo halt mir das dann eher nur geholfen hat, nochmal zu hören, wie das jetzt quasi fachsprachlich richtig irgendwie zugeordnet wird und erklärt wird, dass ich das eben nicht nur basierend auf diesem allgemeinen Wissen irgendwie zuordnen kann, sondern eben diese Fachwissen irgendwie damit verknüpfen kann.

Aus der Zusammenstellung an Aussagen lassen sich Tendenzen ableiten, die den Wunsch nach einem Zusammenspiel der Varianten vermuten lassen. Dem Aufbau von Grundwissen über die I-Variante folgt der Wunsch einer Wissensanwendung über die E-Variante. Folgende Tendenzen ergeben sich zusammenfassend aus den Betrachtungen der Aussagen der vorherigen Abschnitte:

Es geht aus einigen Interviews hervor, dass den Studierenden bewusst ist, dass sie ihr Wissen in der Praxis selbstständig in diagnostischen Situationen aktivieren müssen. Dafür präferieren beinahe alle interviewten Personen die E-Variante. Aus den Begründungen lässt sich ableiten, dass die Verbindung aus Fallbeispielen und der E-Umsetzung wie eine praxisnahe Situation empfunden wird. Die Art des Wissens und der Zeitpunkt im Lernprozess scheinen dabei ebenfalls von Relevanz zu sein. Grundsätzlich sollte ein Wissensaufbau über eine E-Variante möglich scheinen. Bei zu komplexen oder in Gänze neuen Themen wird ein I-Zugang zur Einarbeitung präferiert. Eine Weiterarbeit scheint dann jedoch zumeist mit der E-Variante sinnvoll zu sein.

Insbesondere aus den Aussagen zum Diagnostizieren und Vernetzen von Wissen wird deutlich, dass der Wunsch nach Anwendung des erworbenen Wissens besteht. Dafür wir häufig eine Kombination aus I- und E-Elementen als zielführend genannt. Im nachfolgenden Teilkapitel 7.2 wird die Aktivierungsfähigkeit beim Diagnostizieren daher nochmal konkreter fokussieren.

7.2 Aufbau von Aktivierungsfähigkeiten

Im vorherigen Teilkapitel wurde explizit auf die Versionen der Plattform bei Aufbau von Diagnosefähigkeit fokussiert. Im Folgenden sollen über alle konzeptuellen Merkmale und Designelemente hinweg Hinweise darauf dargestellt werden, wie die FALEDIA-Plattform zum Aufbau von Aktivierungsfähigkeiten beitragen konnte. Dafür wird der folgenden Forschungsfrage nachgegangen (Tabelle 7.4).

Tabelle 7.4 Teilforschungsziele und -fragen zu FF4

FF 4: Welche konzeptionellen Merkmale und Designelemente der FALEDIA-Plattform werden zur Anregung von Aktivierungsfähigkeiten benannt? Und wie wird dies begründet?		
Teil-Forschungsziel	Teil-Forschungsfrage	Abschnitt
Potentiell förderliche Elemente	FF 4.1: Welche *potentiell förderlichen* konzeptionellen Merkmale werden zum Aufbau von Aktivierungsfähigkeiten benannt? Und wie wird dies begründet?	7.2.1
Potentiell hemmende Elemente	FF 4.2: Welche *potentiell hemmenden* konzeptionellen Merkmale werden zum Aufbau von Aktivierungsfähigkeiten benannt? Und wie wird dies begründet?	7.2.2

7.2.1 Potentiell förderliche Aspekte

Der Aufbau von Aktivierungsfähigkeiten im Kontext der Diagnosefähigkeiten mit einer fallbasierten und digitalen Lernplattform meint, dass ein Lernen stattfinden soll, welches Wissen generiert, auf das in Praxis(nahen)situationen zurückgegriffen werden kann. Es muss aktivier- und übertragbar sein, sodass sich eine sichere diagnostische Performanz ausbilden kann (Abschnitt 1.1.3).

Welche FALEDIA-Merkmale sich dabei aus den Aussagen von Studierenden als potentiell förderlich erweisen, wird im Folgenden mit Forschungsfrage 4.1 nachgegangen:

FF 4.1: Welche potentiell förderlichen konzeptionellen Merkmale werden zum Aufbau von Aktivierungsfähigkeiten benannt? Und wie wird dies begründet?

In einem ersten Schritt wurden dazu die Aussagen zu *Interview 2* gesichtet und Aspekte ausgemacht, zu denen von den Studierenden zum Aufbau von Aktivierungsfähigkeit Bezug genommen wurde. Folgende konzeptionellen Merkmale und Designelemente konnten dabei ausgemacht werden:

1. Versionen der Plattform
2. Theorie-Praxis-Verzahnung
3. Fallbasiertes Lernen
4. Exkurs: STARK-Prinzipien und Feedback

Der unter 4. betrachtete Exkurs zu den STARK-Prinzipien und dem Feedback kann eng begriffen nicht als konzeptionelles Merkmal aufgefasst werden, welche zwangsläufig als besonders förderlich wahrgenommen wurde. Jedoch bieten Einblicke in Aussagen dazu weitere interessante Aspekte, die unter Rückbezug auf die vorherigen drei Analysen vertiefende Einblicke leisten können.

Zusätzlich dazu werden an geeigneten Stellen Aussagen aus *Interview 1* hinzugezogen. Dafür wurden Stellen ausgewählt, welche weitere Aufschlüsse über die Aktivierung von Wissenselementen bezogen auf Hintergrundwissen oder weiteres Handlungswissen bieten, um ein besseres Verständnis der Prozesse, die während des Aufbaus von Diagnosefähigkeiten in den Studierenden vorgingen, zu ermöglichen. Ausschnitte aus *Interview 1* werden entsprechend markiert und der jeweiligen Person zugeordnet, da jede interviewte Person zum Zeitpunkt des *Interview 1* lediglich Zugriff zu einer Variante der Plattform hatte und sich die Aussagen dementsprechend auf die jeweils zugeordnete Variante beziehen.

Version der Plattform

In *Interview 2* konnten bereits Hinweise darauf ausgemacht werden, dass insbesondere I-Elemente zum Aufbau von Hintergrundwissen und E-Elemente bei praxisrelevanten Inhalten bevorzugt wurden (7.1). Aussagen zur Präferenz und Aussagen zur Aktivierung sind teilweise eng miteinander verschränkt, dies konnte bereits in einigen Begründungen im vorangegangenen Kapitel ausgemacht werden, die sich auf aktivierbares Wissen beziehen. Diese Aussagen finden daher im Folgenden aus einer fokussierten Perspektive der Ausbildung von Aktivierungsfähigkeiten erneut eine Betrachtung.

Eine Begründung von Johnny wies zum Beispiel bereits darauf hin, dass konkrete Handlungsaufforderungen aus den E-Elementen dazu beigetragen haben, in diagnostischen Situationen Aktivierungsfähigkeiten aufzubauen. Das eigene Denken und Handeln über das E-Element wird als ausschlaggebender Faktor dafür benannt, dass Erlerntes in späteren Praxissituationen aktivierbar wird. Johnny geht explizit darauf ein, dass lediglich ein Abgleich von Kategorien mit Lernendenlösungen eine Diagnose möglicherweise sogar erschwert. Die Anregungen, selbstständig zu interpretieren und damit das eigene Denken anzuregen, scheint ihr als das zielführende Argument, um Diagnosefähigkeiten aktivierbar aufzubauen.

Johnny zur Frage, welche Variante für den Aufbau von Diagnosefähigkeiten unterstützt		
57:38–58:16	167	[…], weil man kann ja nicht immer so eine Schablone einfach, sag ich mal, auf so ein Kind oder generell legen und ich habe das Gefühl, wenn ich nur so Kernmerkmale habe, die ich irgendwie dann draufpacken muss, dann ist das deutlich schwieriger, als wenn ich wirklich […] wie interpretierst du das? Dann denke ich nochmal ganz anders, als wenn ich jetzt quasi nur die Merkmale auswendig kenne und ich glaube halt für die Diagnose ist halt das Anwenden viel wichtiger, als alles auswendig zu können, deshalb würde ich Aktivität sagen.

Den Vorteil des eigenen Denkens und Handelns, welches laut Awien durch die Auseinandersetzung mit der E-Variante zum Aufbau von Diagnosefähigkeiten angeregt wird, wird ebenfalls betont. Sie beschreibt die Intensität der Beschäftigung mit den E-Elementen bei Diagnosetätigkeiten als deutlich höher, da dieser Zugang Sicherheit in der Anwendung und Aktivierung schafft. Sie habe sich durch die Anwendung ihres Wissens mehr damit auseinandergesetzt, was sie tue und nicht lediglich passiv rezipiert. Das aktivere Diagnostizieren mit der E-Variante lasse sie ihre dadurch erworbenen Fähigkeiten übertragen und auf andere Beispiele anwenden.

Awien zur Frage, welche Variante für den Aufbau von Diagnosefähigkeiten unterstützt		
57:11–57:27	202	Ich glaube, die mit den Handlungen, weil dadurch, dass ich es halt quasi nicht einfach vorgekaut bekommen habe, sondern mich damit selber beschäftigen musste, habe ich mich damit auch mehr beschäftigt und könnte es dann natürlich auch auf die Beispiele besser anwenden, als wenn ich das jetzt einfach nur gelesen hätte.

Eine Aussage von Jan, die bereits zuvor in Abschnitt 7.1 betrachtet wurde, wird an dieser Stelle ebenfalls nochmal aufgegriffen und aus der Perspektive des Aufbaus von Aktivierungsfähigkeiten beleuchtet. Die Begründung über die Realitätsnähe des E-Elements beim Diagnostizieren hat dabei für ihn hohe Relevanz für den späteren Berufsalltag, in welchem ebenfalls selbstständig gehandelt werden müsse. Dementsprechend müssen die „Denkanstöße" (Jan), die durch die I-Variante gegeben werden können, durch das eigenständige Handeln mit der E-Variante aktiviert werden. Dies bezeichnet er als Konfrontation mit einer realistischen Situation im Kontext der Schulpraxis, die dazu beitragen kann, Aktivierungsfähigkeiten für späteres Handeln in der Schule einzuüben.

Jan zur Frage, aus welcher Variante mehr gelernt wurde		
28:42–29:47	287	Ich sollte vielleicht noch ergänzen, dass links [E] natürlich den Vorteil bietet, dass es sehr realitätsnah ist. Man bekommt ja später im Lehrerberuf auch keine vollgefertigte Tabelle von den Kindern, wie hab ich jetzt gedacht. Von daher wird man ja linkseitig [E] doch schon mit einer sehr realen Situation konfrontiert. Von daher würde ich sagen, dass alles, was auch später wichtig für den Lehreralltag ist, sollte auch vielleicht wirklich wie links [E] aufbereitet werden. Und vielleicht als Stütze erstmal oder so ein Beispiel wie rechts [I] halt einfach nur zum Denkanstoß geben, aber alles in allem auf jeden Fall mehr linkseitig [E] Arbeit macht das Sinn.

Zusammenfassend scheint die E-Variante für die Ausbildung von aktivierbaren Diagnosefähigkeiten Zuspruch durch die Studierenden zu erhalten. Insbesondere die Aktivierung von eigenen Überlegungen und das Antizipieren von zum Beispiel Gedankengängen und Fehlerursachen der Lernenden wird dabei hervorgehoben. Eine selbstständige Auseinandersetzung, die eher mit der E-Variante verknüpft wird, scheint dazu beitragen zu können, dass die Studierende das damit aufgebaute Wissen eher als aktivierbar in Praxissituationen oder übertragbar auf weitere Beispiele wahrnehmen als das Wissen über die I-Variante.

Da in der Analyse der Interviews 2 herausgestellt wurde, dass auch insbesondere eine Vernetzung zwischen theoretischem und praktischem Wissen als Begründungselement dafür genutzt wurden, dass die FALEDIA-Plattform beide Varianten der Informationsaufarbeitung beinhalten sollte, wird nun das Designelement der Theorie-Praxis-Verknüpfung im folgenden Abschnitt vordergründig unter der Perspektive des Aufbaus von Aktivierungsfähigkeiten betrachtet.

Theorie-Praxis-Verzahnung

Das vorherige Kapitel konnte bereits Einblicke darein liefern, dass eine Vernetzung von Theorie und Praxis durch eine Verbindung beider Versionen angeregt werden könnte. In diesem Abschnitt wird untersucht, wie Studierende die Verzahnung von Theorie und Praxis als FALEDIA-Designelement beim Aufbau von Aktivierungsfähigkeiten begründen.

Mia (EoÜ) und Jan (EoÜ) beziehen sich bei der Begründung, welche Vorteile FALEDIA für sie im Vergleich zu anderen Informationsquellen aufweist, auf die klassischen universitären Informationsquellen aus Vorlesung(sfolien) und angliedernder Übung(saufgaben).

I1: Mia zum Ranking verschiedener Angebote

02:46:54–02:46:07	145	Ich finds halt gerade ja eben gut, weil es eben so ne Kombination aus Vorlesung und Übung ist, sage ich jetzt mal, dass ich mal erst das Hintergrundwissen, wie ich es in der Vorlesung machen würde, erarbeite, dann eben nochmal Übungen dadrin habe.

I1: Jan zum Ranking verschiedener Angebote

02:38:57–02:40:20	287	Ich muss ganz ehrlich sagen, auf Platz eins würde ich sogar FALEDIA packen, einfach nur deswegen, weil man hat Theorie und Praxis sofort miteinander verbunden, was man eben bei Vorlesungsfolien und Übungsaufgaben, das wäre dann Platz zwei und drei bei mir, halt getrennt hat. […] man hat ganz genau den Textbereich, auf den sich die Aufgabe bezieht, die Aufgaben sind einzeln nochmal erklärt, man kann immer nochmal wieder hoch scrollen, auch während der Aufgaben, um sich nochmal zu versichern.

Sie beschreiben beide ihre Nutzungsweise der FALEDIA-Plattform als Kombination aus dem Aneignen von Hintergrundwissen und dem praktischen Anwenden. Genau in dieser Verbindung aus Theorie und Praxis, zu einem bestimmten Lerngegenstand, sehen sie den Vorteil in einer Nutzung der FALEDIA Plattform. Jan hebt dabei die Abgestimmtheit der Inhalte des Hintergrundwissens und Anwendungsmöglichkeiten als besonders gewinnbringend für den eigenen Lernprozess, in dem er die Möglichkeit habe, immer wieder Rückbezug zur Theorie nehmen zu können.

Diese Argumentation wird auch bei Katrin deutlich, die darauf abzielt, dass durch konkrete diagnostische Handlungen es möglich ist zu erkennen, wie Hintergrundwissen in diagnostischen Situationen angewendet wird.

Katrin zur Frage, welche Variante nach Stand des Lernprozesses		
48:49–49:00	300	[...] aber ich habe halt dann im Hinterkopf, dass ich natürlich nicht diagnostizieren kann, wenn ich das Hintergrundwissen nicht habe [...]

Katrins Aussage macht deutlich, dass ein Schlüssel zu Aktivierungsfähigkeiten im Rückgriff auf ein fundiertes Hintergrundwissen im Diagnoseprozess liegen könnte. Dieser Aspekt wird ebenso bei Jan deutlich. Er würde sich weitere Inhaltsbereiche auf FALEDIA wünschen, wobei er eine Konzeption aus einem Teil zum Hintergrundwissen und einen Teil zur Diagnose, inklusive E-Elementen, gutheißen würden.

Jan zur Frage, welche Variante mehr für den Aufbau von Diagnosefähigkeiten unterstützt		
01:11:03–01:11:20	287	Deswegen hoffe ich, dass es weiter so fifty-fifty aufgeteilt wird bei FALEDIA. Dass es ein Teil Informationsquelle ist, aber auch ein Teil, wo wir selber ran können und es an lebensweltlichen Beispielen üben können, bevor wir dann auf die Kinder losgelassen.

Aus seiner Aussage kann abgeleitet werden, dass er beides, Hintergrundwissen und handlungsrelevantes Diagnosewissen, als integrale Bestandteile beim Aufbau von bereichsspezifischen Diagnosefähigkeiten ansieht. Das aufgebaute Hintergrundwissen möchte er anwendend üben, um es in praktischen Diagnosesituationen im späteren Unterrichtsalltag aktivieren zu können.

Stella (EoÜ) gibt in *Interview 1*, im retrospektiven Vergleich des Pre- und Posttests an, dass gerade die drei eröffneten Hintergrundfacetten für sie leitend bei der Diagnose waren. Sie habe die drei Aspekte geistig aktiviert und auf das Fallbeispiel im Posttest angewendet.

I1: Stella zur Frage, inwiefern FALEDIA den Posttest beeinflusst hat		
02:10:54–02:11:18	148	Ja, also alles was ich gesagt habe, hat sich jetzt auch wieder um diese drei Aspekte gedreht. Dass ich immer gesagt habe: hier geht es um einen Darstellungswechsel, hier könne man dann das Bündeln erkennen und auch das Stellenwertverständnis. Das basiert alles auf diesen drei Aspekten.

Der Wunsch zur Überprüfung des eigenen Wissens über die Anwendung des zuvor theoretisch Erarbeiteten wird in Awiens Aussage erkennbar. Die Theorie soll demnach in praktischen oder praxisnahen Situationen angewendet werden, um beides miteinander zu vernetzen.

Awien zur Frage, welche Variante für den Aufbau von Diagnosefähigkeiten unterstützt		
50:00–50:42	202	Und da kann man ja dann auch direkt selber prüfen, ob man das, was man vorher zum Beispiel gelesen hat oder schon mal gehört hat, richtig macht. Und später muss man es ja auch selber machen, ohne sich irgendein Video vorher angucken zu können.

Dabei betont sie, dass die Aktivierung der theoretischen Wissensgrundlagen zu praktischen Zwecken im späteren Schulalltag auch aus ihr selbst heraus – ohne direkten Zugang zu einem I-Element – gelingen muss. Das Anwenden und die daraus resultierende Vernetzung zwischen Theorie und Praxis über die FALEDIA-Plattform scheint für sie somit eine Übungssituation für spätere Praxissituationen darzustellen.

Martin bezieht sich auf die explizit konzeptionell durch FALEDIA angeregte Vernetzung von dem Hintergrundwissen und dem Anwenden auf Fallbeispiele. Dabei stellt er heraus, dass ihm durch die explizite Aufforderung, theoretisch erarbeitete Erkenntnisse auf Fallbeispiele anzuwenden, die Perspektive eröffnet hat, die Denkweise von Kindern besser antizipieren zu können.

Martin zur Frage, inwiefern FALEDIA Einfluss auf Diagnose hatte		
02:53–03:48	226	Guckt euch das Schülerdokument an, was fällt euch auf und geht vielleicht auch auf das ein, was vielleicht vorher im Text besprochen wurde. [...] Und dann hab ich auch bei mir gemerkt am Anfang habe ich so diese Schülerdokumente angeguckt und mir war nicht wirklich klar, was ich da hätte sehen sollen. Und so mit der Übung dann auch mit der FAELDIA-Seite, wo man das dann anwenden sollte, hat man immer mehr ein bisschen ein Gespür dafür zu bekommen, wie die Kinder rechnen hätten können oder was sie sich vielleicht darüber gedacht haben.

Die Betrachtung der Begründungen zum Designelement der Theorie-Praxis-Verzahnung zum Aufbau von Aktivierungsfähigkeiten verweist insgesamt auf einige ineinandergreifende Aspekte. Dabei wird in Teilen angegeben, dass der Aufbau eines fundierten Hintergrundwissens essentiell für die Aktivierung diagnoserelevanten Wissens angesehen wird. Diese Integration von theoretisch erarbeitetem Hintergrundwissen in praxisnahe Diagnosesituationen der fallbasierten Diagnoseanlässe ermöglicht zum einen eine Überprüfung des Wissens während der Anwendung, zum anderen trägt es dazu bei, dass Studierende zu Perspektivwechseln und Antizipieren von Gedankengängen der Lernenden angeregt werden. In einigen Begründungen wird deutlich, dass insbesondere der letztgenannte Aspekt eine vorbereitende Wirkung für die spätere eigene Unterrichtshandlung in sich zu tragen scheint. Dabei kann ausgemacht werden, dass die Fähigkeit, Hintergrundwissen selbstständig in diagnostischen Situationen aktivieren zu können, als eine entscheidende Facette für die zukünftige Arbeit als Lehrkraft herausgestellt wird.

Sowohl aus der Zusammenfassung als auch aus dem letzten Beispiel von Martin wird besonders ersichtlich, dass auch das fallbasierte Lernen als Designelement der FALEDIA-Plattform dazu beigetragen haben könnte, Aktivierungsfähigkeiten aufzubauen. Diesem Designprinzip widmet sich der nachfolgende Absatz.

Fallbasiertes Lernen

> Ich würd vielleicht diese, diesen Diagnoseteil den könnte ich machen in Vorbereitung auf, auf das Lehrersein hinterher. – I1, Nele

Das fallbasierte Lernen wird ebenfalls im Kontext des Aufbaus von Aktivierungsfähigkeiten benannt. Katrin beschreibt einen Vorteil des fallbasierten Lernens für diagnostische Tätigkeiten, um selbst Einblicke in das eigene Handeln in der Praxis zu erhalten. Sie spricht davon, ein „Gefühl" (Katrin) dafür zu bekommen, wie sie mit Diagnosesituationen umgeht, – möglicherweise auch, worauf sie dabei zurückgreift. Sie beschreibt dies als Metaperspektive, über die sie sich quasi selber beim Umgang mit Kinderlösungen beobachten kann: „man muss selber mal gucken, wie man selber so damit umgeht" (Katrin).

Katrin Gegenüberstellung E und I Elemente allgemein		
26:04–26:13	300	Es gab ja auch sowas mit Schülerlösung, da finde ich sowas halt glaube ich ganz ansprechend, dass man halt einfach so das Gefühl hat, man muss selber mal gucken, wie man selber so damit umgeht.

Anke greift das Individuelle der Denkweisen von Kindern auf und begründet darüber, dass eine Auseinandersetzung mit Fallbeispielen über die E-Variante dazu beigetragen habe, ein Hineinversetzen in eben jene Denkweisen zu schulen. Ebenfalls nennt Anke als Vorteil des fallbasierten Arbeitens, dass dieses dazu anrege, eigene Überlegungen über das Vorgehen der Lernenden anzustellen.

Anke Gegenüberstellung E und I Elemente nach Komplexität des Inhalts		
30:23–30:28	180	Das regt halt immer nochmal an, darüber nachzudenken, was dieses Kind da doch gerade tut.

Sie gibt an, dass die Arbeit an Fällen dazu beitragen kann, die eigene Perspektive zu erweitern. Zudem ist sie überzeugt davon, dass die Auseinandersetzung mit – zum Beispiel durch Fälle repräsentierten – Fehlern dazu beitragen kann, dass das Wissen, welches sie in dem Zuge aufgebaut hat, in Praxissituationen aktiviert werden kann.

Anke zur Frage, inwiefern FALEDIA Einfluss auf Diagnose hatte		
03:17–03:34	180	Also ich sag jetzt einfach mal, es gab mir schon Sicherheit, dass man jetzt zum Beispiel sagen könnte, ja okay, wenn so ein Fehler jetzt, wenn ich das vor mir sehen würde in der Schule, würde ich sagen, okay, das hab ich, das weiß ich, was das ist und das würde mir schon weiterhelfen, ja.

Auch für Anke scheint das fallbasierte Arbeiten entsprechend zur Entwicklung von Aktivierungsfähigkeiten beitragen zu können. Durch die Auseinandersetzung mit konkreten Fällen lerne sie beispielsweise Fehlermuster oder typische Handlungen von Kindern zu erkennen. Dieses Wissen scheint ihr dabei so verfügbar generiert zu werden, dass es bei einer erneuten Begegnung mit ähnlichen Mustern in der Praxis leicht abrufbar sei. Dadurch könne sie das für die Diagnose notwendige Wissen in relevanten Situationen in der Praxis aktivieren und anwenden.

Bei Anna (IoÜ) wird in *Interview 1* auf die Frage hin, ob sie die FALEDIA-Plattform erneut nutzen würde, wenn weitere Inhalte angeboten würden, deutlich, dass sie der Meinung ist, durch die Auseinandersetzung mit den fallbasierten I-Elementen tiefere und präzisere Diagnosen anstellen zu können. Sie beruft sich dabei einerseits auf die Fähigkeit, ihre Gedanken besser in ihrer diagnostischen Performanz „verbalisieren" (Anna) zu können. Andererseits verweist sie darauf, dass durch die Erweiterung des fachdidaktischen Wissens eine Übertragung auf Kinderdokumente möglich sei, die es erlaube, das neue Wissen zu aktivieren und darüber tiefenschärfer zu diagnostizieren.

I1: Anna zur Frage, ob FALEDIA bei anderen Inhalten genutzt werden würde		
02:41:12–02:53:07	122	[...] okay ich nehm die Seite und kann das dann, ähm, besser verbalisieren und auch, ähm, dann sind mir neue Sachen aufgefallen und ich kann halt tiefergehen und das Ganze. [...] okay ich hab jetzt hier gerade ein Schülerproblem mit der Null, ich weiß jetzt nicht genau was ich da aufschreiben sollte, alles klar ich investier hier eben nochmal zwei, drei Minuten, um mir das anzuhören und durchzulesen, eh dann finde ich da einfach Aufwand und Ertrag ziemlich gut.

Jan beschreibt den Zugang zu den Fällen ebenfalls insofern als gewinnbringend für seinen Lernprozess, als dass er sich mehrere alternative Deutungen und Vorgehensweisen zu Lernendenbearbeitungen anschauen und den Nutzen für sich abwägen kann. Fallbasierte Elemente bieten ihm den Ausbau von diagnostischer Sicherheit durch gedankliche Kategorienbildung – „Indikatoren" (Jan) – an.

Jan zur Frage, inwiefern FALEDIA Einfluss auf Diagnose hatte		
02:31:30–02:32:19	287	Also, ich würde sagen schon sehr, also schon in einem großen Maße, einfach weil FALEDIA viele unterschiedliche Beispiele bietet. Und dementsprechend man sich das auch nochmal Stück für Stück angucken kann. Man kann ganz genau sehen, wie man es machen könnte oder was ein Weg wäre oder auch unterschiedliche Wege da heranzugehen. Und ich finde, man wird aufmerksamer für bestimmte Indikatoren, kann ich das so sagen?

Diese Kategorien könne er in seinem Lernprozess anhand der Fälle entwickeln und bei anderen Fällen erneut so aktivieren, dass er aufmerksamer für sie wird. Das Lernen an Fällen bedient entsprechend gleichermaßen einen Lernzweck durch das Aufzeigen und Durchdenken verschiedener Perspektiven sowie einen Aktivierungszweck durch das Ableiten von wiedererkennbaren Indikatoren, die zukünftige Diagnosen potentiell erleichtern.

Angie (EmÜ) geht in *Interview 1* während ihres retrospektiven Vergleichs des Pre-Post-Tests darauf ein, dass die auf der FALEDIA-Plattform dargestellten Fälle ihre Perspektive möglicher Fehlvorstellungen und Ursachen erweitert hätten. Sie gibt an, dadurch angeregt worden zu sein, mehr potentielle Möglichkeiten in ihre Diagnose einbezogen zu haben, sodass sie ihr Wissen zur Vielfältigkeit von Denkweisen von Kindern aktivieren konnte.

I1: Angie zum retrospektiven Vergleich des Pre-/Posttests		
01:46:25–01:46:52	262	Ja, halt einfach, dass man nochmal darauf aufmerksam gemacht wird, was es alles für Möglichkeiten gibt bei diesem Thema mit Stellenwerttafeln und Überträgen etc. Dass nicht unbedingt alles schwarz-weiß ist, wie man es manchmal darstellen würde, sondern absolut vielfältig. Und das hat man zum Beispiel in dem Diagnose Teil der ersten Aufgabe, dass es da unglaublich viele Varianten von Schwierigkeiten gibt.

In *Interview 1* wird in Philips (ImÜ) retrospektiver Betrachtung des Posttests deutlich, dass er sich in seiner Rekonstruktion der Gedankengänge zum *Ursachen ableiten*, auf die Fallbeispiele zu typischen Fehlern von Kindern bezieht.

I1: Philip zur Frage, inwiefern FALEDIA den Posttest beeinflusst hat		
01:56:33–01:57:05	215	Deswegen bin ich dann, das war dann wieder ganz schön in dem Moment, dass ich dann bei Aufgabe c [DP2] dann wieder versucht habe über die Internetseite von gerade nachzudenken. Was waren da eigentlich die vier Punkte? An was kann man sich da so orientieren? Und so kam ich dann darauf, dass eben, sie eben ein Problem mit der Null haben könnte, das Problem mit dem Bündeln des Materials. Das in den verschiedenen, verschiedenen Richtungen zu denken, was eigentlich das Problem dahinter ist und nicht einfach nur zu erkennen: das Kind hat die Zahl falsch aufgeschrieben, woran scheitert es, dass es die Zahlen nicht richtig aufgeschrieben hat.

Er gibt an, dass er das Wissen zu den Fehlern aktivieren konnte, um über ein Erkennen eines Fehlers hinauszudenken, was zu der Analyse für mögliche Ursachen hinführt. Die vier fallbasiert dargestellten Fehlertypen hätten ihm eine Art Orientierung geboten, um die Ursache des Fehlers im Posttest zu diskutieren.

Dem entspricht auch die Aussage von Margot, die in *Interview 1*, in der retrospektiven Rekonstruktion ihrer Gedankengänge zum Posttest, auf die I-Variante der Fallbesprechungen zu typischen Fehlern von Lernenden verweist. Auch sie habe sich an die informativ angebotenen Falldarstellungen zurückerinnert und ihr Wissen darum im Posttest aktivieren können.

I1: Margot zur Rekonstruktion ihrer Gedanken beim Posttest		
01:17:12–01:26:45	119	Dadurch, dass einfach auf der FALEDIA Seite die vier potentiellen Fehler zusammengefasst wurden, mit der Audiospur, habe ich jetzt auch direkt bei mir in der Abgabe gemerkt, dass ich da indirekt auch drauf geachtet habe.

Nele gibt an, dass Aktivierungsübungen für die spätere Schulpraxis durch Fallbeispiele über die E-Umsetzung gefördert werden können: „Und das übt ja auch, weil später muss man auch diagnostizieren, wenn man wirklich den Lehrerberuf anstrebt“ (Nele).

Nele zur Frage, welche Variante mehr für den Aufbau von Diagnosefähigkeiten unterstützt		
44:35–45:18	299	Ja, definitiv die, wo ich selber diagnostizieren durfte, musste, wie auch immer man das jetzt sehen möchte. Weil man sich da halt selber damit auseinandersetzt. Und das übt ja auch, weil später muss man auch diagnostizieren, wenn man wirklich den Lehrerberuf anstrebt. Deswegen finde ich das auch ganz sinnvoll. Und wenn einem dann so eine Diagnose gezeigt und ich sage mal vorgekaut wird, ist das zwar schön und gut, aber das kann man vielleicht auch ein bisschen was mitnehmen. Vielleicht merkt man sich auch ein paar Tricks bei der Diagnose, die man da machen kann. Aber es bleibt halt nicht dauerhaft im Gedächtnis, zumindest bei mir nicht, weil ich es nicht selber angewendet habe.

Dabei kann die I-Variante zusätzlich unterstützend wirken: „Vielleicht merkt man sich auch ein paar Tricks bei der Diagnose, die man da machen kann" (Nele). Um jedoch dauerhaft und anwendbar das Gelernte später auch in Praxissituationen anwenden zu können, reiche es nicht, sich Fallbeispiele informativ anzuschauen. Handlungswissen wird laut Nele allein durch eigenes Handeln am Fall aufgebaut.

Zusammengefasst kann das fallbasierte Lernen durch Aussagen der Studierenden im Interview als eines der Designelemente ausgemacht werden, welches positiv beim Aufbau von Aktivierungsfähigkeiten wahrgenommen wird. Auch hier lassen sich aus den Transkriptausschnitten verschiedene Begründungshinweise rekonstruieren.

Ein Ausbau der Fähigkeit, eigene Überlegungen zu Gedankengängen von Kindern anzustellen durch fallbasiertes, insbesondere über die E-Variante realisiertes Lernen, wird aus mehreren Aussagen deutlich. Dies scheint durch das wahrgenommene Anregen zum Hineinversetzen in die Gedankengänge der Kinder über Fallbeispiele hervorgerufen zu werden.

Es werden verschiedene Wirkungen einer solchen Auseinandersetzung aus den Interviewausschnitten deutlich. Zum einen kann ausgemacht werden, dass ein Erkennen typischer Lernwege, -fehler oder -muster zu gedanklicher Kategoriebildung beitragen kann, welches im Anschluss gerade durch die intensive gedankliche Auseinandersetzung mit den Fallbeispielen erneut aktivierbar erscheint. Zum anderen wird daraus eine Vorbereitung auf die Schulpraxis wahrgenommen, wozu nicht zuletzt die gesteigerte Sicherheit beim Diagnostizieren durch das Üben von Aktivierungsfähigkeiten am Fall beizutragen scheint.

Insgesamt scheint dadurch einigen Studierenden das Lernen am Fall, insbesondere über die E-Variante, als nicht nur praxisrelevant, sondern auch nachhaltig wahrgenommen zu werden, da sie angeben, die aufgebauten Fähigkeiten seien zugänglich und erneut aktivierbar.

STARK und Feedback

Aus einigen Aussagen der Studierenden lassen sich Aspekte beim Aufbau von Aktivierungsfähigkeiten rekonstruieren, die dem Designelement der STARK-Prinzipien zugeordnet werden können. Insbesondere die beiden Aspekte *Anwendung* und *Relevanz* kommen dabei zum Tragen. Auch die *Transparenz* wird an einigen Stellen insbesondere durch Aussagen zum *Feedback* deutlich.

Das Prinzip der Anwendung wurde im Vorangegangenen bereits mehrfach in der Theorie-Praxisverknüpfung deutlich. Denn wie in Abschnitt 3.1.3 dargelegt, wird es Studierenden einerseits ermöglicht, realistische Praxisszenarien zu nutzen, um erworbenes Wissen anzuwenden und damit auch zu reflektieren. Damit einhergehend und zweitens dient es dazu, durch diese Lerngelegenheit theoretisches mit praktischem Wissen zu vernetzen.

Relevanz bedeutet (Abschnitt 3.1.3), dass mit Hilfe der Vernetzung von Theorie und Praxis in der Anwendung Einsichten geschaffen werden, die dazu führen, dass den Studierenden eine Sinnstiftung ermöglicht wird dahingehend, dass deutlich wird, warum eine Auseinandersetzung mit dem zu Lernenden aus Sicht der späteren Berufspraxis relevant ist.

Da in den vorherigen Abschnitten bereits Aufschlüsse darüber gewonnen werden konnten, dass sowohl die Vernetzung von Theorie und Praxis als auch die Einsichten darein, dass Kompetenzentwicklungen in praxisrelevanten Themen mögliche Einflussfaktoren auf das Entwickeln von Aktivierungsfähigkeiten darstellen können, wird sich in diesem Abschnitt zunächst dem Zusammenwirken dieser beiden Prinzipien gewidmet. Unter Rückbezug auf die vorherigen Abschnitte können zudem vorsichtig mögliche Deutungsansätze zum Aufbau von Aktivierungsfähigkeiten vorgenommen werden.

Explizit wird die Verknüpfung aus Relevanz und Anwendung bei Martin deutlich, der sich darauf bezieht, dass zu einigen Inhalten die E-Elemente einen Aufgabencharakter besitzen, bei denen zu einem Ergebnis gelangen möchte.

Martin Gegenüberstellung E und I Elemente allgemein		
49:03–49:16	226	[...] aber ich habe das Gefühl, in meinem Kopf war es so, dass bei der ersten Aufgabe irgendwie für mich war das einfacher, da das einfach nur so spielerisch auszuprobieren, wo ich hier das Gefühl habe, ich möchte mich hier wirklich mit der Aufgabe auseinandersetzen.

Dabei scheint eine innere Motivation zu bestehen, sich selbstständig unter Anwendung des eigenen Wissens mit der Problemlöse- oder Reflexionssituation auseinanderzusetzen. Diese Inhalte definiert er genauer als diejenigen, bei denen er eine Auseinandersetzung nicht nur als „Mittel zum Zweck“ (Martin) wahrnimmt. Genau dann besitzt das Lösen dieser Aufgabe, vielleicht noch mehr der Lösungsprozess, für ihn Relevanz. Auch wenn Martin dies nicht explizit formuliert, könnte möglicherweise die Sinnstiftung dazu beitragen, dass Martin aktvierbares Wissen dadurch generiert, dass er Einsichten in die Relevanz dieses Wissens für seine spätere Berufspraxis besitzt.

Martin Gegenüberstellung E und I Elemente allgemein		
53:02–53:24	226	Aber die Aufgabe kann ich halt nicht als Mittel zum Zweck sehen, so ich muss mich damit beschäftigen, aber das Ergebnis ist nicht relevant, sondern bei der Aufgabe ist halt das Ergebnis relevant.

Zudem wird die Möglichkeit einer Erprobung des eigenen Handelns durch Anwendung in diagnostischen Situationen bei Katrin deutlich. Scheinbar ist im Zusammenspiel des eigenen Diagnosehandelns und dem Bewusstwerden darüber, was Kinder leisten müssen, eine Facette zu verzeichnen, die sie als positiv für ihren Lernerfolg beim Aufbau von Fähigkeiten wahrnimmt, um diese im späteren Beruf anwenden zu können.

Katrin Gegenüberstellung E und I Elemente allgemein		
25:57–26:28	300	Also beim Diagnostizieren oder irgendwie sowas, es gab ja auch sowas mit Schülerlösung, da finde ich sowas [E] halt glaube ich ganz ansprechend, dass man halt einfach so das Gefühl hat, man muss selber mal gucken, wie man selber so damit umgeht. Bei diesem Fünfer-System fand ich das halt ganz gut, das war ja eher so eine Aktivität, wo man ein Bewusstsein dafür kriegen sollte, was für eine Anstrengung dahintersteckt oder generell einfach so ein System nochmal auf was anderes zu übertragen.

Katrin beschreibt die anwendende Auseinandersetzung mit einem E-Element zum Aufbau von Hintergrundwissen als eine, welches für sie Relevanz erzeugt hat. Diese Relevanz besteht darin, dass das reflexive E-Element dazu beigetragen habe, eine Perspektivübernahme anzuregen, indem „man ein Bewusstsein dafür kriegen sollte, was für eine Anstrengung dahintersteckt" (Katrin), wenn Kinder in noch nicht sicher aufgebauten Inhalten agieren müssen.

In *Interview 1* gibt Katrin (EmÜ) dazu an, dass sie insbesondere über die Sinnstiftung im Hintergrundteil aktivierbares Wissen generieren konnte. Ihr sei deutlich geworden, warum das Bündeln und Entbündeln für Kinder, die gerade im Prozess sind, ein Stellenwertverständnis aufzubauen, eine komplexe Herausforderung darstelle. Dadurch, dass sie durch das E-Element „selber gerade ein Betroffener war" (Katrin), konnte sie nachvollziehen, wie durchaus konzentrationsaufwändig Bündelungsaktivitäten sein können, wenn man selbst nicht sicher in dem jeweiligen Stellenwert agiert. Die textuelle Einbettung hätte dann diese Perspektivübernahmen zusätzlich unterstützt und „für das spätere Wissen" (Katrin) angeregt.

I1: Katrin zur Frage, welche Aspekte besonders überzeugt haben		
02:25:41–02:25:57	300	[…] hat einem trotzdem nochmal dieses Verständnis vor allen Dingen für das spätere Wissen, also dieses Erzählen halt jetzt gerade, warum das so schwierig ist für die Kinder halt nochmal nahegebracht, das fand ich ganz gut. Weil man dann ähm irgendwie selber gerade ein Betroffener war.

Auch Philip verweist auf den Aufbau von Hintergrundwissen zu verschiedenen Stellenwerten in einer anwendenden Auseinandersetzung: „Das 10er-System nehmen wir immer als gegeben hin, an den anderen [Stellenwertsystemen] merkt man es dann eigentlich erst“ (Philip). Die eigenständige Auseinandersetzung scheint für ihn für ein aktivierbares Wissen zum Bündeln und Entbündeln essenziell. Denn ein tiefes konzeptuelles Verständnis, im Gegensatz zu einem reinen Nachvollziehen von Strukturen, könne nur dann erlangt werden, wenn eigenständig gehandelt würde. Dies könnte dazu führen, dass aktivierbare mentale Modelle aufgebaut werden, auf die immer wieder zurückgegriffen werden könne.

Philip Gegenüberstellung E und I Elemente allgemein		
10:04–10:35	215	[...] und Stellenwerte finde ich immer erst das, was man anfassen muss, was man vom Inhalt ja wirklich probieren muss. Und dann sieht man das ja in den Stellenwerttafeln ja auch, durch dieses aktive Verschieben kommt ja eigentlich dieses Verständnis, ab wann ich bündeln muss und ab wann ich entbündeln muss. Also ich finde, das Thema an sich bietet sich einfach unfassbar gut dafür an, um wirklich dahinter zu steigen, wie das eigentlich funktioniert. Das 10er-System nehmen wir immer als gegeben hin, an den anderen merkt man es dann eigentlich erst.
	...	...
11:06–11:16	215	Das versteht man zwar, das kann man nachvollziehen, aber wirklich, um das zu tief zu durchdringen, muss man das anfassen. Davon bin ich überzeugt.

Um die hier benannten Aspekte mit dem Aufbau von Aktivierungsfähigkeiten stärker in Verbindung zu bringen, wird erneut die Aussage von Nele herangezogen. Aus dieser Aussage wird deutlich, dass Wissen, welches im Berufsleben angewendet wird, also aktiviert werden muss, für sie nur durch Anwendungssituationen aufgebaut werden kann.

Nele zur Frage, welche Variante mehr für den Aufbau von Diagnosefähigkeiten unterstützt		
44:35–45:18	299	Weil man sich da halt selber damit auseinandersetzt. Und das übt ja auch, weil später muss man auch diagnostizieren, wenn man wirklich den Lehrerberuf anstrebt. [..., Bezug zu I-Element] Aber es bleibt halt nicht dauerhaft im Gedächtnis, zumindest bei mir nicht, weil ich es nicht selber angewendet habe.

Die STARK-Prinzipien der *Steuerung* und der *Transparenz* beziehen sich unter anderem auf das *individualisierte Feedback*, welches die E-Variante der Plattform enthält. Auf Aussagen speziell zum Feedback wird im letzten Absatz dieses Teilkapitels eingegangen.

Für die *Steuerung* bedeutet dies, dass das eigene Lernen durch die Studierenden mithilfe (u. a.) des Feedbacks dirigiert werden kann und es ist zu schauen, wie sie das Feedback für ihre eigenen Lernentscheidungen nutzen. Dies hängt eng mit der *Transparenz* zusammen, denn sie soll den Studierenden die eigene Lernwegsteuerung ermöglichen. Informationen zum Inhalt des Lernweges sollen dazu führen, dass eigenverantwortliche Entscheidungen über eben diesen getroffen werden können, aber auch, dass die Relevanz eingeschätzt werden kann. Feedback dient dabei dazu, dass Anforderungen und Inhalte transparent werden und der eigene Lernerfolg eingeordnet werden kann.

Der Wert einer Überprüfung der eigenen Gedankengänge wird bei Martin deutlich. Wie bereits in Abschnitt 7.1 herausgearbeitet werden konnte, gibt es Studierende, die sich nicht auf die (Re-)Konstruktionen der eigenen Gedanken verlassen können oder möchten. Die Möglichkeit, Feedback zu den eigenen Überlegungen zu erhalten, wird von Martin daher als förderlich im Sinne eines Sicherheitsempfindens bezogen auf Eigenerarbeitungen empfunden.

Martin Gegenüberstellung E und I Elemente allgemein		
27:41–27:55	226	Und ich fand das hier auch gut, dass man sozusagen direkt Feedback bekommen hat. Also ich konnte halt dann meine Überlegung, die ich angestellt habe, was ich vermutet habe aufgrund der Aufgabe von mir, konnte ich halt hier direkt überprüfen.

Anna bezeichnet ein Feedback, was aussagt, dass sie eine richtige Bearbeitung des Lernbausteins vorgenommen hat, als „Beweis“ (Anna) für das eigene Verständnis.

Anna zur Frage, welche Variante für eine thematische Wiederholung		
57:08–57:21	122	Und das finde ich löst die FALEDIA Seite noch ganz gut, dass man sich da in manchen Sachen einfach weiß, okay, das Thema habe ich jetzt verstanden. Hier habe ich quasi auch den, ich sag mal, Beweis dafür.

Sie begreift die Rückmeldungen ebenfalls als sicherheitsgebendes Element, was dazu beiträgt, ihr Verständnis zu einem Inhaltsbereich abgesichert zu wissen.

Awien (EmÜ) wird in *Interview 1* gebeten, ihr Ranking von Informationsquellen, in dem sie FALEDIA vor Vorlesungsfolien sieht, zu begründen. Dabei beschreibt sie den Zusammenhang zwischen eigenständiger Tätigkeit über das E-Element und dem entsprechenden Feedback als „neues Wissen erfahren" (Awien). Sie grenzt dies explizit vom Wissenserwerb über die Vorlesungsfolien ab, die sie als Wiederholung und möglicherweise Vertiefung sieht. Die Deklaration als *erfahren* von neuem Wissen deutet darauf hin, dass das so erworbene Wissen ihr zugänglicher scheint.

I1: Awien zum Ranking verschiedener Angebote		
02:31:53–02:32:06	202	Ja, also auch dieses Interaktive und, dass man auch direkt Feedback bekommt und halt auch nochmal Wissen generieren kann. Also Vorlesung ist ja quasi nur abschreiben und das nochmal vertiefen. Aber hier habe ich ja jetzt neues Wissen erfahren.

Insbesondere in Bezug auf die E-Elemente bei Fallbeispielen, zu denen Diagnosen angestellt werden sollten, betont Philip das Feedback als hilfreich. Er gibt an, zunächst eigenständig zu einer Lösung zu kommen, jedoch über das Feedback dann weitere Einsichten zu erlangen.

Philip zur Frage, inwiefern FALEDIA Einfluss auf Diagnose hatte		
02:43–03:08	215	[…] und dann wirklich herauszufinden durch diese interaktiven Übungen, okay, was ist jetzt eigentlich diese Ansicht und direkt dann auch ein Feedback dazu bekommen, ein konkretes oder auch Ideen dazu bekommen, wenn eine Lösung nicht korrekt ist, in welche Richtung man dann denken könnte oder auf was man vielleicht achten sollte und das fand ich wirklich total hilfreich.

Feedback würde das eigene Denken ergänzen und zusätzliche Ansätze liefern, auf welche bei weiteren Diagnosen zurückgegriffen werden kann. Eine Vernetzung zwischen eigenen Überlegungen und zusätzlichen Informationen aus einem Feedback scheint für ihn zur Steuerung des Lernens und zur Erweiterung des Denkens beitragen zu können.

Dabei betont er, dass gerade die Anwendung des Hintergrundwissens in diagnostischen Fallsituation in Kombination mit dem Feedback scheinbar einen transparenten Zugang zum Zusammenhang zwischen allen erarbeiteten Bereichen schafft.

Philip zur Frage, welche Variante für den Aufbau von Diagnosefähigkeiten unterstützt		
49:14–49:48	215	Also in der Entwicklung der Diagnosekompetenz war es dann doch immer der Bereich, der durch Animationen einfach gestützt war. Eben weil man da dann konkret dieses Feedback hat. Man hat sich vorher überlegt, okay, man hat vorher das Hintergrundwissen erarbeitet, wollte das dann überprüfen und dieser Überprüfungsprozess kann eigentlich nur stattfinden, wenn ich irgendwas aktiv mache. Und wenn ich es nur theoretisch lese, kann ich das nicht unbedingt überprüfen, was ich da habe oder was ich da mir erarbeitet habe. Von daher fand ich da den Diagnoseteil, den Animationsanteil super.

Das Überprüfen des eigenen Lernens über Anwendung und Rückmeldung wird in dieser Aussage vereint und als positiv für den gesamten Lernprozess zum Aufbau von Diagnosefähigkeiten wahrgenommen.

Jil (EmÜ) betont in *Interview 1* auf die Frage, welche Aspekte sie besonders überzeugt haben, dass das angebotene Feedback die Aktivierung der eigenen Gedankengänge überprüft hat. Sie konnte anhand des Feedbacks erfahren, inwiefern es mit ihren eigenen Gedankengängen übereinstimmte.

I1: Jil zur Frage, welche Aspekte besonders überzeugt haben		
02:21:47–02:21:56	153	So was hier [Feedback zur Bearbeitung] fand ich auch gut, dass dann da noch mal so Bezug zu den Aufgaben genommen wurde, die man gemacht hat. Was dann ja auch so war, also das war ja genau das, was man dabei gedacht hatte.

Auch wenn das Element der *Steuerung* nicht konkret aufgegriffen wird, um Aktivierungsfähigkeiten aufzubauen, lässt sich eine Aussage von Awien in Bezug auf die Videos ausmachen, in denen sie den Vorteil nennt, dass sie das Video immer wieder zurückspulen kann, bis sie ein Thema wirklich verstanden hat.

Awien Gegenüberstellung E und I Elemente allgemein		
14:30–14:34	202	Ich bin dann selber so Mensch ich, ich spule das so oft zurück, bis ich das wirklich verstanden habe.

Mit anderen bisher analysierten Aspekten zusammen, die betonen, wie wichtig auch ein solides und konzeptuell zugängliches Hintergrundwissen für Diagnosefähigkeit ist, könnte sich diese Aussage, wenngleich nicht als explizit notwendig, jedoch zumindest als unterstützend beim Aufbau von Verständnis beim Erlernen des Hintergrundwissens erweisen.

Zusammenfassend deuten die Aussagen hindeuten, dass die Studierenden dann ein tiefes Verständnis aufbauen zu können, wenn sie ihr Wissen anwenden, für sie relevantes Feedback erhalten und ihren Lernprozess steuern können – und möglicherweise insbesondere dann, wenn sie dies auch selbst wahrnehmen.

Dabei scheinen die STARK-Prinzipien wie auch das Feedback Designprinzipien oder -elemente zu sein, die als potentiell förderlich beim Aufbau von aktivierbarem Wissen eingeschätzt werden. Konzeptuell betrachtet (Abschnitt 3.1.3) ist ein Zusammenwirken der STARK-Prinzipien intendiert, wobei die einzelnen Prinzipien miteinander interagieren. Es könnte möglicherweise ein Zusammenhang zwischen dem *Anwenden* und einem Erfahren von *Relevanz* bestehen, welcher zugleich mit einem sinnstiftenden Effekt dazu beitragen könnte, Wissen so aufzubauen, dass Konzepte nachhaltig verfügbar, weil tief durchdrungen, sind.

Feedback als insbesondere sicherheitsspendende Komponente könnte möglicherweise ebenfalls förderlich auf die Aktivierungsfähigkeiten wirken, da es dazu beiträgt, ein Wissen aufzubauen, welches als transparent und verlässlich wahrgenommen wird. Zuletzt mag eventuell die Steuerung des eigenen Lernens ebenfalls dazu beitragen, dass einige Studierende ihr Wissen über bereichsspezifische Tiefenstrukturen verständnisbasiert erarbeiten können. Die Aussagen dazu scheinen jedoch erst einmal vereinzelt aufzutreten und sind daher mit Vorsicht zu interpretieren. Im nachfolgenden Unterkapitel 7.2.2 wird zudem deutlich, dass die Freiheit des selbstgesteuerten Lernens auch als potentiell hemmender Faktor begriffen werden kann. Eine genauere Auseinandersetzung mit potentiell hemmenden Faktoren folgt im anschließenden Unterkapitel.

7.2.2 Potentiell hemmende Aspekte

Im vorangegangenen Unterkapitel wurden potentiell förderliche Aspekte der FALEDIA-Plattform beim Aufbau von Aktivierungsfähigkeiten aus Aussagen der Studierenden abgeleitet. Um ein vollständigeres Bild dessen zu erhalten, was beim Aufbau solcher Fähigkeiten im Kontext Diagnose bei einer digitalen Lernplattform zu beachten gilt, werden in diesem Unterkapitel die potentiell hemmenden Faktoren fokussiert. Dabei ist Forschungsfrage 4.2 leitend:

> *FF 4.2: Welche potentiell hemmenden konzeptionellen Merkmale werden zum Aufbau von Aktivierungsfähigkeiten benannt? Und wie wird dies begründet?*

In *Interview 1* wurden die Studierenden gebeten, die typischen für eine universitäre Ausbildung gegebenen Informationsquellen Vorlesung, Übung und Fachbuch mit Einbezug der FALEDIA-Plattform in ein Ranking von 1 bis 4 zu bringen und ihre Einordnung zu begründen. Dabei ist 1 dasjenige Medium, mit welchem sie vergleichsweise am bestem lernen und 4 das Medium, welches sie individuell am wenigsten präferieren. Aufgrund der Interviewsituation mit dem Beteiligten des Forschungsteam können Aussagen aufgrund sozialer Erwünschtheit nicht ausgeschlossen werden, weswegen sich im Folgenden mehr auf die Begründungen zu den Rankings gestützt wird, als auf das Ranking an sich.

Die folgenden vier konzeptionellen Merkmale und Designelemente konnten dabei vornehmlich als eher hemmende Faktoren ausgemacht werden:

1. Mangelnde (menschliche) Interaktion
2. Fehlende Sicherheit ohne Überprüfung

3. Vorgegebene Auswahl der Inhalte
4. Selbststeuerung als Herausforderung

In den nachfolgenden Abschnitten werden die vier ausgemachten Kategorien separat betrachtet. Dafür werden insbesondere Interviewausschnitte aus *Interview 1* zu dem oben angesprochenen Ranking betrachtet und an geeigneten Stellen weitere Interviewteile des *Interview 1*, aber auch einzelne Aussagen aus *Interview 2* einbezogen. Aussagen zu *Interview 1* sind wie im vorangegangenen Teil mit I1 gekennzeichnet und zusätzlich wird das der Person zugeordnete Untersuchungsformat angegeben.

Mangelnde (menschliche) Interaktion
Ein häufig in *Interview 1* genannter Punkt bei der Bitte, das Ranking von FALEDIA hinsichtlich der verschiedenen Informationsquellen zu begründen, ist das Fehlen an Interaktion mit anderen Menschen.

Dies wird beispielsweise bei Hans (EoÜ) deutlich, der, wie viele andere der befragten Studierenden, die Übung an die erste Stelle des Rankings gesetzt hat. Dabei bezeichnet er die Interaktion sowohl mit Dozierenden als auch mit anderen Teilnehmenden der Übung als wichtige Komponente im Lernprozess.

I1: Hans zum Ranking verschiedener Angebote		
02:09:54–02:10:16	168	Aber was warum ich die Übungsgruppen halt vor FALEDIA platziert habe, ist, dass halt, in den Übungsgruppen hat man halt dieses Menschliche. Man kann halt in Interaktion mit den Übungsgruppenleitern treten und mit den Kommilitonen, was ja auch viel wichtig viel wichtiger ist, wenn man oder nicht viel wichtiger, aber was auch wohl wichtig ist, wenn man etwas lernen möchte.

Gründe für die Bedeutung von Interaktion mit anderen Menschen werden auf vornehmlich zwei Ebenen benannt, die die von Hans benannte Relevanz näher definieren. Bei der ersten Ebene betonen einige Studierende, dass sie in der Kommunikation mit menschlichen Ansprechpartner:innen ihre Fragen direkt stellen und individuelle Antworten darauf erhalten können. So zum Beispiel Anke (EoÜ).

I1: Anke zum Ranking verschiedener Angebote		
02:42:30–02:42:34	180	[…] aber bei FALEDIA habe ich ja auch keinen, normalerweise, den ich fragen könnte.

Wenn es zu Unklarheiten kommt, sieht Anke einen hemmenden Aspekt bei FALEDIA im Aufbau ihrer Diagnosefähigkeiten darin, dass diese Fragen nicht von einer den Lernprozess begleitenden Person oder aber dem System beantwortet werden können.

Auch Awien (EmÜ) hebt in ihrer Begründung die fehlende Möglichkeit hervor, auf der FALEDIA-Plattform aufkommende Fragen zu klären.

I1: Awien zum Ranking verschiedener Angebote		
02:32:18–02:32:34	202	Ehm, dass ich bei der Übung halt einfach nochmal Rückfragen stellen kann und eine Erläuterung bekomme. Also bei FALEDIA habe ich zwar auch eine Rückmeldung bekommen, aber vielleicht konnte ich dann mit der Rückmeldung nicht so viel anfangen und das kann ja dann bei der Übung nochmal vertieft werden.

Sie nimmt zwar Bezug dazu, dass Feedback zu Aufgabenlösungen angeboten wird, jedoch ist das individualisierte Feedback der Plattform nicht mit individuellem Feedback gleichzusetzen, welches in einer Übung durch die Lehrperson gegeben werden kann. Insbesondere dann, wenn die Rückmeldungen vom System nicht die aufgekommenen Fragen klären oder gar noch weitere Fragen aufwerfen, sieht sie eine Interaktion mit einem menschlichen Kommunikationspartner als wertvoll, vielleicht gar notwendig an.

Hierzu passt auch die Begründung von Lenni (EmÜ), weshalb er eine Übungsgruppe der FALEDIA-Plattform vorziehen würde. Er betont die individuelle Komponente, die die Interaktion in einer Lehrveranstaltung hat. Die Lösung zu einer Aufgabe wird besprochen und erklärt, sodass das eigene Verständnis stark unterstützt wird.

I1: Lenni zum Ranking verschiedener Angebote		
01:57:22–01:57:38	261	Und jetzt unter der Prämisse, dass man es ja danach in der Übung auch bespricht und vergleicht und dann, ja, auch eine Lösung dazu kriegt und auch nochmal eine Erklärung dazu kriegt, finde ich persönlich, je mehr Übungsaufgaben, desto besser. Einfach um es besser zu verstehen.

Als zweite Ebene wird das soziale Lernen benannt, welches bei einer Arbeit mit FALEDIA fehle, in einer Übungsgruppe jedoch gegeben sei. Dabei steht das Erhalten neuer Perspektiven durch die Lösungsweisen von Mitstudierenden im Vordergrund. So könnten Denkanstöße angeregt werden, die die eigene Bearbeitung mit der FALEDIA-Plattform nicht hervorgebracht hätten.

Nele (EoÜ) bezieht sich dabei auf mögliche Diskussionen mit Kommiliton:innen über diagnostische Ansätze zu Lernendenlösungen. Insbesondere die verschiedenen Sichtweisen und Perspektiven könnten dabei ein Lernen eröffnen, welches im Selbststudium mit der FALEDIA-Plattform fehle.

I1: Nele zum Ranking verschiedener Angebote		
02:37:23–02:37:59	299	Naja erstmal hat man bei der Übung immer noch den Austausch mit den Kommilitonen, dass du dann auch teilweise zusammen diskutieren kannst, dann kannst du zum Beispiel bei den Schülerlösungen kann man dann gemeinsam diskutieren [...], weil man da auch dann einfach den Kontakt hat und dann in ner Diskussion ja auch viel mehr lernt und man vielleicht noch andere Ansätze auch sehen kann, die man vielleicht, wo man alleine nicht drauf kommen würde.

Das das gemeinsame Bearbeiten von Aufgaben in der Übungsgruppe, was auf der FALEDIA-Plattform nicht eingefordert wird, trägt laut Stella (EoÜ) dazu bei, dass Denkweisen erweitert werden können. Sie setzt diesen gemeinsamen Austausch und die Verfügbarkeit einer Ansprechperson mit Anwendungsbezogenheit des Lernprozesses gleich.

I1: Stella zum Ranking verschiedener Angebote		
02:29:47–02:30:21	148	Also für mich zählt halt zu der Übung alles dazu. Also, dass man es einfach gemeinsam bespricht und Aufgaben löst. Und ähm ja da ist einfach der Vorteil, dass es halt schon#, ähm, da hat man einen konkreten Ansprechpartner, jetzt in dem Fall dann dich und man kann halt einfach von anderen Studenten nochmal Eindrücke kriegen, dass man es auch anders interpretieren kann, wo man vorher selber vielleicht nicht dran gedacht hat. Und keine Ahnung, das ist einfach nochmal viel mehr anwendungsbezogen irgendwie.

Wenngleich keine der Aussagen der Studierenden explizit hemmende Faktoren der FALEDIA-Plattform benennen, so kann die Umkehrung der Aussagen zur Bevorzugung von Übungsgruppen dahingehend gedeutet werden, dass ein fehlender Austausch und damit ein fehlendes soziales Lernen möglicherweise – zumindest vergleichsweise mit Lernszenarien –, in denen dies gegeben ist, hemmender für die Ausbildung aktivierbarer Diagnosefähigkeiten sein könnte.

Während insbesondere die Möglichkeit individuelle Unklarheiten besprechen zu können sowie das gemeinsame Erarbeiten und Lernen in Übungsgruppen als positiv markiert wird, wird gleichzeitig deutlich, dass dies nicht mit der Nutzung der FALEDIA-Plattform assoziiert wird. Da mit Awien und Lenni auch diesbezügliche Aussagen von zwei Studierenden mit Übungsanbindung vorliegen, scheint an dieser Stelle nochmal wichtig zu betonen, dass zwar inhaltlich passende Übungen zum Thema *Stellenwertverständnis* im Untersuchungsdesign von EmÜ und ImÜ vorgesehen waren, jedoch die Bearbeitung der FALEDIA-Plattform für alle Studierenden im reinen Selbststudium stattfand.

Eine Einbindung der FALEDIA-Plattform in ein soziales Lerngefüge könnte daher, als Ableitung aus den Äußerungen, eine gewinnbringende Einbettung sein, bei welcher die Vorteile des gemeinsamen Austauschs und die Möglichkeit Rückfragen zu klären, zusätzlich bereichernd wirken können.

Fehlende Sicherheit ohne Überprüfung

Insbesondere diejenigen Teilnehmenden an den Interviews, die der I-Variante zugeordnet waren, äußerten häufiger den Wunsch danach, ihr aufgebautes Wissen auf irgendeine Art und Weise überprüfen zu können.

In Bezug auf den Aufbau von komplexem Hintergrundwissen gibt Philip (ImÜ) an, sich auf FALEDIA integrierte Selbsttests zu wünschen. Ein eigenes

Handeln würde für ihn dazu beitragen, dass er Verständnis zu einem komplexen Thema aufbauen könnte.

I1: Philip zum Ranking verschiedener Angebote		
02:24:44–02:25:17	215	Ich bin einfach ein sehr praxisnahorientierter Mensch, der die Sachen einfach ausprobieren muss, um sie einfach zu verstehen. Jetzt bei Bündel oder Entbündeln geht das vielleicht noch, weil man das jetzt nicht unbedingt selbst händisch ausprobieren muss, aber ähm, gerade wenn es vielleicht um andere Stellenwertsysteme geht und jetzt nicht unser Stellenwertsystem, dann bin ich einfach der Mensch der das ausprobieren muss ob und wie das funktioniert. Das heißt wenn noch eins, zwei Selbsttest integriert werden, wäre das vielleicht ganz großes Kino.

Zusätzlich gibt Philip an, dass es ihm schwerfalle, sich auf sein eigenes Verständnis zu verlassen, wenn er nicht die Gelegenheit erhalte, dieses zu überprüfen. Diese Überprüfung solle ihm die Sicherheit bieten, dass er die Inhalte richtig verstanden hat.

Philip zur Frage, welche Variante für den Aufbau von Diagnosefähigkeiten unterstützt		
49:14–49:48	215	Und wenn ich es nur theoretisch lese, kann ich das nicht unbedingt überprüfen, was ich da habe, oder was ich da mir erarbeitet habe.

Alex (IoÜ) äußert ebenfalls, sich nach der Erarbeitungsphase über die I-Elemente eine Möglichkeit der Überprüfung zu wünschen. Hier scheint erneut die Komponente der fehlenden Sicherheit des eigenen Verständnisses aus einer reinen I-Aufbereitung deutlich zu werden.

I1: Alex zum Ranking verschiedener Angebote		
02:25:00–02:25:16	303	Vielleicht wäre es gut, wenn man eine Übung mit reinbringen könnte, um zu testen, ob man das wirklich verstanden hat am Ende. Nach so einem Text oder so, oder nach einem Video, dass so ein kleines Quiz kommt, oder dass so eine Frage kommt, ob man das wirklich verstanden hat.

Anna (IoÜ) expliziert ganz konkret ihre Bedenken, nicht zu wissen, ob sie das erlernte Wissen in Anwendungskontexten aktivieren kann. Sie wünscht sich explizit diagnostische Übungssituationen, in denen sie genau dies überprüfen könne.

I1: Anna zum Ranking verschiedener Angebote		
02:30:15–02:30:49	122	Man weiß ja nicht ob man es dann auch wirklich verstanden oder anwenden kann, so weil du hast halt nicht... okay nochmal ne Frage was hast du hier für Fehler, da wärs vielleicht nochmal ganz hilfreich, weil es ist halt da schwierig richtige Aufgaben zu rechnen, aber so ein paar Beispielaufgaben, wo man vielleicht ankreuzen muss, okay was ist da die Verständnisschwierigkeit von Kindern oder das man ein paar Beispielaufgaben hat und dann ankreuzen muss irgendwie hier; Problem mit der Null, Stellenwertverständnis... das man da Sachen ankreuzen muss und dann auch für sich weiß; okay das hab ich verstanden.

Als hemmend beim Aufbau aktivierbaren Wissens beurteilen diejenigen Teilnehmenden an den Interviews, die die I-Variante zur Verfügung hatten, dass sie keine Möglichkeit angeboten bekommen, ihr Wissen zu überprüfen. Die Überlegungen der Studierenden, Aufgaben mit Überprüfungscharakter auf der Plattform zu integrieren, scheint einerseits aus dem Wunsch heraus zustande zukommen, ein Sicherheitsempfinden über die Anwendung des Wissens aufbauen zu können. Andererseits wird aus einigen Aussagen deutlich, dass die Anwendung wiederum das Verständnis unterstützt. Insbesondere aus Annas Aussage wird deutlich, dass sie Verstehen und Anwenden überprüfen möchte.

Eine reine I-Variante scheint zusammengefasst das Bedürfnis nach Wissensanwendung und -überprüfung der Studierenden nicht ausreichend zu bedienen.

Auswahl der Inhalte

Als Einzeläußerung wird durch Awien (EmÜ) als hemmender Faktor die Komplexität der Themen benannt, sodass diese in einer Selbsterarbeitung aufgrund eben dieser Komplexität erst gar nicht angegangen wurden.

Awien Gegenüberstellung E und I Elemente Komplexität des Inhalts		
10:16–10:24	202	Das sieht noch immer zu kompliziert aus. Also ich bin da leider so ein Mensch, wenn das anfängt kompliziert auszusehen und ich das nicht von Anfang an verstehe, dann...

Auch dies kann für eine verstärkte Einbindung in eine Lehrveranstaltung sprechen, da durch einerseits eine höhere Verbindlichkeit möglicherweise ein Versuch der Auseinandersetzung stattfinden würde. Andererseits könnte durch Austausch und Interaktion über das komplexe Thema eine gemeinsame Erarbeitung initiiert werden.

Ähnlich, aber mit anderem Fokus, argumentiert Ilse, bei der Auswahl der angebotenen Aufgaben. Sie sieht die Komplexität der Aufgaben eher als Möglichkeit, tief in ein Thema einzusteigen, bemängelt jedoch, dass die Vernetzung der einzelnen Hintergrundfacetten untereinander zu kurz käme, als wenn sie sich selbst Lernaufgaben auswähle.

I1: Ilse zum Ranking verschiedener Angebote		
02:17:20–02:18:15	284	Ich hab‘ nämlich von, eh, den noch nicht mehr von den direkt die man in Präsenz macht, sondern einfach Aufgaben, die man für sich macht, bedacht. Da ist der Vorteil, dass ich mir da noch genauer Schwerpunkte setzen kann [...] Ähm, deswegen ist das vielleicht ein Vorteil. FALEDIA ist auch sehr gezielt auf ein Aspekt – und bei Übungsaufgaben ist es vielleicht auch so, dass mehrere Aspekte verknüpft werden und ich dann erst merke, bei einer Sache fehlt mir noch was. Bei FALEDIA lerne ich ja sehr isoliert Bündelung oder sehr isoliert das und das. Dafür kann ich das dann sehr gut. Der Vorteil von Übungen ist, dass man n bisschen breiter gehen kann und von FALEDIA halt, dass man n bisschen genauer und tiefer gehen kann.

Jil (EoÜ) bezieht sich in ihrer Aussage auf die Masse an Informationen des dargebotenen Inhalts. Sie beruft sich darauf, dass die Fülle an Informationen sie an einer ausführlichen Bearbeitung gehindert habe. Sie sei ab einer gewissen Bearbeitungszeit davon überzeugt gewesen, dass sie sich an das Thema *Stellenwertverständnis* erinnern konnte und habe deswegen die Bearbeitung abgebrochen.

I1: Jil zum Ranking verschiedener Angebote		
02:24:31–02:24:45	153	Also hier, ich habe jetzt ja nur einen Bruchteil gemacht von dem was es gab, aber vor allem mit dem Stellenwertsystem, das war halt ja recht viel und recht lang und irgendwann hatte man es halt auch wieder drin.

Dass zu viel Text hemmend für die vertiefende Auseinandersetzung sein kann, wird auch bei anderen Studierenden deutlich. Zum Beispiel gibt Stella (EoÜ) die Länge der Texte als negativen Aspekt an.

I1: Stella zur Frage, wie die Art der Präsentation der Informationen gefiel		
02:24:39–02:24:46	148	Und das Minus eigentlich nur […], dass das Stellenwertverständnis die Texte da manchmal ein bisschen zu lang waren, fande ich.

Auch Margot (IoÜ) erklärt, dass die Länge der Texte sie von einer intensiven Auseinandersetzung mit dem entsprechenden Inhalt abgehalten hätte.

I1: Margot zur Frage, wie die Art der Präsentation der Informationen gefiel		
02:35:44–02:36:00	119	Und wenn es jetzt um die Texte geht, halt keine Ahnung, also das hier habe ich ja zum Beispiel auch dann nicht mehr so konkret gelesen, glaube ich, also halt eher so überfolgen, weil es halt auch einfach super viel Text ist.

Zusammengefasst scheint das Maß an Komplexität, Vernetzung und Menge an Informationen für einige Studierende ausschlaggebend für eine ausbleibende vertiefende Auseinandersetzung mit der FALEDIA-Plattform gewesen zu sein. Wenngleich Komplexität sicherlich individuell unterschiedlich empfunden und damit umgegangen wird, so scheint der Aspekt *zu lange textliche Beschreibungen* schon deutlich häufiger von mehreren Studierenden als hemmender Aspekt benannt zu werden.

Da die FALEDIA-Plattform dem Design nach für ein selbstgesteuertes Lernen je nach individuellem Stand konzipiert ist, wird im nachfolgenden Abschnitt diese Selbststeuerung als weiterer herausfordernder und für einige Studierende hemmender Aspekt beleuchtet.

Selbststeuerung als Herausforderung
In einigen Aussagen der befragten Studierenden wird deutlich, dass das eigene Steuern des Lernens mit der FALEDIA-Plattform als Mangel an Verbindlichkeit wahrgenommen wird. Es bestehen Aussagen, in denen angesprochen wird, dass sich ein Fehlen von externer Kontrolle negativ auf die Intensität der Bearbeitung auswirken kann.

Katrin (EoÜ) gibt dazu an, dass sie die Übung gegenüber der FALEDIA-Plattform bevorzuge, da gerade die von außen geschaffene Verbindlichkeit, die sie als „Zwang" (Katrin) durch Kontrolle beschreibt, dazu führe, dass sie sich stärker mit Inhalten auseinandersetze. Sie sagt, dass das Fehlen dieser externen Kontrolle für sie schlimmstenfalls eine rein oberflächliche Bearbeitung der FALEDIA-Plattform mit sich bringe. Selbststeuerung würde sie also tendenziell davon abhalten, diese Lerngelegenheiten intensiv zu betrachten.

I1: Katrin zum Ranking verschiedener Angebote		
02:28:17–02:28:37	300	Ähm ja. Irgendwie ist bei der Übung noch so ein bisschen mehr, äh Zwang dabei, weil man natürlich nochmal anders kontrolliert wird. Und im schlimmsten Fall klickt man sich halt durch FALEDIA durch und dann wars das halt, genau, das.

Auch Johnny (EoÜ) gibt an, dass der eigene Antrieb möglicherweise nicht groß genug wäre, um sich die FALEDIA-Plattform zu anderen Themen nochmal anzuschauen. Es müsste dafür ein Grund von außen geschaffen werden, vermutet sie, der hier konkret mit Klausurrelevanz deklariert wird.

I1: Johnny zur Frage, ob FALEDIA bei anderen Inhalten genutzt werden würde		
02:46:13–02:46:30	300	Ich würde es, wenn ich nen konkreten Grund habe, würde ich es nutzen, tatsächlich, ja, meine Einschätz-, das klingt so doof, wenn man das sagt, so, ich würde es nur machen, wenn es klausurrelevant ist, aber es ist halt so.

Die FALEDIA-Plattform scheint in diesen beiden Fällen nicht durch den Aufbau praxisrelevanter und später aktivierbarer Fähigkeiten überzeugen zu können. Vielmehr müsste über eine extrinsische Motivation dazu angeregt werden, eine weitere Auseinandersetzung mit der Plattform vorzunehmen.

Möglicherweise gibt es Studierende, die dieses Angebot der Plattform nicht wahrnehmen. Dies kann als hemmender Faktor zum Ausbau von Aktivierungsfähigkeiten gedeutet werden, denn wenn den Studierenden die Relevanz nicht deutlich ist, so können sie wahrscheinlich auch keine entsprechenden Fähigkeiten aufbauen. Dies scheint insbesondere dann der Fall zu sein, wenn die Auseinandersetzung mit dem Hintergrundwissen den Aufbau von Handlungswissen *überlagert*. Damit scheint ein Mangel an Sinnstiftung für den eigenen Lernerfolg in der Ausbildung als zukünftige Lehrkraft einherzugehen.

Aus einer Aussage von Anke (EmÜ) scheint deutlich zu werden, dass die Auseinandersetzung mit FALEDIA für sie vornehmlich den Aufbau von Hintergrundwissen impliziert. Wenngleich sie im Ranking FALEDIA auf Platz 1 der Informationsquellen setzt, gibt sie dennoch an, über FALEDIA zwar ein anwendbares Grundwissen zu erarbeiten, welches sie jedoch erst in der Übung nutzen würde.

I1: Anke zum Ranking verschiedener Angebote		
02:40:44–02:41:01	180	Sagen wir auf Platz zwei die Übung und auf Platz eins dann FALEDIA, weil also die Übung ist natürlich, um das zu vertiefen und nochmal darüber nachzudenken finde ich hilfreicher, aber FALEDIA brauche ich erstmal auf eins, um mir die Informationen überhaupt zu holen, deswegen.

Johnny (EoÜ) bezweifelt den Nutzen des umfangreichen theoretischen Hintergrundwissens für die spätere Lehrtätigkeit. Dabei wird angegeben, dass nicht jedes Thema in der Tiefe verstanden sein müsse, um später zu lehren.

I1: Johnny zur Frage, ob FALEDIA bei anderen Inhalten genutzt werden würde		
02:46:30–02:46:39	167	Es hat nicht alles immer, der Theorieteil, klar, muss ich den kennen, und der ist auch wichtig, aber ich muss den jetzt nicht komplett ausführlich in sämtlicher Tiefe kennen, wenn ich später Lehrer bin.

Scheinbar steht für Johnny das Hintergrundwissen im Vordergrund der Auseinandersetzung mit der Plattform und nicht die Anwendung oder Relevanz dieses Wissens, obwohl sie mit der E-Variante fallbasierte E-Elemente dargeboten bekommen hat, die andere Studierende als besonders reizvoll für den Aufbau von Aktivierungsfähigkeiten benannt haben.

Die Steuerung des eigenen Lernens scheint zusammenfassend für einige Studierende nutzungshemmend zu wirken. Sie geben an, mit fehlender externer Kontrolle die FALEDIA-Plattform entweder nur oberflächlich oder gar nicht weiter zu nutzen oder genutzt zu haben.

Einige Aussagen von Studierenden deuten darauf hin, dass für sie keine Wahrnehmung von Relevanz oder Sinnhaftigkeit des Angebots auf FALEDIA stattgefunden hat, sodass dies entsprechend einer freiwilligen Auseinandersetzung im Wege steht. Insbesondere, wenn die Studierenden hauptsächlich die Theorie im Fokus sehen und die Anwendung eher im Hintergrund, scheint ihnen die Nutzung der Plattform aus eigenem Antrieb heraus unwahrscheinlicher.

Möglicherweise könnte in diesem Zuge auch die Einbindung in die Lehrveranstaltung für den Eindruck gesorgt haben, alle angesprochenen Inhalte müssten ins Kleinste, bestenfalls auch noch automatisiert, gelernt werden, um deklaratives Wissen für die abschließende Klausur aufzubauen. Dadurch würde die konzeptuelle und praxisrelevante Bedeutung der Inhalte sicherlich sinken.

Abschließend wird mit Abschnitt 7.3 eine Zusammenfassung über die qualitativen Befunde zur Aktivierung geboten, die sowohl Forschungsfrage 4 als auch 5 einbezieht.

7.3 Zusammenfassung der Ergebnisse

In Kapitel 7 stand die Auswertung der Forschungsfragen FF 3 „Wie werden Präferenzen von konzeptionellen Merkmalen, bezogen auf die Versionen der FALEDIA-Plattform begründet?“ und FF 4 „Welche konzeptionellen Merkmale und Designelemente der FALEDIA-Plattform werden zur Anregung von Aktivierungsfähigkeiten benannt? Und wie wird dies begründet?“ im Zentrum.

Dabei wurde in Abschnitt 7.1 eine qualitative Gegenüberstellung der E- und der I-Version der FALEDIA-Plattform vorgenommen und Begründungen zu den von den Studierenden angegebenen Präferenzen herausgearbeitet. In 7.1.1 wurde dabei der Erwerb von Hintergrundwissen fokussiert. Tendenziell konnte dabei ausgemacht werden, dass eine Nutzung der E-Variante bevorzugt wurde, wenn ein tiefes Verständnis konzeptuell-inhaltlicher Strukturen bei den Studierenden im Vordergrund stand. Die I-Variante wurde beim Wunsch nach abgesichertem Faktenwissen als Voraussetzung zum Tiefenverständnis bevorzugt.

Unter Einbezug des Stands im Lernprozess konnte in 7.1.2 ausgemacht werden, dass bei einer Erarbeitung neuer Inhalte häufig die I-Variante der E-Variante vorgezogen wurde. Dies begründet sich daraus, dass viele Studierende es bevorzugen, vor einer Anwendung von Wissen, eine Grundkenntnis erklärt zu bekommen und so abgesicherter handeln zu können. Dementsprechend wurde die E-Variante zu Wiederholungszwecken zumeist präferiert, da dieser Variante eine höhere geistige Aktivität unterstellt wurde, sowie richtige Bearbeitungen zu einem Sicherheitsgefühl das Verständnis betreffend beitragen konnte.

Ähnlich verhielt es sich bei der Betrachtung unter dem Fokus der Komplexität eines Inhalts, welche in 7.1.3 analysiert wurde. Hier wurde die I-Variante eher bei komplexer wahrgenommenen Themen bevorzugt, bei einfacheren Inhalten die E-Variante. Dies wurde damit begründet, dass die Verlässlichkeit und die Informationsdichte bei der I-Variante häufig als höher eingeschätzt wird, wobei der E-Variante erneut eine aktivere Auseinandersetzung zugeschrieben und die Arbeit damit als spaßiger, aber durchaus auch aufwändiger dargestellt wird.

In 7.1.4 konnte bei der Analyse von Aussagen zum Diagnostizieren ausgemacht werden, dass durchweg die E-Variante bevorzugt wurde, insbesondere da diese Praxisnähe suggeriert.

Zuletzt wurde in 7.1.5 die Vernetzung von Wissen betrachtet. Hier konnte keine klare Präferenz aus den Aussagen der Studierenden abgeleitet werden. Vielmehr wurde der Wunsch einer Kombination aus I- und E-Elementen deutlich, da viele Studierende gerade in der Verbindung zwischen Wissensaufbau mit der I-Variante und Anwendung dieses Wissens mit der E-Variante einen verlässlichen Weg beschrieben, ihr Wissen möglichst vernetzt aufzubauen.

In Abschnitt 7.2 wurden Aussagen der Studierenden danach untersucht, inwiefern konzeptionelle Merkmale der FALEDIA-Plattform zur Ausbildung von Aktivierungsfähigkeiten eher förderlich oder eher hemmend zu sein scheinen.

Eher förderliche Merkmale und Designelemente konnten in 7.2.1 mit einer Nutzung der E-Elemente zur Aktivierbarkeit von theoretischen Konzepten, aber auch in einer Verschmelzung der beiden Versionen zu verschiedenen Anforderungen im Lernprozess ausgemacht werden. Zudem scheint eine daraus resultierende Verzahnung von Theorie und Praxis als eher förderlich für den Aufbau von Wissen, welches in Diagnosesituationen angewendet wird, wahrgenommen zu werden. Insbesondere die fallbasierten Lerngelegenheiten konnten dabei als anwendungsbezogen und somit als förderlich für später erneut aktivierbares Wissen ausgemacht werden. Das Erfahren von Anwendung, Relevanz und Transparenz aus den STARK-Prinzipien scheint dabei auch eher förderlich zu wirken, sowie das Feedback, welches nach Aussagen einiger Studierenden nach Anwendungssituationen zu mehr Sicherheit und Perspektiverweiterung beitragen konnte.

Als hemmender Aspekte scheint in Abschnitt 7.2.2 dagegen der Mangel an menschlicher Interaktion ausgemacht werden zu können. Nutzende der I-Variante gaben zudem häufiger an, dass ihnen Sicherheit fehle und sie sich Anwendungskontexte sowie Überprüfungen ihres erlernten Wissens wünschen würden. Zudem gab es einige Aussagen, die die Auswahl und Aufbereitung der Inhalte betreffen. Insbesondere die Länge der Texte wurde dabei als eher hemmend hervorgehoben, da teilweise aufgrund dessen eine Beschäftigung mit dem Thema lediglich oberflächlich stattfand oder ganz ausblieb. Das selbstgesteuerte Lernen erwies sich in einigen Aussagen auch als eher hemmend oder mindestens herausfordernd, denn es scheint eine Gruppe von Studierenden zu geben, denen die Relevanz der Inhalte nicht deutlich wurde, wodurch eine intrinsische Motivation ausblieb, die Plattform (intensiv) zum Aufbau ihrer Fähigkeiten zu nutzen. Eine These dazu ist, dass genau das Wissen, welches zuvor als förderlich zum Aufbau von Aktivierungsfähigkeiten weniger stark wahrgenommen wurde als das reine theoretische und in dem Fall deklarative (fachliche) Hintergrundwissen.

Im nachfolgenden Kapitel 8 folgt eine Gesamtzusammenführung der in Kapitel 6 und 7 herausgearbeiteten Ergebnisse, sowie eine Diskussion eben dieser. Zudem werden Ableitungen aus den Erkenntnissen zur Steigerung von Diagnosefähigkeiten mit einer digitalen und fallbasierten Plattform vorgenommen, sowie Grenzen dieser Untersuchung aufgezeigt und diskutiert. Abschließen erfolgt ein Ausblick auf Grundlage der Diskussion.

8 Diskussion und Ausblick

Wenngleich in dieser Arbeit Diagnosefähigkeit, etwas konzeptuell losgelöster, von Förderfähigkeiten untersucht wurden, soll nicht der Eindruck entstehen, dies sei per se getrennt voneinander zu denken. Diese Trennung resultierte aus dem Erkenntnissinteresse heraus, die Steigerung von Diagnosefähigkeit über den Einsatz einer fallbasierten und digitalen Plattform detailliert zu verstehen. Förderfähigkeiten waren dabei konzeptuell stets mitgedacht und wurden immer als das, was der Diagnose konstitutiv festgesetzt folgen muss, verstanden.[1]

An dieser Stelle soll zudem betont werden: Diese Arbeit ist keines Falls ein Plädoyer dafür, Diagnosefähigkeit lediglich im Selbststudium digital zu erlernen oder universitäre Lehre zu ersetzen. Gerade aber in Anbetracht dessen, dass Diagnosefähigkeiten bereichsspezifisch zu erlernen sind (Schulz, 2014) und universitäre Lehre sicherlich stets nur exemplarisch an ausgewählten Inhalten zum Aufbau und zur Steigerung solcher Fähigkeiten beitragen kann, bieten Angebote zum Selbststudium, wie die FALEDIA-Plattform, jedoch eine Möglichkeit der selbstregulierten ergänzenden Weiterbildung. Auch als Werkzeug innerhalb von Lehrveranstaltungen kann es hilfreich sein, ausgewählte Facetten herauszugreifen und mit den Studierenden anhand dessen fallbasiert in tiefenscharfe Diagnosen einzusteigen. Daher ist der Titel dieser Arbeit – und auch entsprechend der Plattform – bewusst gewählt. Sie soll nicht den Zweck erfüllen, Diagnosefähigkeit allumfänglich auszubilden, jedoch einen Beitrag dazu leisten, diese

[1] Die aktuellen FALEDIA-Version enthält daher zu jedem Inhaltsbereich ein Lernbaustein, welcher Diagnose und passgenaue Förderung verbindet.

M. Maibach, *Diagnostische Performanz und Einschätzungen von Primarstufen-Studierenden*, Dortmunder Beiträge zur Entwicklung und Erforschung des Mathematikunterrichts 62,
https://doi.org/10.1007/978-3-658-50683-4_8

bereichsspezifisch zu steigern. Dafür ist es wichtig möglichst genau zu verstehen, was die FALEDIA-Plattform leisten kann und wie Nutzende ihre eigene Fähigkeitsentwicklung einschätzen.

Eine Interpretation der analysierten Daten kann darauf hindeuten, dass es nicht eine einseitige digitale Bereitstellung von Inhalten (zur Exploration anregend *oder* informativ) ist, die die Studierenden dabei unterstützt hat, ihr aufgebautes Wissen zu aktivieren und in der Performanz zeigen zu können. Vielmehr scheint die Verfügbarkeit von Fällen, anhand derer konkrete bereichspezifische fachdidaktische Phänomene sichtbar werden und eine transparente fachdidaktische Einordnung, warum die Auseinandersetzung damit für Diagnosetätigkeiten relevant ist, einen Einfluss zu bieten.

Wenngleich die in Kapitel 8 eine getrennte Betrachtung der einzelnen Erkenntnissinteressen vorgenommen wird, wird die Diskussion der Daten Bezüge zwischen den einzelnen Forschungsaspekten enthalten. Dabei stehen jedoch jeweils diejenigen Erkenntnisse im Vordergrund, die im Nachgang an die Diskussion Implikationen zu dem jeweiligen Erkenntnisinteresse erlauben. In Abschnitt 8.1 werden dabei die Performanz und die Selbsteinschätzung fokussierter betrachtet und in Abschnitt 8.2 die Aktivierung und Aktivierungsfähigkeit. Abschnitt 8.3 diskutiert Grenzen dieser Arbeit und bietet darauf aufbauend einen Ausblick möglicher weiterer oder vertiefender Forschung. Mit einer Schlussbemerkung in Abschnitt 8.4 werden letztlich gebündelte Gedanken zu dieser Arbeit als Abschluss angestellt.

8.1 Diskussion zur Performanz und Selbsteinschätzung

Im Folgenden werden die Befunde aus Kapitel 6 zur Performanz und Selbsteinschätzung vor dem Hintergrund bisheriger Befunde aus der Literatur betrachtet. Zudem werden Ableitungen und Implikationen analysiert, die sich aus den Daten oder der Zusammenführung mit bisherigen Befunden ergeben.

8.1.1 Einbettungen und Ableitungen zur Performanz

Die Befunde aus der quantitativen Untersuchung zeigen, dass die Nutzung der FALEDIA-Plattform zur Steigerung von Diagnosefähigkeiten beitragen konnte. Es zeigt sich jedoch ein differenziertes Bild, insbesondere dann, wenn Selbsteinschätzung und qualitative Analysen hinzugezogen werden.

Die tabellarische Übersicht (Tabelle 8.1) über die Hypothesen zeigt hervorgehoben die aus der Datenauswertung heraus angenommenen Hypothesen sowie die abgelehnten Hypothesen.

Tabelle 8.1 Übersicht über angenommene und abgelehnte Hypothesen

Faktor	Effekt	H_0 und H_1
Messzeitpunkt	Within	H_0: Die prozentual erreichten Punktzahlen zu MZ1 ist kleiner als oder gleich zu MZ2.
		H_1: Die prozentual erreichten Punktzahlen zu MZ2 ist höher als zu MZ1.
Seitenformat	Between	**H_0: Das Seitenformat hat keinen Einfluss auf die prozentual erreichten Punktzahlen zwischen den Gruppen von MZ1gegenüber MZ2.**
		H_1: Das Seitenformat hat einen Einfluss auf die prozentual erreichten Punktzahlen zwischen den Gruppen von MZ1gegenüber MZ2.
Übungsformat	Between	**H_0: Das Übungsformat hat keinen Einfluss auf die prozentual erreichten Punktzahlen zwischen den Gruppen von MZ1gegenüber MZ2.**
		H_1: Das Übungsformat hat einen Einfluss auf die prozentual erreichten Punktzahlen zwischen den Gruppen von MZ1gegenüber MZ2.
Diagnostische Tätigkeit	Between	H_0: Die diagnostische Tätigkeit hat keinen Einfluss auf die prozentual erreichten Punktzahlen zwischen den Gruppen von MZ1gegenüber MZ2.
		H_1: Die diagnostische Tätigkeit hat einen Einfluss auf die prozentual erreichten Punktzahlen zwischen den Gruppen von MZ1 gegenüber MZ2.
	Within	H_0: Die Entwicklung der prozentual erreichten Punktzahlen zu DP1, DP2 und DP3 unterscheiden sich nicht zwischen den Messzeitpunkten MZ1 und MZ2.
		H_1: Die Entwicklung der prozentual erreichten Punktzahlen zu DP1, DP2 und DP3 unterschieden sich zwischen den Messzeitpunkten MZ1 und MZ2.

Bisherige Untersuchungen liefern (für den Aufbau handlungsrelevanter Fähigkeiten) keine vergleichenden Befunde zwischen beiden hier untersuchten Ansätzen (Befunde zum jeweiligen Ansatz z. B. von Renkl, 2021; Lazonder & Harmsen, 2016). In dieser Arbeit wird deutlich, dass das Seitenformat keinen signifikanten Einfluss auf die erreichten Punktzahlen im Pre-Post-Test hatte. Das bedeutet, dass keine Variante der FALEDIA-Plattform – die *informative* oder die *zur Exploration anregende* – separat betrachtet, einen höheren Einfluss auf die besseren Punktzahlen im Posttest hatte, aus der Nutzung beider Zugänge entsprechend Fähigkeiten aufgebaut werden konnten. Die Präferenzen der Studierenden dieser Untersuchung zeigen für den Bereich der Diagnosefähigkeiten jedoch Deckungsgleichheiten mit Literatur, was beispielsweise den Zugang zu Hintergrundinformationen und komplexen Themen angeht (Atkinson et al., 2000; Hilbert et al., 2008; Renkl, 2005; 2021).

Ebenfalls war nicht feststellbar, dass der Besuch einer thematisch passenden Übung zum Stellenwertverständnis einen Einfluss auf bessere Ergebnisse im Posttest hatte. Statistisch lassen sich diesbezüglich keine signifikanten Einflüsse feststellen. Ein interpretativer Ansatz dafür kann es sein, dass die Informationen, die die Studierenden sich mit der Plattform selbst erarbeiten, bereits so umfänglich waren, dass die thematisch passende Übung keinen signifikanten weiteren Lerneffekt für die Performanz ausmachen konnte. Mehr Informationen sind scheinbar nicht gleichbedeutend mit besserer Performanz – eine diskursive Auseinandersetzung mit Erarbeitungen und Überlegungen zu FALEDIA wäre möglicherweise gewinnbringender (s. Ausblick 8.3).

Es können Aussagen darüber getroffen werden, dass der Messzeitpunkt Einfluss auf die erreichten Punktzahlen hatte und zwar insofern, als dass zum Messzeitpunkt 2, also nach der Intervention mit der FALEDIA-Plattform, signifikant höhere Punktzahlen gemessen wurden als vor der Intervention. Das deutet darauf hin, dass die Interventionsmaßnahme der Auseinandersetzung mit der FALEDIA-Plattform Einfluss auf die bessere Performanz zum Messzeitpunkt 2 hatte.

Zudem können bezogen auf die diagnostischen Tätigkeiten deutlichere Aussagen getroffen werden, für die jeweils eine signifikant höhere Punktzahl im Posttest für das *Erheben von Lernständen* und das *Analysieren von Ursachen* festgestellt wurde. Die Intervention mit der FALDIA-Plattform scheint also in diesen beiden Bereichen dazu geführt zu haben, dass die Studierenden ihre diagnostische Performanz verbessern konnten. Im Bereich des *Beurteilens von Diagnoseaufgaben* sind die Verbesserungen jedoch in fast allen Gruppen deskriptiv, außer in der Gruppe die den zur Exploration anregenden Zugang, ohne angegliederte thematisch passende Übung hatte. Diese Gruppe zeigt eine signifikant bessere Performanz im Posttest.

Werden die Entwicklungen zwischen den diagnostischen Tätigkeiten betrachtet, so ergeben sich dazu passend signifikant bessere Punkteentwicklungen in den Bereichen des *Erhebens von Lernständen* und des *Analysierens von Ursachen* jeweils im Vergleich zum *Beurteilen von Diagnoseaufgaben.* Dagegen gibt es keine signifikanten Entwicklungen zwischen dem *Erheben von Lernständen* und dem *Analysieren von Ursachen.*

Insbesondere die letztgenannten Aspekte spiegeln Befunde aus bisherigen Forschungen wider. Die Datenauswertung der Untersuchung aus dieser Arbeit bestätigt, dass es intuitiver zu sein scheint, *Lernstände zu erheben* als andere diagnostische Tätigkeiten auszuführen (Cooper, 2009; Schlund, 2019; Schulz, 2014; Tirosh, 2000; s. auch Barnhart & van Es, 2015; Jacobs, Lamb & Philipp, 2010). Dies wird im Besonderen im Pretest deutlich, in welchem die Aufgabe zum *Erheben von Lernständen* aus der Falldarstellung besonders stark positiv von den Punktzahlen der anderen beiden Aufgabenstellungen abweicht und signifikant besser bearbeitet wurde. Auch im Posttest erreichen die Studierenden signifikant höhere Punktzahlen in der Aufgabe zum *Erheben von Lernständen,* im Vergleich zu der Aufgabe, in der *Diagnoseaufgaben beurteilt* werden soll.

Zudem weisen die Befunde dieser Untersuchung abermals auf eine Erlernbarkeit von Diagnosefähigkeiten insgesamt hin, wie auch in anderen Studien gezeigt wurde (Brandt, 2022; Heinrichs & Kaiser 2018; Streit et al., 2019). Das lässt sich aus dem Vergleich zwischen den beiden Messzeitpunkten dieser Untersuchung zeigen, der signifikant höhere Punktzahlen im Postest im Vergleich zum Pretest aufweist.

Es scheint entsprechend in der Ausbildung von Diagnosefähigkeiten notwendig einen größeren Fokus auf das *Beurteilen von Diagnoseaufgaben* zu legen, welche sich als scheinbar komplexeste diagnostische Tätigkeit in der hier vorgestellten Untersuchung herausstellt hat. Da die Befunde zeigen, dass das *Ableiten von Ursachen* nach der Intervention signifikant besser gelingt als vor der Intervention, ist auch hieraus eine Implikation für die Hochschullehre herauszuziehen. Scheinbar ist es nicht *‚intuitiv'* für Studierende, passende Ursachen für die von ihnen erhobenen Fehler auszumachen, dies lässt sich jedoch mit gezielten Maßnahmen schulen, die vermutlich einerseits in einer fallbasierten Auseinandersetzung mit Lernendendokumenten und einer Theorie-Praxis-Verzahnung begründen lassen, worüber die qualitativen Befunde aus der Interviewstudie Aufschluss geben.

Es sei betont, dass die erreichten prozentualen Punktzahlen keinesfalls als zufriedenstellend deklariert werden können. Dazu folgen weitere Ausführungen in Abschnitt 8.3, in welchem Grenzen dieser Arbeit betrachtet werden.

Nachfolgend werden die Selbsteinschätzungen der Studierenden unter Einbezug der Erkenntnisse aus den Fallanalysen der Interviews in bisherige Theorien eingebettet und diskutiert.

8.1.2 Einbettungen und Ableitungen zur Selbsteinschätzung

Die Untersuchung zur Selbsteinschätzung von Diagnosefähigkeiten in dieser Arbeit geht einher mit Befunden anderer Autor:innen (Hock, 2021; Dingemans, 2024; Hartig & Jude, 2007): Es konnten keine positiven Korrelationen zwischen Selbsteinschätzung und Performanz von Studierenden festgestellt werden.

Die Studierenden schätzten sich retrospektiv konsequent besser ein als vorher. Zwar lässt sich grundsätzlich aus der Untersuchung zur Performanz ebenfalls für die Gesamtkohorte feststellen, dass diese nach der Intervention mit der FALEDIA-Plattform signifikant höhere Punktzahlen erreichte als davor und der Lernerfolg somit in der Einschätzung der Gesamtkohorte abgebildet wird. Das Ausbleiben von (positiven) Korrelationen zwischen Selbsteinschätzung und Performanz, weist auch für die vorliegende Untersuchung darauf hin, was Hartig & Jude (2007) konstatieren: Es sei „nicht zu rechtfertigen, Selbsteinschätzungen zu einem Kompetenzkonstrukt als unmittelbaren Indikator dieser Kompetenz zu behandeln“ (S. 25). Diese Konstrukte scheinen diffiziler.

Davon ausgehend wurde über vier Fallbeispiele nach möglichen Anhaltspunkten gesucht, was Facetten im Bereich der Diagnosefähigkeiten sein könnten, die eine akkurate Selbsteinschätzung erschweren. Folgend werden die in Abschnitt 6.1.4 aufgeworfenen Thesen tabellarisch (8.2) nach Bezug zur Fachsprache, zum Hintergrundwissen oder dem Bezug zu eigenen Erwartungen geordnet.

Tabelle 8.2 Thesen zur Selbsteinschätzung, zur Performanz und zu dessen Beziehung untereinander

Bezug	These
Fachsprache	Das subjektive Empfinden über die Verfügbarkeit eines höheren Maßes an Fachsprache könnte die Ausführung von Konzepten verkürzen, suggeriert der diagnostizierenden Person jedoch einen weitreichenderen Rückgriff auf theoretische Modelle, die sie im Fachbegriff gedanklich impliziert. (Ilse 2)
	Die Fachbegriffe zu HF2 und HF3 konnten scheinbar nicht eingeordnet werden und daher wurde nicht gewusst, ob eine Veränderung stattgefunden hat. (Hans 2)
	Möglicherweise sind Konzepte zwar verstanden worden, jedoch noch nicht fachsprachlich einordbar. Daher konnte in der Performanz das Konzept zwar gedanklich aktiviert, jedoch nicht hinreichend sprachlich ausdifferenziert werden. (Martin 2)
Hintergrundwissen	Die entstandene Überzeugung, bzw. Sicherheit der eigenen Diagnose bezogen auf eine Hintergrundfacette, verkürzt möglicherweise den Blick auf weitere tiefenscharfe Überlegungen zu anderen Hintergrundfacetten, lässt allerdings den Eindruck eines gesicherten Diagnoseprodukts innerhalb der diagnostizierenden Person zurück. (Ilse 1)
	Die wahrgenommene tiefe Verbesserung in einer Hintergrundfacette (HF1) scheint die Diagnose insofern beeinflusst zu haben, als dass mitunter mit monoperspektivischem Fokus auf eben diese Hintergrundfacette vorgegangen wurde. (Hans 1)
	Möglicherweise hat das Empfinden ein Konzept (HF1) tiefer durchdrungen zu haben, dazu beigetragen, dass eine größere Sicherheit im Hintergrundwissen empfunden und somit auch in den anderen Bereichen (HF2 und HF3) eine Verbesserung angegeben wurde. (Hans 3)
	Möglicherweise hat die vertiefende Auseinandersetzung in eine überfordernde Anzahl an Perspektiven resultiert, die die Performanz insofern beeinflusst haben, als dass die Prägnanz der einzelnen Aussagen abgenommen hat. (Martin 1)
Erwartungen	Das Empfinden von Lernerfolg führt möglicherweise zu der Erwartungshaltung, dass der vorherige Wissensstand oder die vorherige Leistung wesentlich schlechter gewesen sein müsse. (Ilse 3)

(Fortsetzung)

Tabelle 8.2 (Fortsetzung)

Bezug	These
	Möglicherweise hat erst das Empfinden von Selbstbewusstsein durch die Auseinandersetzung mit den bereits guten Lösungen aus dem Pretest, bestärkt, eine kompetenzorientierte Sichtweise der eigenen Leistungen im Posttest einzunehmen. (Margot 1)
	Eine fachdidaktisch recht treffsichere Beschreibung der eigenen Angaben, könnte im Zusammenhang mit einer eher schlechteren Selbsteinschätzung zu den eigenen Fähigkeiten stehen. (Margot 2)

Thesen mit Bezug zur Fachsprache
Die These *Ilse 2*, *Hans 2* sowie *Martin 2* deuten auf Zusammenhänge mit sprachlichen Aspekten hin. Für den schulischen Kontext definiert Prediger (2022):

> „Akademische Diskurspraktiken sind solche, die für schulische Zwecke optimiert sind, insbesondere Berichtsverfahren, das Erklären von Bedeutungen, um Wissen zu vermitteln oder zu konstruieren, und das Argumentieren, um divergierende Geltungsansprüche im Unterricht auszuhandeln." (Prediger, 2022, S. 115; eigene Übersetzung)

Wenngleich das Nutzen eines gemeinsamen Fachvokabulars hier sicherlich impliziert ist, so würde eine reine Fokussierung auf eben jene die „kognitivepistemische Funktion" von Sprache außer Acht lassen, die als „als Werkzeug für das Denken dient" (Ufer et al., 2020, S. 1).

> „Will man sich als kompetent erweisen, gehört es zur Wahrung des fachmännischen Images, nicht nur durch nichtsprachliches, sondern auch durch sprachliches Handeln zu zeigen, dass man sich in seinem Fach auskennt." (Janich, 2012, S. 11)

Reines Anwenden von Fachbegriffen reicht dabei nicht aus, denn gerade in der epistemischen Funktion von Sprache entfaltet sich das Potential konzeptuelles Verständnis (Prediger 2017) – und damit gedankliche Konstrukte – in Diskursen zu konstruieren oder rekonstruieren (Prediger & Uribe, 2021). Dabei können Auffaltungs- und Verdichtungsprozesse dann als erfolgreich bezeichnet werden, wenn die verdichteten Informationen zu jedem Zeitpunkt wieder vollkommen aufgefaltet werden können (Drollinger-Vetter, 2011; s. auch Korntreff & Prediger, 2021). Genau dieses Auffalten der Konzepte von Begrifflichkeiten ist in den Performanzen der Falldarstellungen nicht unbedingt ersichtlich (Abschnitt 6.2) – jedoch in den Selbsteinschätzungen und Interviewaussagen angegeben worden.

Möglicherweise beeinflusst also das reine Verwenden von Fachbegriffen die Selbsteinschätzung im Bereich der eigenen Diagnosefähigkeiten von Studierenden. Im Sinne des Dunning-Kruger-Effekts (1999), kann nicht ausgeschlossen werden, dass ein Reduzieren auf das Vermögen Fachbegriffe zu nutzen, zu denen das dahinterliegende Konzept nicht vollumfänglich verstanden wurde, trotzdem in den hier vorgestellten Thesen der Fälle von insbesondere *Hans 2*, aber möglicherweise auch zu *Ilse 2* und *Martin 2*, dazu geführt hat, die eigenen Fähigkeiten auf Grundlage der Verwendung der Fachbegriffe zu überschätzen.

Das ist einerseits insofern potentiell problematisch, als dass Sprache gedacht als konzeptuelles Diskurswerkzeug zu Prozessen der Bedeutungsbildung im konzeptuellen Sinne beitragen und diese durch Sprachgebrauch aufzeigen vermag (Prediger & Uribe, 2021) – somit auch diagnostizierbar macht. Was auf Seiten der angehenden Lehrkräfte möglicherweise konzeptuelles Verständnis verkürzt und andererseits, mit Blick auf die spätere Praxis schwierig, da:

> „wir nicht erwarten [können], dass Lehrkräfte das didaktische Potenzial ihres Unterrichtsgesprächs ausschöpfen, wenn es keine nachhaltigen Bildungsprogramme gibt, die es ihnen ermöglichen, diese Art des professionellen Lernens zu entwickeln“ (Planas, 2021, S. 286; eigene Übersetzung).

Die Selbsteinschätzung der Studierenden gibt Anlass zur Unterstützung dieser These: Während *Ilse 2* eher zu Verkürzungen ihrer Ausführungen neigt, wenn sie einen Fachbegriff für ein Konzept nutzen kann, scheint *Martin 2* Konzepte fachsprachlich nicht einordnen und somit nicht ausdrücken zu können. Ähnliches lässt sich zu *Hans 2* vermuten, der womöglich aufgrund fehlender konzeptueller Verbindung zwischen Fachsprache und Konzept die eigenen Diagnosefähigkeiten nicht akkurat einschätzen kann.

Hier werden Mechanismen deutlich, die die Vernetzung zwischen Theorie und Praxis betreffen, diagnostische Erklärungsansätze beruhen auf solidem fachlichem und fachdidaktischem Wissen, sowohl auf sprachlicher als auch auf konzeptueller Ebene (Häsel-Weide & Prediger, 2017; Prediger et al., 2012).

Es bleibt offen, inwiefern die Studierenden, die eine verkürzte Fachsprache nutzen, auch über mehr konzeptuelles Verständnis zu dem benannten Thema verfügen. Aber auch ob Studierende, die sich fachsprachlich undeutlich ausdrücken, dennoch ein Verständnis zum Konzept aufweisen. Auffällig bleibt, dass scheinbar die empfundene Notwendigkeit diese auszuführen, trotz der dazu anregenden Operatoren in den Aufgabenstellungen des Pre-Post-Tests, verkürzte.

Thesen mit Bezug zum Hintergrundwissen

Die Thesen *Ilse 1*, *Martin 1*, sowie *Hans 1* und *2* weisen auf konzeptuell tief(er) durchdrungene einzelne Facetten des Hintergrundwissens hin. In Kombination damit, können Vermutungen formuliert werden, die einen Zusammenhang mit der diagnostischen Tiefenschärfe (Prediger, 2010) betreffen. Dabei scheint ein Phänomen vorzuliegen, dass ein tiefenscharf durchdrungener diagnostischen Aspekt suggeriert, dass sich die eigene Diagnose abgeschlossen anfühlt, ohne weitere plausible Ursachen in den Blick zu nehmen. Möglicherweise wirkt die Konzentration auf einen Aspekt, der aufgrund vertiefter Verstehensgrundlagen zu einer Hintergrundfacette, die nun tiefenscharf anhand des Kinderdokuments durchdacht wird, zu gewissen Teilen entgegen einer Fokussierung auf eine *diagnostische Breite*. Der Einbezug weiterer Aspekte und Perspektiven, die zur Erklärung von Auffälligkeiten bei der Diagnose beitragen würden, findet dadurch möglicherweise weniger statt.

Befunde zum *Teacher Noticing* legen eine Reihenfolge des Anspruchs von Aktivitäten während einer Diagnose nahe. So konnten Barnhart und van Es (2015) und Jacobs, Lamb und Philipp (2010) ausmachen, dass ein reines feststellen von Kompetenzen oder Fehlern weniger herausfordernd ist, als diese zu interpretieren oder darauf zu reagieren. Möglicherweise können die Selbsteinschätzungen der Studierenden in diesem Bereich einen Anstoß für Begründungsfindungen dafür liefern: Gleichzeitig breit und tief zu diagnostizieren mag eine Facette ausmachen, die besonders anspruchsvoll ist und die daher in der Ausbildung von Diagnosefähigkeiten verstärkt mitgedacht werden könnte.

Bei der Ausbildung von Diagnosefähigkeiten muss scheinbar Wert darauf gelegt werden, dass verschiedene Thesen zu diagnostischen Auffälligkeiten nebeneinander betrachtet werden. Eine Möglichkeit dazu bestünde in angeleiteten Diskussionen zwischen Studierenden zu ihren Thesen. Dozierende könnten dazu beitragen, indem sie nicht genannte Perspektiven aktiv eröffnen, wobei die Studierenden diese vor dem Hintergrund ihrer eigenen Analyse reflektieren können.

Außerdem könnte in der Auswahl an Dokumenten zum fallbasierten Arbeiten und dem entsprechenden Feedback ein stärkeres Anregen weiterer Perspektiven auf den Fall angeregt werden. Dies könnte den Blick für sowohl Tiefe als auch Breite schärfen. Ein Hinzufügen weiterer Dokumente und Reaktionen auf erste Diagnosen, könnte zudem eine breitere Perspektive eröffnen.

Thesen mit Bezug zu Erwartungen
Zuletzt verweisen die These Ilse 3 und Margot 1 sowie 2 auf Prozesse, die das eigene subjektive Lernen betreffen. Da es sich dabei um Facetten handelt, die vermutlich keine gegenstandsspezifische Ursache haben, sei an dieser Stelle lediglich darauf hingewiesen, dass solche Prozesse ebenfalls beobachtet wurden: Scheinbar könnten Erwartungen an die eigene Person oder Reflexionen der eigenen Produktionen die Selbsteinschätzung beeinflussen.

Bezogen auf der Lehr-Lern-Setting im Umgang mit der Plattform, könnte daraus deutlich werden, dass ein Austausch über die eigenen Gedankengänge hilfreich im Sinne einer Reflexion des eigenen Denkens, sowie das Einschätzen unter Einbezug weiterer Perspektiven von Studierenden wirken könnte.

Abschließend sei betont, dass es sich bei den hier diskutierten Thesen um Einzelfalluntersuchungen vier Teilnehmender handelt. Es soll ein Einblick in mögliche Zusammenhänge gegeben werden, jedoch ohne den Anspruch auf Vollständigkeit oder unbedingte Übertragbarkeit zu erheben.

Im folgenden Abschnitt 8.2 wird der Fokus auf die Aktivierung von Diagnosefähigkeiten durch die FALEDIA-Plattform gelegt.

8.2 Diskussion zur Aktivierung

Das folgende Teilkapitel setzt die Befunde aus Kapitel 7 in Bezug zur Theorie. Zudem werden Zusammenfassungen und Implikationen vorgenommen.

8.2.1 Einbettungen und Ableitungen zur Präferenz

Da bisher keine Befunde dazu vorliegen, welcher Zugang zur Steigerung von Diagnosefähigkeiten in einem digitalen Setting wirksam sind, konnte mit der Analyse der quantitativen Erhebung dieser Arbeit bereits einen Beitrag dazu geleistet werden, auszumachen, dass nicht einer der beiden angebotenen Zugänge per se zu bevorzugen ist. Um zu verstehen, was Studierende in der Ausbildung ihrer Diagnosefähigkeiten benötigen, erscheint eine qualitative Analyse von Präferenzen und deren Begründungen essentiell.

Aus den Interviewäußerungen der Studierenden lassen sich entsprechend einerseits Präfenzen in der Zugangsweise zu den Informationen ableiten, andererseits Begründungen für die Präferenzen rekonstruieren.

Tabelle 8.3 gibt einen Überblick über Präferenzen zu verschiedenen Bereichen und Ausschnitte an Begründungsmustern. Dabei soll festgehalten werden, dass diese Übersicht Tendenzen darstellt, es bestehen durchaus Aussagen von Studierenden, die andere Präferenzen oder Begründungen ausdrücken.

Tabelle 8.3 Präferenzen und Begründungen verschiedener Bereiche

Bereich	Präferenz	Begründung
Erwerb von Hintergrundwissen	E & I	E-Variante für konzeptuellen Tiefe I-Variante für Verständnissicherung
Stand im Lernprozess Neuer Inhalt Inhalt wiederholden	 I E	I-Variante, um notwendiges Hintergrundwissen aufzubauen E-Variante für aktivere Auseinandersetzung und Bestätigung
Komplexität des Themas Komplexes Thema Einfaches Thema	 I E	Konditionalität zwischen Komplexität und Zugangsweise
Diagnostizieren	E	Empfundenen Praxisnähe, Wahrnehmung von Sicherheit durch Kompetenzerleben
Wissensvernetzung	E & I	Zusammenwirken: Aufbau von Grundwissen über I-Variante mit Wissensanwendung über E-Variante

Die Befunde zum Erwerb von Hintergrundwissen geben Aufschluss darüber, dass scheinbar zu verschiedenen Arten von Wissen, verschiedene Varianten präferiert werden. Dazu wird die *zur Exploration anregende* Variante insbesondere dann präferiert, wenn ein konzeptuelles Tiefenverständnis aufgebaut werden soll. Dieser Befund passt zu theoretischen Überlegungen von Middendorf (2022), der dafür plädiert, dass aktivere Formen der Informationsdarbietung „nicht auf Nachvollziehbarkeit und Reproduktion von Wissen, sondern auf Konstruktion von Wissen" (S. 3) ausgelegt sind.

Dazu passt der Befund aus dieser Untersuchung, dass festgestellt werden konnte, dass die *zur Exploration anregende* Variante bei neuen Themen oder tendenziell komplexeren Themen eher nicht präferiert, sondern mehr zu Wiederholungszwecken und Bestätigung des eigenen Verständnisses präferiert werden, bei welchem Feedback Sicherheit bieten kann (s. auch Kastaun et al., 2020).

Die *informative* Variante wird entsprechend beim Erwerb von Hintergrundwissen präferiert, wenn direkt zu Beginn des Lernprozesses sichergestellt (s. auch Minimal Guidance, Kirschner, Sweller & Clark, 2006) werden soll, ein Überblickswissen zu neuen, aber auch grundsätzlich zu komplexen Themen verstanden zu haben (s. dazu auch Sterzing, Kulgemeyer & Reinhold 2023; Wittwer & Renkl, 2008).

Zur Vernetzung von Wissen wird daher konsequenter Weise deutlich, das beide Varianten Vor- und Nachteile bieten, somit Angaben zu Präferenzen zu beiden Varianten ausgemacht werden konnten. Zum Aufbau von Grundwissen wird die *informative* Variante bevorzugt, eine Wissensanwendung wird dabei als Anschlussarbeit über die *zur Exploration anregende* Variante bevorzugt, um aus der Verbindung zwischen Aneignung und Anwendung Wissen vernetzt zu erarbeiten (s. dazu auch Savery, 2006). Zudem wird deutlich, dass die I-Variante grundsätzlich weniger aktivierend wahrgenommen zu werden scheint. Insbesondere in den Bereichen, in denen praxisrelevante Handlungen angedeutet werden. Dies geht einher zu aus der Theorie abgeleiteten Designüberlegungen, die Worked-Examples betreffend (Garces et al., 2023). Es sollte jedoch trotz der klareren Instruktionen der *informierenden* Variante verstehensorientiert gelernt werden können (Renkl, 2021), was in dieser Untersuchung durch das angegebene Sicherheitsgefühl durch die informativen Elemente beim Aufbau komplexerer Inhalte herausgestellt wurde.

Daraus leitet sich eine Implikation für digitale Plattformen ab, die in der Verbindung beider Varianten liegt. Im Sinne von Hmelo-Silver, Duncan und Chinn (2007) könnte die Verknüpfung beider Varianten unterstützend wirken, die unter anderem bei Ansätzen des Problem-Based-Learning Unterstützungsmaßnahmen wie „Sinnstiftung", „Prozessmanagement", „Artikulation" und „Reflexion" (Hmelo-Silver, Duncan & Chinn, 2007, S. 101, eigene Übersetzungen) als sinnvoll, wenn nicht sogar notwendig betrachten. Dies könnte durch eine sich gegenseitig unterstützende Variante mit E-Elementen und I-Elementen geschehen.

Eine klare Präferenz der *zur Exploration anregende* Variante wird in Bezug auf Diagnosen deutlich. Dabei wird insbesondere die hohe Praxisnähe als auch eine empfundene Sicherheit in Handlungsübungen durch eine Art Kompetenzerleben als Begründungen angeführt. Dies geht einher mit bisheriger Theorie, wie beispielsweise dem Postulat einer „Notwendigkeit der Interaktion mit authentischen Objekten" (Cook et al., 2013, S. 876, eigene Übersetzung), wenn es um handlungsrelevanten Wissenserwerb geht.

Die daraus resultierende Implikation für die Ausbildung und Steigerung von Diagnosefähigkeiten ist, dass in der Lehre mehr eigenes Diagnosehandeln eingefordert werden sollte, wie beispielsweise mit einer Auseinandersetzung mit Fällen (s. dazu Brandt, 2022).

8.2.2 Einbettungen und Ableitungen zu Aktivierungsfähigkeiten

Die Betrachtung der Präferenzen und Begründungen von Studierenden zu den beiden digitalen Zugangsformen konnte herausstellen, dass verschiedene Wissens- und Anwendungsfacetten verschiedene Zugänge nahelegen. Da in dieser Arbeit die Aktivierung von Wissenselementen, sodass für die Performanz darauf zurückgegriffen werden kann, in dieser Arbeit konzeptuell eine der drei Säulen von Diagnosefähigkeiten ausmacht (Abschnitt 1.3.3), wird im Folgenden analysiert, wie die Designelemente der FALEDIA-Plattform aus Sicht der Studierenden dazu beitragen können.

Aus der qualitativen Analyse der Interviewstudie, konnten Bereiche ermittelt werden, die tendenziell als förderlich, aber auch Bereiche, die tendenziell als hemmend von den Studierenden beim Aufbau von Wissen empfunden wurde, welches aktivierbar für die diagnostische Performanz aufgebaut werden soll. In Tabelle 8.4 werden die Kategorien aus der Untersuchung zusammengefasst.

Tabelle 8.4 Gegenüberstellung tendenziell förderlicher und hemmender Elemente

Tendenziell förderlich	Tendenziell hemmend
Versionen der Plattform	Mangelnde (menschliche) Interaktion
Theorie-Praxis-Verzahnung	Fehlende Sicherheit ohne Überprüfung
Fallbasiertes Lernen	Vorgegebene Auswahl der Inhalte
STARK-Prinzipien und Feedback	Steuerung als Herausforderung

Die Version der Plattform schien dabei, unter Passung der Ergebnisse, die in 8.2.1 zusammenfassend dargestellt wurden, in einer Nutzung der *zu Exploration anregenden* Elemente für eine längerfristige Aktivierbarkeit theoretischer Konzepte wahrgenommen worden zu sein (s. dazu auch Middendorf, 2022). Eine Verbindung beider Versionen bezogenen auf unterschiedliche Anforderungen im Lernprozess konnte ebenfalls als förderlich herausgestellt werden, da hierüber Konzepte aufgebaut und angewendet werden könnten (s. dazu auch Hmelo-Silver, Duncan & Chinn, 2007). Daraus könne sich eine Verzahnung von Theorie und Praxis ergeben, welche als Designmerkmal, dadurch dass bereichsspezifisches Hintergrundwissen direkt verknüpft mit diesen Bereich betreffendes Diagnosewissen angeboten wird, tendenziell förderlich wahrgenommen wird (s. dazu auch Brown, Collins & Duguid, 1989; Nittel, 1998; Wahl, 2002; KMK, 2017). Das STARK-Prinzip *Transparenz* könnte hier einen entscheidenden Teil zu beigetragen haben, indem den Studierenden, denen deutlich wurde, dass die Vernetzung von Theorie und Praxis sinnvoll für die Ausbildung von Aktivierungsfähigkeiten war, darauf hindeuten können, dass die geschaffene Transparenz der FALEDIA-Plattform zu diesbezüglichen Reflexionsprozesse über das Gelernte angeregt haben könnten.

Das fallbasierte Lernen wird von Studierenden insbesondere als förderlich beim Aufbau von aktivierbaren Fähigkeiten empfunden. Dies geht einher mit Überlegungen von Brandt (2022) und wird unterstützt durch das Sicherheitsempfinden, was die zur Exploration anregende Variante durch das individualisierte Feedback hervorzurufen scheint (s. dazu auch Kastaun et al., 2020). Eine Kombination aus aktiver Fallarbeit inklusiver individualisierter Rückmeldungen scheint entsprechend eine zum einen das Gefühl von Sicherheit stärkende Maßnahme zu sein, zum anderen einen Rückgriff auf dabei erlerntes Wissen, beziehungsweise Fähigkeiten zu erlauben (s. dazu auch Hascher, 2014). Daraus abzuleiten ist, dass die STARK-Prinzipien *Anwendung* und *Relevanz* zur Ausbildung von aktivierbaren Diagnosefähigkeiten beigetragen zu haben scheinen.

Das STARK-Prinzip *Steuerung* hingegen wurde von einigen Studierenden als eher hemmend empfunden. Unter Einbezug der bisherigen Theorie, könnte die Steuerung des eigenen Lernprozesses möglicherweise den cognitive load (Chi et al., 2001; Sweller, 2011) erhöhen, der bei einer digitalen Auseinandersetzung mit ungewohnten Medien ohnehin besteht. Selbstlernprozesse werden von Paulus, Veber und Mallwitz (2023) aufgrund der eigenverantwortlichen Regulierung des Lernens als herausfordernd angesehen. Gerade hier wird ein Potential von Feedback gesehen (Mayer, 2021), welches bei der Regulation solcher Prozesse unterstützen kann. Auch Analysen aus dieser Arbeit deuten darauf hin, dass die Teilnehmenden, die die *informative* Variante bearbeitet haben, eine Form von Rückmeldung bezogen auf ihr Lernen vermissten.

Zum Vorherigen passend, wurde an einigen Stellen zudem deutlich, dass beispielsweise die Länge der rahmenden Texte als hemmend empfunden wurden. Möglicherweise weist dies ebenfalls auf Herausforderungen in der Organisation des eigenen Lernens hin, denn aus längeren Texten scheinen Schwierigkeiten zu resultieren, die relevanten Informationen schnell herauszuarbeiten, insbesondere dann, wenn bereits ein gewisses Vorwissen besteht (Acuña, García-Rodicio & Sánchez, 2011).

Eine mögliche Implikation, die daraus folgt, ist, dass es sinnvoll sein könnte, Kernkompetenzen zu formulieren, die in der Auseinandersetzung mit dem jeweiligen Bereich erreicht werden sollen (Gutscher, 2018), um Struktur und Transparenz zu stärken und den cognitive load zu senken.

Der Aspekt, der besonders stark fokussiert wurde, ist das Fehlen an Möglichkeiten zum Austausch im Selbststudium. Es wurde mehrfach betont, dass ein Austausch mit Kommiliton:innen oder Dozierenden eine wünschenswerte Ergänzung sei, ungeachtet der FALEDIA-Variante oder der Zugehörigkeit zu einer Übungsgruppe mit thematisch passender Übung während der Intervention. Didaktische Interaktionen werden auch unter anderem von Haack (2002) in Selbstlernprozessen als stützend herausgestellt (s. auch Nonte et al., 2021; Middendorf, 2022). Die Interaktion mit der FALEDIA-Plattform, in Form von Auseinandersetzungen mit einem *zur Expolration anregenden* Element, Feedback oder das eigenverantwortliche Nutzen von Videos oder Audios der *informativen* Variante, scheint das Bedürfnis nach Austausch nicht hinreichend abzudecken. Dies spricht abermals für eine Nutzung der FALEDIA-Plattform innerhalb einer Lehrveranstaltung, die Raum für gemeinsamen Austausch im Anschluss an die oder während der Bearbeitung gibt, sowie zu Diskussionen anregt.

Nachfolgend werden in Abschnitt 8.3 Grenzen dieser Arbeit besprochen und ein Ausblick gegeben.

8.3 Grenzen und Ausblick

Wie in jeder wissenschaftlichen Arbeit üblich, ergeben sich auch in der vorgestellten Untersuchung Grenzen. Diese sind sowohl durch Fokussierungen auf untersuchte Aspekte, Designentscheidungen oder äußere Rahmenbedingungen bedingt. Im Folgenden werden daher Grenzen dieser Untersuchung benannt, aber auch Möglichkeiten für Anschlussforschungen herausgestellt.

Eine erste Einschränkung besteht sicherlich in der Besonderheit der Umstände, die der Erhebungszeitraum mit sich brachte. Durch die Corona-Pandemie und die damit verbundenen Ausnahmesituationen, die die universitäre Lehre betraf, wurde ausschließlich digital mit den Studierenden kommuniziert. Auch die Lehrveranstaltung fand nicht wie üblich als Präsenzbetrieb statt, sodass sich grundsätzlich eine veränderte Rahmung ergab, als diese üblicherweise stattfindet. Inwiefern diese Umsetzung sich auf die Untersuchung auswirkt bleibt offen. Es wäre möglich die Untersuchungen erneut unter den gewohnten Rahmenbedingungen durchzuführen und dabei zu betrachten, inwiefern oder ob sich andere Grundvoraussetzungen in der Gesamtkohorte ergeben.

Zudem bezieht sich der in dieser Arbeit betrachtete inhaltliche Schwerpunkt, auf das *Stellenwertverständnis.* Da Diagnosefähigkeiten jedoch als bereichsspezifisch gelten (Schulz, 2014), ergibt sich eine begrenzte Aussagekraft der Ergebnisse der Studie für andere Inhaltsbereiche. Wenngleich angenommen wird, dass grundsätzliche Befunde zu Präferenzen sicherlich auch auf andere Inhaltsbereiche übertragbar sind, bleibt doch offen, was beispielsweise in anderen Inhaltsbereichen als komplexes Hintergrundthema empfunden wird. Inwiefern eine Übertragbarkeit jedoch konkret besteht und an welchen Stellen diese ist, müsste in weiteren Untersuchungen herausgearbeitet werden.

Die hier vorliegende Untersuchung fand ohne Kontrollgruppe statt. Da die Forschung innerhalb einer Lehrveranstaltung (GIMP) stattfand, an deren Ende eine Modulabschlussprüfung stand, konnte aus Fairnessgründen keine Kontrollgruppe erstellt werden. Alle Studierenden sollten die gleichen Lernmöglichkeiten erhalten. Einer Teilgruppe der Kohorte die Informationen vorzuenthalten, schien ethisch dabei nicht zu vertreten. Daraus resultiert jedoch, dass keine Aussagen darüber getroffen werden können, inwiefern der Einsatz der FALEDIA-Plattform im Vergleich zu keinen oder anderen Interventionsmaßnahmen (mehr oder weniger) wirksam ist. Die Einbindung in die Lehrveranstaltung mit abschließender Modulabschlussklausur impliziert außerdem möglicherweise stärker ein Lernen für die anstehende Prüfung als für die spätere Berufspraxis. Dies könnte mit Fokus auf eine andere Zielgruppe vermieden werden. Es könnten Untersuchungen mit der FALEDIA-Plattform mit beispielsweise fachfremden Lehrkräften oder Noviz:innen stattfinden, um den Fokus auf die schulpraktischen Tätigkeiten zu erhöhen.

Zum Zeitpunkt der Erhebung, die in dieser Arbeit vorgestellt wurde, bestand die FALEDIA-Plattform aus den beiden separaten Varianten mit nur *informativen* Elementen auf der einen und mit *zur Exploration anregenden* Elementen auf der anderen Seite. Wie aus den hier vorgestellten Daten ersichtlich wird, ist eine Mischung aus beiden Varianten durchaus erwünscht. Aus der Analyse der Ergebnisse dieser Arbeit lässt sich nicht ableiten, inwiefern eine verschmolzene FALEDIA-Version zur Steigerung von Diagnosefähigkeiten beitragen würde. Im Projektteam wurde im Nachgang an die hier vorgestellte Ergebung und insbesondere unter Rückgriff auf die Daten, die Auskunft über die Präferenzen der Studierenden bietet (s. auch Böttcher et al., 2022; Huethorst et al., 2022), eine Überarbeitung der Plattform vorgenommen, die nunmehr Elemente aus beiden Varianten enthält. Eine Anschlussforschung konnte für die verschmolzene Variante bereits erste Befunde liefern (Walter et al., 2025). Interessant wären in diesem Zusammenhang zusätzlich ein Vergleich beider Plattformen, der mit getrennten Varianten und der mit Elementen aus beiden Varianten, um zu bestimmen, inwiefern das Zusammenführen der Elemente sich im Vergleich auswirkt.

Zudem fand die hier vorgestellte Untersuchung lediglich am Standort TU Dortmund statt. Inwiefern die Rahmenbedingungen des Standorts durch zum Beispiel Vorerfahrungen oder spezielle, standortspezifische Angebote Einfluss auf die Ergebnisse hatte, ist unbekannt. Es kann jedoch auf eine Anschlussforschung verwiesen werden, in welcher die überarbeitete Version der FALEDIA-Plattform im standortübergreifenden Transfer an der Universität Münster und zugleich an der TU Dortmund eingesetzt wurde. Dabei wurden Studierende zu verschiedenen Phasen ihrer Lehramtsausbildung (Universität Münster: Studiumsanfänger:innen sowie Masterstudierende; TU Dortmund: Studierende am Ende ihres Bachelorstudiums) in die Untersuchung mit einer Intervention mit der FALEDIA-Plattform einbezogen (Walter et al., 2025). Exakte Rückschlüsse auf standortspezifische Besonderheiten innerhalb der Kohorten lassen sich aufgrund der verschiedenen Ausgangslagen (Studienstand) der Studierenden jedoch auch damit nicht konkret ausmachen.

Folgend werden Grenzen die Methodik betreffend stärker fokussiert und entlang der drei Untersuchungsschwerpunkte Performanz, Selbsteinschätzung und Aktivierung dargestellt.

Grenzen und Ausblick zur Untersuchung der Performanz

In Abschnitt 8.1 wurde bereits angemerkt, dass die erreichten prozentualen Punktzahlen mit durchschnittlich 48,3 % über den gesamten Post-Test hinweg nicht als zufriedenstellendes Ergebnis gelten können. Als Erklärungsmomente hierzu werden Grenzen des Auswertungs- und des Erhebungsinstruments aufgezeigt.

Das Erhebungsinstrument scheint rückblickend etwas unausgeglichen gewichtet. Es werden sowohl mehr Aufgaben zum *Beurteilen von Diagnoseaufgaben* gestellt, als auch stärker Begründungen eingefordert als zu den Bereichen *Lernstände erheben* und *Ursachen analysieren.* Dementsprechend konnten auch mehr Punkte im Bereich *Beurteilen von Diagnoseaufgaben* erzielt werden. In den Berechnungen wurde dies durch konsequente Angaben zu den prozentual erreichten Punkten berücksichtigt. Jedoch könnte möglicherweise eine stärkere Fokussierung auf *Lernstände erheben* und *Ursachen analysieren* und das Einfordern von mehr Begründungen sinnvoll sein. Auch um qualitative Untersuchungen hierzu stärker anzuregen.

Weitere Untersuchungen unter qualitativer Auswertung der Testdaten wären dabei von Interesse. Einen Ansatz dazu kann durch eine unveröffentlichten Masterarbeit (Grünewald, 2025) beigetragen werden. In diesem Zuge wurden dazu Entwicklungspfade aus den Antworten zu den Tests abgeleitet, wobei einschränkend angemerkt werden muss, dass eine Erhebung bei einer anderen Kohorte stattfand, die Daten also nicht deckungsgleich mit den hier vorgestellten sind.

Grünewald konnte dabei herausstellen, dass insbesondere die Begründungen zum Hintergrundthema Bündeln und Entbündeln nach der Intervention mit der FALEDIA-Plattform tiefenschärfer fokussiert wurden, wobei Bezüge zu anderen Hintergrundfacetten ähnlich tief blieben oder kein Bezug mehr darauf genommen wurde. Zusätzlich scheinen sprachliche Aspekte eine Rolle zu spielen. Während in den Pretests fachsprachliche Vokabeln fehlten und mehr umschrieben werden musste, haben in den Posttests Verkürzungen auf einzelne Begriffsnennungen dazu geführt, dass weniger Konzept beschrieben wurde (Grünewald, 2025). Aussagen aus den dargelegten Fallbeispielen unterstreichen diesen Eindruck und das Interesse daran, verstärkt einen qualitativen Einblick in die Daten zu gewinnen.

Das Auswertungsinstrument scheint qualitative Veränderungen ebenfalls nicht immer in dem Maße zu erfassen, wie es eine qualitative Analyse hätte können. Zudem wird jeweils zum Erreichen der maximalen Punktzahl eingefordert, zu jeder der drei Hintergrundfacetten vollständig angemessen Bezug zu nehmen, was möglicherweise auch in Praxissituationen keine realistische Anforderung sein könnte. Eine Maßnahme hätte dazu möglicherweise eine stärkere Gewichtung von tiefenscharf ausgeführten Diagnosen zu einer Hintergrundfacette sein können, sodass der Blick in die Breite etwas an Relevanz verliert. Hier müssten allerdings vorab Überlegungen stattfinden, wie sowohl Tiefe als auch Breite eine angemessene und ausgeglichene Gewichtung in der Auswertung finden können.

Wie bereits in 8.1 (vgl. auch Kapitel 4) herausgestellt, umfasste das Angebot der FALEDIA-Plattform keine Falldarstellungen zum Bereich *Diagnoseaufgaben beurteilen.* Die qualitativen Analysen dieser Arbeit zeigen, dass Studierende gerade für praxisnahe Tätigkeiten die Fallarbeit zum Aufbau aktivierbarer Fähigkeiten positiv einschätzen. Die bereits angesprochene überarbeitete FALEDIA-Version enthält daher mittlerweile einen fallbasierten und zur Exploration anregenden Lernbaustein, in welchem genau dies angeboten wird. Interessant wäre daher zu untersuchen, inwiefern sich die Performanz im Bereich *Diagnoseaufgaben beurteilen* entwickelt, wenn dieses Lernangebot zusätzlich besteht.

Grenzen und Ausblick zur Untersuchung der Selbsteinschätzung
Auch im Bereich der Selbsteinschätzung ergeben sich Grenzen. Eine davon ist sicherlich, dass Angaben aufgrund von sozialer Erwünschtheit, die während des Interviews gemacht wurden, keineswegs auszuschließen sind.

Zudem ist die Erhebung der Selbsteinschätzung nicht absolut deckungsgleich mit den Anforderungen aus dem Pre-Post-Test. Dabei wurden die beiden diagnostischen Tätigkeiten *Lernstände erheben* und *Ursachen ableiten* für die Selbsteinschätzung einem Item zusammengeführt. Die Vergleichbarkeit der Daten und das Untersuchen nach Korrelationen hätte tiefer ausfallen können, wäre die Deckungsgleichheit erhöht worden. Allerdings sollte in der Selbsteinschätzung auch auf das Wissen zu den Hintergrundfacetten eingegangen werden, um einen Eindruck des Erwerbs von Fachwissen und fachdidaktischem Wissen zu erhalten. Da darauf nicht verzichtet werden sollte, wurde diese Grenze bewusst einschränkend hingenommen, um die Anzahl an Items nicht zu groß werden zu lassen. An dieser Stelle müsste bei einer weiteren Forschung abgewogen werden, ob die hohe Itemanzahl zugunsten einer separaten Betrachtung aller diagnostischen Tätigkeiten vorzuziehen wäre, beziehungsweise ob möglicherweise die Items zur Selbsteinschätzung über fachliches und fachdidaktisches Wissen möglicherweise gekürzt werden sollten.

Möglicherweise könnte in Interviews die Diskrepanz zwischen der eigenen Einschätzung und der Performanz auch konkret thematisiert werden, um dem Erkenntnisgewinn über die dabei inne liegenden Prozesse beizutragen. Hier müsste jedoch eine sensible Interviewform gewählt werden, die keine unangenehme Situation auf Seiten der Studierenden hervorruft, um keine Rechtfertigungen zu provozieren, sondern gedankliche Rekonstruktionen anzuregen.

Zuletzt scheint insbesondere der Zusammenhang zwischen Selbsteingeschätzten Fähigkeiten im Bereich Diagnose mit der Verwendung von Fachsprache insbesondere interessant. Die Frage, ob die Verwendung und Fachbegriffen eine konzeptuelle Sicherheit suggeriert und somit die Selbsteinschätzung als Überschätzung der eigenen Fähigkeiten beeinflusst, könnte weitere interessante Einsichten liefern und zur Qualitätssteigerung der universitären Lehre beitragen.

Grenzen und Ausblick zur Untersuchung der Aktivierung
Die Erhebungsmethode *Interviews*, um Aufschlüsse über die Aktivierung zu erhalten, impliziert stets, dass Antworten aufgrund sozialer Erwünschtheit nicht auszuschließen sind. Dieser Grenze wurde versucht mit der Auswahl an analysierten Stellen entgegenzuwirken, die eher Begrünungen für Auffälligkeiten darstellen und weniger Beurteilungen die FALEDIA-Plattform betreffend. Nichts

desto trotz ist eine soziale Erwünschtheit stets in der Interpretation der Analysen mitzudenken.

In Bezug auf die Auswertung der quantitativen Daten und der Befunde dazu, dass die verschiedenen diagnostischen Tätigkeiten unterschiedlich starke Punkteentwicklungen mit sich führten, wäre interessant, die Aktivierung nach diagnostischen Tätigkeiten verstärkt zu untersuchen. Um herauszufinden, welche konzeptuellen Merkmale sich daraus für den Aufbau aktivierbarer Fähigkeiten tätigkeitsspezifisch ergeben und daraus Implikationen für die Hochschullehre abzuleiten, scheint eine solche Analyse förderlich. Dafür müssten die Interviewfragen konkreter an den diagnostischen Tätigkeiten ausgerichtet werden. Zudem könnten möglicherweise konzeptuelle Rückschlüsse auf die Prozesse während der Aktivierung von Wissen für die diagnostische Performanz zu einer der drei diagnostischen Tätigkeiten getätigt werden. Hier wäre eine Möglichkeit die Theoriebildung zu Diagnosefähigkeiten weiter auszuschärfen.

Interessant wären diesbezüglich genauere Einblicke in die Prozesse zu den Aktivierungen während des Einschätzens von Lernständen, dem Analysieren von Ursachen und dem Beurteilen von Diagnoseaufgaben, um herauszuarbeiten, was genau die Steigerung von Fähigkeiten des jeweiligen Teilprozesses unterstützen kann.

Unter Einbezug dessen, dass mittlerweile eine FALEDIA-Variante besteht, die sowohl informative als auch zur Exploration anregende Elemente beinhaltet, ist eine Anschlussforschung durch Interviews mit Nutzenden ebenfalls von Interesse. Diese könnten weitere Aufschlüsse dazu bieten, ob die Präferenzen, die in dieser Untersuchung angegeben wurden, bestätig werden. Zudem wären Untersuchungen zu weiteren Inhaltsbereichen und den dabei angegebenen Präferenzen möglicherweise aufschlussreich und könnten eine Generalisierung der Erkenntnisse befördern.

8.4 Schlussbemerkung

Wenngleich Diagnosefähigkeiten im Bereich der Mathematikdidaktik sicherlich zu den bereits besser beforschten Gebieten gezählt werden kann (jüngst z. B. Brandt, 2022; Dingemans, 2024; Hock, 2021), bestehen dennoch noch nicht hinreichend viele Befunde dazu zur Verfügung, wie insbesondere im Zuge einer digitalen Unterstützung universitärer Angebote die Steigerung von Diagnosefähigkeiten für Studierende passgenau zugänglich gemacht werden kann.

Die hier vorgestellte Untersuchung kann für den Bereich Stellenwertverständnis Erkenntnisse über die Auseinandersetzung mit der digitalen und fallbasierten

Plattform zur Steigerung von Diagnosefähigkeiten ‚*FALEDIA*' beitragen. Insbesondere wird deutlich, dass keine klare Überlegenheit einer der beiden hier untersuchten Zugänge ‚*informativ*' oder ‚*zur Exploration anregend*' dem anderen gegenüber festgestellt werden kann. Die Interventionsmaßnahme *Nutzung der Plattform* zeigt in beiden Fällen quantitativ Wirkung in Form signifikanter Verbesserungen der diagnostischen Performanz der Studierenden über zwei Messzeitpunkte hinweg und auch an welchen Stellen diese zu Tragen kommen. Die diagnostischen Tätigkeiten *Lernstände erheben* und *Ursachen ableiten* konnten nachweislich signifikant verbessert werden.

Zusätzlich können qualitative Analysen Einblicke dazu liefern, dass die präferierte Zugangsweise der Studierenden sich insbesondere je nach Komplexität, Stand im Lernprozess, praktischer Handlungsfähigkeit und Vernetzung von Wissen unterscheidet. Der fallbasierte, zur Exploration anregende Ansatz, inklusive individualisierten Rückmeldungen zu Fallbearbeitungen von Studierenden, wird im Bereich handlungsrelevanter Diagnosefähigkeit als präferierter Zugang empfunden. Zusätzlich weisen Befunde dieser Arbeit darauf hin, dass der Aufbau von Hintergrundwissen vermehrt über einen *informativen* Zugang präferiert wird. Die Vernetzung von Theorie und Praxis wird entsprechend als gemischter Zugang aus *informativer* Grundlagenschaffung und *zur Exploration anregenden* fallbasierten Diagnosehandlungen als förderlich für aktivierbare Diagnosefähigkeiten wahrgenommen. Bezogen auf die Aktivierbarkeit von Diagnosefähigkeiten, hat das Arbeiten an Fällen inklusive individualisierten Feedbacks sich dabei als besonders präferiert erwiesen. Die fehlende Anbindung in Diskursmöglichkeiten als eher hemmend.

Die zentrale Erkenntnis, die daraus gewonnen werden konnte, ist, dass ein digitales Angebot zur Steigerung von Diagnosefähigkeiten bestenfalls beide hier vorgestellten Ansätze an entsprechender Stelle integriert. Eine stärkere Eingliederung, bzw. Reflexion der Nutzung der Plattform in diskursive universitäre Kursangebote scheint dabei lohnenswert.

Zudem werden aus Fallbetrachtungen zur Diskrepanz von Performanz und Selbsteinschätzungen Begründungsansätze deutlich, die darauf hindeuten, dass insbesondere sprachliche Aspekte möglicherweise eine Überschätzung der eigenen diagnostischen Performanzentwicklung beeinflussen. Es wurden Thesen aufgestellt, die darauf hindeuten könnten, dass die Verwendung von Fachvokabular mit einer empfundenen Verbesserung von Diagnoseprodukten einhergehen, jedoch konzeptuelle Tiefe dabei nicht hinreichend berücksichtigt wird.

Darüber hinaus könnte neben der Tiefenschärfe von Diagnosen, möglicherweise ein weiterer Fokus auf eine diagnostische Breite, in Form von verschiedenen plausiblen Ursachenrekonstruktionen, bei Noviz:innen lohnenswert sein. Das wiederum könnte ein Hinweis darauf sein, dass Studierende mehrere Diagnosezyklen mit einem (Fall-)Kind benötigen, um diagnostisch sowohl in die Tiefe als auch in die Breite zu denken.

Die Befunde aus dieser Arbeit legen nahe, dass die Diagnosefähigkeit möglichst multiperspektivisch und realitätsnah erlernt werden sollte und unterstreichen eine kontinuierliche Einbindung über die gesamte universitäre Ausbildung hinweg (Hußmann & Selter, 2013), geben jedoch gleichzeitig Anlass dazu weitere Untersuchungen vorzunehmen.

Je besser aus Hochschulsicht verstanden wird, was es braucht, um Studierenden die Relevanz der Einzelteile ihrer Ausbildung, hier Diagnosefähigkeit, transparent zu machen und zu verstehen, was Studierende für deren Aufbau und die Vernetzung zu einem Gesamtkonzept brauchen, desto besser können an exemplarischen Inhalten übertragbare Konzepte entwickelt werden und schließlich auch zum Aufbau von ertragreicher und reflektierter Handlungsfähigkeit in der Praxis stärker beitragen. Daher soll diese Arbeit auch als Anregung zur weiteren Forschung der universitären Ausbildung von Diagnose- *und* Förderfähigkeiten stehen.

Literaturverzeichnis

Acuña, S.R., García Rodicio, H., & Sánchez, E. (2011). Fostering active progressing of instructional explanations of learners with high and low prior knowledge. *European Journal of Psychology of Education, 26*(4), 435–452.

Ahlers, M., Besser, M., Herzog, C., & Kuhl, P. (2024). *Digitales Lehren und Lernen im Fachunterricht. Aktuelle Entwicklungen, Gegenstände und Prozesse.* Beltz Juventa. https://doi.org/10.25656/01:29040

Ainsworth, S. (2021). The Multiple Representations Principle in Multimedia Learning. In R. E. Mayer, & L. Fiorella (Hrsg.), *The Cambridge Handbook of Multimedia Learning* (S. 158–170). Cambridge University Press. https://doi.org/10.1017/9781108894333.014

Althof, W. (Hrsg.). (2013). *Fehlerwelten: Vom Fehlermachen und Lernen aus Fehlern. Beiträge und Nachträge zu einem interdisziplinären Symposium aus Anlaß des 60. Geburtstags von Fritz Oser*. Springer-Verlag.

Anders, Y., Weinert, S., & Hopf, M. (2010a). Diagnose komplexer Problemlösefähigkeiten. *Unterrichtswissenschaft, 38*(2), 189–205.

Anders, Y., Kunter, M., Brunner, M., Krauss, S., & Baumert, J. (2010b). Diagnostische Fähigkeiten von Mathematiklehrkräften und ihre Auswirkungen auf die Leistungen ihrer Schülerinnen und Schüler. *Psychologie in Erziehung und Unterricht, 57*(3), 175–193.

Anus, S., Danielsiek, H., Fischer, S., Girulat, A., Graf, D., Jelemenská, J., Melle, I., Nührenbörger, M., Paul, W., Vahrenhold, J., & Wember, F. B. (2013). Diagnose und individuelle Förderung erlernen. In S. Hußmann & C. Selter (Hrsg.), *Diagnose und individuelle Förderung in der MINTLehrerbildung* (S. 97–100). Waxmann.

Autorengruppe Bildungsberichterstattung (2020). *Bildung in Deutschland 2020: Ein indikatorengestützter Bericht mit einer Analyse zu Bildung in einer digitalisierten Welt.* Wbv Media. https://www.kmk.org/themen/bildungsberichterstattung/bildungsbericht-2020.html [abgerufen am 12.01.2025]

Atkinson, R.K., Derry, S.J., Renkl, A. & Wortham, D.W. (2000). Learning from examples: instructional principles from the worked examples research. *Review of Educational Research, 70*(2), 181–214.

Backhaus, K., Erichson, B., Gensler, S., Weiber, R., & Weiber, T. (2023). *Multivariate Analysemethoden. Eine anwendungsorientierte Einführung. 17. Auflage.* Springer Gabler.

M. Maibach, *Diagnostische Performanz und Einschätzungen von Primarstufen-Studierenden*, Dortmunder Beiträge zur Entwicklung und Erforschung des Mathematikunterrichts 62, https://doi.org/10.1007/978-3-658-50683-4

Baer, M., Kocher, M., Wyss, C., Guldimann, T., Larcher, S., & Dörr, G. (2011). Lehrerbildung und Praxiserfahrung im ersten Berufsjahr und ihre Wirkung auf die Unterrichtskompetenzen von Studierenden und jungen Lehrpersonen im Berufseinstieg. *Zeitschrift für Erziehungswissenschaft, 14*(1), 85–117.

Bandura, A. (1977). Self-efficacy: toward a unifying theory of behavioral change. *Psychological review, 84* (2), 191–215.

Barbieri, C. A., Miller-Cotto, D., Clerjuste, S. N., & Chawla, K. (2023). A meta-analysis of the worked examples effect on mathematics performance. *Educational Psychology Review, 35*(1), 11.

Barnhart, T., & van Es, E. (2015). Studying teacher noticing: Examining the relationship among pre-service science teachers' ability to attend, analyze and respond to student thinking. *Teaching and Teacher Education*, 45, 83–93.

Bartel, M. E., & Roth, J. (2017). Diagnostische Kompetenz von Lehramtsstudierenden fördern: Das Videotool ViviAn. In J. Leuders, T. Leuders, S. Prediger, & S. Ruwisch (Hrsg.), *Mit Heterogenität im Mathematikunterricht umgehen lernen: Konzepte und Perspektiven für eine zentrale Anforderung an die Lehrerbildung* (S. 43–52). Springer Spektrum.

Barzel, B., & Schreiber, C. (2017). Digitale Medien im Unterricht. In M. Abshagen, B. Barzel, J. Kramer, T. Riecke-Baulecke, B. Rösken-Winter, & C. Selter (Hrsg.), *Basiswissen Lehrerbildung: Mathematik unterrichten* (S. 200–215). Klett Kallmeyer.

Bauer, J., Drechsel, B., Retelsdorf, J., Kauper [Sporer], T., Rösler, L., Prenzel, M. & Möller, J. (2010). Panel zum Lehramtsstudium – PaLea: Entwicklungsverläufe zukünftiger Lehrkräfte im Kontext der Reform der Lehrerbildung. *Beiträge zur Hochschulforschung, 32*, 34–55.

Baumert, J., & Kunter, M. (2006). Stichwort: Professionelle Kompetenz von Lehrkräften. *Zeitschrift für Erziehungswissenschaft, 9*(4), 469–520.

Baumert, J. & Kunter, M. (2011). Das Kompetenzmodell von COACTIV. In M. Kunter, J. Baumert, W. Blum, U. Klusmann, S. Krauss & M. Neubrand (Hrsg.), *Professionelle Kompetenz von Lehrkräften. Ergebnisse des Forschungsprogramms COACTIV* (S. 29–53). Waxmann.

Bättig, D. (2015). *Angewandte Datenanalyse.* Springer.

Beck, C., Helsper, W., Heuer, B., Stelmaszyk, B., & Ullrich, H. (2000). *Fallarbeit in der universitären LehrerInnenbildung.* VS Verlag für Sozialwissenschaften. https://doi.org/10.1007/978-3-663-10029-4

Beretz, A.-K., Lengnink, K., & von Aufschnaiter, C. (2017). Diagnostische Kompetenz gezielt fördern – Videoeinsatz im Lehramtsstudium Mathematik und Physik. In C. Selter, S. Hußmann, C. Hößle, C. Knipping, K. Lengnink, & J. Michaelis (Hrsg.), *Diagnose und Förderung heterogener Lerngruppen. Theorien, Konzepte und Beispiele aus der MINT-Lehrerbildung* (S. 149–168). Waxmann.

Berliner, D. C. (1986). In pursuit of the expert pedagogue. *Educational Researcher, 15*(7), 5–13.

Berliner, D. C. (2001). Learning about and learning from expert teachers. *International Journal of Educational Research, 35*, 463–482

Biabdillah, F., Tolle, H., & Bachtiar, F. (2021). Go Story: Design and Evaluation Educational Mobile Learning Podcast using Human Centered Design Method and Gamification for

History. *Journal of Information Technology and Computer Science, 6*(3), 308–318. https://doi.org/10.25126/jitecs.202163345

Blomberg, G., Renkl, A., Gamoran Sherin, M., Borko, H. & Seidel, T. (2013). Five research-based heuristics for using video in pre-service teacher education. *Journal for educational research online 5*, 90–114. https://doi.org/10.25656/01:8021

Blömeke, S., & Delaney, S. (2012). Assessment of teacher knowledge across countries: A review of the state of research. *ZDM Mathematics Education, 44*, 223–247.

Blömeke, S., König, J., Suhl, U., Hoth, J., & Döhrmann, M. (2015). Wie situationsbezogen ist die Kompetenz von Lehrkräften? Zur Generalisierbarkeit der Ergebnisse von videobasierten Performanztests. *Zeitschrift für Pädagogik, 61*(3), 310–327.

Bond, M., Bedenlier, S., Buntins, K., Kerres, M., & Zawacki-Richter, O. (2018, 26. Juni). *Systematic. Reviews in Educational Technology Research: Potential and pitfalls* [Konferenzbeitrag]. EdMedia Conference, Amsterdam, Niederlande.

Booth, J. L., Lange, K. E., Koedinger, K. R., & Newton, K. J. (2013). Using example problems to improve student learning in algebra: Differentiating between correct and incorrect examples. *Learning and Instruction, 25*(2013), 24–34. https://doi.org/10.1016/j.learninstruc.2012.11.002

Bortz, J., & Döring, N. (2006). *Forschungsmethoden und Evaluation für Human- und Sozialwissenschaftler (4. Aufl.)*. Springer.

Böttcher, M., Huethorst, L., Walter, D., Gutscher, A., Selter, C., Bergmann, A., Dobbrunz, T. & Harrer, A. (2022). FALEDIA-Design and Research of a Digital Case-Based Learning Platform for Primary Pre-Service Teachers. In *Twelfth Congress of the European Society for Research in Mathematics Education (CERME12)* (No. 04).

Brandt, J., Gutscher, A., & Selter, C. (2017). Nutzung von Vignetten in einer Großveranstaltung für Mathematikstudierende der Primarstufe. In C. Selter, S. Hußmann, C. Hößle, C. Knipping, K. Lengnink & J. Michaelis (Hrsg.), *Diagnose und Förderung heterogener Lerngruppen – Theorien, Konzepte und Beispiele aus der MINT-Lehrerbildung* (S. 235–256). Waxmann.

Brandt, J. (2022). *Diagnose und Förderung erlernen. Untersuchung zur Akzeptanz und Kompetenzen in einer universitären Großveranstaltung*. Springer.

Brauer, L., Fischer, A., Hößle, C., Niesel, V., Voß&, S., & Warnstedt, J. A. (2017). Vignettenbasierte Instrumente zur Förderung der diagnostischen Fähigkeiten von Studierenden mit den Fächern Biologie und Mathematik (Sekundarstufe I). In C. Selter, S. Hußmann, C. Höfle, C. Knipping, K. Lengnink, & J. Michaelis (Hrsg.), *Diagnose und Förderung heterogener Lerngruppen: Theorien, Konzepte und Beispiele aus der MINT-Lehrerbildung* (S. 257–276). Waxmann.

Bredel, U. & Pieper, I. (2021). Der Fall aus der Perspektive der Fachdidaktik. Fachliche Lernprozesse als Ziel und Ausgangspunkt. In D. Wittek, T. Rabe, & M. Ritter (Hrsg.), *Kasuistik in Forschung und Lehre. Erziehungswissenschaftliche und fachdidaktische Ordnungsversuche* (S. 65–88). Verlag Julius Klinkhardt. https://doi.org/10.25656/01:21562

Bromme, R. (1981). *Das Denken von Lehrern bei der Unterrichtsvorbereitung: eine empirische Untersuchung zu kognitiven Prozessen von Mathematiklehrern*: Beltz.

Brophy, J. (Hrsg.) (2004). *Using Video in Teacher Education.* Elsevier.

Brown, J. S., Collins, A., & Duguid, P. (1989). Situated cognition and the culture of learning. *Educational Researcher, 18*(1), 32–41.

Brunner, M., Anders, Y., Hachfeld, A. & Krauss, S. (2011a) Diagnostische Fähigkeiten von Mathematiklehrkräften. In M. Kunter, J. Baumert, W. Blum, U. Klusmann, S. Krauss & M. Neubrand (Hrsg.), *Professionelle Kompetenz von Lehrkräften – Ergebnisse des Forschungsprogramms COACTIV* (S. 215–234). Waxmann.

Brunner, M., Keller, U., & Düggeli, A. (2011b). Selbsteinschätzungen von Lehrpersonen zum mathematisch-naturwissenschaftlichen Fachwissen [Self-assessments of teachers regarding mathematical and scientific subject knowledge]. *Beiträge zur Lehrerinnen- und Lehrerbildung, 29*(1), 79–90.

Brunner, E. (2017). Diagnosekompetenz aufbauen und anwenden. Einblicke in das Konzept einer Mathematikdidaktik-Lehrveranstaltung für Studierende des Lehramts Primarstufe. In J. Leuders, T. Leuders, S. Prediger & S. Ruwisch (Hrsg.), *Mit Heterogenität im Mathematikunterricht umgehen lernen. Konzepte und Perspektiven für eine zentrale Anforderung an die Lehrerbildung* (S. 65–76). Springer Spektrum.

Brunner, K., Obersteiner, A. & Leuders, T. (2021). How prospective teachers detect potential difficulties in mathematical tasks – an eye tracking study [Special Issue]. *RISTAL, 4*, 109–126.

Burke, K. (2006). *From Standards to Rubrics in 6 Steps.* Hawker Brownlow.

Carpenter, T. P., Fennema, E., Peterson, P. L., Chiang, C. P., & Loef, M. (1989). Using knowledge of children's mathematics thinking in classroom teaching: An experimental study. *American Educational Research Journal, 26*(4), 499–531.

Carpenter, T., Franke, M., Jacobs, V., Fennema, E., & Empson, S. (1998). A Longitudinal Study of Invention and Understanding in Children's Multidigit Addition and Subtraction. *Journal for Research in Mathematics Education, 29*(1), 3–20.

Chapman, O. (2014). Overall Commentary: Understanding and Changing Mathematics Teachers. In J.-J. Lo, K. R. Leatham, & L. R. van Zoest (Hrsg.), *Research in Mathematics Education. Research Trends in Mathematics Teacher Education* (S.295–309). Cham, s.l.: Springer International Publishing. https://doi.org/10.1007/978-3-319-02562-9_16

Chaves, I., & Bittencourt, J. (2018). Collaborative learning by way of human-centered design in design classes. *Strategic Design Research Journal, 11*(1), 27–33. https://doi.org/10.4013/sdrj.2018.111.05

Chernikova, O., Heitzmann, N., Stadler, M., Holzberger, D., Seidel, T., & Fischer, F. (2020). Simulation-Based Learning in Higher Education: A Meta-Analysis. *Review of Educational Research, 90*(4), 499–541. https://doi.org/10.3102/0034654320933544

Chi, M. T. H., Feltovich, P. J., & Glaser, R. (1981). Categorization and Representation of Physics Problems by Experts and Novices. *Cognitive Science, 2*, 121–152.

Chi, M.T.H., Siler, S.S., Heisawn, J., Yamauchi, T. & Hausmann, R.G. (2001). Learning from human tutoring. *Cognitive Science, 35*(2001), 471–533.

Chinn, C. A. (2006). Learning to argue. In A. M. O'Donnell, C. Hmelo Silver, & G. Erkens (Hrsg.), *Collaborative learning, reasoning, and technology* (S. 355–383). Erlbaum.

Codreanu, E., Sommerhoff, D., Huber, S., Ufer, S., & Seidel, T. (2021). Exploring the Process of Preservice Teachers' Diagnostic Activities in a Video-Based Simulation. *Frontiers in Education, 6.* https://www.frontiersin.org/journals/education/articles/10.3389/feduc.2021.626666/full

Cohen, J. (1988). *Statistical power analysis for the behavioral science.* Taylor and Francis

Cook, D. A., Brydges, R., Zendejas, B., Hamstra, S. J., & Hatala, R. (2013). Technology enhanced simulation to assess health professionals: A systematic review of validity evidence, research methods, and reporting quality. *Academic Medicine, 88*(6), 872–883. https://doi.org/10.1097/ACM.0b013e31828ffdcf

Cooper, S. (2009). Preservice teachers' analysis of children's work to make instructional decisions. *School Science and Mathematics, 109*(6), 355–362.

Crespo, S. (2000). Seeing more than right and wrong answers: Prospective teachers' interpretations of students' mathematical work. *Journal of Mathematics Teacher Education, 3*(2), 155–181.

Dannemann, S., Heeg, J. & Schanze, S. (2019). Fallbasierte Förderung der Diagnose- und Planungsfähigkeit von Lehramtsstudierenden. Lernen mit Videovignetten in der Biologie- und Chemiedidaktik. In T. Leuders, E. Christophel, M. Hemmer, F. Korneck, & P. Labudde, (Hrsg.), *Fachdidaktische Forschung zur Lehrerbildung* (S. 75–86). Waxmann Verlag.

De Jong, T. (2021). The Guided Inquiry Principle in Multimedia Learning. In In R.E. Mayer, & L. Fiorella (Hrsg.), *The Cambridge Handbook of Multimedia Learning* (S. 394–402). Cambridge University Press.

Dehaene, S. *(1999). Der Zahlensinn. Birkhäuser.*

Digel, S., Weiß, I., Schenk, R., Bischlager, M. & Bock, V. (2010). Mediengestützte Fallarbeit konzipieren, moderieren, evaluieren – Erfahrungen aus Sicht der Praktiker. In J. Schrader, R. Hohmann, & S. Hartz (Hrsg.), *Mediengestützte Fallarbeit. Konzepte Erfahrungen und Befunde zur Kompetenzentwicklung von Erwachsenenbildnern* (S. 211–232). Bertelsmann.

Dimartino, M. (2015). Weg vom Zählen. Mit Wendestäben zum Strategiewechsel. *Grundschulunterricht Mathematik, 3,* 12–21.

Dingemans, S. (2024). *Entwicklung mathematikspezifischer diagnostischer Kompetenz im Praxissemester von Studierenden im Lehramt Grundschule* (Vol. 17). Springer-Verlag.

Dirks, U. (2012). Aufgabenformate – Das Genre ‚Fallvignette'. In W. Hansmann, U. Dirks, & H. Baumbach (Hrsg.), *Professionalisierung und Diagnosekompetenz – Kompetenzentwicklung und -förderung im Lehramtsstudium. (Online-Schriftenreihe der Philipps-Universität Marburg, Kapitel II.4)* (S. 1–7). http://archiv.ub.uni-marburg.de/opus/schriftenreihen_ebene2.php?sr_i-d=30&la=de.

Ditton, H. (2010). Selektion und Exklusion im Bildungssystem. In G. Quenzel (Hrsg.), *Bildungsverlierer: Neue Ungleichheiten* (S. 53–71). VS Verlag für Sozialwissenschaften.

Dochy, F., Segers, M., van der Bossche, P. & Gijbels, D. (2003). Effects of problem-based learning. A meta-analysis. *Learning and Instruction, 13*(5), 533–568.

Dolmans, D., De Grave, W., Wolfhagen, I., & van der Vleuten, C.P.M. (2005). Problem-based learning: future challenges for educational practice and research. *Med Educ, 39*(7), 732–741.

Domagk, S., Schwartz, R. N., & Plass, J. L. (2010). Interactivity in multimedia learning: An integrated model. *Computers in Human Behavior, 26*(5), 1024–1033.

Doyle, W. (1990). Case methods in the education of teachers. *Teacher Education Quarterly, 17*(1), 7–15.

Drollinger-Vetter, B. (2011). Verstehenselemente und strukturelle Klarheit: Fachdidaktische Qualität der Anleitung von mathematischen Verstehensprozessen im Unterricht. Waxmann.

Dröse, J. & Prediger, S. (2023). Prospective teachers' diagnostic thinking on students' understanding of multi-digit multiplication: A content-related analysis on unpacking knowledge elements. Journal für Mathematik-Didaktik, 44(1), 1–28. https://doi.org/10.1007/s13138-022-00214-w (Open Access)

Dübbelde, G. (2013). *Diagnostische Kompetenzen angehender Biologie-Lehrkräfte im Bereich der naturwissenschaftlichen Erkenntnisgewinnung* [Dissertation]. Universität Kassel.

Ehle, A., Hundeshagen, N. & Lange, M. (2017). The Sequent Calculus Trainer with Automated Reasoning – Helping students to find proofs. *Electronic Proc. in Theor. Comp. Sc., 267*, 19–37. https://doi.org/10.4204/EPTCS.267.2

Embacher, F. (2004). *Lernpfade – Wege zu selbstgesteuertem Lernen.* [Tagungsvortrag] 9. Internationalen Tagung über Schulmathematik: Alternative Wege in Unterricht und Leistungsbeurteilung, Technische Universität Wien, Österreich. Online verfügbar unter http://www.matheonline.at/monk/TU26.2.2004/paperLernpfade.doc

Enenkiel, P., Bartel, M. E., Walz, M., & Roth, J. (2022). Diagnostische Fähigkeiten mit der videobasierten Lernumgebung ViviAn fördern. *Journal für Mathematik-Didaktik, 43*(1), 67–99.

Ernst, H. (2003). *Das gute Leben. Der ehrliche Weg zum Glück.* Ullstein Verlag.

FALEDIA (o. J.). *Stellenwertverständnis.* https://plattform.faledia.de

Fey, H., & Bruder, R. (2014). Messung diagnostischer Kompetenz in der Lehramtsausbildung Mathematik. In J. Roth & J. Ames (Hrsg.), *Beiträge zum Mathematikunterricht 2014* (S. 365–368). WTM-Verlag.

Fiorella, L., & Mayer, R. (2021). Principles for Reducing Extraneous Processing in Multimedia Learning: Coherence, Signaling, Redundancy, Spatial Contiguity, and Temporal Contiguity Principles. In R. E. Mayer, & L. Fiorella (Hrsg.), *The Cambridge Handbook of Multimedia Learning* (S. 185–198). Cambridge University Press. https://doi.org/10.1017/9781108894333.018

Fölling-Albers, M., Gebauer, S., Rank, A., & Hartinger, A. (2018). Situiertes Lernen in der Lehrer(fort)bildung. In M. Rothland & M. Lüders (Hrsg.), *Lehrer-Bildungs-Forschung. Festschrift für Ewald Terhart* (S. 77–90). Waxmann.

Fromme, M. (2016). *Stellenwertverständnis im Zahlenraum bis 100: Theoretische und empirische Analysen.* Springer Spektrum.

Fuson, K., Wearne, D., Hiebert, J. C., Murray, H. G., Olivier, A. I., Carpenter, T. P., Fennema, E. & Human, P. G. (1997). Children's conceptual structures for multidigit numbers and methods of multidigit addition and subtraction. *Journal for Research in Mathematics Education*, 28 (2), 130–162.

Garces, S., Vieira, C., Ravai, G., & Magana, A. J. (2023). Engaging students in active exploration of programming worked examples. *Education and Information Technologies, 28*(3), 2869–2886. https://doi.org/10.1007/s10639-022-11247-6

Gaidoschik, M. (2010). *Wie Kinder rechnen lernen-oder auch nicht.* Peter Lang Publishing Group.

Gaidoschik, Michael (o. J.): Zahlenraum 100 – Hilfestellungen für die Erarbeitung eines Grundverständnisses zweistelliger Zahlen. Wien. http://www.recheninstitut.at/mathematische-lernschwierigkeiten/fordertips/zahlenraum-100/ [abgerufen am 06.06.2021]

Gebhardt, M. (2023). *Pädagogische Diagnostik. Leistung, Kompetenz und Entwicklung messen, bewerten und interpretieren für individuelle Förderung.* (Version 0.3). Ludwig-Maximilians-Universität München.

Gerspach, M. (2021). *Verstehen, was der Fall ist: Vom Nutzen der Psychoanalyse für die Pädagogik.* Kohlhammer Verlag.

Gerstenmaier, J., & Mandl, H. (1995). Wissenserwerb unter konstruktivistischer Perspektive. *Zeitschrift für Pädagogik, 41*(6), 867–888.

Gerstenmaier, J., Mandl, H. (2011). Konstruktivistische Ansätze in der Erwachsenenbildung und Weiterbildung. In R. Tippelt, A. von Hippel (Hrsg.), *Handbuch Erwachsenenbildung/ Weiterbildung* (S. 169–178). Springer Fachmedien Wiesbaden GmbH.

Gijbels, D., Dochy, F., Van den Bossche, P., & Segers, M. (2005). Effects of problem-based learning: A meta-analysis from the angle of assessment. *Review of educational research, 75*(1), 27–61.

Girulat, A., Nührenbörger, M., & Wember, F. B. (2013). Fachdidaktisch fundierte Reflexion von Diagnose und individueller Förderung im Unterrichtskontext. In S. Hußmann & C. Selter (Hrsg.), *Diagnose und individuelle Förderung in der MINT-Lehrerbildung* (S. 150–166). Waxmann.

Goeze, A. (2010). Was ist ein guter Fall? Kriterien für die Entwicklung und Auswahl von Fällen für den Einsatz in der Aus- und Weiterbildung. In J. Schrader, R. Hohmann & S. Hartz (Hrsg.), *Mediengestützte Fallarbeit. Konzepte Erfahrungen und Befunde zur Kompetenzentwicklung von Erwachsenenbildnern* (S. 125–145). Bertelsmann.

Goeze, A., & Hartz, S. (2010). Lehrende lernen am Fall: Konzepte fallbasierten Lernens von der Weiterbildung bis zur Frühpädagogik. In J. Schrader, R. Hohmann & S. Hartz (Hrsg.), *Mediengestützte Fallarbeit. Konzepte Erfahrungen und Befunde zur Kompetenzentwicklung von Erwachsenenbildnern* (S. 101–124). Bertelsmann.

Goeze, A., Hetfleisch, P., & Schrader, J. (2013). Wirkung des Lernens mit Videofällen bei Lehrkräften – Welche Rolle spielen instruktionale Unterstützung, Personen- und Prozessmerkmale? *Zeitschrift für Erziehungswissenschaft*, 16(1), 79–113.

Goeze, A., Zottmann, J., Vogel, F., Fischer, F., & Schrader, J. (2014). Getting immersed in teacher and student perspectives? Facilitating analytical competence using video cases in teacher education. *Instructional Science, 42*(1), 91–114. Special Issue on "Participatory Design: Integrating Perspectives of Students, Teachers, and Designers", (Guest Editors: K. Könings, T. Seidel & J. van Merriënboer). https://doi.org/10.1007/s11251-013-9304-3

Götze, D. (2015). *Sprachförderung im Mathematikunterricht.* Cornelsen.

Götze, D. & Hang, E. (2017). Mathematische Sprache und Ausdruck. Chancen und Möglichkeiten eines sprachaktivierenden und -fördernden Mathematikunterrichts. In U. Häsel-Weide & M. Nührenbörger (Hrsg.), *Gemeinsam Mathematik lernen – mit allen Kindern* (S. 68–77). Grundschulverband – Arbeitskreis Grundschule e. V.

Götze, D., Selter, C., & Zannetin, E. (2019). *Das KIRA-Buch: Kinder rechnen anders. Verstehen und Fördern im Mathematikunterricht.* Kallmeyer.

Graf, U., & Moser Opitz, E. (2007). Lernprozesse wahrnehmen, deuten und begleiten (Einleitung). In U. Graf & E. Moser Opitz (Hrsg.), *Diagnostik und Förderung im Elementarbereich und Grundschulunterricht* (S. 5–12). Schneider Hohengehren.

Gräsel, C. & Mandl, H. (1993). Förderung des Erwerbs diagnostischer Strategien in fallbasierten Lernumgebungen. *Unterrichtswissenschaft, 21*(4), 355–370.

Gräsel, C. & Mandl, H. (1999). Problemorientiertes Lernen in der Methodenausbildung des Pädagogikstudiums. *Empirische Pädagogik, 13*(4), 371–391.

Greving, B. (2007). Messen und Skalieren von Sachverhalten. In S. Albers, D. Klapper, U. Konradt, A. Walter, & J. Wolf (Hrsg.), *Methodik der empirischen Forschung. 2. überarbeitete und erweiterte Auflage* (S. 65–78). Gabel Verlag.

Gruber, H. (2001). Expertise. In D. H. Rost (Hrsg.), *Handwörterbuch Pädagogische Psychologie* (S. 164–169). Beltz.

Grünewald, N. (2025). *Untersuchung von Diagnosefähigkeiten Studierenden im Kontext der FALEDIA-Lernplattform – Eine vergleichende Analyse zwischen Interventions- und Kontrollgruppe.* Technische Universität Dortmund (unveröffentlichte Masterarbeit).

Gutscher, A. (2018). *Kompetenzlisten und Lernhinweise zur Diagnose und Förderung.* Springer.

Guzdial, M. (1994). Software-realized scaffolding to facilitate programming for science learning. *Interactive Learning Environments, 4*(1), 1–44.

Haack, J. (2002). Interaktivität als Kennzeichen von Multimedia und Hypermedia. In L.J. Issing, & P. Klimsa (Hrsg.), *Information und Lernen mit Multimedia und Internet. 3. vollständig überarbeitete Auflage* (S. 127–136). Beltz.

Hacker, D. J., Bol, L., Horgan, D. D., & Rakow, E. A. (2000). Test prediction and performance in a classroom context. *Journal of Educational Psychology, 92*(1), 160–170.

Hannafin, M. J. (1995). Open learning environments. Foundations, assumptions, and implications for automated design. In R. D. Tennyson & A. E. Baron (Hrsg.), *Automating instructional design: Computer-based development and delivery tools* (S. 101–130). Springer.

Hannafin, M. J., & Land, S. (1997). The foundations and assumptions of technology-enhanced, student-centered learning environments. *Instructional Science, 25*(3), 167–202.

Hartig, J. & Jude, N. (2007). Empirische Erfassung von Kompetenzen und psychometrische Kompetenzmodelle. In BMBF (Bundesministerium für Bildung und Forschung) (Hrsg.), *Möglichkeiten und Voraussetzungen technologiebasierter Kompetenzdiagnostik* (S.17–36). BMBF.

Hascher, T. (2008). Diagnostische Kompetenzen im Lehrberuf. In C. Kraler & M. Schratz (Hrsg.), *Wissen erwerben, Kompetenzen entwickeln. Modelle zur kompetenzorientierten Lehrerbildung* (S. 71–86). Waxmann.

Hascher, T. (2014). Forschung zur Wirksamkeit der Lehrerbildung. In: E. Terhart, H. Bennewitz, M. Rothland (Hrsg.), *Handbuch der Forschung zum Lehrerberuf*. (2. überarbeitete und erweitere Auflage) (S. 542–571). Waxmann.

Hattie, J. (2009). *Visible learning: a synthesis of over 800 meta-analyses relating to achievement.* Taylor & Francis.

Hattie, J. (2013). *Lernen sichtbar machen. Überarbeitete deutschsprachige Ausgabe von „Visible learning" besorgt von Wolfgang Beywl und Klaus Zierer*. Schneider Verlag Hohengehren.

Häsel-Weide, U., & Prediger, S. (2017). Förderung und Diagnose im Mathematikunterricht – Begriffe, Planungsfragen und Ansätze. In M. Abshagen, B. Barzel, J. Kramer, T. Riecke-Baulecke, B. Rösken-Winter & C. Selter (Hrsg.), *Basiswissen Lehrerbildung: Mathematik unterrichten mit Beiträgen für den Primar- und Sekundarstufenbereich* (S. 167–181). Friedrich / Klett Kallmeyer.

Häsel-Weide, U., Graf, L. M., Höveler, K., & Nührenbörger, M. (2024). Fachbezogene Professionalisierung von fachfremd Mathematik unterrichtenden Lehrkräften: Retrospektive Selbsteinschätzungen zur Expertise im Umgang mit Schwierigkeiten beim Mathematiklernen im Anfangsunterricht der Grundschule. *Herausforderung Lehrer* innenbildung-Zeitschrift zur Konzeption, Gestaltung und Diskussion (HLZ), 7*(1), 167–187.

Hedderich, J., & Sachs, L. (2018). *Angewandte Statistik. Methodensammlung mit R. 16., überarbeitete und erweiterte Ausgabe.* Springer Spektrum.

Heinrichs, H. (2015). *Diagnostische Kompetenz von Mathematik-Lehramtsstudierenden. Messung und Förderung.* Springer Spektrum. https://doi.org/10.1007/978-3-658-09890-2

Heinrichs, H. & Kaiser, G. (2018). Diagnostic Competence for Dealing with Students' Errors: Fostering Diagnostic Competence in Error Situations. In T. Leuders, K. Philipp & J. Leuders (Hrsg.), *Diagnostic Competence of Mathematics Teachers. Unpacking a Complex Construct in Teacher Education and Teacher Practice* (S. 79–94). Springer Cham.

Heinzel, F. (2021). *Der Fall aus der Perspektive von Schulpädagogik und Lehrer*innenbildung. Ein Ordnungsversuch.* In D. Wittek, T. Rabe, M. Ritter (Hrsg.), *Kasuistik in Forschung und Lehre. Erziehungswissenschaftliche und fachdidaktische Ordnungsversuche* (S. 41–64). Verlag Julius Klinkhardt.

Hellmich, F., Hoya, F., & Förster, S. (Hrsg.). (2012). *Bedingungen des Lehrens und Lernens in der Grundschule: Bilanz und Perspektiven* (Vol. 16). Springer-Verlag.

Helmke, A., Schrader, F. W., & Helmke, T. (2012). EMU: Evidenzbasierte Methoden der Unterrichtsdiagnostik und-entwicklung. *Unterrichtsdiagnostik–ein Weg, um Unterrichten sichtbar zu machen. Schulverwaltung Bayern, 35*(6), 180–183.

Helmke, A. (2015). *Unterrichtsqualität und Lehrerprofessionalität. Diagnose, Evaluation und Verbesserung des Unterrichts (Bd. 6).* Klett Kallmeyer.

Helsper, W. (2021). Der Fall in der wissenschaftlichen Erkenntnisbildung. Ein Ordnungsversuch und Konsequenzen für die Lehrerprofessionalisierung. In D. Wittek, T. Rabe, M. Ritter (Hrsg.), *Kasuistik in Forschung und Lehre. Erziehungswissenschaftliche und fachdidaktische Ordnungsversuche* (S. 151–168). Verlag Julius Klinkhardt. https://doi.org/10.25656/01:21566

Heritage, M. (2007). Formative assessment: What do teachers need to know and do?. *Phi Delta Kappan, 89*(2), 140–145.

Heß, B., & Nührenbörger, M. (2017). *Produktives Fördern im inklusiven Mathematikunterricht* (S. 275–287).

Hilbert, T. S., Renkl, A., Schworm, S., Kessler, S., & Reiss, K. (2008). Learning to teach with worked-out examples: A computer-based learning environment for teachers. *Journal of computer assisted learning, 24*(4), 316–332.

Hill, H. C., Ball, D. L., & Schilling, S. G. (2005). Unpacking pedagogical content knowledge: Conceptualizing and measuring teachers' topic-specific knowledge of students. *Journal for Research in Mathematics Education, 36*(5), 392–917.

Hill, H. C., Ball, D. L., & Schilling, S. G. (2008). Unpacking Pedagogical Content Knowledge: Conceptualizing and Measuring Teachers' Topic-Specific Knowledge of Students. *Journal for Research in Mathematics Education, 39*(4), 372–400. http://www.jstor.org/stable/40539304

Hmelo-Silver, C. E., Duncan, R. G., & Chinn, C. A. (2007). Scaffolding and achievement in problem-based and inquiry learning: A response to Kirschner, Sweller, and Clark (2006). *Educational Psychologist, 42*(2), 99–107.

Hock, N. (2021). *Förderung von diagnostischen Kompetenzen. Eine empirische Untersuchung mit Mathematik-Lehramtsstudierenden.* Springer Spektrum.

Hoge, R. D., & Coladarci, T. (1989). Teacher-based judgments of academic achievement: A review of literature. *Review of Educational Research, 59*(3), 297–313. https://doi.org/10.2307/1170184

Hößle, C., Hußmann, S., Michaelis, J., Niesel, V., & Nührenbörger, M. (2017). Fachdidaktische Perspektiven auf die Entwicklung von Schlüsselkenntnissen einer förderorientierten Diagnostik. In C. Selter, S. Hußmann, C. Hößle, C. Knipping, K. Lengnink & J. Michaelis (Hrsg.), *Diagnose und Förderung heterogener Lerngruppen. Theorien, Konzepte und Beispiele aus der MINT-Lehrerbildung* (S. 19–38). Waxmann.

Hoya, F. & Hellmich, F. (2012). Erfassung diagnostischer Fähigkeiten bei Lehramtsstudentinnen und -studenten. In F. Hellmich, S. Förster & F. Hoya (Hrsg.), *Bedingungen des Lehrens und Lernens in der Grundschule* (S. 149–152). Springer VS.

Huethorst, L., Böttcher, M., Walter, D., Selter, C., Bergmann, A., Harrer, A., Dobbrunz, T. & Reinartz, L. (2022). Entwicklung, Erprobung und Erforschung einer digitalen, fallbasierten Lernplattform zur Steigerung der Diagnosefähigkeit für die Lehrerbildung Mathematik Primarstufe. *Mitteilungen der Gesellschaft für Didaktik der Mathematik*, (112), 38–38.

Hummrich, M. (2016): Was ist der Fall? Zur Kasuistik in der Erziehungswissenschaft. In M. Hummrich, A. Hebenstreit, M. Hinrichsen & M. Meier (Hrsg.), *Was ist der Fall? Kasuistik und das Verstehen pädagogischen Handelns* (S. 13–38). Springer VS.

Hummrich, M. (2021). Der Fall aus der Perspektive der Erziehungswissenschaft. In: D. Wittek, T. Rabe, M. Ritter, (Hrsg.), *Kasuistik in Forschung und Lehre. Erziehungswissenschaftliche und fachdidaktische Ordnungsversuche* (S. 23–40). Verlag Julius Klinkhardt. https://doi.org/10.25656/01:21560

Huethorst, L. (2023). *Überzeugungen und Begründungen fachfremd Mathematiklehrender: Entwicklung und Erforschung einer Fortbildungsmaßnahme für Grundschullehrkräfte.* Springer Fachmedien Wiesbaden.

Hußmann, S., Leuders, T. & Prediger, S. (2007). Schülerleistungen verstehen – Diagnose im Alltag. *PM: Praxis der Mathematik in der Schule 49*(15), S. 1–9.

Hußmann, S., & Selter, C. (2013a). Das Projekt dortMINT. In S. Hußmann & C. Selter (Hrsg.), *Diagnose und individuelle Förderung in der MINT-Lehrerbildung* (S. 15–26). Waxmann.

Hußmann, S., & Selter, C. (Hrsg.). (2013). *Diagnose und individuelle Förderung in der MINT-Lehrerbildung: das Projekt dortMINT*. Waxmann.

Idel, T. S., Reh, S., & Rabenstein, K. (2014). Pädagogische Ordnungen als Fall. Fallarbeit und Professionalisierung aus praxistheoretischer Sicht. In I. Pieper, P. Frei, K. Hauenschild & B. Schmidt-Thieme (Hrsg.), *Was der Fall ist. Beiträge zur Fallarbeit in Bildungsforschung, Lehramtstudium, Beruf und Ausbildung* (S. 75–88). Springer Fachmedien.

Ingenkamp, K. & Lissmann, U. (2008). *Lehrbuch der pädagogischen Diagnostik. 6., neu ausgestattete Auflage.* Beltz Pädagogik.

International Organization for Standardization (2019a). *Ergonomics of human-system interaction—Part 210: Human-centered design for interactive systems (ISO Standard No. 9241-210:2019).* https://www.iso.org/standard/77520.html [abgerufen am 02.04.2021]

International Organization for Standardization. (2019b). 9241–210:2019 Ergonomie der Mensch-System-Interaktion Teil 210: Menschzentrierte Gestaltung interaktiver Systeme. https://www.iso.org/standard/77520.html [abgerufen am 02.04.2021]

Jackson, S., Stratford, S. J., Krajcik, J. S., & Soloway, E. (1994). Making dynamic modeling accessible to pre-college science students. *Interactive Learning Environments, 4*(3), 233–257.

Jacobs, V. R., Lamb, L. L. C., & Philipp, R. A. (2010). Professional noticing of children's mathematical thinking. *Journal for Research in Mathematics Education*, 41(2), 169–202.

Jacobs, V. R., Lamb, L. L. C., Philipp, R. A., & Schappelle, B. P. (2011). Deciding how to respond on the basis of children's understandings. In M. G. Sherin, V. R. Jacobs & R. A. Philipp (Hrsg.), *Mathematics Teacher Noticing: Seeing through teachers' eyes* (S. 97116). New York: Routledge.

Janich, N. (2012). Fachsprache, Fachidentität und Verständigungskompetenz – zu einem spannungsreichen Verhältnis. *Berufsbildung in Wissenschaft und Praxis, 41*(2), 10–13.

Janík, T., Minariková, E., & Najvar, P. (2013). Der Einsatz von Videotechnik in der Lehrerbildung. Eine Übersicht leitender Ansätze. In U. Riegel & K. Macha (Hrsg.), *Videobasierte Kompetenzforschung in den Fachdidaktiken* (S. 63–78). Waxmann.

Jeschke, C., Lindmeier, A., Heinze, A. (2021). Vom Wissen zum Handeln: Vermittelt die Kompetenz zur Unterrichtsreflexion zwischen mathematischem Professionswissen und der Kompetenz zum Handeln im Mathematikunterricht? Eine Mediationsanalyse. *Journal für Mathematik-Didaktik, 42*(1), 159–186.

Johnson, C.I., & Marraffino, M.D. (2021). The Feedback Principle in Multimedia Learning. In In R.E. Mayer & L. Fiorella (Hrsg.), *The Cambridge Handbook of Multimedia Learning* (S. 403–417). Cambridge University Press.

Kade, S. (1990). *Handlungshermeneutik. Qualifizierung durch Fallarbeit.* Bad Heilbrunn/Obb.

Kaltefleiter, L., Ufer, S., Siebeck, M., Stürmer, K. & Wecker, C. (2018). Messung diagnostischer Kompetenz von Studierenden des Lehramts Mathematik in simulierten Diagnoseinterviews. In Fachgruppe Didaktik der Mathematik der Universität Paderborn (Hrsg.), *Beiträge zum Mathematikunterricht 2018* (S. 919–922). WTM-Verlag

Kastaun, M., Meier, M. Hundeshagen, N., & Lange, M. (2020). ProfiLL – Professionalisierung durch intelligente Lehr-Lernsysteme. In K. Kaspar, M., Becker-Mrotzek, S. Hofhues, J., König, & D. Schmeinck (Hrsg.), *Bildung, Schule, Digitalisierung* (S. 357–363). Waxmann. https://doi.org/10.31244/9783830992462

Käpnick, F. (2014). *Mathematiklernen in der Grundschule.* Springer Spektrum.

Kenward, M.G., Roger, J.H., (1997). Small sample inference for fixed effects estimators from restricted maximum likelihood. *Biometrics, 53*, 983–997.

Kerres, M. (2013). *Mediendidaktik Konzeption und Entwicklung mediengestützter Lernangebote.* 4., überarbeitete und aktualisierte Auflage. Oldenbourg Verlag.

Kerres, M. (2018). *Mediendidaktik. Konzeption und Entwicklung digitaler Lernangebote.* de Gruyter.

Kerres, M. (2021). Mediendidaktik. In U. Sander, F. von Gross, & K.-U. Hugger (Hrsg.), *Handbuch Medienpädagogik* (S. 105–114). Springer VS.

Kersting, N. (2008). Using video clips of mathematics classroom instruction as item prompts to measure teachers' knowledge of teaching mathematics. *Educational and Psychological Measurement, 68*(5), 845–861. https://doi.org/10.1177/0013164407313369.

Kessler, T., & Fritsche, I. (2018). *Sozialpsychologie.* Springer Fachmedien Wiesbaden.

Ketter, V. (2023). Hochschulbildung in einer von Digitalisierung beeinflussten Zeit. Eine Verortung des Forschungsprojekts DISTELL. In A. Tsirikiotis, J. Schmidt, & V. Ketter (Hrsg.), *Digitale Hochschulbildung? Bildungsprozesse Studierender und Lehrender im Zeitalter der Digitalisierung* (S. 15–27). transcript Verlag. https://doi.org/10.25656/01:26725; https://doi.org/10.14361/9783839448038

Kimball, B. A. (2009). *The Inception of Modern Professional Education: C. C. Langdell,* 1826–1906. University of North Carolina Press.

Kirschner, P. A., Sweller, J., & Clark, R. E. (2006). Why minimal guidance during instruction does not work: An analysis of the failure of constructivist, discovery, problem-based, experiential, and inquiry-based teaching. *Educational psychologist, 41*(2), 75–86.

Kleber, E.W. (1992). *Diagnostik in pädagogischen Handlungsfeldern. Einführung in Bewertung, Beurteilung, Diagnose und Evaluation.* Juventa.

Klug, J., Bruder, R. & Schmitz, B. (2015). Which variables predict teachers´ diagnostic competence when diagnosting students´ learning behavior at different stages of a teacher´s career? *Teachers and Teaching: Theory and Practice, 22*(4), 461–484.

KMK (2004). *Standards für die Lehrerbildung: Bildungswissenschaften* (Beschluss der Kultusministerkonferenz vom 16.12.2004 i. d. F. vom 16.05.2019).

KMK (2008). *Ländergemeinsame inhaltliche Anforderungen für die Fachwissenschaften und Fachdidaktiken in der Lehrerbildung* (Beschluss der Kultusministerkonferenz vom 16.10.2008 i. d. F. vom 08.02.2024). https://www.kmk.org/fileadmin/veroeffentlichungen_beschluesse/2008/2008_10_16-Fachprofile-Lehrerbildung.pdf

KMK (2017). *Bildung in der digitalen Welt. Strategie der Kultusministerkonferenz.* https://www.kmk.org/fileadmin/Dateien/pdf/PresseUndAktuelles/2017/Strategie_neu_2017_datum_1.pdf

KMK (2019). Standards für die Lehrerbildung: Bildungswissenschaften (Beschluss der Kultusministerkonferenz vom 16.12.2004 i. d. F. vom 16.05.2019). https://www.kmk.org/fileadmin/veroeffentlichungen_beschluesse/2004/2004_12_16-Standards-Lehrerbildung.pdf

Knievel, I., Lindmeier, A., & Heinze, A. (2015). Beyond Knowledge: Measuring Primary Teachers' Subject-Specific Competences in and for Teaching Mathematics with Items Based on Video Vignettes. *International Journal of Science and Mathematics Education, 13*(2), 309–329.

Koehler, M. J., Yadav, A., Phillips, M. M., & Cavazos-Kottke, S. C. (2005). What is video good for? Examining how media and story genre interact. *Journal of Educational Multimedia and Hypermedia, 14*(3), 249–272.

Kopp, B., & Mandl, H. (2014). Lerntheoretische Grundlagen von Rückmeldungen. Feedback und Rückmeldungen. Theoretische Grundlagen, empirische Befunde, praktische Anwendungsfelder. In H. Ditton & A. Müller (Hrsg.), *Feedback und Rückmeldungen: Theoretische Grundlagen, empirische Befunde, praktische Anwendungsfelder* (S. 29–41). Waxmann.

Korntreff, S., & Prediger, S. (2021). Verstehensangebote von YouTube-Erklärvideos – Konzeptualisierung und Analyse am Beispiel algebraischer Konzepte. *Journal für Mathematik-Didaktik, 43*(2), 281–310.

Koschorreck, J., & Gundermann, A. (2020). Die Implikation der Digitalisierung für das Lehrpersonal in der Erwachsenen- und Weiterbildung. Ein Review ausgewählter empirischer Ergebnisse und weiterer Theoriebildender Literatur. In A. Wilmers, C. Anda, C. Keller, & M. Rittberger (Hrsg.), *Bildung im digitalen Wandel. Die Bedeutung für das pädagogische Personal und für die Aus- und Fortbildung* (S. 159–193). Waxmann.

Köller, O. & Schiefele, U. (2003). Selbstreguliertes Lernen im Kontext von Schule und Hochschule. Editorial zum Themenschwerpunkt. *Zeitschrift für Pädagogische Psychologie, 17*(3/4), 155–157.

König, J. & Tachtsoglou, S. (2012). Pädagogisches Professionswissen und selbsteingeschätzte Kompetenz. In J. König & A. Seifert (Hrsg.), *Lehramtsstudierende erwerben pädagogisches Professionswissen: Ergebnisse der Längsschnittstudie LEK zur Wirksamkeit der erziehungswissenschaftlichen Lehrerausbildung* (S. 284–297). Waxmann.

Krammer, K., Lipowsky, F., Pauli, C., Schnetzler, C.L., & Reusser, K. (2012). Unterrichtsvideos als Medium zur Professionalisierung und als Instrument der Kompetenzerfassung von Lehrpersonen. In M. Kobarg, C. Fischer, I.M. Dalehefte, F. Trepke & M. Menk (Hrsg.), *Lehrerprofessionalisierung wissenschaftlich begleiten – Strategien und Methoden* (S. 69–86). Waxmann.

Krammer, K. (2014). Fallbasiertes Lernen mit Unterrichtsvideos in der Lehrerinnen- und Lehrerbildung. *Beiträge zur Lehrerinnen- und Lehrerbildung, 32*(2014), 164–175.

Krauthausen, G. & Scherer, P. (2007). *Einführung in die Mathematikdidaktik.* Spektrum Akademischer Verlag.

Krauthausen, G. (2018). *Einführung in die Mathematikdidaktik – Grundschule.* Springer-Spektrum.

Krippendorff, K. (2018). *Content analysis: An introduction to its methodology.* Sage publications

Kron, S., Sommerhoff, D., Achtner, M. & Ufer, S. (2021). Selecting mathematical tasks for assessing student's understanding: Pre-service teachers' sensitivity to and adaptive use of diagnostic task potential in simulated diagnostic one-to-one interviews. *Frontiers in Education, 6*, 604568.

Kruger, J., & Dunning, D. (1999). Unskilled and unaware of it: how difficulties in recognizing one's own incompetence lead to inflated self-assessments. *Journal of personality and social psychology, 77*(6), 1121.

Kuckartz, U. (2018). *Qualitative Inhaltsanalyse. Methoden, Praxis, Computerunterstützung (4. Auflage).* Beltz Juventa.

Kuhnke, K. (2012). *Unterrichtsanregungen zur Förderung des Darstellungswechsels. Am Beispiel der Multiplikation.* PIKAS.

Kulgemeyer, C. (2019). Qualitätskriterien zur Gestaltung naturwissenschaftlicher Erklärvideos. Naturwissenschaftliche Bildung als Grundlage für berufliche und gesellschaftliche Teilhabe. Gesellschaft für Didaktik der Chemie und Physik, Jahrestagung in Kiel, 285–288.

Kunter, M., Baumert, J., Blum, W., Klusmann, U., Krauss, S. & Neubrand, M. (2011). Professionelle Kompetenz von Lehrkräften. Ergebnisse des Forschungsprogramms COACTIV. Waxmann.

Kunter, M., Klusmann, U., Baumert, J., Richter, D., Voss, T., & Hachfeld, A. (2013). Professional competence of teachers: Effects on instructional quality and student development. *Journal of Educational Psychology, 105*(3), 805–820.

Kunze, K., Dzengel, J., & Wernet, A. (2014). Zur Fallarbeit in der seminaristischen Lehrerbildung: Theoretische Begründungen und empirische Analysen. In I. Pieper, P. Frei, K. Hauenschild & B. Schmidt-Thieme (Hrsg.), *Was der Fall ist. Beiträge zur Fallarbeit in Bildungsforschung, Lehramtstudium, Beruf und Ausbildung* (S. 37–58). Springer Fachmedien

Land, S. M., Hannafin, M. J., & Oliver, K. (2012). Student-Centered Learning Environments: Foundations, Assumptions and Design. In D. Jonassen, & S. Land (Hrsg.), *Theoretical foundations of learning environments.* (2. Aufl., S. 3–26). Routledge.

Landmann, M. (2013). *Standards für die Lehrerbildung. Eine empirische Untersuchung zur Sicht angehender LehrerInnen.* Budrich.

Landwehr, N. (2003). *Grundlagen zum Aufbau einer Feedback-Kultur: Konzepte, Verfahren und Instrumente zur Einführung von lernwirksamen Feedbackprozessen.* H.e.p. Verlag.

Lesgold, A. M., & Mandl, H. (1988). *Learning issues for intelligent tutoring systems.* Springer-Verlag.

Lazonder, A. W., & Harmsen, R. (2016). Meta-Analysis of Inquiry-Based Learning: Effects of Guidance. *Review of Educational Research, 86*(3), 681–718. https://doi.org/10.3102/0034654315627366.

Lenske, G., & Merkert, A. (2024, December). Anforderungen an die Diagnosekompetenz von Grundschullehrpersonen. In *SEMINAR. Herausforderungen und Perspektiven der Grundschule* (S. 35–53). wbv Publikation. https://doi.org/10.3278/SEM2404W004

Lenth, R.V., Banfai, B., Bolker, B., Buerkner, P., Gine-Vázquez, I., Herve, M., Jung, M., Love, J. Miguez, F., Piaskowski, J., Riebl, H. & Singman, H. (2025). emmeans*: Estimated Marginal Means, aka Least-Squares Means (Version 1.10.7).* https://cran.r-project.org/web/packages/emmeans/index.html [abgerufen am: 24.11.2024]

Lemben, A., Billion-Kramer, T., Eghtessad, A., Goreth, S., Kasper, L., Meier, M., Nepper, H., Rähm, M. & Weiler, D. (2023). Videovignetten zur Förderung professioneller Unterrichtswahrnehmung. In: Gesellschaft für Didaktik der Chemie und Physik. Jahrestagung. *Lernen, Lehren und Forschen in einer digital geprägten Welt. Gesellschaft für Didaktik der Chemie und Physik.* Jahrestagung in Aachen 2022. Duisburg-Essen: Universität 2023, https://doi.org/10.25656/01:27632

Leuders, T. (2005): Mathematik Lernen und Lehren mit dem Internet – zwischen instruktivistischem und konstruktivistischem Paradigma. In P. Bender, W. Herget, H.-G. Weigand & T. Weth (Hrsg.), *WWW und Mathematik – Lehren und Lernen im Internet. Bericht über die 21. Arbeitstagung des Arbeitskreises „Mathematikunterricht und Informatik" in der Gesellschaft für Didaktik der Mathematik e. V. vom 26. bis 28. September 2003 in Dillingen* (S. 7–34). Franzbecker.

Leuders, T., Leuders, J., & Philipp, K. (2014). *Fachbezogene diagnostische Kompetenzen-Forschungsstand und Forschungsdesiderata.* In J. Roth & J. Ames (Hrsg.), Beiträge zum Mathematikunterricht 2014 (S. 731–734). WTM-Verlag

Leuders, T. & Prediger, S. (2016). *Flexibel differenzieren und fokussiert fördern im Mathematikunterricht.* Cornelsen Scriptor.

Leuders, J., Leuders, T., Prediger, S., Ruwisch. (Hrsg.) (2017). Mit Heterogenität im Mathematikunterricht umgehen lernen. Konzepte und Perspektiven für eine zentrale Anforderung an die Lehrerbildung. Wiesbaden: Springer Spektrum.

Leuders, T., Dörfler, T., Leuders, J., Philipp K. (2018). Diagnostic Competence of Mathematics Teachers: Unpacking a Complex Construct. In T. Leuders, K. Philipp & J. Leuders (Hrsg.), *Diagnostic Competence of Mathematics Teachers. Unpacking a Complex Construct in Teacher Education and Teacher Practice* (S. 3–31). Springer. https://doi.org/10.1007/978-3-319-66327-2

Leuders, T., Nückles, M., Neuhaus, B. J., & Brunner, M. (2018). Teachers' diagnostic competences: Conceptualization, assessment, and the role of pedagogical content knowledge. *Teaching and Teacher Education, 69*, 19–30.

Leutner, D. (2002). Adaptivität und Adaptierbarkeit multimedialer Lehr- und Informationssysteme. In L. J. Issing & P. Klimsa (Hrsg.), *Information und Lernen mit Multimedia und Internet* (S. 115–126). Belt

Likert, R. (1932): A Technique for the Measurement of Attitudes. *Archives of Psychology, 140*, 1–55.

Lindmeier, A. (2011). *Modeling and measuring knowledge and competencies of teachers: a threefold domain-specific structure model, exemplified for mathematics teachers, Operationalized with computer and video-based methods.* Waxmann.

Lindmeier, A. M., Heinze, A., & Reiss, K. (2013). Eine Machbarkeitsstudie zur Operationalisierung aktionsbezogener Kompetenz von Mathematiklehrkräften mit videobasierten Maßen. *Journal für Mathematik-Didaktik, 1*(34), 99–119.

Linn, M. C., Davis, E. A., & Bell, P. (2004). *Internet environments for science education.* Erlbaum.

Lippke, S. (2017). Self-Efficacy Theory. In V. Zeigler-Hill & T. K. Shackelford (Hrsg.), *Encyclopedia of Personality and Individual Differences* (S. 1–6). Springer International Publishing. https://doi.org/10.1007/978-3-319-28099-8_1167-1

Loibl, K., Roll, I., & Rummel, N. (2017). Towards a Theory of When and How Problem Solving Followed by Instruction Supports Learning. *Educational Psychology Review, 29*(4), 693–715. https://doi.org/10.1007/s10648-016-9379-x

Lundeberg, M. A., Levin, B. B. & Harrington H. L. (Hrsg.), *Who Learns What from Cases and How? The Research Base for Teaching and Learning with Cases* (S. IX–XVI). Routledge.

Luhmann, M. (2020). *R für Einsteiger*. 5. überarbeitete Auflage. Beltz Verlag.

Markovitz, Z. & Smith, M. (2008). Cases as Tools in Mathematics Teacher Education. In D. Tirosh & T. Wood (Hrsg.), *Tools and Processes in mathematics Teacher Education* (S. 39–64). Rotterdam: Sense Publishers.

Markus, H. R. (1977). Self-schemata and processing information about the self. *Journal of Personality and Social Psychology, 35*, 63–78.

Mason, J. (2002). Researching your own practice: The discipline of noticing. Routledge.

Mason, J. (2011). Noticing: Roots and branches. In M. G. Sherin, V. R. Jacobs, & R. A. Philipp (Hrsg.), Mathematics teacher noticing: Seeing through teachers' eyes (S. 35–50). Routledge.

Mayer, R. E. (2021). *Multimedia Learning (3rd ed.)*. Cambridge University Press.

Mayer, R. (2021). Cognitive Theory of Multimedia Learning. In R. E. Mayer, & L. Fiorella (Hrsg.), *The Cambridge Handbook of Multimedia Learning* (S. 55–142). Cambridge University Press. https://doi.org/10.1017/9781108894333.008

Mayring, P. (2022). *Qualitative Inhaltsanalyse: Grundlagen und Techniken* (13. Aufl.). Beltz.

Menge, C., Euler, T., & Schaeper, H. (2021). Überzeugungen und Selbstwirksamkeitserwartungen zum inklusiven Unterricht bei (angehenden) Lehrkräften: der Einfluss von Lerngelegenheiten. *Zeitschrift für Erziehungswissenschaft,* 24(6), 1283–1308.

Merseth, K. K. (1996): Cases and case methods in teacher education. In J. Sikula (Hrsg.), *Handbook of Research on Teacher Education (*S. 722–744). Macmillan.

Merseth, K. K. (1999). Foreword: A rationale for case-based pedagogy in teacher education. In

Meyer, A. (2015). *Diagnose algebraischen Denkens – Rekonstruktion typischer Denkmuster zur Strukturierung von unterrichtlicher Diagnostik.* Springer.

Middendorf, W. (2022). Digitale Lernumgebungen – didaktische Möglichkeiten und praktische Fragen, 13 S.

Mohr, S. & Ittel, A. (2011). Zum Zusammenhang von Kompetenzeinschätzung und individuellen Merkmalen bei Lehramtsstudierenden technisch-orientierter Fächer. In: *Lehrerbildung auf dem Prüfstand* 4(2), 303–318. https://doi.org/10.25656/01:14725

Moreno, R., & Valdez, A. (2007). Immediate and delayed effects of using a classroom case exemplar in teacher education: The Role of Presentation format. *Journal of Educational Psychology, 99*(1), 194–206.

Moser Opitz, E. (2007). *Rechenschwäche – Dyskalkulie. Theoretische Klärungen und empirische Studien an betroffenen Schülerinnen und Schülern.* Haupt.

Moser Opitz, E., & Schmassmann M. (2007). Grundoperationen. In: U. Heimlich & F. Wember(Hrsg.), *Didaktik des Unterrichts im Förderschwerpunkt Lernen. Ein Handbuch für Studium und Praxis* (S. 266–279). Kohlhammer.

Moser Opitz, E. & Nührenbörger, M. (2015). Diagnostik und Leistungsbeurteilung. In: R. Bruder, L. Hefendehl-Hebeker, B. Schmidt-Thieme & H.-G. Weigand (Hrsg.), *Handbuch der Mathematikdidaktik* (S. 491–512). Springer.

Moser Opitz, E. (2022). Diagnostisches und didaktisches Handeln verbinden: Entwicklung eines Prozessmodells auf der Grundlage von Erkenntnissen aus der pädagogischen Diagnostik und der Förderdiagnostik. *Journal für Mathematik-Didaktik, 43*(1), 205–230. https://doi.org/10.1007/s13138-022-00201-1

Möller, K., Pixner, S., Zuber, J., Kaufmann, L., & Nürk, H.-C. (2011). Early place-value understanding as a precursor for later arithmetic performance—A longitudinal study on numerical development. *Research in Developmental Disabilities, 32*(5), 1837–1851.

Möller, J., & Trautwein, U. (2015). Selbstkonzept. In E. Wild, J. Möller (Hrsg.), *Pädagogische Psychologie. 2. Auflage* (S. 177–199). Springer.

Mullis, I. V. S., Martin, M. O., Foy, P., Kelly, D. L., & Fishbein, B. (2020). *TIMSS 2019 International Results in Mathematics and Science.* Retrieved from Boston College, TIMSS & PIRLS International Study Center website: https://timssandpirls.bc.edu/timss2019/international-results/

Müller, K. R. (1998a). Erfahrungen und Reflexion: „Fallarbeit“ als Erwachsenenbildungskonzept. *Grundlagen der Weiterbildung, 9*(6), 273–277.

Müller, K. R. (1998b). Handlung und Reflexion. Fallorientierte universitäre Bildung im Studiengang Pädagogik. In J. Knoll (Hrsg.), *Hochschuldidaktik der Erwachsenenbildung* (S. 68–129). Deutsches Institut für Erwachsenenbildung e. V. https://www.die-bonn.de/esprid/dokumente/doc-1998/knoll98_01.pdf

Müller, A., & Ditton, H. (2014). Feedback: Begriff, Formen und Funktionen. Feedback und Rückmeldungen. Theoretische Grundlagen, empirische Befunde, praktische Anwendungsfelder. In H. Ditton & A. Müller (Hrsg.), *Feedback und Rückmeldungen: Theoretische Grundlagen, empirische Befunde, praktische Anwendungsfelder* (S. 11–28). Waxmann Verlag

Müller-Menzel, U. (2005). Das Multimediabasierte pädagogische Seminar – Identifikation von Schlüsselstellen. In U. Mühlhausen (Hrsg.), *Unterrichten Lernen mit Gespür* (S. 105–116). Schneider.

National Research Council. (2012). *Education for Life and Work: Developing Transferable Knowledge and Skills in the 21st Century.* Washington, National Academies Press.

Neubrand, C., Borzikowsky, C., & Harms, U. (2016). Adaptive prompts for learning Evolution with worked examples—Highlighting the students between the „novices" and the „experts" in a classroom. *International Journal of Environmental and Science Education, 14*(11), 6774–6795. https://doi.org/10.25656/01:12680

Nickl, M., Sommerhoff, D., Böheim, R., Ufer, S., & Seidel, T. (2024). Fostering pre-service teachers' assessment skills in a video simulation: Differential effects of a utility value intervention and conceptual knowledge prompts. *Zeitschrift Für Pädagogische Psychologie, 38*(1–2), 27–34. https://doi.org/10.1024/1010-0652/a000362

Niegemann, H., & Heidig, S. (2019). *Interaktivität und Adaptivität in multimedialen Lernumgebungen. Handbuch Bildungstechnologie.* Springer.

Nittel, D. (2000). *Von der Mission zur Profession. Stand und Perspektiven der Verberuflichung in der Erwachsenenbildung.* Bertelsmann.

Nittel, D. (1998). Das Projekt „Interpretationswerkstätten". Zur Qualitätssicherung didaktischen Handelns. In *Grundlagen der Weiterbildung – Praxishilfen (Loseblatt-Sammlung)* 9.20.30.9 (S. 1–16).

Nonte, S., Veber, M., Reintjes, C., Hülshoff, A., Fiegert, M., Görich, K., große Prues, P., Kiso, C.J., Kunze, I. & Sturm, C. (2021). Lessons learned. Kollegiale und evidenzbasierte Lehrreflexion des ersten Corona-Semesters. *Journal für LehrerInnenbildung, 21*(2), 44–55. https://doi.org/10.35468/jlb-02-2021-04

Norman, D. (2013). *The Design of Everyday Things: Revised and Expanded Edition.* Hachette UK.

Oberhuemer, P. (2004). *Open Studio und Lernpfade – Einführung in das praktische Arbeiten.* [Präsentation] Workshop der 9. Internationalen Tagung über Schulmathematik: Alternative Wege in Unterricht und Leistungsbeurteilung. Technische Universität Wien, Österreich. http://www.matheonline.at/monk/TU26.2.2004/Workshop26.02.2004.pps.

OECD (2019), *PISA 2018 Results (Volume I): What Students Know and Can Do*, PISA, OECD Publishing, Paris, https://doi.org/10.1787/5f07c754-en.

Oetjen, B., Martschinke, S., Truckenbrodt S., Wiederseiner, V. (2021). Evaluation einer hybriden, fallbasierten Lehr-Lernumgebung zur Förderung von Diagnose- und Förderkompetenzen angehender Lehrkräfte. *Lehrerbildung auf dem Prüfstand, 14. Jahrgang*, Heft 1, 40–51.

Oser, F., & Baeriswyl, F. J. (2001). Choreographies of teaching. Bridging instruction to learning. In V. Richardson (Hrsg.), *AERA's Handbook of Research on Teaching* (S. 1031–1065). American Educational Research Association.

Oser F. K. & Heinzer S. (2009). Die Entwicklung eines Qualitätskonstrukts zur advokatorischen Erfassung der Professionalität. In O. Zlatkin-Troitschanskaia, K. Beck., D. Sembill,

R. Nickolaus, R. Mulder (Hrsg.), *Lehrerprofessionalität. Bedingungen, Genese, Wirkungen und ihre Messung* (S. 167–180). Beltz Verlag.

Paas F.G.W.C. & van Merriënboer J.J.G. (1994). Variability of worked examples and transfer of geometrical problem solving skills: a cognitive load approach. *Journal of Educational Psychology, 86*(1), 122–133.

Padberg, F., & Benz, C. (2011). *Didaktik der Arithmetik: fundiert, vielseitig, praxisnah. 4., erweiterte, stark überarbeitete Auflage.* Springer Spektrum.

Padberg, F., & Benz, C. (2021). *Didaktik der Arithmetik: fundiert, vielseitig, praxisnah. 5., überarbeitete Auflage.* Springer Spektrum.

Pant, H. A. (2014). Aufbereitung von Evidenz für bildungspolitische und pädagogische Entscheidungen: Metaanalysen in der Bildungsforschung. *Zeitschrift für Erziehungswissenschaft, 17*(Suppl 4), 79–99.

Paradies, L., Linser, H. J., & Greving, J. (2011). *Diagnostizieren, Fordern und Fördern.* Cornelsen Verlag Scriptor.

Paseka, A., & Hinzke, J. H. (2014). Fallvignetten, Dilemmainterviews und dokumentarische Methode: Chancen und Grenzen für die Erfassung von Lehrerprofessionalität. *Lehrerbildung auf dem Prüfstand, 7*(1), 46–63.

Paulus, D., Veber, M., & Mallwitz, M. (2023). Digitale Lehre zwischen Ermöglichung und Begrenzung. Erfahrungen und Perspektiven von Lehramtsstudierenden aus dem MEDAL-Projekt. In R. Porsch & Ch. Reintjes (Hrsg.), *Digitale Bildung im Lehramtsstudium während der Corona-Pandemie. Befunde, Erfahrungen, Perspektiven* (S. 59–78). Waxmann.

Perels, F. & Dörrenbächer, L. (2020). Selbstreguliertes Lernen und (technologiebasierte) Bildungsmedien. In H. Niegemann & A. Weinberger (Hrsg.), *Handbuch Bildungstechnologie. Konzeption und Einsatz digitaler Lernumgebungen* (S. 81–92). Springer.

Petermann, F. (2018). Neue Konzepte klinischer Diagnostik. *Zeitschrift für Psychiatrie, Psychologie und Psychotherapie, 46*(3), 141–143.

Pieper, I. (2014). Was der Fall ist: Beiträge zur Fallarbeit in Bildungsforschung, Lehrerbildung und frühpädagogischen Ausbildungs- und Berufsfeldern. In I. Pieper, P. Frei, K. Hauenschild & B. Schmidt-Thieme (Hrsg.), *Was der Fall ist. Beiträge zur Fallarbeit in Bildungsforschung, Lehramtstudium, Beruf und Ausbildung* (S. 9–15). Springer Fachmedien.

Planas, N. (2021). How specific can language as resource become for the teaching of algebraic concepts? *ZDM – Mathematics Education, 53*(6), 277–288. https://doi.org/10.1007/s11858-020-01190-6

Praetorius, A.-K. & Südkamp, A. (2017). Eine Einführung in das Thema der diagnostischen Kompetenz von Lehrkräften. In A. Südkamp & A.-K. Praetorius (Hrsg.), *Diagnostische Kompetenz von Lehrkräften. Theoretische und methodische Weiterentwicklungen* (S. 13–18). Waxmann.

Prediger, S. (2009). Inhaltliches Denken vor Kalkül – Ein didaktisches Prinzip zur Vorbeugung und Förderung bei Rechenschwierigkeiten. In A. Fritz, S. Schmidt & G. Ricken (Hrsg.), *Handbuch Rechenschwäche. Lernwege, Schwierigkeiten und Hilfen bei Dyskalkulie* (S. 213–234). Weinheim.

Prediger, S. (2010). How to develop mathematics for teaching and for understanding. The case of meanings of the equal sign. *Journal of Mathematics Teacher Education 13*(1), 73–93.

Prediger, S. (2018). Design-Research als fachdidaktisches Forschungsformat: Am Beispiel Auffalten und Verdichten mathematischer Strukturen. In: Fachgruppe für Didaktik der Mathematik der Universität Paderborn (Hrsg.), Beiträge zum Mathematikunterricht (S. 33–40). WTM. (Verschriftlichter Hauptvortrag)

Prediger, S. (2022). Enhancing language for developing conceptual understanding: A research journey connecting different research approaches. In J. Hodgen, & G. Bolondi (Eds.), *Proceedings of Twelfth Congress of the European Society for Research in Mathematics Education (CERME 12)* (S. 1–27). ERME/HAL.

Prediger, S., & Selter, C. (2008). Diagnose als Grundlage für individuelle Förderung im Mathematikunterricht. *Schule NRW, 60*(3), 113–116.

Prediger, S. & Wittmann, G. (2009). Aus Fehlern lernen – (wie) ist das möglich? *PM: Praxis der Mathematik in der Schule 51*(27), 1–8.

Prediger, S., Tschierschky, K., Wessel, L. & Seipp, B. (2012). Professionalisierung für fach- und sprachintegrierte Diagnose und Förderung im Mathematikunterricht: Entwicklung und Erprobung eines Konzepts für die universitäre Fachlehrerausbildung. *Zeitschrift für Interkulturellen Fremdsprachenunterricht, 17*(1), 40–58.

Prediger, S., & Uribe, Á. (2021). *Exploiting the epistemic role of multilingual resources in superdiverse mathematics classrooms: Design principles and insights into students' learning processes. Diversity dimensions in mathematics and language learning: Perspectives on culture, education and multilingualism*, 80–97.

Prediger, S., Götze, D., Holzäpfel, L., Rösken-Winter, B., & Selter, C. (2022). Five principles for high-quality mathematics teaching: Combining normative, epistemological, empirical, and pragmatic perspectives for specifying the content of professional development. Frontiers in Education, 7:969212, 1–15. https://doi.org/10.3389/feduc.2022.969212

Prediger, S., Dröse, J., Stahnke, R. & Ademmer, C. (2023). Teacher expertise for fostering at-risk students' understanding of basic concepts: Conceptual model and evidence for growth. *Journal of Mathematics Teacher Education, 26*(4), 481–508. https://doi.org/10.1007/s10857-022-09538-3

Quintana, C., Reiser, B. J., Davis, E. A., Krajcik, J., Fretz, E., Duncan, R. G., Kyza, E., Edelson, D., & Soloway, E. (2004). A scaffolding design framework for software to support science inquiry. *Journal of the Learning Sciences, 13*(3), 337–386.

Quintana, C., Shin, N., Norris, C., & Soloway, E. (2006). Learner-centered design: Reflections on the past and directions for the future. In R. K. Sawyer (Hrsg.), *The Cambridge Handbook of the Learning Sciences* (S. 119–134). Cambridge University Press.

Reichertz, J. (2014). Die Fallanalyse als soziale Praxis der Lehrerbildung. In I. Pieper, P. Frei, K. Hauenschild & B. Schmidt-Thieme (Hrsg.), *Was der Fall ist. Beiträge zur Fallarbeit in Bildungsforschung, Lehramtstudium, Beruf und Ausbildung* (S. 19–35). Springer Fachmedien.

Rähm, M., & Bölsterli, K. (2014). Entwicklung von Unterrichtsvignetten. In D. Krüger, I. Parchmann & H. Schecker (Hrsg.), *Methoden in der naturwissenschaftsdidaktischen* Forschung (S. 213–226). Springer.

Reich, K. (2001). Konstruktivistische Ansätze in den Sozial- und Kulturwissenschaften. In T. Hug (Hrsg.), *Wie kommt die Wissenschaft zu ihrem Wissen? Band 4* (S. 356–376). Baltmannsweiler.

Reichertz, J. (2014). Die Fallanalyse als soziale Praxis der Lehrerbildung. In: *Was der Fall ist: Beiträge zur Fallarbeit in Bildungsforschung, Lehramtsstudium, Beruf und Ausbildung*, 19–35.

Reiser, B. J., Tabak, I., Sandoval, W. A., Smith, B. K., Steinmuller, F., & Leone, A. J. (2001). BGuILE: Strategic and conceptual scaffolds for scientific inquiry in biology classrooms. In S. M. Carver & D. Klahr (Hrsg.), *Cognition and instruction: Twenty-five years of progress* (S. 263–305). Erlbaum.

Reiss, K. & Hammer, C. (2013). *Grundlagen der Mathematikdidaktik: Eine Einführung für die Sekundarstufe.* Birkhäuser.

Reiss, K., Sälzer, C., Schiepe-Tiska, A., Klieme, E., & Köller, O. (Eds.). (2016). PISA 2015: Eine Studie zwischen Kontinuität und Innovation. Waxmann.

Reiss, K., Weis, M., Klieme, E., & Köller, O. (Hrsg.). (2019). *PISA 2018*. Waxmann Verlag GmbH. https://doi.org/10.31244/9783830991007

Reinmann, G. & Mandl, H. (2006). Unterrichten und Lernumgebungen gestalten. In A. Krapp & B. Weidenmann (Hrsg.), *Pädagogische Psychologie. Ein Lehrbuch (5. vollständig überarbeitete Auflage)* (S. 613–658). Beltz.

Renkl, A. (1997). Learning from worked-out examples: A study on individual differences. *Cognitive Science, 21*(1), 1–29.

Renkl, A. (2005). The Worked-Out Examples Principles in Multimedia Learning. In R. E. Meyer (Hrsg.), *The Cambridge Handbook of Multimedia Learning* (S. 229–245). Cambridge University Press. https://doi.org/10.1017/CBO9780511816819.016

Renkl, A. (2014). Towards an instructionally-oriented theory of example-based learning. *Cognitive Science, 38*(1), 1–37.

Renkl, A. (2015). Different roads lead to Rome: The case of principle-based cognitive skills. *Learning: Research & Practice, 1*(1),79–90.

Renkl, A. (2017). Learning from worked-examples in mathematics: Students relate procedures to principles. *ZDM, 49*(4), 571–584. https://doi.org/10.1007/s11858-017-0859-3

Renkl, A. (2021). The Worked Example Principle in Multimedia Learning. In R.E. Mayer & L. Fiorella (Hrsg.), *The Cambridge Handbook of Multimedia Learning* (S. 231–240). Cambridge Universtiy Press.

Reusser, K. (2005). Problemorientiertes Lernen Tiefenstruktur, Gestaltungsformen, Wirkung. *Beiträge zur Lehrerbildung, 23*(2), 159–182.

Rink, R., & Walter, D. (2020). *Digitale Medien im Mathematikunterricht – Ideen für die Grundschule.* Cornelsen.

Ross, S. H. (1985). *The Development in Children´s Place Value Numeration Concepts in Grades Two through Five.* Ph.D. diss., University of Berkley, California. Michigan: UMI.

Roth, K. J. (2009). Using video studies to transform science teaching and learning: results from the STeLLA professional development program. In T. Janik, & T. Seidel (Hrsg.), *The power of video studies in investigating teaching and learning in the classroom* (S. 243–258). Waxmann.

Roth, J. (2011). Lernpfade – Ein gangbarer Weg zur sinnvollen Nutzung digitaler Werkzeuge im Mathematikunterricht. In M. Mustermann & A. Beispiel (Hrsg.), *Verfügbare Digitale Werkzeuge im Mathematikunterricht richtig nutzen. Bericht über die 29. Arbeitstagung des Arbeitskreises „Mathematikunterricht und Informatik" in der Gesellschaft für Didaktik der Mathematik vom 23. bis 25. September 2011 in Soest* .Verlag Franzbecker.

Roth. J. (2022). Digitale Lernumgebungen – Konzepte, Forschungsergebnisse und Unterrichtspraxis. In G. Pinkernell, F. Reinhold, F. Schacht & D. Walter (Hrsg.). Digitales Lehren und Lernen von Mathematik in der Schule. Aktuelle Forschungsbefunde im Überblick (S. 109–136). Springer Spektrum.

Roth, J., Eilerts, K., Baum, M., Hornung, G., & Trefzger, T. (2023). Die Zukunft des MINT-Lernens – Herausforderungen und Lösungsansätze. Die Zukunft des MINT-Lernens–Band, 1.

Sabers, D.S., Cushing, K.S. & Berliner, D.C. (1991). Differences Among Teachers in a Task Characterized by Simultaneity, Multidimensional, and Immediacy. *American Educational Research Journal 28*(1), 63–88.

Saatz, I., & Kienle, A. (2013). Increasing Quality in large scale University Courses – Eflashcards as an approach to support active learning and individual facilitation. *Journal e-learning and education, 9*, https://www.eleed.de/eleed/issue/view/9

Santagata, R., König, J., Scheiner, T., Nguyen, H., Adleff, A.-K., Yang, X., & Kaiser, G. (2021). Mathematics teacher learning to notice: a systematic review of studies of video-based programs. *ZDM Mathematics Education*, 53, 119–134.

Savery, J. R., & Duffy, T. M. (1995). Problem Based Learning: An Instructional Model and Its Constructivist Framework. *Educational Technology, 35*(5), 31–38.

Savery, J. (2006). An overview of problem-based learning: Definitions and distinction. *Interdisciplinary Journal of Problem-based Learning, 1*(1), 9–20.

Schack, E. O., Fisher, M. H., Thomas, J. N., Eisenhardt, S., Tassell, J., & Yoder, M. (2013). Prospective elementary school teachers' professional noticing of children's early numeracy. *Journal of Mathematics Teacher Education, 16*(5), 379–397. https://doi.org/10.1007/s10857-013-9240-9

Scheidig, F. (2020). Digitale Formate des Praxisbezugs im Lehramtsstudium. In K. Kaspar, M., Becker-Mrotzek, S. Hofhues, J., König & D. Schmeinck (Hrsg.), *Bildung, Schule, Digitalisierung* (S. 470–475). Waxmann. https://doi.org/10.31244/9783830992462

Scherer, P. (2009). Diagnose ausgewählter Aspekte des Dezimalsystems bei lernschwachen Schülerinnen und Schülern. In M. Neubrandt (Hrsg.), *Beiträge zum Mathematikunterricht 2009* (S. 835–838). WTM-Verlag.

Scherer, P., & Moser Opitz, E. (2010a). *Fördern im Mathematikunterricht der Primarstufe.* Spektrum.

Scherer, P., & Moser Opitz, E. (2010b). Diagnose und Förderung im Mathematikunterricht. In A. G. Bus, M. K. Hofer & T. Trautwein (Hrsg.), *Diagnostische Kompetenz von Lehrkräften: Theoretische Grundlagen und empirische Befunde* (S. 243–254). Waxmann.

Schiefele, Ch., Streit, Ch., & Sturm, T. (2019). *Pädagogische Diagnostik und Differenzierung in der Grundschule. Mathe und Deutsch inklusiv unterrichten.* Ernst Reinhardt.

Schipper, W. (2009). *Handbuch für den Mathematikunterricht an Grundschulen.* Schroedel Westermann.

Schipper, W., Ebeling, A. & Dröge, R. (2015). *Handbuch für den Mathematikunterricht. 1. Schuljahr.* Schroedel Westermann.

Schladitz, Sandra; Groß Ophoff, Jana; Wirtz, Markus (2015). Konstruktvalidierung eines Tests zur Messung bildungswissenschaftlicher Forschungskompetenz. In: S. Blömeke, O. Zlatkin-Troitschanskaia (Hrsg.), *Kompetenzen von Studierenden.* (S. 167–184). Beltz Juventa URN: urn:nbn:de:0111-pedocs-155098 – https://doi.org/10.25656/01:15509

Schlee, J. (1985a). Kann Diagnostik beim Fördern helfen? Anmerkungen zu den Ansprüchen der Förderdiagnostik. Zeitschrift für Heilpädagogik, 36, 153–165.

Schlee, J. (1985b). Zum Dilemma der heilpädagogischen Diagnostik. *Vierteljahresschrift für Heilpädagogik und ihre Nachbargebiete*, 54, 256–279.

Schlund, K., Kortmann, M., & Selter, C. (2018). Fachdidaktische Entwicklungsforschung im Projekt DoProfiL. In S. Hußmann & B. Welzel (Hrsg.), *DoProfiL–Das Dortmunder Profil für inklusionsorientierte Lehrerinnen-und Lehrerbildung* (S. 109–123). Waxmann.

Schlund, K. (2019). Entwicklung und Erprobung von Seminarbausteinen zur Förderung adaptiver Planungshandlungen von Studierenden der Primarstufe. In A. Frank, S. Krauss, & K. Binder (Hrsg.), *Beiträge zum Mathematikunterricht 2019* (S. 705–708). WTM-Verlag.

Schmidt, R. & Reintjes, C. (2020). ICT-Beliefs und ICT-Professionalisierung. Befunde der qualitativen #LPiDW („Lehrpersonen im Digitalen Wandel") Studie zu Strukturen und Inhalten von berufsbezogenen Überzeugungen angehender Lehrpersonen über ICT. In K. Kaspar, M. Becker-Mrotzek, S. Hofhues, J. König & D. Schmeinck (Hrsg.), *Bildung, Schule, Digitalisierung* (S. 105–110). Waxmann.

Schmidt, J. & Tsirikiotis, A. (2024). »Weil ich denke mir, dass wir uns nur noch im virtuellen Traum irgendwo treffen«. Geteilte Orientierung von Hochschulakteur*innen. In A. Tsirikiotis, J. Schmidt, V. Ketter (Hrsg.), *Digitale Hochschulbildung? Bildungsprozesse Studierender und Lehrender im Zeitalter der Digitalisierung* (S. 29–70) transcript Verlag. https://doi.org/10.25656/01:26725; https://doi.org/10.14361/9783839448038

Schneider, J. (2016). *Lehramtsstudierende analysieren Praxis. Ein Vergleich der Effekte unterschiedlicher fallbasierter Lehr-Lern-Arrangements* (Dissertation). Universität Tübingen. https://publikationen.uni-tuebingen.de/xmlui/handle/10900/71843

Schnell, R., Hill, P.B. & Esser, E. (2005). *Methoden der empirischen Sozialforschung* (7. Aufl.). Oldenbourg.

Schrader, F.-W. (2010). Diagnostische Kompetenz von Eltern und Lehrern. In D. H. Rost (Hrsg.), *Handwörterbuch Pädagogische Psychologie* (4. Aufl.) (S. 102–108). Beltz.

Schrader, F.-W. (2011). Lehrer als Diagnostiker. In E. Terhart, H. Bennewitz & M. Rothland (Hrsg.), *Handbuch der Forschung zum* Lehrerberuf (S. 683–698). Waxmann.

Schrader, F.-W. (2013). Diagnostische Kompetenz von Lehrpersonen. *Beiträge zur Lehrerbildung, 31*(2), 154–165.

Schrader, F.-W. (2017). Diagnostische Kompetenz von Lehrkräften – Anmerkungen zur Weiterentwicklung des Konstrukts. In A. Südkamp & A.-K. Praetorius (Hrsg.), *Diagnostische Kompetenz von Lehrkräften. Theoretische und methodische Weiterentwicklungen* (S. 247–255). Waxmann.

Schratz, M., Schwarz, J., & Westfall-Greiter, T. (2012). *Lernen als bildende Erfahrung.* Studienverlag.

Schreiner, C., & Breit, S. (2019). Pädagogische Diagnostik als Transfer-Herausforderung. In U. Steffens, P. Dobbelstein, M. Heinrich, C. Schreiner, C. Wiesner, & S. Breit. *Praxistransfer Schul- und Unterrichtsentwicklung* (S. 171–188). Waxmann.

Schreiter, K. (2021). The Learner Control Principle in Multimedia Learning. In R. E. Mayer, & L. Fiorella (Hrsg.), *The Cambridge Handbook of Multimedia Learning* (S. 403–429). Cambridge University Press. https://doi.org/10.1017/9781108894333.045

Schulgesetz für das Land Nordrhein-Westfalen (Schulgesetz NRW – SchulG) (2005).

Schulte, K. (2008). *Selbstwirksamkeitserwartungen in der Lehrerbildung – Zur Struktur und dem Zusammenhang von Lehrer-Selbstwirksamkeitserwartungen, Pädagogischem Professionswissen und Persönlichkeitseigenschaften bei Lehramtsstudierenden und Lehrkräften.* (Dissertation an der Georg-August-Universität Göttingen).

Schulz, A. (2014). *Fachdidaktisches Wissen von Grundschullehrkräften. Diagnose und Förderung bei besonderen Problemen beim Rechnenlernen.* Springer.

Schulz, A. (2015). Von der Handlung in den Kopf – Übungsformen zur Verinnerlichung von Handlungen. *Fördermagazin Grundschule, 4*, 15–21.

Schütze, B., Souvignier, E. & Hasselhorn, M. (2018). Stichwort – Formatives Assessment. *Zeitschrift für Erziehungswissenschaft, 21*(4), 697–715.

Schwarzer, R. (1998). Self-Science: Das Trainingsprogramm zur Selbstführung von Lehrern CTRD: Stressverarbeitung; Lehrerausbildung; Selbstwirksamkeit. *Unterrichtswissenschaft,* 26(2), 158–172. https://doi.org/10.25656/01:7771

Schwarzer, R., & Schmitz, G. S. (1999). *Dokumentation der Skala Lehrer-Selbstwirksamkeit (WirkLehr).* ZPID.

Schweer, M. K. W., & Thies, B. (2000). Situationswahrnehmung und interpersonales Verhalten im Klassenzimmer. In M. K. W. Schweer (Hrsg.), *Lehrer-Schüler-Interaktion. Pädagogisch-psychologische Aspekte des Lehrens und Lernens in der Schule* (S. 59–78). Leske + Budrich.

Seifried, J. & Wuttke, E. (2010). „Professionelle Fehlerkompetenz" – Operationalisierung einer vernachlässigten Kompetenzfacette von (angehenden) Lehrkräften. *Wirtschaftspsychologie, 12* (4), 17–28.

Selter, C. & Spiegel, H. (1997/2005). *Wie Kinder rechnen.* Klett.

Selter, C. (1999): Flexibles Rechnen statt Normierung auf Normalverfahren. *Grundschulzeitschrift* (125), 6–11.

Selter, C. (2017a). Förderorientierte Diagnose und diagnosegeleitete Förderung. In A. Fritz-Stratmann & S. Schmidt (Hrsg.), *Handbuch Rechenschwäche* (S. 375–394). Beltz.

Selter, C. (2017b). *Wie Kinder rechnen.* Klett.

Selter C., Hußmann, S., Hößle, C., Knipping, C., Lengnink, K., Michaelis, J. (2017). Konzeption des Entwicklungsverbundes ‚Diagnose und Förderung heterogener Lerngruppen'. In C. Selter, S. Hußmann, C. Hößle, C. Knipping, K. Lengnink, J. Michaeilis (Hrsg.), *Diagnose und Förderung in heterogenen Lerngruppen. Theorien, Konzepte und Beispiele aus der MINT-Lehrerbildung.* Waxmann.

Selter, C. & Spiegel, H. (2018). *Kinder & Mathematik. Was Erwachsene wissen sollten.* Seelze: Kallmeyer.

Selter, C. & Zannetin, E. (2018). *Mathematik unterrichten in der Grundschule. Inhalte – Leitideen – Beispiele.* Kallmeyer in Verbindung mit Klett.

Selter, C., Walter, D., Heinze, A., Brandt, J. & Jentsch, A. (2020). Mathematische Kompetenzen im internationalen Vergleich: Testkonzeption und Ergebnisse. In K. Schwippert, D. Kasper, O. Köller, N. McElvany, C. Selter, M. Steffensky & H. Wendt (Hrsg.), TIMSS 2015: Mathematische und naturwissenschaftliche Kompetenzen von Grundschulkindern in Deutschland im internationalen Vergleich (S. 57–113). Waxmann.

Selter, C., & Wember, L. V. F. B. (2019). Diagnosegeleitete Förderung im Mathematikunterricht der Grundschule. *Lern-und Entwicklungsplanung: Chance und Herausforderung für die inklusive schulische Bildung*, 53.

Selter, Ch., Walter, D., Heinze, A., & Brandt, J. (2024). Mathematische Kompetenzen im internationalen Vergleich: Testkonzeption und Ergebnisse. In K. Schwippert, D. Kasper, B. Eickelmann, F. Goldhammer, O. Köller, Ch. Selter & M. Steffensky (Hrsg.), *TIMSS 2023: Mathematische und naturwissenschaftliche Kompetenzen von Grundschulkindern im internationalen Vergleich* (S. 53–103). Waxmann.

Shavelson, R. J., Young, D. B., Ayala, C. C., Brandon, P. R., Furtak, E. M., Ruiz-Primo, M. A., Tomita, M. K., Yin, Y. (2008) On the Impact of Curriculum-Embedded Formative Assessment on Learning: A Collaboration between Curriculum and Assessment Developers, *Applied Measurement in Education,* 21:4, 295–314, https://doi.org/10.1080/08957340802347647

Sherin, M. G. (2001). Developing a professional vision of classroom events. In T. L. Wood, B. S. Nelson & J. Warfield (Hrsg.), *Beyond classical pedagogy. Teaching elementary school mathematics*. Mahwah, N. J.: L. Erlbaum Associates.

Sherin, M. G., Jacobs, V. R., & Philipp, R. A. (2011). Situating the study of teacher noticing. In M. G. Sherin, V. R. Jacobs & R. A. Philipp (Hrsg.), *Mathematics Teacher Noticing: Seeing through teachers' eyes* (S. 3–14). New York: Routledge.

Van Es, E. A., & Sherin, M. G. (2008). Mathematics teachers'"learning to notice" in the context of a video club. *Teaching and teacher education, 24*(2), 244–276.

Sherin, M. G. & van Es, E. A. (2009). Effects of Video Club Participation of Teachers' Professional Vision. *Journal of Teacher Education, 60*(1), 20–37.

Shneiderman, B., Plaisant, C., Cohen, M., Jacobs, S., Elmqvist, N., & Diakopoulos, N. (2016). *Designing the User Interface: Strategies for Effective Human-Computer Interaction (6th edition).* Pearson.

Shulman, L.S. (1992). Toward a pedagogy of cases. In J.H. Shulman (Hrsg.), *Case methods in teacher education* (S. 1–30). Teachers College Press.

Shulman, L. S. (1987). Knowledge and Teaching: Foundations of the New Reform. *Harvard Educational Review, 5* (1), 1–22.

Skorsetz, N., Bonanati, M., & Kucharz, D. (2020). *Diversität und soziale Ungleichheit: Herausforderungen an die Integrationsleistung der Grundschule.* Springer VS.

Smit, R. (2008). Formative Beurteilung im kompetenz- und standardorientierten Unterricht. *Beiträge zur Lehrerbildung 26*(3), 383–392. https://doi.org/10.25656/01:13688

Smith, K., Maynard, N., Berry, A., Stephenson, T., Spiteri, T., Corrigan, D., Mansfield, J., Ellerton, P. & Smith, T. (2022). Principles of problem-based learning (PBL) in STEM education: Using expert wisdom and research to frame educational practice. *Education Sciences, 12*(10), 728.

Söbbeke, E. & Steinbring, H. (2007). Anschauung und Sehverstehen – Grundschulkinder lernen im Konkreten das Abstrakte zu sehen und zu verstehen. In J. H. Lorenz, W. Schipper & H. Radatz (Hrsg.), *Impulse für den Mathematikunterricht* (S. 62–68). Schroedel.

Spiegel, H. (1999). Lernen, wie Kinder denken. In E. Hengartner (Hrsg.), *Mit Kindern lernen. Standorte und Denkwege im Mathematikunterricht* (S. 124–132). Klett und Balmer.

Stahnke, R., Schüler, S., & Rösken-Winter, B. (2016). Teachers' perception, interpretation and decision-making: a systematic review of empirical mathematics education research. *ZDM Mathematics Education*, 48, 1–27.

Stanat, P., Schipolowski, S., Schneider, R., Sachse, K. A., Weirich, S., Henschel, S. (Hrsg.). (2022). IQB-Bildungstrend 2021. Kompetenzen in den Fächern Deutsch und Mathematik am Ende der 4. Jahrgangsstufe im dritten Ländervergleich. Waxmann 2022, 288 S. – URN: urn:nbn:de:0111-pedocs-260770 – https://doi.org/10.25656/01:26077

Star, J. R., & Strickland, S. K. (2008). Learning to observe: Using video to improve preservice mathematics teachers' ability to notice. *Journal of Mathematics Teacher Education, 11*(2), 107–125. https://doi.org/10.1007/s10857-007-9063-7

Stier, W. (1999). *Empirische Forschungsmethoden* (2. Aufl.). Springer.

Steffens, U., & Höfer, D. (2013). Die Hattie-Studie – Forschungsbilanz und Handlungsperspektiven. In H. Börner (Hrsg.), *Lehrerhandeln und Lernerfolg. Die Hattie Studie, Ergebnisse und Perspektiven* (S. 10–35). Thüringer Institut für Lehrerfortbildung, Lehrplanentwicklung und Medien (Thillm).

Steinert, C., Bianchy, K., Gold. B. & Jurkowski, S. (2021). Classroom360 – Eine Lernumgebung für selbstgesteuertes Arbeiten mit 360°-Unterrichtsvideos in der Lehrer*innenbildung *k:ON – Kölner Online Journal für Lehrer*innenbildung 4*(2), 194–210. https://doi.org/10.18716/ojs/kON/2021.2.10

Stepancik, E. (2008). *Die Unterstützung des Verstehensprozesses und neue Aspekte der Allgemeinbildung im Mathematikunterricht durch den Einsatz neuer Medien.* [Dissertation, Universität Wien] Online verfügbar unter http://idmthemen.pbworks.com/f/2008-diss_stepancik.pdf, zuletzt geprüft am 15.01.2025.

Sterzing, F., Kulgemeyer, C. & Reinhold, P. (2022). Untersuchung zur Lernwirksamkeit von Erklärvideos. In S. Habig & H. von Vorst (Hrsg.), *Unsicherheit als Element von naturwissenschaftsbezogenen Bildungsprozessen. Gesellschaft für Didaktik der Chemie und Physik Virtuelle Jahrestagung 2021* (S. 120–123). Universität Duisburg-Essen.

Sterzing, F., Kulgemeyer, C. & Reinhold, P. (2023). Wenn hohe Instruktionsqualität das Lernen behindert: Interaktionen von Lernenden mit Erklärvideos hoher und niedriger Instruktionsqualität. In H. v. Vorst (Hrsg.), *Lernen, Lehren und Forschen in einer digital geprägten Welt. GDCP Jahrestagung 2022* (S. 861–864). GDCP.

Stracke, F. (2023). Fehlerquellen bei der Selbsteinschätzung. In *Menschen verstehen–Potenziale erkennen: Die Systematik professioneller Bewerberauswahl und Mitarbeiterbeurteilung* (S. 33–42). Springer Fachmedien Wiesbaden.

Streit, C., Rüede, C., Weber, C., & Graf, B. (2019). Zur Verknüpfung von Lernstandeinschätzung und Weiterarbeit im Arithmetikunterricht: Ein kontrastiver Vergleich zur Charakterisierung diagnostischer Expertise. *Journal für Mathematik-Didaktik, 40*(1), 37–62. https://doi.org/10.1007/s13138-018-0136-1

Strübing, J. (2013). *Qualitative Sozialforschung.* Oldenbourg Wissenschaftsverlag.

Südkamp, A., Kaiser, J., & Möller, J. (2012). Accuracy of teachers' judgments of students' academic achievement: A meta-analysis. *Journal of Educational Psychology, 104*(3), 743–762. https://doi.org/10.1037/a0027627.

Sundermann, B. & Selter, Ch. (2006). *Beurteilen und Fördern im Mathematikunterricht.* Cornelsen Verlag Scriptor GmbH & Co. KG.

Swan, M. (2004). Making sense of mathematics. In I. Thompson (Hrsg.), *Enhancing primary mathematics teaching* (S. 111–124). Open Univ. Press.

Sweller J. & Cooper G.A. (1985) The use of worked examples as a substitute for problem solving in learning algebra. *Cognition and Instruction, 2*(1), 59–89.

Sweller J. (1994) Cognitive load theory, learning difficulty, and instructional design. *Learning and Instruction 4*(4), 295–312.

Sweller, J., van Merrienboer, J.J.G. & Paas, F.G.W.C. (1998). Cognitive Architecture and Instructional Design. Educational Psychology Review, 10(3), 251–296.

Sweller, J. (2011). Cognitive load theory. In J. P. Mestre & B. H. Ross (Hrsg.), *The psychology of learning and motivation: Cognition in education* (S. 37–76). Elsevier Academic Press. https://doi.org/10.1016/B978-0-12-387691-1.00002-8

Sweller, J., Ayres, P., & Kalyuga, S. (2011). *Cognitive Load Theory*. Springer New York.

Syring, M., Reuschling, A., Bohl, T., Kleinknecht, M., Kuntze, S., & Rähm, M. (2013). Classroom-Management lehren und lernen. Zur Bedeutung des Konzepts im Unterricht und dessen Vermittlung in fallbasierten Seminaren in der Lehrerbildung. In R. Arnold, C. G. Tutor, & C. Menzer (Hrsg.), *Didaktik im Fokus* (S. 75–91). Schneider.

Syring, M., Bohl, T., Kleinknecht, M., Kuntze, S., Rähm, M., & Schneider, J. (2016). Fallarbeit als Angebot – fallbasiertes Lernen als Nutzung. Empirische Ergebnisse zur kognitiven Belastung, Motivation und Emotionen bei der Arbeit mit Unterrichtsfällen. *Zeitschrift für Pädagogik, 62*(1), 86–108.

Technische Universität Dortmund (2018). *Modulkatalog für den Lernbereich Mathematische Grundbildung. Lehramt an Grundschulen nach LABG 2009.* https://wwwold.mathematik.tu-dortmund.de/media/FSB/Module_Mathe_GS_2018.pdf

Technische Universität Dortmund (2024). Studienverlaufsplan Bachelor Lehramt an Grundschulen Lernbereich mathematisch Grundbildung. https://www.mathematik.tu-dortmund.de/fileadmin/user_upload/0000_FKM/S_L-Studiengaenge-Lehramt/Studienverlaufsplan_GS_BA_2024.pdf

Tietgens, H. (1988). Professionalität für die Erwachsenenbildung. In W. Gieseke (Hrsg.), *Professionalität und Professionalisierung* (S. 28–75). Bad Heilbrunn/Obb.

Tirosh, D. (2000). Enhancing prospective teachers' knowledge of children's conceptions: The case of division of fractions. *Journal for Research in Mathematics Education, 31*(1), 5–25. https://doi.org/10.2307/749817

Thompson, I., & Bramald, R. (2002). *An investigation of the relationship between young children's understanding of the concept of place value and their competence at mental addition.* (Report for the Nuffield Foundation). University of Newcastle upon Tyne.

Thurm, D. (2020). *Digitale Werkzeuge im Mathematikunterricht integrieren. Zur Rolle von Lehrerüberzeugungen und der Wirksamkeit von Fortbildungen.* Springer.

Tratar, D. & Streule-Giangreco, G. (2020). Voraussetzungen für selbstreguliertes Lernen. Theoretische Grundlagen und praktische Ansätze für den Unterricht im 1. Zyklus des Lehrplans 21. Edition SZH/CSPS.

Tsirikiotis, A. & Schmidt, J. (2023). Digitale Hochschulbildung als Ausleuchten von Möglichkeitsräumen. Theoretische Anschlüsse an die empirischen Ergebnisse des Projekts DISTELL. In A. Tsirikiotis, J. Schmidt, & V. Ketter (Hrsg.). *Digitale Hochschulbildung? Bildungsprozesse Studierender und Lehrender im Zeitalter der Digitalisierung* (S. 29–69). transcript Verlag. https://doi.org/10.25656/01:26725; https://doi.org/10.14361/9783839448038

Ufer, S., Leiss, D., Stanat, P., & Gasteiger, H. (2020). Sprache und Mathematik–theoretische Analysen und empirische Ergebnisse zum Einfluss sprachlicher Fähigkeiten in mathematischen Lern-und Leistungssituationen. *Journal für Mathematik-Didaktik, 41*, 1–9.

Upmeier zu Belzen, A. & Merkel, R. (2014). Einsatz von Fällen in der Lehr- und Lernforschung. In D. Krüger, I. Parchmann & H. Schecker (Hrsg.), *Methoden in der naturwissenschaftsdidaktischen Forschung* (S. 203–212). Springer Spektrum.

Urton, K. (2017). Selbstwirksamkeitserwartung –Was bedingt sie und wie kann sie gefördert werden? *Potsdamer Zentrum für empirische Inklusionsforschung, 3*, 1–12.

Valentine, J. C., DuBois, D. L., & Cooper, H. (2004). The relations between self-beliefs and academic achievement: A systematic review. *Educational Psychologist, 39*, 111–133.

van de Walle, J. A. (2004). *Elementary and middle school mathematics: teaching developmentally.* Pearson Educations.

van Harsel, M., Hoogerheide, V., Verkoeijen, P., & van Gog, T. (2019). Effects of different sequences of examples and problems on motivation and learning. *Contemporary Educational Psychology, 58*, 260–275.

van Ophuysen, S. (2010). Professionelle pädagogisch-diagnostische Kompetenz – eine theoretische und empirische Annäherung. In N. Berkemeyer, W. Bos, H. G. Holtappels, N. McElvany & R. Schulz-Zander (Hrsg.), *Jahrbuch der Schulentwicklung. Daten, Beispiele und Perspektiven* (Bd. 16, S. 203–234). Juventa-Verlag.

van Ophuysen, S., Lintorf, K. & Harazd, B. (2013). Zur Qualität professioneller pädagogischer Diagnostik im Schulalltag – Forschungsbefunde und -desiderate. In K. Schwippert, M. Bonsen & N. Berkemeyer (Hrsg.), *Schul- und Bildungsforschung. Diskussionen, Befunde und Perspektiven (*S. 187–202). Waxmann.

van Ophuysen, S., Fischer, B., Behrmann, L., & Bloh, B. (2021). *Statistik verstehen, Band 1: Deskriptive Statistik für die Bildungswissenschaften* (Vol. 1). UTB.

Verboom, L. (2010). Mit dem Rhombus nach Rom. Aufbau einer fachgebundenen Sprache im Mathematikunterricht der Grundschule. In Ch. Bainski & M. Krüger-Potratz (Hrsg.), *Handbuch Sprachförderung* (S. 95–112). Neue Deutsche Schule Verlagsgesellschaft.

Vollrath, H.-J., & Roth, J. (2012). *Grundlagen des Mathematikunterrichts in der Sekundarstufe.* Spektrum Akademischer Verlag.

von Aufschnaiter, C. (2007). Lernprozessorientierung als wesentliches Element von Lehrerbildung. In D. Lemmermöhle, M. Rothgangel, S. Bögeholz, M. Hasselhorn & R. Watermann (Hrsg.), *Professionell lehren – erfolgreich lernen* (S. 53–64). Waxmann.

von Aufschnaiter, C., Cappell, J., Dübbelde, G., Ennemoser, M. & Mayer, J. (2015). Diagnostische Kompetenz. Theoretische Überlegungen zu einem zentralen Konstrukt der Lehrerbildung. *Zeitschrift für Pädagogik*, 5, 738–758

von Aufschnaiter, C., Selter, C., & Michaelis, J. (2017). Nutzung von Vignetten zur Entwicklung von Diagnose- und Förderkompetenzen – Konzeptionelle Überlegungen und Beispiele aus der MINT-Lehrerbildung. In C. Selter, S. Hußmann, C. Hößle, C. Knipping, K. Lengnink & J. Michaelis (Hrsg.), *Diagnose und Förderung heterogener Lerngruppen – Theorien, Konzepte und Beispiele aus der MINT-Lehrerbildung* (S. 85–106). Waxmann.

von Aufschnaiter, C., Münster, C., & Beretz, A.-K. (2018). Zielgerichtet und differenziert diagnostizieren. *MNU Journal, 71*(6), 382–387.

Wagner, L. (2024). Einflussfaktoren auf die Diagnosekompetenz (angehender) Lehrkräfte– ein systematisches Literaturreview. *Unterrichtswissenschaft*, 1–30.

Wahl, D. (1991). *Handeln unter Druck. Der weite Weg vom Wissen zum Handeln bei Lehrern, Hochschullehrern und Erwachsenenbildnern.* Deutscher Studien Verlag.

Wahl, D. (2002). Mit Training vom trägen Wissen zum kompetenten Handeln? *Zeitschrift für Pädagogik, 48*(2), 227–241.

Walker, A., & Leary, H. (2009). A problem based learning meta analysis: Differences across problem types, implementation types, disciplines, and assessment levels. *Interdisciplinary journal of problem-based learning, 3*(1), 6.

Walter, D., Bergmann, A., Maibach, M., Huethorst, L., Reinartz, L., Grünewald, N., Selter, C. & Harrer, A. (2025, March). How pre-service teachers can be supported to increase their diagnostic skills in mathematics—design and evaluation of a learning platform for university teacher training. In *Frontiers in Education* (Vol. 10, p. 1510828). Frontiers Media SA. https://doi.org/10.3389/feduc.2025.1510828

Ward M. & Sweller J. (1990) Structuring effective worked-out examples. *Cognition and Instruction, 7*(1), 1–39.

Wartha, S. & Schulz, A. (2012). *Rechenproblemen vorbeugen. Grundvorstellungen aufbauen – Zahlen und Rechnen bis 100.* Cornelsen.

Wartha, S. & Schulz, A. (2014). *Rechenprobleme vorbeugen.* Cornelsen.

Watzlawick, P., Beavin, J., & Jackson, D. (2000). *Menschliche Kommunikation. Formen, Störungen, Paradoxien.* Hans Huber Verlag.

Weinert, F. E. (2000). Lehren und Lernen für die Zukunft – Ansprüche an das Lernen in der Schule. *Pädagogische Nachrichten Rheinland-Pfalz 2, 1–16.*

Wernet, A. (2021). *Fallstricke der Kasuistik.* In: D. Wittek, T. Rabe, M. Ritter (Hrsg.): Kasuistik in Forschung und Lehre. Erziehungswissenschaftliche und fachdidaktische Ordnungsversuche. Bad Heilbrunn, Verlag Julius Klinkhardt (299–319).

Wernet, A. (2023). *Hermeneutik – Kasuistik – Fallverstehen. Eine Einführung.* 2. überarbeitete Auflage. Kohlhammer Verlag.

Weyers, J., König, J., Scheiner, T., Santagata, R., & Kaiser, G. (2024). Teacher noticing in mathematics education: a review of recent developments. ZDM – Mathematics Education, 56(2), 249–264. https://doi.org/10.1007/s11858-023-01527-x

Wigfield, A., & Eccles, J. S. (2000). Expectancy–value theory of motivation. *Contemporary Educational Psychology, 25*, 68–81. 10.1006./ceps.1999.1015]

Wildgans-Lang, A., Scheuerer, S., Obersteiner, A., Fischer, F., & Reiss, K. (2020). Analyzing prospective mathematics teachers' diagnostic processes in a simulated environment. *ZDM Mathematics Education, 52*(2), 241–254. https://doi.org/10.1007/s11858-020-011 39-9

Williams, B. (2005). Case-based learning–a review of the literature: Is there scope for this educational paradigm in prehospital education? *Emergency Medicine Journal*, 22(8), 577–581.

Winter, H. (1991). *Entdeckendes Lernen im Mathematikunterricht. Einblicke in die Ideengeschichte und ihre Bedeutung für die Pädagogik (2., verb. Auflage).* Vieweg.

Winter, F. (2011). *Leistungsbewertung. Eine neue Lernkultur braucht einen anderen Umgang mit Schülerleistungen.* Schneider Verlag Hohengehren.

Wittek, D., Rabe, T., & Ritter, M. (2021). *Kasuistik in Forschung und Lehre–Ordnungen und Unordnungen mit Blick auf die Disziplinen.* In: D. Wittek, T. Rabe, M. Ritter [Hrsg.]: Kasuistik in Forschung und Lehre. Erziehungswissenschaftliche und fachdidaktische Ordnungsversuche. Bad Heilbrunn, Verlag Julius Klinkhardt (7–20).

Wittmann, E. C. (1998). Design und Erforschung von Lernumgebungen als Kern der Mathematikdidaktik. *BzL-Beiträge zur Lehrerinnen-und Lehrerbildung, 16*(3), 329–342.

Wittrock, M. C. (1989). Generative processes of comprehension. *Educational Psychologist, 24*(4), 345–376.

Wittwer, J., & Renkl, A. (2008). Why instructional explanations often do not work: A framework for understanding the effectiveness of instructional explanations. *Educational Psychologist, 43*(1), 49–64.

Wollring, B. (2008). Zur Kennzeichnung von Lernumgebungen für den Mathematikunterricht in der Grundschule. In Kasseler Forschergruppe (Hrsg.), *Lernumgebungen auf dem Prüfstand – Zwischenergebnisse aus den Forschungsprojekten* (S. 9–26). Kassel University Press GmbH.

Wollring, B. (2010). EMBI-G Handlungsleitende Diagnostik zu Raum und Form. Ein interviewbasiertes Verfahren für die Grundschule. In: Gesellschaft für Didaktik der Mathematik (Hrsg.), Beiträge zum Mathematikunterricht 2010, 44. Jahrestagung der Gesellschaft für Didaktik der Mathematik vom 08. bis 12. März 2010 in München.

Wosnitza, M. & Jäger, R. S. (Hrsg.) (2006): Daten erfassen, auswerten und präsentieren – aber wie? Landau: Verlag Empirische Pädagogik.

Wrede, S. E., Gloerfeld, C., & de Witt, C. (2023). KI und Didaktik–Zur Qualität von Feedback durch Recommendersysteme. In *Künstliche Intelligenz in der Bildung* (S. 133–154). Springer Fachmedien Wiesbaden.

Wuttke, E. & Seifried, J. (2017). Professional Error Competence of Preservice Teachers. Springer Cham.

Yadav, A., Phillips, M., Lundeberg, M., Koehler, M., Hilden, K., & Dirkin, K. H. (2011). If a picture is worth a thousand words is video worth a million? Differences in affective and cognitive processing of video and text cases. *Journal of Computing in Higher Education, 23*(1), 15–37.

Yew, E. H., & Goh, K. (2016). Problem-based learning: An overview of its process and impact on learning. *Health professions education, 2*(2), 75–79.

Zaharias, P., & Poulymenakou, A. (2005). Implementing the Learner-Centered Design Paradigm for Web-Based Training Curricula. In P. Nicholson, M. Ruohonen, J. B. Thompson, & J. Multisilta (Hrsg.), *E-Training Practices for Professional Organizations* (S. 325–332). Springer US. https://doi.org/10.1007/0-387-23572-8_39

Zhang, S., de Koning, B., Agostinho, S., Tindall-Ford, S., Chandler, P., Paas, F. (2021). The Cognitive Load Self-Management Principle in Multimedia Learning. In R. E. Mayer, & L. Fiorella (Hrsg.), *The Cambridge Handbook of Multimedia Learning* (S. 430–438). Cambridge University Press. https://doi.org/10.1017/9781108894333.045

Zhu X. & Simon H.A. (1987) Learning mathematics from examples and by doing. *Cognition and Instruction 4*(3), 137–166.

Zentrale für Unterrichtsmedien im Internet e.V. (o. J.). Mathematik-digital/Kriterienkatalog/Was ist ein guter Lernpfad? – Qualitätskriterien. In *ZUM-Unterrichten.* https://unterrichten.zum.de/wiki/Mathematik-digital/Kriterienkatalog [abgerufen am 07.09.2024]

Zumbach, J., Haider, K., & Mandl, H. (2008). Fallbasiertes Lernen: Theoretischer Hintergrund und praktische Anwendung. In J. Zumbach & H. Mandl (Hrsg.), *Pädagogische Psychologie in Theorie und Praxis. Ein fallbasiertes Lehrbuch* (S. 1–11). Hogrefe.

FSC
www.fsc.org
MIX
Papier | Fördert
gute Waldnutzung
FSC® C083411

Kolibri 360 GmbH
Ferdinand-Jühlke-Straße 7
99095 Erfurt, Deutschland
produktsicherheit@kolibri360.de